工作过程导向新理念丛书

U0880992

计算机组装与维修

（第2版）

丛书编委会 主编

清華大學出版社

北京

内容简介

本书根据教育部教学大纲，按照新的"工作过程导向"教学模式编写。为便于教师教学及学生学习，本书将教学内容分解落实到每一课时，通过"课堂讲解"、"课堂练习"、"本课小结"、"课外阅读"和"课后思考"5个环节实施教学。

本书从实用的角度出发，通过对实际操作步骤的分解，讲解了计算机硬件组装、软件安装与使用、网络组建与使用、操作系统管理与维护、计算机故障诊断与处理等方面的知识。在以实例为出发点，详细介绍基本操作方法的同时，本书也注重对基础知识的讲解，对实例中涉及的计算机软、硬件基础知识，在课堂讲解的内容中都安排了适当的篇幅。本书共5章28课。每课为两个标准学时，共90分钟内容。建议学时数为一学期，每周3课时，也可以分为两学期授课。

本书可作为中职(中专)院校计算机相关专业教材，也可作为各类技能型紧缺人才培训教材使用。

本书封面贴有清华大学出版社防伪标签，无标签者不得销售。
版权所有，侵权必究。举报：010-62782989，beiqinquan@tup.tsinghua.edu.cn。

图书在版编目（CIP）数据

计算机组装与维修/《工作过程导向新理念丛书》编委会主编．—2版．—北京：清华大学出版社，2009.10(2024.1重印)
工作过程导向新理念丛书
中等职业学校教材．计算机专业
ISBN 978-7-302-20487-9

Ⅰ．计…　Ⅱ．工…　Ⅲ．①电子计算机—组装—专业学校—教材 ②电子计算机—维修—专业学校—教材　Ⅳ．TP30

中国版本图书馆CIP数据核字(2009)第108127号

责任编辑：田在儒
责任校对：袁　芳
责任印制：沈　露

出版发行：清华大学出版社
网　址：https://www.tup.com.cn，https://www.wqxuetang.com
地　址：北京清华大学学研大厦A座　**邮　编**：100084
社 总 机：010-83470000　**邮　购**：010-62786544
投稿与读者服务：010-62776969，c-service@tup.tsinghua.edu.cn
质 量 反 馈：010-62772015，zhiliang@tup.tsinghua.edu.cn
印 装 者：北京建宏印刷有限公司
经　销：全国新华书店
开　本：185mm×260mm　**印　张**：20.75　**字　数**：499千字
版　次：2009年10月第2版　**印　次**：2024年1月第9次印刷
定　价：59.00元

产品编号：032122-03

学科体系的解构与行动体系的重构

——《工作过程导向新理念丛书》代序

职业教育作为一种教育类型，其课程也必须有自己的类型特征。从教育学的观点来看，当且仅当课程内容的选择以及所选内容的序化都符合职业教育的特色和要求之时，职业教育的课程改革才能成功。这里，改革的成功与否有两个决定性的因素：一个是课程内容的选择，一个是课程内容的序化。这也是职业教育教材编写的基础。

首先，课程内容的选择涉及的是课程内容选择的标准问题。

个体所具有的智力类型大致分为两大类：一是抽象思维，一是形象思维。职业教育的教育对象，依据多元智能理论分析，其逻辑数理方面的能力相对较差，而空间视觉、身体动觉以及音乐节奏等方面的能力则较强。故职业教育的教育对象是具有形象思维特点的个体。

一般来说，课程内容涉及两大类知识：一类是涉及事实、概念以及规律、原理方面的“陈述性知识”，一类是涉及经验以及策略方面的“过程性知识”。“事实与概念”解答的是“是什么”的问题，“规律与原理”回答的是“为什么”的问题；而“经验”指的是“怎么做”的问题，“策略”强调的则是“怎样做更好”的问题。

由专业学科构成的以结构逻辑为中心的学科体系，侧重于传授实际存在的显性知识即理论性知识，主要解决“是什么”（事实、概念等）和“为什么”（规律、原理等）的问题，这是培养科学型人才的一条主要途径。

由实践情境构成的以过程逻辑为中心的行动体系，强调的是获取自我建构的隐性知识即过程性知识，主要解决“怎么做”（经验）和“怎样做更好”（策略）的问题，这是培养职业型人才的一条主要途径。

因此，职业教育课程内容选择的标准应该以职业实际应用的经验和策略的习得为主，以适度够用的概念和原理的理解为辅，即以过程性知识为主、陈述性知识为辅。

其次，课程内容的序化涉及的是课程内容序化的标准问题。

知识只有在序化的情况下才能被传递，而序化意味着确立知识内容的框架和顺序。职业教育课程所选取的内容，由于既涉及过程性知识，又涉及陈述性知识，因此，寻求这两类知识的有机融合，就需要一个恰当的参照系，以便能以此为基础对知识实施“序化”。

按照学科体系对知识内容序化，课程内容的编排呈现出一种“平行结构”的形式。学科体系的课程结构常会导致陈述性知识与过程性知识的分割、理论知识与实践知识的分割，以及知识排序方式与知识习得方式的分割。这不仅与职业教育的培养目标相悖，而且与职业教育追求的整体性学习的教学目标相悖。

按照行动体系对知识内容序化，课程内容的编排则呈现一种“串行结构”的形式。在学习过程中，学生认知的心理顺序与专业所对应的典型职业工作顺序，或是对多个职业工作过程加以归纳整合后的职业工作顺序，即行动顺序，都是串行的。这样，针对行动顺序的每一个工作过程环节来传授相关的课程内容，实现实践技能与理论知识的整合，将收到事半功倍的效果。鉴于每一行动顺序都是一种自然形成的过程序列，而学生认知的心理顺序也是循序渐进自然形成的过程序列，这表明，认知的心理顺序与工作过程顺序在一定程度上是吻合的。

需要特别强调的是,按照工作过程来序化知识,即以工作过程为参照系,将陈述性知识与过程性知识整合、理论知识与实践知识整合,其所呈现的知识从学科体系来看是离散的、跳跃的和不连续的,但从工作过程来看,却是不离散的、非跳跃的和连续的了。因此,参照系在发挥着关键的作用。课程不再关注建筑在静态学科体系之上的显性理论知识的复制与再现,而更多的是着眼于蕴含在动态行动体系之中的隐性实践知识的生成与构建。这意味着,**知识的总量未变,知识排序的方式发生变化,正是对这一全新的职业教育课程开发方案中所蕴含的革命性变化的本质概括**。

由此,我们可以得出这样的结论:如果“工作过程导向的序化”获得成功,那么传统的学科课程序列就将“出局”,通过对其保持适当的“有距离观察”,就有可能解放与扩展传统的课程视野,寻求现代的知识关联与分离的路线,确立全新的内容定位与支点,从而凸现课程的职业教育特色。因此,“工作过程导向的序化”是一个与已知的序列范畴进行的对话,也是与课程开发者的立场和观点进行对话的创造性行动。这一行动并不是简单地排斥学科体系,而是通过“有距离观察”,在一个全新的架构中获得对职业教育课程论的元层次认知。所以,**“工作过程导向的课程”的开发过程,实际上是一个伴随学科体系的解构而凸显行动体系的重构的过程**。然而,学科体系的解构并不意味着学科体系的“肢解”,而是依据职业情境对知识实施行动性重构,进而实现新的体系——行动体系的构建过程。不破不立,学科体系解构之后,在工作过程基础上的系统化和结构化的产物——行动体系也就“立在其中”了。

非常高兴,作为中国“学科体系”最高殿堂的清华大学,开始关注占人类大多数的具有形象思维这一智力特点的人群成才的教育——职业教育。坚信清华大学出版社的睿智之举,将会在中国教育界掀起一股新风。我为母校感到自豪!

2006年8月8日

《工作过程导向新理念丛书》编委会名单

(按姓氏拼音排序)

安晓琳 白晓勇 曹 利 成 彦 董 君 杜 宇 冯 雁
符水波 傅晓峰 国 刚 贺洪鸣 贾清水 江椿接 姜全生
李晓斌 刘 芳 刘 艳 刘保顺 罗名兰 罗 韬 聂建胤
秦剑锋 润 涛 史玉香 宋 静 宋俊辉 孙 浩 孙更新
孙振业 田高阳 王 刚 王成林 王春轶 王 丹 沃旭波
毋建军 吴建家 吴科科 吴佩颖 谢宝荣 许茹林 薛 荃
薛卫红 杨 平 尹 涛 张晓景 赵晓怡 钟华勇 左喜林

前　　言

计算机作为信息时代的主要标志，在人们日常工作和生活中扮演着日益重要的角色。而计算机的组装和维修技术，则作为计算机领域内的一项基本操作技能，成为任何学员试图迈入计算机专业领域的必修课程，也是初学者进阶的必备知识。

计算机组装看似简单，好像只是硬件的插插拔拔，但是实际涉及丰富的硬件知识。广义的组装不仅仅是主机硬件设备的安装，还包括软件、网络环境的安装。同样，计算机维修貌似比较复杂深奥，实际无非是针对硬件故障、软件错误和软硬件配合 3 大类问题，从症状出发，综合各方面的信息，对常见"病症"对症下药。计算机软、硬件故障的出现和平时的计算机的维护情况密切相关，因此本书也用一定的篇幅介绍计算机操作系统的管理和维护方面的知识。对于硬件的日常维护，由于内容比较简单，本书没有作详细介绍。

本书最大的特色是"由任务驱动学习"。每一课的教学内容都被有机地融入若干"任务"或者"案例"中，以这些看得见的"任务"为出发点，以摸得着的操作步骤为教学的主要方式，把抽象的计算机理论变得具体而生动。通过"观察—模仿—超越"这样一条贯穿每一课的内容编排的主线，让读者尽快掌握任务涉及的内容。然后我们再展开详尽的解释，争取让读者尽快掌握该知识点。

本书以"课"的形式展开，全书共 28 课，每一课分为"课堂讲解"和"课堂练习"两大部分。"课堂讲解"中的内容，以"案例"或者"任务"为主线，以操作步骤为主要组织形式，结合课件，系统地讲解每一课的"任务"，同时穿插讲授与本课或者后续课程密切相关的基础知识。这部分内容主要供教师课堂教学，也可以供学员自学使用。大部分课程中包含了"课堂练习"环节，主要指导学员在课堂学习理论知识的基础上，动手实际操作并完成"练习任务"。为此，这部分内容给出了与练习有关的任务背景、任务目标、任务要求和任务指导，同时提供了"练习评价"标准，供教师和学员参考。为了指导学员课后知识的进阶，在每一课的最后，还准备了"本课小结"、"课外阅读"参考资料和"课后思考"练习题。

本书的主要内容基于 Windows XP 操作系统讲解，部分内容兼顾了最新的 Windows Vista 操作系统。

由于编者水平有限，再加上时间紧迫，表述不妥的地方在所难免，希望广大读者批评指正。

编　者

2009 年 8 月

第 2 版改动说明

第 1 版“工作过程导向”的编写模式、虚拟课堂的讲解形式，受到了读者的普遍欢迎。本书秉承了第 1 版中“工作过程导向”的编写模式，深化了“由任务驱动学习”的理念，争取让读者可以从第 2 版中得到“渔”而不是“鱼”。与第 1 版相比，本书有如下改进。

1. 增加了“任务”教学的比例。与第 1 版相比，教学“任务”或“案例”增加明显。尽量让读者通过实例加深对知识点直观具体的认识。

2. 选择的“任务”或者“案例”的针对性更强。通过读者的反馈与教学的实践，我们选取了一些针对性更强的例子。

3. 对“任务”或者“案例”解释更加详细，基本涵盖了该例子所涉及的所有知识点。

4. 书中的内容全面抛弃 Windows 98 之前的操作系统，主要基于 Windows XP 操作系统，并兼顾了最新的 Windows Vista 操作系统。

5. 结合计算机硬件的发展情况，替换了第 1 版书中过时的内容，增加了最新的硬件知识。

6. 重新调整内容的编排体系，使全书结构性更强，课程之间承接关系更加合理。

丛书编委会

2009 年 9 月

目　　录

第 1 章
认识计算机硬件

知识要点

- 计算机基础知识
- 计算机硬件组成
- 计算机外部接口
- 计算机内部连线
- 深入了解计算机硬件

第 1 课　了解计算机

课堂讲解

知识要点：本课主要介绍计算机学习过程中需要用到的一些基本概念、基础知识。

学习指导：这一课理论性比较强，内容略显枯燥，建议以简单阅读的方式学习这一课。遇到不理解的问题，可以暂时先记下来，读完这一课之后或者过些日子再读，就会有更新更全面的认识。切忌掉入书本内容中，花太多精力钻研这些介绍性文字。

学习要求：简单了解计算机的历史、发展与现在的分类，了解硬件和软件的概念，熟悉计算机的数据和文件，理解常用的一些计算机术语。

1.1　计算机的历史与发展

计算机的发展历史是和电子工业的发展历史密切相关的，电子技术的发展推动了计算机的更新换代。从第一台计算机发明到今天短短 60 多年的时间里，计算机已今非昔比，经历了四代的跨越。

- 第一代计算机是电子管计算机。第一台电子管计算机于 1946 年在美国制造，它重达 30t，占地超过 160m²，但是每秒钟只能计算 5000 次。
- 第二代计算机是晶体管计算机。相比第一代计算机，它体积小、寿命长，计算速度可以达到每秒几十万次。
- 第三代计算机是集成电路计算机，速度可以达到上千万次，体积大大减小，价格也下降到普通科研机构能够普遍接受的程度。

➢ 第四代计算机采用大规模集成电路。它的一个重要标志是独立的微处理器芯片的出现。通用型的微处理器可以独立于计算机本身，区别于第三代计算机元器件专有化、不能通用的设计。第四代计算机价格更加便宜，以至于普通家庭都可以承受。

按照摩尔定律，微处理器每隔 18 个月性能就翻一番，价格降一半。目前最新的酷睿 2 处理器已经在半个指甲盖大小的芯片内集成了 2.9 亿个晶体管，CPU 每秒运算次数已经超过 3 亿次。

考虑到散热、工艺、成本等诸多因素，计算机 CPU 频率继续提升的空间非常有限。因此目前计算机发展总体的思路是走多核和并行处理的技术路线。

未来的第五代计算机被定义为人工智能计算机，也就是具有像人类一样的思考能力的计算机。但是就目前发展趋势来看，几十年内人工智能计算机还无法实现。

1.2 计算机的分类

传统计算机分为巨型机、大型机、中型机、微型机、工作站、个人终端等，但是随着 CPU 制造技术的发展，计算机运算速度越来越快，于是传统意义上的大型机、中型机已经没有存在的必要，取而代之的是高性能的微型个人计算机，这就是通常所说的“微机”。在通用 CPU 广泛使用的时代，传统的巨型机已经演变为超级计算机，而工作站、服务器、个人计算机之间也没有本质上的区别，只是性能配置的差异而已。所以常规的计算机逐渐演变为超级计算机和微型机两大类，后者又分为个人计算机（Personal Computer，PC）、工作站、服务器等。其中个人计算机发生分化，出现了以高性价比和高性能为目的的台式计算机和以便携为目的的笔记本电脑。

随着网络技术的发展和很多行业对高性能计算的需求，一种新的“计算机”——PC Farm 应运而生。严格来说，它并不是一种新产品，而是采用一种叫做“网格”的软件技术把很多台 PC 连接在一起，让它们协同工作。

除此之外，还有一种嵌入式计算机，也叫做单片机、单板机等。这是一种在单个芯片中集成了 CPU 和很多外围控制电路的产品，只需要一片芯片配上很简单的外部电路就可以工作，所以叫做单片机。究其内部原理，单片机也是计算机的一种，只不过计算能力很差。常用单片机的性能大约介于早期的 Intel 通用 CPU 4004 和后来的 386 芯片之间，所以只能实现一些简单的计算功能。但是由于芯片集成度不高，因此单片机可以做得很稳定可靠。这类“计算机”主要用于工业控制领域和家庭消费电子产品中，例如常见的文曲星英汉词典，内部就是采用单片机；又例如电视机、DVD 机、冰箱等家用电器，内部也是采用单片机控制。

最后再说说“电脑”这个词。这个词汇最早见于科幻电影中，装备了计算机的机器人能够进行思考和计算，就像人的大脑那样，所以简称电脑。从那以后，电脑成了计算机的代名词，大大小小的计算机都可以被称为电脑，大至国际象棋“高手”IBM 的深蓝计算机、个人 PC，小至便携式笔记本、家用嵌入式微控制器，都常常被称为电脑，例如“笔记本电脑”、“微电脑洗衣机”、“电脑控制的冰箱”等，实际上电脑在这里的含义就是具有计算能力的控制或者运算芯片。通常意义上，我们可以认为“电脑”就是计算机的代名词，当然日常所说的电脑更多时候是和个人计算机画上等号的，因此经常有“个人电脑”、“笔记本电脑”等称谓。

综上所述，在日常交流中，一般可以认为微型机（微机）、个人计算机、个人电脑三者是等价的名词（虽然实质上它们是有区别的）。在本书中，除非特别说明，否则计算机、微机、PC、个人电脑等名词都特指个人计算机。

1.3　计算机硬件和软件的概念

使用计算机的过程中，硬件和软件是经常遇到的两个词汇。通常意义上，硬件是指可以直接感知到的计算机实体。所有构成计算机的零部件，都属于硬件的范畴。软件则是指看不到、摸不着的东西，通常是指计算机中运行的程序代码。当然，软件运行的结果是可以感知或者查验的，从这个角度可以间接证明软件的存在。

计算机中的硬件一般采用插接件，所有的零部件之间可以通过插接的接口或者电缆组合在一起，相互之间连接的部位叫做硬件接口。由于采取了插接件，所以计算机组装和拆解都非常容易。另外，具有相同硬件接口的零部件之间一般可以互换，这样也便于组成不同配置的计算机，同时更便于计算机的日常维护和维修。

图 1-1 所示为一个完整的计算机系统包含的软件和硬件。如图中所示，计算机硬件一般分为主机和外部设备两大部分，主机顾名思义，就是计算机主体部分，一般包括安装在机箱内的主板、CPU、内存、显卡、硬盘、光驱等部件和位于机箱外的键盘、鼠标、显示器等必备设备；外部设备一般指主机外的辅助设备，如打印机、扫描仪、移动存储设备等。

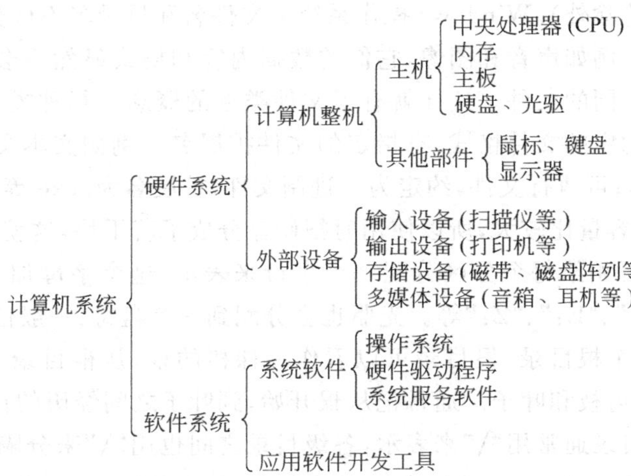

图　1-1

计算机软件通常由一个或者几个程序组成，这些程序分别完成某一方面的任务，共同组成一个相互协同的有机整体。

计算机软件分为操作系统软件和应用软件两大类，操作系统直接控制计算机硬件，并且为应用软件的运行提供一个统一的环境。这样应用软件就不需要关心计算机实际的硬件配置，只需要考虑特定的操作系统类型就可以了。硬件差异的处理交给操作系统来完成。计算机必须安装操作系统才可以使用，没有安装操作系统的“裸机”是无法启动的。

计算机硬件和软件之间的界限一般比较清晰，只有一个零件例外，就是主板上的 BIOS 芯片，这是一块保存了软件程序的硬件芯片。在功能上属于软件和硬件之间的桥梁。

1.4 计算机的数据和文件

数据和文件是使用计算机过程中常见的两个名词。数据可以理解为计算机上所有的信息的总和,包括数字、字符、图像、声音等内容,表现为输入信息、输出结果、屏幕显示等多种形式。

文件是计算机中数据的保存方式。计算机中的数据必须保存在磁盘等介质中,而且必须能够在不同计算机之间传递和复制,所以必须按照一定的规范存储。另一方面,数据可以细分为很多种类型,这些数据都要求能够方便地保存和提取。因此文件这种方式是非常方便的。每组数据可以保存为一个文件,每类数据可以定义一种文件的格式,所有的文件遵从统一的命名和存储规范,这样就组成了以文件方式保存的计算机数据。

文件多了之后,为了方便查找,又引入了目录(或者叫做文件夹)的概念,每个文件保存在特定的目录下。目录和文件的关系可以理解为树枝和叶子的关系。从树根开始,沿着主干、大分支、小树枝,最后定位到叶子,这就是基于目录的文件保存方式。

每个文件都需要起一个名字。通常文件名由两部分组成,中间用点号"."分隔开。点号之前的部分是主文件名,最长可以由255个字符组成;之后的部分叫做文件扩展名,一般比较短,用来标识该文件的类型。文件名可以由常规的数字、字母、符号等组成(?、*、/、\等特殊字符除外)。Windows操作系统下文件名和目录名不区分大小写。

不同类型的数据,例如声音和图像,它们的数据内容和格式显然不会相同,所以保存为文件后,应该是两类不同的文件。这样就有了文件类型的概念。每种类型的文件用来保存一类特定的数据,有约定的文件格式,有指定的文件扩展名。例如文本文件,约定采用字符来存放,扩展名为.txt;可执行文件,约定为二进制文件,扩展名为.exe等。

计算机中的硬盘容量比较大,所以使用时把硬盘分成了若干块,这就是硬盘分区。为了使用方便,一般从C开始给每个分区分配一个字母来表示,这个字母加上一个冒号合在一起叫做盘符,例如"C:"、"E:"、"Z:"等。光驱也会分配到一个盘符,一般位于所有硬盘之后。

每个分区都有一个根目录,根目录可以看作一棵树的根,从根目录可以建立一棵文件树,树上有很多树干、树枝和叶子。通常把从根开始,到叶子之间经历的目录合在一起,叫做文件所在的路径,根目录通常用"\"来表示,各级目录之间也用"\"来分隔。例如"C:\"表示C盘根目录;C:\Windows\system32\表示C盘根目录下,Windows目录下的system32子目录,如果这个目录下有文件abc.txt,那么abc.txt叫做这个文件的文件名,C:\windows\system32叫做这个文件所在的路径(末尾的"\"可有可无),C:\windows\system32\abc.txt叫做这个文件的全文件名。磁盘中不同目录下的不同文件可以有相同的文件名,但是同一个目录下不能有相同的文件名或者子目录名,因此文件的全文件名在同一台计算机中不可能有重复,这可以作为文件的唯一标识。

1.5 一些计算机常用术语

位 英文为bit,缩写为小写字母b,含义是一个二进制位,可以有0和1两个可能的取值,这是计算机存储数据的最小单位。

字节 英文为Byte,缩写为大写字母B,由8个二进制位组成。字节是计算机进行数据存储的基本单位。一个英文字母在计算机内用一个字节存储，一个汉字需要使用两个字节存储。

KB、MB、GB、TB　计算机业界表示数据容量的单位，分别是千字节、兆字节、吉字节、万亿字节等含义。它们之间分别相差1024倍。

Window与Windows　在计算机行业里，Window是软件窗口的意思，通常指图形界面软件中屏幕上的矩形窗口；Windows是微软"视窗操作系统"，是一款常见的图形界面操作系统。一般可以认为一个窗口就代表一个正在被打开的软件，大多数软件启动后都在独立的窗口中运行。

剪贴板　剪贴板是Windows系统中为了方便不同软件窗口之间交换数据而设计的一个内部小功能。如果我们要把一些文字、图片或者文件等内容从一个窗口中复制一份，或者移动到另一个窗口中，那么最好的办法不是通过磁盘文件交换，而是把这些内容临时存放在内存中一个特定的地方，等需要的时候，再把它从这个地方取下来，这样一个临时保存内容的空间就形象地叫做剪贴板。能够"剪贴"的不仅仅是文字图片，还可以是文件、目录、音频、视频等系统能够识别的各种内容。但是系统内部只有一个剪贴板，不同软件共享这同一个剪贴板。如果放了新的内容上去，那么原来的内容就丢失了。

控件　图形界面下，软件对话框或者网页中各种发挥具体功能的按钮、控制部件等的统称，例如按钮、单选按钮、复选框、文本框等。

本课小结

本课介绍关于计算机的一些基本概念，包括计算机的发展历史、计算机的分类、软件和硬件、计算机数据等内容。这些基本概念是每个学习计算机的学员必备的基础知识，通过学习这些知识点，可以构建一个简单的关于计算机的整体印象。这将成为下一步学习计算机的组装和维修的一个良好开端。在本课结束前，还介绍了一些计算机中常用的术语，学员需要做一些简单了解，这样在随后的章节中遇到这些术语时才不会感到陌生。

课外阅读

请在因特网上搜索以下计算机知识或者直接打开下面推荐的网页阅读相关知识。本书课外阅读中推荐的部分网址可能会因时间原因失效，若失效，请根据关键词自行搜索相关知识阅读，后文不再注明。

1. 计算机发展历史

http://www.xici.net/b795022/d67153300.htm
http://www.qlxxw.cn/diannao/19593.html

2. 文件扩展名词典

http://www.kuozhanming.com/
http://www.liansoft.net/kzm/

3. Linux文件类型及文件扩展名

http://www.linuxsir.org/main/?q=node/191

4. ZOL 计算机术语辞典

http://product.zol.com.cn/products/param_index.php

5. IT 术语详解

http://detail.it168.com/

课后思考

（1）常用的控件有哪些？它们分别叫什么名字？如何使用它们？

（2）剪切到剪贴板上的文件如果暂时没有使用，就被其他软件复制的内容覆盖，那么这个文件是否会丢失？为什么？

第 2 课　拆解计算机

课堂讲解

知识要点： 在本课中首先了解台式计算机的外观和外部接口，然后通过拆解组装好的计算机，对计算机的各个组成部件有一个直观的认识，在此基础上进一步加深对计算机内部各种连线的了解。其中，重点在于对外部接口和内部连线的学习，这是使用和组装计算机的必备基础。

学习指导： 要把计算机拆成零件很容易，基本上不需要什么专业知识，但是要从拆解过程中学到知识，就必须带着问题去学习。对内部连线，要通过对比异同，重点在于连接线所采用的接口，来加深理解。

学习要求： 拆解步骤不要求死记硬背，只要能顺利拆下来，对顺序要求不高。但是外部接口和内部连线，必须通过观察和对比牢牢记住。

2.1　常见计算机的外观

从外观来看，多年来台式机没有根本性的变化：立式机箱、显示器、键盘鼠标、音箱等。其中只有显示器有一些小的发展，从笨重的 CRT 显示器过渡到了液晶显示时代，最近一两年又流行起了宽屏液晶显示器。

图 2-1 所示是两款典型的台式机。它们都采用立式的机箱，这是目前大部分台式机的首选。虽然外观不断变化，样式推陈出新，但是就内部结构来说，却大同小异，因此基本上可以把它们归类于同一类产品。

在计算机的外观方面，品牌台式机在追求整体的完美，而组装计算机则不得不在性价比和外观之间做出抉择，因此组装计算机整体的外观往往会显得不协调。但是，组装计算机所用的机箱也不断地推出新的外观，在一定程度上弥补了不协调的问题。

图　2-1

在立式机箱流行的年代也有厂家逆流而上。图 2-2 所示是两款采用卧式机箱的计算机。相比立式机箱，这种计算机占用的空间小了很多，非常适合空间狭小的办公室、写字间使用。

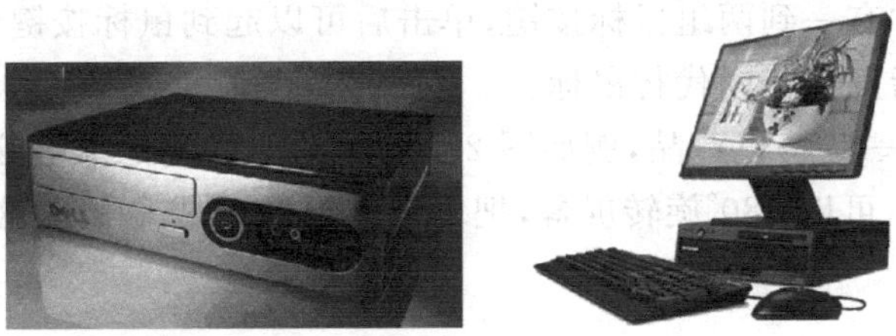

图　2-2

标新立异是永不过时的话题。Apple 的产品总是以外观出人意料而取胜(图 2-3 左图)，但是代价是需要牺牲内部配置的一部分性能。DIY 市场一样有奇特的产品，海螺形状的机箱就是其中一例，如图 2-3 右图所示。

图　2-3

便携式计算机(笔记本电脑)没有组装机的概念，只有正规厂家生产的品牌产品。不同品牌、不同型号的笔记本电脑在产品外观设计方面各有特色，接口数量和位置也各不相同。图 2-4 所示是两款典型的笔记本电脑外观，它们在基本结构方面有很多共同点。

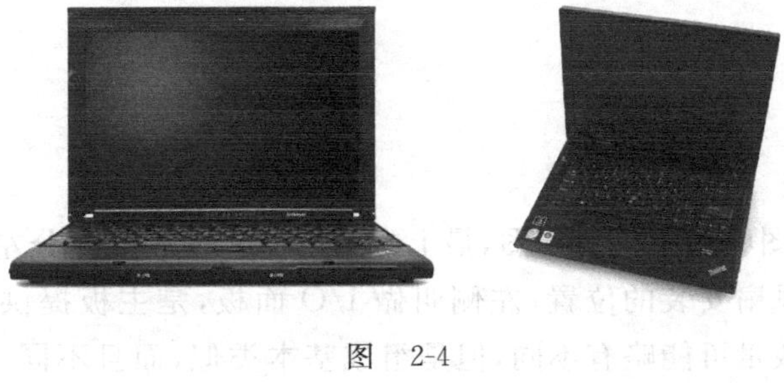

图　2-4

➢ **可折叠屏幕** 通常从 12.1 英寸到 15.1 英寸不等，以 14.1 英寸屏幕最为普遍，也有少数更小或者更大的产品。屏幕采用平板液晶显示屏，可以围绕固定轴旋转开合。

➢ **键盘** 通常为 87 键精简键盘，键盘布局没有统一的规定，有时会多或者少个别键。Fn 键是笔记本电脑特有的组合功能键。

➢ **指点杆** 部分笔记本电脑具备，位于键盘 G、H、B 三个键中间，使用手指按压，通过改变用力方向和大小可以起到鼠标的作用。

➢ **触摸板** 大部分笔记本电脑具备，位于键盘下方。通过手指触摸可以起到鼠标的作用。

➢ **鼠标键** 通常有一到两组鼠标按键，单击后可以起到鼠标按键的作用。通常用于配合触摸板和指点杆一同代替鼠标。

笔记本电脑也有一些特色产品，例如图 2-5 所示的两款笔记本电脑，左图是增加了垂直旋转轴的笔记本电脑，可以 180°旋转屏幕，把笔记本电脑变成平板电脑；右图是采用推拉式键盘的 UMPC。

图 2-5

在 2008 年年末笔记本电脑的发展出现了新的亮点，一种以轻便著称的“上网本”受到消费者青睐。这种“笔记本”采用 Intel 凌动（Atom）处理器或者威盛处理器，十寸以下的屏幕，配置较小的电子硬盘或者不配硬盘，具备有线网络和 WiFi 功能。功能虽然简单，但是市场定位非常明确：就是用来上网的 Mini 笔记本电脑。便携是其最大的亮点，一般此类本不超过 500g。

2.2 剥离主机外的设备

以经典的立式机箱计算机为例，从主机背后看，源自于主机的电缆分别连接键盘、鼠标、音箱、麦克风、显示器和网络。

把图 2-1 中的台式机拆解，可以得到如下部件（图 2-6）。

➢ **主机**

➢ **显示器**

➢ **键盘和鼠标**

➢ **音箱**

注意图 2-6 左上图中的主机后视图，最上方是电源。中间部分分左右两块，右侧是通风孔，通常是机箱散热风扇安装的位置；左侧叫做 I/O 面板，是主板提供的 I/O 接口的位置。不同主板接口类型、数量可能略有不同，但是组成基本类似，而且不同主板的 I/O 面板大小

图　2-6

都一样。I/O 面板下方一条条的横道是扩展插槽所在的位置，如果在主板上安装了各种扩展卡，那么扩展卡的输出接口将从这里接出，例如图 2-6 中的主机就已经在这个位置安装了一块显卡。

2.3　计算机的外部接口

计算机的外部接口主要集中在机箱后部的主板 I/O 面板上，另外还有少量通过扩展插槽上的板卡引出，如图 2-7 所示。计算机的外部接口各有特点，所以一般不会有接错线的情况发生。

图　2-7

从机箱后部自上而下，常见的接口有以下几种。

键盘、鼠标接口　如图 2-8 左图所示，这两种接口分别叫做 PS 口和 PS/2 口，外观完全相同，但是不可混用。一般紫色的是 PS 键盘接口，绿色的是 PS/2 鼠标接口，可以通过插头和插座的颜色来匹配，而且在机箱相应位置也会有标注。

串口和并口　串口(COM 口)一般为绿色，是 D 形 9 针接口。并口一般为紫色，共有两排 25 个插孔。图 2-8 中图上方较长的接口是并行口，下方两个较短的接口是串行口。

USB 接口　如图 2-8 右图所示，这是很常见的接口，一般除了机箱后部提供多个 USB 接口外，在机箱前面板上也会有几个前置 USB 口。

网卡接口　如图 2-9 左图所示，是 RJ-45 接口，连接 8 芯双绞线。目前主板一般都集成 100MB 网卡，部分主板集成了 1000MB 网卡，还有些主板提供双千兆网卡。

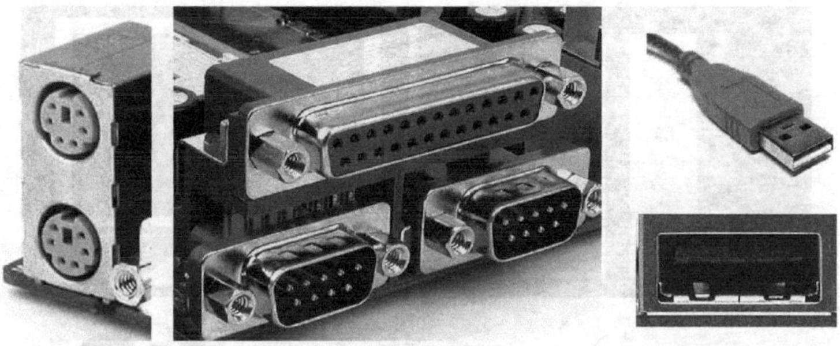

图 2-8

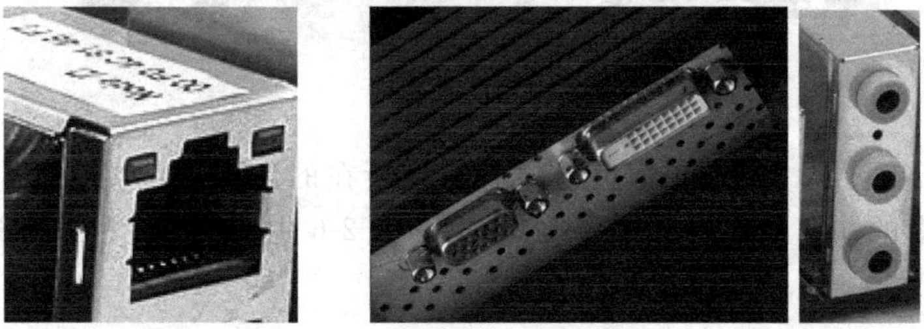

图 2-9

显示器接口 一般为蓝色的插口，外观是D形的3排15孔D-Sub接口；另一种DVI接口正在逐渐取代D-Sub接口，这两种接口的形状如图2-9中图所示（左下为D-Sub接口，右上为DVI接口）。显示器接口和前面介绍的串口形状有些类似，但是仔细观察后会发现：显示器接口是插孔，而串口接口是针脚；显示器接口有3排15个插孔，而串口只有2排9个针脚。

声卡接口 一般是3.5mm直径的立体声接口，多数为3个插孔（图2-9右图），其中蓝色是线路输入（Line in），粉色是Mic输入，绿色是立体声输出。现在主板集成的声卡越来越高档，一些主板会有更多的插孔，提供5.1甚至7.1多声道输出。一般来说，多声道输出插孔也可以按照颜色区分，中置/低音输出接口为黄色、前置输出L/R为绿色、后置环绕SL/SR为黑色、侧环绕为银色、线路输入和Mic输入仍为蓝色和粉色。另外，更高档的声卡还有光纤输出（SPDIF）接口，用来连接数码音响设备。

除此之外，部分主板提供1394接口，部分显卡提供视频输出（AV）接口、S端子接口，这些不带有普遍性，因此不一一介绍。

2.4 拆解计算机主机

主机机箱盖板可以从两侧打开。机箱内也是由多个零部件连接而成，而这些零部件大多是连接或安装到主板上的，如图2-10所示。

把这些部件的连接电缆从主板上一一断开，然后顺次拧下各部件的固定螺丝，把它们从机箱中取出。拆卸顺序依次是光驱、硬盘、显卡、电源，然后是主板，最后从主板上拆下CPU、内存，至此为止，整个计算机完全拆成了组装前的零部件，如图2-11所示。

① 主板
② CPU和风扇
③ 显卡
④ 电源
⑤ 光驱
⑥ 硬盘
⑦ 机箱风扇
⑧ 内存

图　2-10

图　2-11

2.5　计算机内部的连线

接下来请大家观察拆卸过程中计算机内部的各种线缆。计算机内部连接线路很多，主要分数据线、电源线、信号线等几大类。连接线大多源自于主板。

1. 数据线

数据线的线径一般比较细，而且根数比较多，因此多采用排列紧密的排线。

(1) IDE数据线

IDE数据线如图2-12左图所示，用来连接IDE接口的硬盘或者光驱。目前使用的IDE数据线都是高密度的数据线，它有40根数据线和40根地线组成，而早期的普通低密度IDE

数据线没有40根地线，目前已经趋于淘汰。这两种数据线插头是完全兼容的，可以采用插头的颜色区分，蓝色插头都是高密线。也可以从排线的根数区分，例如图2-13左图上半部分是高密线，下半部分是低密线。高密度的IDE数据线屏蔽性能更好，传输更稳定，因而可以达到更高的速度。DVD光驱、DMA66以上的硬盘接口都要求使用高密线。CD光驱可以使用低密线。

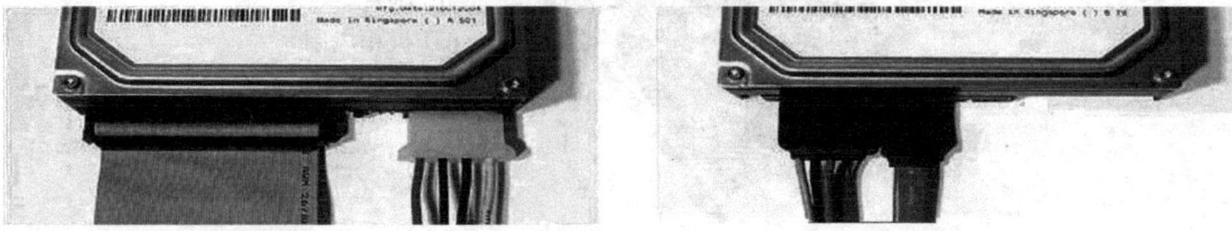

图 2-12

图 2-13

IDE数据线最初都采用排线，后来为了使机箱内的线路整齐，采用了如图2-13中图所示的捆扎后的连线。两者除了外观不同，功能是一样的。

(2) SATA数据线

SATA数据线主要用来连接SATA硬盘，如图2-12右图所示。SATA数据线外形如图2-13右图所示，每根线连接一个硬盘，插入主板的一端有金属卡扣固定。

(3) CD数据线

CD数据线是一根从光驱到主板的用来传输CD音频数据的连线，在不用光驱听CD时没有多大用途。这是一根双股导线，一端插在光驱上，另一端连接到主板专用的CD插座上。

2. 电源线

除了主板的主供电线路之外，其他的电源线根数都比较少。电源线一般采用比较粗的导线，而且多采用每根分立的不同颜色线缆。通常黑色为地线，红色为+5V，黄色为+12V。

(1) 主板主电源线

主板主电源线是20芯或者24芯的供电、控制电缆，采用如图2-14左图所示的双排扁平插口。它为主板提供大部分电源，同时接收主板对电源的控制信号。

(2) 主板辅助电源线

除了连接到主板的主电源线外，还有4芯、6芯或8芯的主板辅助电源线也很常见。这些辅助电源线外观如图2-14右图所示，通常用来为CPU或者显卡等大功率元器件提供额外的大电流供电保证。

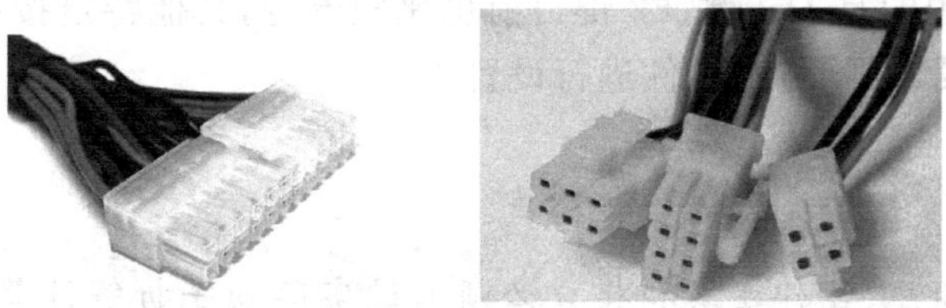

图 2-14

(3) IDE 硬盘和光驱电源线

IDE 接口的硬盘和光驱采用了如图 2-15 左图所示的 4 芯扁平电源线。

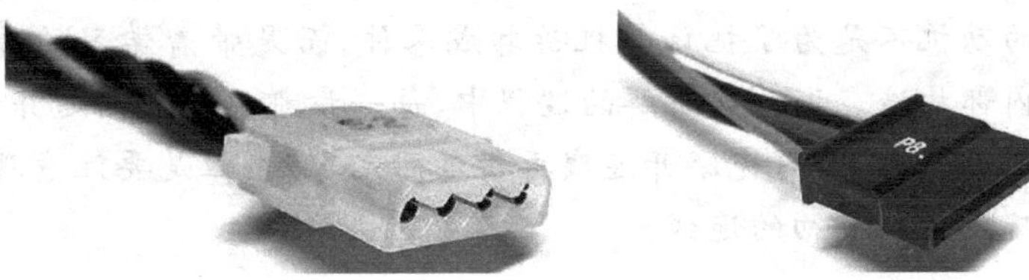

图 2-15

(4) SATA 硬盘电源线

SATA 硬盘电源线比 IDE 硬盘电源线更扁更宽一些(图 2-15 右图),注意插头左下角有一个缺口,对应硬盘电源接口上的 L 形凸起,用来防止插头插反。

(5) 风扇电源线

风扇电源线主要是主板为 CPU 散热风扇、机箱散热风扇等提供的供电连线。通常为 3 芯或者 4 芯的细电缆。这些电缆除了为风扇供电,还兼有传输风扇状态信息、控制信号的功能。

3. 信号线

部分信号线已经和电源线混在一起,例如主板主供电接口中的少数控制信号线、风扇电源中的控制信号线等。单独的信号线主要是机箱前置面板上的一系列信号线,主要包括电源开关、Reset(重启)开关、电源指示灯、硬盘指示灯、机箱扬声器等。

2.6 CMOS 和 BIOS

使用计算机过程中经常听到 CMOS 和 BIOS 这两个名词,而且常常被当作一回事,其实它们并不相同。

BIOS 原本是指一组程序,负责计算机硬件管理。它在计算机开机时完成硬件检测和启动加载,在计算机运行过程中控制硬件读写,在计算机中起着硬件大管家的作用。后来也把保存这组程序的集成电路芯片叫做 BIOS 芯片,简称 BIOS。

CMOS 是一种可读写的集成电路工艺,在计算机中特指用来保存 BIOS 设置信息、计算机时钟信息等内容的一块采用 CMOS 存储原理的存储芯片。

BIOS 设置,早期也叫 CMOS 设置,是在计算机开机时,通过 BIOS 程序提供的设置功能和界面对 BIOS 程序控制的内容进行设置,从而达到配置计算机硬件参数的目的。BIOS 设置产生的数据保存在 CMOS 芯片内。

在计算机开机时,启动操作系统之前的文字界面都是由 BIOS 控制和产生。开机时通过特定的按键（最常用的是 Del 键，F2 键目前也比较流行，其他特定按键需要参考主板说明书）可以进入 BIOS 设置画面，对硬件进行设置。

课堂练习

任务背景：各种零部件、各种连线和接口必须通过实际动手拆解计算机才能有更深刻的了解。

任务目标：练习拆解计算机。结合课堂讲解的内容，通过拆解过程，熟悉计算机内部各个组成部分的外观、位置、安装方式，并且温习各种接口、相互之间的连接方法等知识点。

任务要求：拆解的动机不是为了把计算机拆卸成零件，而是带着学习的目的来了解计算机的内部构造。因此在拆解的过程中，每一步都要带着问题并积极地思考。

任务指导：拆卸各部件时，最好先断开连线再拆卸固定螺丝；但是要注意观察以避免拆下来之后找不到最初的连线。

练习评价

项　目	标准描述	评定分值	得分
基本要求 60 分	熟练分解主机外的各种设备	5	
	打开机箱，将主机拆解为图 2-11 中的八大件	20	
	能够熟练识别八大件	10	
	指出机箱中的几种数据线、电源线、信号线的名称和连接位置	25	
拓展要求 40 分	工具运用熟练	5	
	操作过程规范，各种元器件、工具、螺丝等摆放有序，桌面整洁	15	
	拆卸中各种接口拆卸巧妙自然，没有野蛮操作，无划痕伤痕	20	
主观评价		总分	

本课小结

本课结合实际操作，讲解了计算机的拆解过程，并结合拆解过程，熟悉了计算机的各个组成部件，了解了计算机外部和内部的各种常用连接接口和线缆。这些都是以后学习的一些必备基础。虽然没有涉及太多理论知识，但是本章仍然有不少知识点，学员务必结合实践环节，熟练掌握这些知识点，为随后的学习打好基础。

课外阅读

电脑内部外部接口连线介绍

http://diybbs.zol.com.cn/16/231_158018.html

课后思考

（1）拆解过程的哪些步骤可以打乱次序？哪些不可以？为什么？

（2）哪些部件具有相同的接口？它们的连线（包括数据线和电源线）是否可以直接替换？

第3课 深入了解计算机硬件（一）

课堂讲解

知识要点：这一课主要学习CPU、内存、硬盘、光驱、网卡等部件的一些基础知识，知识点涉及这些部件的主要技术指标、流行的技术概念、市场中的主流产品、产品接口等内容。这些知识点是在前一课对计算机各种内部部件直观认识的基础上，必备的提高和升华。

学习指导：本课内容以课堂讲解和理论学习为主，也可通过结合对实物的观摩加深理解和认识。课后应该多浏览互联网上的计算机产品库，对课内的知识点予以巩固。

学习要求：对于各种部件中流行的技术概念，应该有基本的了解，虽然不要求深入了解原理和技术实现，但是必须掌握这些概念的基本含义和在各自部件中的作用；对于主要技术指标应该结合市场中主流产品的介绍，熟练掌握；产品接口知识可以回顾第2课拆解计算机的内容，并结合实物加深记忆。

3.1 了解中央处理器（CPU）

CPU是计算机中的核心部件之一，就好像人类的大脑一样，计算机中所有的运算都是在CPU中运行。它的发展制约着整个计算机系统的发展，它的制造水平也集中体现了最尖端的电子制造水平。伴随着半导体工艺的迅速发展，CPU经历了计算速度越来越快、指令集越来越大、数据位数越来越多、工艺流程越来越精细的发展之路。

1. CPU发展的简要历史

1971年，英特尔公司推出了世界上第一款通用型微处理器4004，这是一个4位数据宽度的CPU。之后的Intel CPU大致经历了8086、80186、80286、80386、80486的发展历程。后来的CPU沿袭了早期的体系结构，保持了产品的兼容性。正因为如此，现在的台式机的CPU统称为x86体系。从80586开始，Intel的产品重新命名为奔腾，后来还有奔腾2、奔腾3、奔腾4系列产品。新的Intel CPU采用Core（酷睿）系列命名。Core 2 Duo是其中的双核CPU产品，也是现在市场的主流产品。

AMD公司早期生产兼容Intel的CPU产品，例如386、486等系列。后来的产品命名为K5、K6，大致和Intel的奔腾和奔腾2相当。后来的K7命名为Athlon和Athlon XP。从Athlon 64开始，AMD的CPU都是64产品。目前主流的产品是Athlon 64×2和Phenom系列，前者为64位双核产品，后者为64位多核产品。

在主流产品发展的同时,Intel 和 AMD 还分别推出了面向低端客户的简化版产品,例如奔腾 2 的简化版 Celeron、奔腾 3 的简化版 Celeron 2、Athlon 的简化版 Sempron 等系列产品。这些系列和同时代主流产品最主要的区别在于减少了 CPU 内部二级缓存的容量,因而性能有所降低。

2. 和 CPU 相关的一些概念

(1) 核心架构

核心架构决定了 CPU 内部最基本的设计理念和工作模式。不同核心架构的 CPU 在性能上有比较大的差别。一般核心架构不常变化,也就是说 CPU 内部最核心的结构、功能模块和工作方式并不经常变化。CPU 的升级换代主要是主频的提高和外围功能模块的增删。Intel 的 CPU 产品核心类型大致经历了早期的 386、P5、P6 的演变,到后来奔腾 4 产品中采用的 Netburst 架构,再到最新的 Core 架构。下一代将要登场的是 Nehalem 架构,采用此架构的命名为 Core i7 的产品已经发布。

(2) 核心类型

在同一个核心架构下,由于生产工艺的不同、功能模块的删改、主频的高低等因素,形成了不同核心的产品。例如历史上有名的铜矿(Coppermine)、图拉丁(Tualatin)、雷鸟(Thunderbird)等,都是不同核心产品的名称。

(3) 缓存

CPU 内部运行速度快,而内存数据读取速度相对比较慢,因此为了匹配两者的速度,满足 CPU 读写数据的需求,在 CPU 内部引入了缓存技术,在高速的缓存中保存正在使用的小部分内存数据的一个镜像。目前 CPU 内的缓存主要由一级缓存和二级缓存组成。一级缓存又分为一级指令缓存和一级数据缓存。一般来说,一级缓存速度比较快,而且厂家会根据需要设计合适的大小,不同产品之间差别不大;而二级缓存,不同档次 CPU 之间差别比较大,对 CPU 性能的影响也比较大。目前主流 CPU 中,二级缓存数量一般都在每核心 1～3MB,高端 CPU 还会更多。

(4) 数据位数

最早的 Intel 4004 CPU,仅有 4 位数据宽度。稍后的 386,已经迈入了 32 位计算机的门槛。但是此后近二十年,CPU 数据位数一直停步不前。直到最近几年,计算机才开始普及 64 位 CPU。目前市场中的 CPU 普遍都是 64 位产品。

(5) 内核数量

随着 CPU 主频越来越高,继续通过提升主频来提高 CPU 的运算能力的发展空间越来越小。于是生产厂家开始借鉴并行机的概念,生产多核 CPU。在一个 CPU 内部集成多个内核,实际近似于使用多个 CPU。因此双核 CPU 成为目前的主流产品,而高端领域内,三核、四核甚至八核 CPU 也风起云涌。多核 CPU 一般有两种,一种是把两个内核简单集成到一个 CPU 上,早期的双核和现在大部分四核 CPU 都是这样设计的;另一种叫做原生多核 CPU,是按照多个 CPU 的思想完全重新设计的产品,原生多核 CPU 在内部一些关键细节上优于普通多核 CPU。多核 CPU 一般采用多个内核共享二级缓存的技术路线。

(6) 主频、外频、倍频和前端总线

主频是 CPU 内部逻辑单元工作的频率,即 CPU 运算的实际频率。相同核心架构的 CPU,主频越高运算速度越快。不同架构之间不具有可比性。例如 Core 架构的 CPU 主频普遍低于 Netburst 架构的奔腾 4 CPU，但是运算速度显然前者要快很多。

外频是 CPU 周边电路的工作频率，也可以理解为主板提供给 CPU 的信号的频率。由于设计和生产工艺的限制，主板的工作频率不能太高，通常外频稳定在 133/166/200MHz。为了满足 CPU 高速运算的需要，CPU 内部采用了倍频技术，把主板提供的低频信号加倍处理。目前 CPU 采用了十几甚至二十倍以上的倍频。

前端总线 FSB 用于 Intel CPU 和北桥之间数据传输，它的速度直接影响 CPU 的数据吞吐能力。目前主板的 FSB 普遍都在 800MHz 以上，高端产品可达 1333MHz。由于 AMD 的 CPU 采用了不同的数据传输方式，因此没有 FSB 这个概念。

(7) 接口、封装技术、制造工艺

CPU 内部，上亿个晶体管集成在一小片硅片上。这块硅片并不能直接拿来使用，必须把它固定在一个比较大、比较牢固的陶瓷外壳里，并且加上很多金属引脚，方便用户连接，最后上面再加上一个帮助芯片散热的金属上壳，这个过程就叫做 CPU 的封装。封装所采用的技术有 Intel 产品的 PLGA 和 AMD 产品的 mPGA，两者封装后的外观比较类似。

制造工艺是 CPU 内硅片的制造技术。目前主流 CPU 都采用了 65nm 或 45nm 的制造工艺，这意味着 CPU 内部晶体管之间连接线路的宽度最小只能达到这个数量级。从而 CPU 内晶体管的数目、CPU 内硅片成本、CPU 发热量等指标，都受到制造工艺的制约。

接口是 CPU 和主板之间的连接方式。CPU 接口经历了比较复杂的演变过程。总的来说，接口长期保持在 Socket 这种连接方式(即 CPU 底部安装针脚，插入插座的圆孔内)，区别主要在于针脚的数目。AMD 的 CPU 至今仍然采用 Socket 技术，而 Intel 最近几年的 CPU 采用了叫做 LGA 的新封装技术(即 CPU 底部安装平的触点，主板插座提供弹簧触片)。目前 AMD 主流的 CPU 接口叫做 Socket AM2，Intel 主流的接口是 LGA 775。图 3-1 是 CPU 产品接口的演变示意图，图中阴影部分是 AMD 的发展路线，其余为 Intel 发展路线。

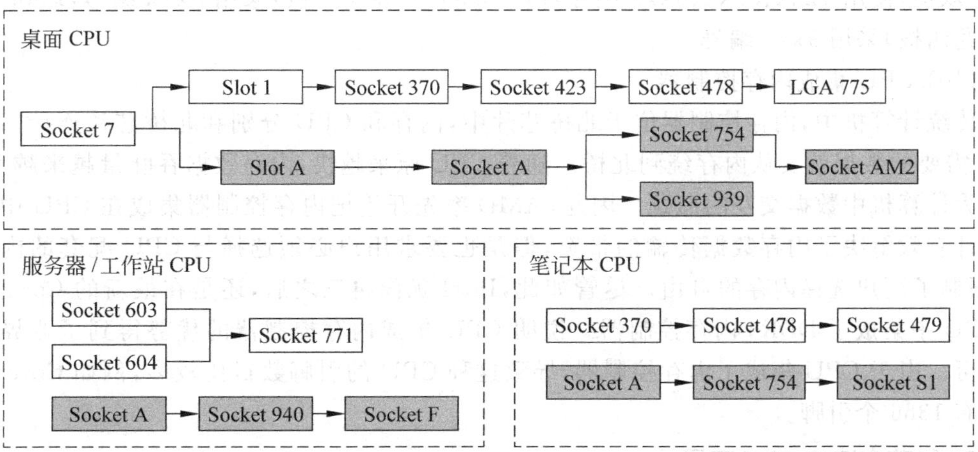

图 3-1

CPU 的制造工艺、封装类型和接口类型之间是有一定的制约关系的。一般来说，CPU 的功能决定了引脚的数量，从而选定接口类型；制造工艺对散热、连接等提出了物理要求，从而对封装提出要求；接口类型和物理要求共同决定了所选择的封装方式。

(8) 指令集

指令集是CPU能够执行的指令的集合。CPU的发展从一定角度来说，就是指令集的发展。计算机的发展是一个循序渐进的过程，最新的硬件产品总是要和旧的产品在同一个市场中共存相当长的一段时间。因此保证计算机产品之间的兼容性——尤其是向前兼容性，即后来的产品具有之前产品的功能——是非常重要的，所以后来的CPU都要向前兼容早期的x86指令集。在保持传统功能的前提下，为了满足计算机发展的需要，还需要对已有的指令功能进行扩充，增强指令的数据处理能力和吞吐能力，所以才有后来的各种扩展的多媒体指令集，例如MMX、SSE1、SSE2、SSE3等。

(9) CPU的编号

Pentium 4和之前的CPU是没有产品编号的概念的，那时产品都通过主频来识别，例如P4 2.0G、Athlon XP 3200+等。但是到了后来，CPU的这种命名方法就出现了一些混乱，首先是新旧内核更替频繁，两种内核在同一个主频下无法区分；其次，新的Core架构即将问世，Core架构CPU主频普遍低于之前的Netburst架构产品，因此这种标注法容易引起用户误解，不利于新产品推广。所以从Pentium 4产品后期，Intel采用了数字标注的方法。这种方法沿用至今。

现在市场中Intel主流的Core 2 Duo(酷睿双核)系列CPU产品，都采用“一位字母+四位数字”的编号方法。字母T、P代表笔记本电脑CPU，E代表台式机CPU。例如目前主流台式机CPU的产品命名为E8600、E9500。此外还有四核CPU以字母Q开头，至尊版CPU以字母X开头。较新的Nehalem架构的产品采用Core i7 9xx编号。

AMD早期的产品采用了PR值标注法，由于AMD产品的内部结构和Intel有所区别，所以产品主频普遍低于Intel。PR法的基本含义是用与这块CPU性能相当的Intel产品的主频来标注产品。例如Athlon 3200+，表示这块CPU比Intel同档次的主频为3.2G的产品性能略高。AMD后来也采用了数字标注法，用四位数字标注产品型号。Athlon 64×2(速龙双核)使用4xxx、5xxx、6xxx编号，Phonem×3(羿龙三核)采用8xxx编号，Phonem×4(羿龙四核)采用9xxx编号。

(10) CPU集成内存控制器

传统计算机中，内存控制器位于北桥芯片中，内存和CPU分别和北桥芯片连接。这样CPU需要的数据就要从内存绕到北桥。随着CPU原来越快，内存数据吞吐量越来越大，北桥成为计算机中数据交互的瓶颈。因此，AMD率先开始把内存控制器集成在CPU中。这种设计有效解决了内存数据传输的带宽，但是也要求用户必须选择与CPU配套的内存类型，限制了用户选择内存的自由。尽管如此，Intel犹豫再三之后，还是在最新的Core i7系列CPU中集成了DDR3内存控制器。说明CPU集成内存控制器的优势得到了业界普遍的认可。由于CPU集成了内存控制器，导致这种CPU的引脚数目比较多，例如Core i7产品就有1366个引脚。

3. 目前主流的CPU产品

目前主流的CPU产品都以双核为主，多核为辅，单核产品已经非常少见。主流产品全部是64位产品，32位CPU已经退出市场。

(1) 产品线

在Intel的产品线中，面向低端市场有Celeron D 3xx和Celeron 4xx系列单核产品、

Celeron E1xxx 系列双核产品、Pentium Dual-Core E2xxx 系列双核产品；中端市场有 Core 2 Duo E4xxx、E6xxx、E7xxx 系列双核产品；高端市场有 Core 2 Duo E8xxx 双核产品、Core 2 Quad Q6xxx、Q8xxx、Q9xxx 系列四核产品。此外还有 Core 2 Extreme 系列至尊版产品和 Core i7 系列新品，市场中比较少见。

在 AMD 的产品线中，面向低端市场有 Athlon 64 LE 和 Sempron LE 系列单核产品（即将被双核产品淘汰）、Athlon 64×2 系列中编号为 3xxx、4xxx 的产品；中端市场有 Athlon 64×2 系列中编号为 5xxx、6xxx 的产品、Phonem×3 系列三核产品；高端市场有 Phonem×4 系列四核产品。

（2）接口

主流 CPU 接口普遍采用 Intel 的 LGA 775 或 AMD 的 Socket AM2 接口。这两种接口形状如图 3-2 所示，图中左侧为 LGA 775 接口，右侧为 Socket AM2 接口。

图 3-2

这两种接口设计中都预留了不对称的缺口，因此装配时比较容易找对方向。

3.2 了解内部存储器

严格意义上来说，计算机的内部存储器由多个部分组成：BIOS 芯片中的 ROM 部分、内存芯片中的 RAM 空间、CPU 中的高速缓存。但是通常意义上，人们常说的内部存储器特指内存，也就是被我们叫做内存条的部件。

1. 内存的发展历史

早期的内存经历了 EDO、SDRAM 等阶段，常见的型号有 PC-100、PC-133 等，现在早已不再继续使用。之后出现了 Rambus 内存（RDRAM），由于价格昂贵，没有得到普及就迅速被 DDR 内存取代。

DDR 内存可以在一个信号周期内两次传输数据，因此实际传输数据的频率将两倍于系统的主频。在 100MHz 主频下 DDR SDRAM 的理论带宽可以达到 1.6Gbps，在 133MHz

下可达到2.1Gbps,在166MHz下可达到2.7Gbps,在200MHz下可达到3.2Gbps,因此对应不同的主频,分别有PC1600、PC2100、PC2700、PC3200等不同的DDR内存传输规范。

面对CPU数据吞吐能力的继续增长,而系统主频不能再继续增长的现实,DDR内存也不能再继续依靠提高内存工作频率来提高带宽。于是诞生了第二代DDR内存条DDR Ⅱ(也写作DDR2)。DDR Ⅱ内存通过一种“四位预存取”技术,能够在相同主频下提供比传统SDRAM快4倍、比DDR快2倍的数据传输速度。例如DDR Ⅱ 800内存,实际还是工作在200MHz主频下。DDR Ⅱ内存还支持双通道技术。在双通道模式下,两个内存并发向CPU提供数据,因此可以在不提高内存工作频率的前提下,提供两倍的数据带宽。DDR Ⅱ主要有PC2-5300、PC2-6400、PC2-8500等DDR2传输规范。

DDR3内存升级为8位预读取,因此数据带宽8倍于系统主频。DDR3有PC3-8500、PC3-10664、PC3-16000等多种传输规范。

DDR2内存是现在市场中的主流产品,在笔记本电脑和台式机中均得到广泛应用。DDR3内存也已经解决了成本过高的问题,开始逐渐得到普及。由于还没有更新的内存技术问世,所以预计在未来两三年内,DDR3内存仍然会被广泛应用。

2. 内存相关的基础知识

(1) 内存条

计算机中的内存是一个狭长的窄条,俗称内存条。这种内存采用了一种叫做DIMM的连接技术,这是目前普遍采用的内存连接方式。如图3-3所示,DIMM内存条的主体是一块长方形的印刷线路板,在线路板上焊接了多个内存芯片,同时在其中一条长边上留出了一排细密的金属触点,俗称金手指。DIMM内存条两面对称分布,主板上的DIMM内存插槽两边也均有金属引脚线。早期的DIMM内存电路板的每边都有84条数据线,双边共有168条引脚,故而也称其为168线内存条。后来出现了184-PIN、240-PIN等规格的DIMM模组,适用于DDR内存。目前计算机中普遍采用DIMM内存条。

图 3-3

(2) 内存频率

常说的内存频率,实际包含三种不同的参数:第一种是主板提供给内存的基准频率,也就是内存的主频;第二种是内存实际运行的频率,也就是内存芯片内工作的频率;第三种是传输带宽等效频率。

早期的内存主频和系统主频(或CPU主频)一致,后来在内存异步技术下,两者不再关联。内存的主频受制于主板和内存本身的制造工艺,因此长期以来没有多大变化,始终稳定在100/133/166/200/266MHz这几个可选值之间。

内存的工作频率一般和内存主频成倍数关系,实际的倍数和内存的类型有关,例如

SDRAM 和 DDR 内存，工作频率和内存主频是相同的，而 DDR2 内存，实际芯片内工作频率是主频的两倍。

常见的内存频率实际是内存的等效频率，也就是在额定工作频率下，用内存实际能够达到的数据传输带宽换算出的频率。对于 SDRAM 内存，工作频率和等效频率是一致的。对于 DDR 内存和 DDR2 内存，由于采用了预读取机制，因此能够分别在主频 2 倍和 4 倍的频率下读/写数据。常见的内存的标号，实际上是内存的等效频率，例如 PC100 SDRAM，等效频率＝工作频率＝100MHz；DDR2 800 内存，等效频率＝4×主频＝800MHz。

（3）内存异步

早期的 SDRAM 内存是和 CPU 工作在同一频率下，也就是说内存的频率和 CPU 的主频是一致的。一方面，对于 CPU 主频比较高的用户，相应的也必须选择频率比较高的内存，这就限制了用户对内存的选择；另一方面对于那些需要超频的用户，为了达到超频的目的，往往需要提高 CPU 的主频（例如从 133MHz 提高到 140MHz 或者 145MHz）。这时，如果内存和 CPU 的主频依然同步，那么原有的内存在提高后的系统主频下可能就无法继续工作。因此后来的主板提供了最初的内存异步技术，允许内存工作在 CPU 主频±33MHz 的频率下。这样，如前所举例，主频 166MHz 的 CPU 就可以选择较便宜的 DDR 266 内存，或者较贵的 DDR 400 内存（主频分别为 133MHz 和 200MHz），提高了消费者的可选择范围。后来的主板，从 Intel 的 810 系列以及威盛的 693 系列开始，全面使用内存异步工作模式。这样，内存和 CPU 分别工作在各自的主频下，互不关联，即使 CPU 超频，也不会影响到内存的运行频率。这一技术已经成为目前主板的标准配置。

（4）双通道技术

双通道技术（Dual Channel）是近年来内存控制单元中普遍采用的一种技术，使用该技术可以使两条内存协同工作，起到提高传输带宽的作用。

双通道技术的关键是在内存控制单元中采用两个协同工作的独立 64 位内存控制器。数据按照一定的规律轮流放置在两个内存中，由两个内存控制器分别管理。这样两个内存条就可以分别工作，互不妨碍地读写数据，例如当一个内存条在充电时，另一个内存条可能已经输入了地址信号，正在获取数据。这样，理论上可以获得单个内存控制器两倍的带宽。

早期的双通道技术要求两条内存必须在性能、容量甚至品牌上完全一致。后来的双通道控制器允许两条速度不一样，甚至容量也不一致的内存也可以组成双通道。

（5）内存的时间参数

内存的时间参数通常用一组数字加上内存的工作频率来表示，例如三段法 4-4-4@333MHz、五段法 3-3-3-9-12@333MHz 等。这是一组表征内存在读写数据过程中，每个环节的精细的时间参数，代表了内存实际能够达到的性能指标。一般来说，相同工作频率下这些参数越小，代表内存工作越快。具体参数的意义可以参考扩展阅读材料。

3. 目前主流的内存产品

目前主流的内存产品是 DDR2 内存，比较常见的是 DDR2 667 或者 DDR2 800。DDR3 产品在逐步普及，DDR3 1066 和 DDR3 1333 是比较常见的型号。

DDR、DDR2、DDR3 三种内存条，外观形状非常相似，但是仔细观察仍然可以发现不同之处。通过图 3-4 中的比较可以发现，三种内存的金手指的宽度不同，DDR2 和 DDR3 的引线密度高一些；另外，内存下方的缺口位置也不相同。由于缺口左右不对称，所以可以有效避免内存插反;而不同类型内存条缺口位置不同,可以避免插错型号。

图 3-4

市场中的内存品牌比较多,例如金士顿(Kingston)、胜创(Kingmax)、宇瞻(Apache)、威刚(A-Data)、英飞凌(Infineon)等都是比较知名的品牌。内存的选购建议选择品牌原装的产品,这些产品一般提供三年、五年甚至终身质保。市场中很多来历不明的杂牌内存质量普遍比较差,而且缺少必要的售后服务。

3.3 了解外部存储器

常见的外部存储器主要指硬盘和光驱。

1. 硬盘的相关知识和指标

(1) 硬盘容量

硬盘容量的计算方法比较特殊。在计算机中,一般认为 K、M、G 单位之间相差 1024 倍,但是在计算硬盘容量时,1GB=1000MB=1 000 000KB。因此实际购买的硬盘连接到计算机中时,会发现容量比标称的要少一些。例如 300GB 的硬盘,实际容量是

$$3\times10^{11}\text{ Byte}=292\ 968\ 750\text{KB}\approx286\ 102\text{MB}\approx279.4\text{GB}$$

(2) 硬盘缓存

为了提高硬盘的读写效率,硬盘中普遍采用了缓存技术来缓和盘片读写的低速与硬盘接口传输的高速之间的矛盾。随着硬盘容量的增加,缓存的大小也越来越大。一般来说缓存大的硬盘读写效率会高一些,但是随着缓存容量的不断增加,效率的提高会越来越困难。

(3) 硬盘接口类型

常见硬盘接口类型有 IDE、SATA、SCSI 3 种,其中 SCSI 主要用于服务器硬盘。IDE 接口又叫并口,这种硬盘目前已经趋于淘汰;SATA 接口又叫串口,主流是传输速度 3.0Gbps 的 SATA 2 接口。

(4) S.M.A.R.T.技术

S.M.A.R.T.英文全称 Self Monitor Analysis Report Technology,即自检测诊断分析与报告技术,是一种硬盘可靠性预测技术。它利用对硬盘的可靠性进行分析评估,从而提前预测可能的硬盘故障,以便有机会在硬盘发生故障前将数据备份下来。S.M.A.R.T.由

Compaq 公司率先开发，现在几乎所有的硬盘和硬盘控制器都支持此项技术。

在 S. M. A. R. T. 技术中，制造商可以选定一批表征磁盘工作状态的属性参数，这些属性因不同制造商的硬盘设计而异。在硬盘工作的过程中，该技术使硬盘在读写数据过程中同时能够对硬盘工作状态进行诊断，确定属性参数是否正常。当出现异常时，可以通过软件获得 S. M. A. R. T. 提供的状态报告和警告信息，从而保证数据的安全。

(5) eSATA

eSATA 实际上就是外置式 SATA Ⅱ 规范，是标准接口 SATA 的延伸，用来连接外部 SATA 设备。简单地说就是通过 eSATA 技术，让外部 I/O 接口使用 SATA2 功能。例如拥有 eSATA 接口的用户可以轻松地将 SATA2 硬盘插到 eSATA 接口，而不用打开机箱更换 SATA2 硬盘。

eSATA 的出现使得用户可以在计算机外部连接 SATA 硬盘而不像过去只能局限于计算机内部。当然，也可以用 USB 或者火线 1394 实现这一功能，但是 eSATA 却拥有传输速度优势。在目前的市场上，USB 2.0 的数据传输速度可以达到 480Mbps，IEEE 1394 的数据传输速度可以达到 400Mbps，然而 eSATA 最高可提供 3000Mbps 的数据传输速度，远远高于 USB 2.0 和 IEEE 1394，并且保持方便的热插拔功能。目前主流主板已经提供了 eSATA 接口，支持 eSATA 接口的移动硬盘和机箱也已经比较常见，只是价格略贵一些。

(6) NCQ

NCQ 也是一种改善硬盘读写效率的技术。这种技术通过智能的排序方法，对硬盘控制器队列中的读取指令进行优化，从而获得读取数据的最佳路径，避免硬盘在反复寻道中浪费时间。如图 3-5 所示，图中示意了采用 NCQ 技术前后磁头移动的路径的变化，优化前 4 块数据需要等待硬盘旋转两圈才能读取，优化后一圈内就可以完成了。

目前各硬盘厂商已经在 SATA 硬盘中应用了 NCQ 技术，但是还需要芯片组中的硬盘控制器支持，例如 Intel 从 945 芯片组已经开始支持 NCQ 技术。

(7) 硬盘尺寸

硬盘的尺寸有 3.5 寸、2.5 寸和 1.8 寸 3 种，它们的大小比例如图 3-6 所示。一般 2.5 寸和 1.8 寸硬盘适用于笔记本电脑，而台式机一般都采用 3.5 寸硬盘。

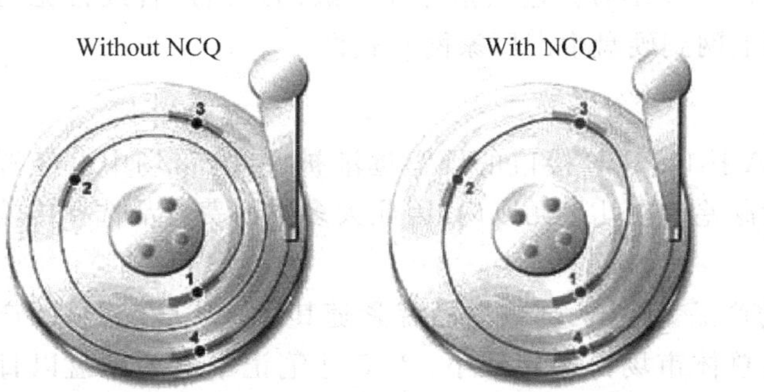

图　3-5

图　3-6

(8) 硬盘数据传输率

硬盘的数据传输率是指硬盘读或写数据的速度，是硬盘工作性能的具体表现。硬盘数据传输率分为外部传输率和内部传输率，两者之间有一块缓冲区以缓解速度差距。内部数据传输率是指硬盘将数据从盘片上读取出来，然后存储在缓存内的速度；外部数据传输率是指从缓存中将数据读出交给相应控制器的速率。数据传输率的单位一般采用 Mbps 或 MB/s，即兆比特每秒。平常硬盘所采用的 ATA66、ATA100、ATA133 等接口，就是以硬盘的理论最大外部数据传输率来表示的，例如，ATA100 中的 100 就代表着这块硬盘的外部数据传输率理论最大值是 100Mbps；ATA133 则代表外部数据传输率理论最大值是 133Mbps。

(9) 单碟容量

硬盘由固定在一个轴上的多个磁性盘片组成，所以每个盘片的容量就决定了硬盘的总容量。由于硬盘技术的不断进步，硬盘单碟容量越来越大，目前最大已经可达 200GB。

(10) 平均寻道时间

硬盘平均寻道时间是指硬盘在接收到系统指令后，磁头从开始移动到移动至数据所在的磁道所花费时间的平均值，是决定硬盘性能至关重要的参数之一。平均寻道时间在一定程度上体现了硬盘读取数据的能力，是影响硬盘内部数据传输率的重要参数。不同品牌、不同型号的产品其平均寻道时间也不一样，寻道时间越短，产品性能越好。现今主流的台式机硬盘平均寻道时间都在 9ms 左右。

在硬盘上数据是分磁道、分簇存储的，读写操作中，数据往往并不是连续排列在同一磁道上，磁头在读取数据时需要在磁道之间反复移动，因此平均寻道时间对数据传输率影响很大。在读写大量的小文件或者磁盘文件碎片比较多时，平均寻道时间对性能的影响非常明显。在读写大文件或连续存储的大量数据时，平均寻道时间的影响会相对较小。

(11) 硬盘转速

硬盘转速指硬盘盘片的旋转速度，单位是转/分(rpm)。一般来说，硬盘转速越快，寻道时间越短，读写等待时间越短。但是受到盘片材料、轴承性能等因素的影响，硬盘转速不能太快。目前台式机硬盘转速普遍为 7200rpm，服务器硬盘转速可以达到 10 000rpm 或者 15 000rpm。

(12) 连续无故障时间

连续无故障时间(MTBF)是指硬盘从开始运行到出现故障的平均正常运行时间，单位是小时。一般硬盘的 MTBF 至少在 30 000 小时。这项指标在一般的产品广告或常见的技术特性表中并不提供，需要时可专门上网到硬盘生产厂家网站查询。

2. 目前主流的硬盘产品

目前市场中的硬盘主要为 SATA 接口，IDE 接口的硬盘逐渐被淘汰，市场中已经鲜有出售。相同型号的 SATA 和 IDE 硬盘差价在几十元以内，因此大多数消费者都选择传输速度更快的 SATA 硬盘。

3.5 寸台式机硬盘以希捷公司的产品为主，西部数据品牌紧随其后，日立和三星的产品除了个别性价比比较高的型号之外，总体市场份额比较小。2.5 寸笔记本电脑硬盘以日立和希捷的产品为主。

在容量方面，台式机硬盘主流产品容量一般在 500GB 左右，市场中已经有多款千元以内的 TB 量级的产品；笔记本电脑硬盘容量普遍低于 500GB。在转速方面，台式机硬盘以 7200rpm 为主，只有少量产品达到 10 000rpm，但是价格比较昂贵；笔记本硬盘以 5400rpm

为主，日立品牌有多款型号转速达到7200rpm。缓存容量普遍为16MB或32MB。

市场中希捷公司的产品目前有11代(7200.11)和12代(7200.12)之分，此外还有少量10代产品的存货。新一代的产品比旧产品性能有一定的提高，价格也稍贵。希捷产品还有DS和ES级产品，相比普通硬盘，这些硬盘价格较高，但是具有更长的“连续无故障时间”，主要针对低价位服务器产品，当然也可以用于普通台式机。ES二代(ES2)产品目前比较常见。

3. 光驱的基础知识和主要技术指标

(1) 光驱分类

光驱是各种光盘驱动器的统称。按照功能和盘片的支持能力来划分，主要分为CD-ROM(CD光驱)、DVD-ROM(DVD光驱)、CD-RW(CD刻录)、DVD-RW(DVD刻录)、Combo(康宝)等多种类型。其中，Combo一词是英文单词“组合”的缩写，指DVD光驱+CD刻录机的组合，属于CD刻录和DVD刻录之间的过渡产品；DVD光驱向下兼容CD光驱(即DVD光驱具有CD光驱的全部功能)，DVD刻录也向下兼容CD刻录。这些产品中CD光驱和CD刻录产品已经趋于淘汰，DVD-ROM和Combo已经不再具有价格优势，因此也即将退出市场。未来功能全面的DVD刻录产品将成为市场主流。蓝光刻录机将有可能是下一代的光驱产品，但是光驱和盘片高昂的价格使其在较长时间内难以普及。

(2) 光盘的分类

常用的光盘有两大类，只读光盘和可写入光盘。前者一般用于各种产品的发行，市售的各种有内容的光盘都是只读光盘；后者一般以空白光盘的形式出现，供用户自己写入内容。

音像制品经常会出现CD、VCD、DVD、SVCD等多种格式，实际上这些名词指的是光盘上内容的软编码格式。写入光盘的数据格式只有CD-ROM和DVD-ROM两大类。

可写入光盘又分一次性写入(例如CD-R、DVD－R、DVD＋R等)和可擦写(例如CD-RW、DVD-RAW等)。CD-R光盘标准容量为703MB，DVD光盘为4.7GB。DVD＋R和DVD－R是不同厂家研发的数据存储格式不同的光盘，早期的光驱会选择某一种格式的光盘，但现在的产品已经不存在这样的问题，因此这两种格式的光盘可以不加区分地通用。CD-RW和DVD-RW是一种可以反复擦除重写的光盘，使用前擦除原有的内容，然后写入新的内容。DVD-RAW则是一种类似硬盘的可擦写光盘，可以重写盘上某一部分的数据内容，只有部分光驱能够支持DVD-RAW的读取和写入。

(3) 光驱的速度

光驱的速度参数比较复杂，具体内容随不同产品类型而定。

- CD-ROM，只有一个参数：CD光盘读取速率。
- DVD-ROM，通常用到的只有一个参数：DVD读取速率，还有一个隐含参数CD读取速率。
- CD-RW，常用到的参数有：CD读取速率、CD-R写入速率、CD擦写速率。
- Combo，集成了CD刻录和DVD光驱，因此速度包括CD-RW的全部参数和DVD读取速率。
- DVD-RW，包括CD-RW、DVD-ROM的全部参数，此外还有DVD写入速率、DVD擦写速率、DVD-RAW写入速率等。

由于光驱技术已经趋于稳定，因此以上各种参数在较长一段时间内变化不大。通常这些参数以倍速标记，含义是速度可以达到某一个基准速率的多少倍。CD产品以150Kbps为基准速率，DVD产品则以1358Kbps为基准速率。例如CD光驱48X(48倍速)表示读取速度是150Kbps的48倍。

- CD读取速率，市场中以52X(52倍速)居多；
- DVD读取速率，目前大部分都是16X(16倍速)；
- CD-R写入速率，一般为48X；
- CD擦写速率，一般为32X；
- DVD－R和DVD＋R写入速率，通常两者相等，速度一般在16X以上；
- DVD擦写速度，一般为4X左右；
- DVD-RAW写入速度，一般为2X或者4X。

(4) 光雕刻录机

光雕是一种能够在光盘背面刻录出图案的技术，需要具有光雕功能的刻录机和光雕光盘配合使用。

(5) 缓存

缓存是匹配从数据线上传来的高速数据与光盘读写的低速率的有效措施。由于光盘写入过程中，一旦数据中断，再找到断点继续写将浪费光盘空间，而且容易造成刻录失败，因此缓存对刻录机来说尤为重要。一般DVD刻录机缓存都在2MB以上，8MB是常见的配置。

(6) 双层刻录

这是DVD光盘中的一个名词。DVD光盘技术分为多种标准，其中常用的有DVD-5和DVD-9两种。前者是单层光盘，容量为4.7GB，是最常见的DVD光盘类型；后者是双层刻录，容量可以达到8.5GB。要实现双层刻录；必须有支持双层刻录的刻录机和专用的双层刻录盘。

4. 市场中主流的光驱产品

市场中主流的光驱均为兼容DVD－R和DVD＋R的全功能刻录机产品，单功能的DVD光驱和CD光驱已经比较少见。内置刻录机占据大部分市场份额，外置刻录机比例比较小。在接口方面，SATA接口的刻录机已经开始普及，但是IDE接口仍然被广泛使用。

在品牌方面，高端产品以惠普和索尼为主，中端品牌比较多，例如三星、LG、浦科特、华硕、先锋、建兴、台电、明基等都有比较好的口碑。大部分内置刻录机都已经在300元以下。

蓝光刻录机作为新一代光存储产品，正在走入市场。蓝光产品具有更高的存储密度，但是价格还比较贵。目前已经有千元以内的蓝光刻录产品，但是距离大规模普及还需要一段时间。

3.4 了解网卡和Modem

1. 有线网卡的概念和技术指标

通常计算机用户所说的网卡特指有线网卡。网卡已经成为计算机的标准配置。大部分主板都集成了网卡，因此单独的网卡部件越来越少见。

(1) 网卡接口

普通计算机用户能够接触到的网卡都采用一种叫做RJ-45的接口(光纤或者其他高级接口多用于大型服务器或网络设备)。这种接口共有8根数据线，数据线之间两两绞合在一起，起到降低电磁辐射和抗干扰的作用。网卡和计算机之间的连接接口一般采用PCI接口，目前也出现了少量采用 PCI-Express×1 接口的网卡。

（2）网卡类型

网卡分类依据主要是网卡的速度。按照最大速度，网卡分为十兆、百兆、千兆网卡，对应的网卡产品的最大传输速率分别是 10Mbps、100Mbps、1000Mbps。目前的网卡工作速率都是向下自适应兼容，也就是说百兆网卡、千兆网卡都可以被当作十兆网卡使用，以此类推。

（3）自适应设备

自从百兆网卡和千兆网卡出现之后，在网卡、交换机等网络设备中就出现了网络链路两端不同速率的设备之间的兼容性问题。由此引入了网络设备的自适应问题。自适应设备能够检测接口当前的连接状态，连接双方自动协商达成一致。例如网线一端是百兆网卡，另一端是十兆的交换机接口，那么网线连接后，两个设备的接口自动协商，采用双方都能接受的 10Mbps 的速率进行传输。这样就有效地解决了不同档次、不同类型网络设备之间的互联互通问题。

（4）全双工、半双工

早期的网卡或者其他输入输出部件存在设备是否能够同时收发数据的问题。如果设备是半双工，那么同一个时刻设备只能收或者发，而全双工则可以通过不同途径一边收一边发。显然同样条件下全双工设备比半双工设备快一倍。目前网卡已经全部是全双工网卡。除非接入非常陈旧的网络，这时大部分网卡也会自适应为半双工状态，从而与其他半双工设备连接。

（5）网卡芯片

网卡的品牌很多，但是生产网卡芯片的厂家并不多。总体来说，网卡芯片的型号决定了网卡的总体性能，就好比 CPU 的型号决定了计算机的最大计算能力。不同品牌的但采用相同芯片设计的网卡基本处于同一个档次，只是工艺质量和外围辅助功能有所区别。

常见的网卡芯片有以下几个品牌。

- Realtex 芯片。Realtex（瑞昱）的网卡芯片以物美价廉著称，百元以下的网卡几乎都是采用 Realtex 的芯片。早期的 RTL8029 在十兆网卡中得到广泛应用；8139 系列芯片用于百兆网卡，目前比较常见的是 8139D；千兆网卡大多采用 8110 和 8169 两个系列的芯片。
- Intel 芯片。采用 Intel 网卡芯片的产品大多走高端路线，在一些服务器产品上使用非常广泛。也有单独的 Intel 网卡出售。8255x 系列是 Intel 的百兆产品之一，其中的 82559 和 82550 系列产品在服务器网卡领域内应用广泛。采用 82562 系列芯片的 Intel Pro/100VE 是比较常见的集成百兆网卡。
- 3Com 芯片。3Com 是生产网卡的鼻祖，其产品以 3C905 系列百兆网卡为代表，千兆网卡中多采用 3C940 系列芯片。
- D-Link 芯片。D-Link 的 DFE-530TX 是低端市场中除了 Realtex 之外应用最广泛的产品，它采用了 DL10030 网卡芯片。
- Marvell 芯片。常见的有 88E8058、88E1111 等型号，多用于主板集成网卡。

（6）五类线、六类线

目前网络布线普遍采用双绞线。按照国际标准，双绞线又分不同的档次，主要差别在于绞合在一起的导线的绞合程度不同，以及所用的材料材质不同。由此带来的结果是在网线距离加大时，不同档次网线能够达到的最大速率不同。

早期的双绞线采用三类线，这类导线封皮上标记有 CAT3，常用于十兆网络；五类线标记有 CAT5，超五类标记为 CAT5E，这两类一般用于百兆网络；六类线标记为 CAT6，能够达到的最大网速为 250Mbps，通常用于千兆网的建设。

2. 目前市场中常见的有线网卡

目前大部分主板都已经集成千兆网卡，因此独立功能的网卡销量越来越小。

百兆网卡产品主要有：采用 Realtex 8139 芯片的兼容网卡，例如 TP-Link、金浪等品牌；采用 DL10030 的 D-Link DFE-530TX 和联想 LN-530TX；3Com 3C905C 等。千兆网卡产品主要有采用 Realtek 8169 芯片的兼容网卡，例如 NetCore、TP-Link、金浪等品牌。这些网卡价格都在百元以内。百元以上的网卡较少在 PC 上使用，一般都用在服务器等对网络要求比较高的场合，常见的有 Intel 82559 网卡和 3Com 的 3C905 网卡。

网卡的接口仍然以 PCI 接口为主，也有少量 PCI-E 接口的网卡出现。但是由于 PCI 总线并不是网卡传输的瓶颈，因此网卡接口并没有迫切的升级需要。

主板集成网卡主要以 Realtek 和 Intel Pro 系列网卡为主，采用 nForce 芯片组的主板上多采用该芯片组内部集成的网卡。

3. 无线网卡的概念和技术指标

(1) 无线网络协议标准

目前普遍采用的无线网络协议标准是 IEEE 802.11 系列标准，这是美国电气电子工程师协会(IEEE)为解决无线局域网互联而制定发布的无线局域网标准。

- 802.11 是 IEEE 制定的第一个无线局域网标准，工作在 2.4GHz，速率最高只能达到 2Mbps，标准距离为 100 米。由于它在速率和传输距离上都不能满足人们的需要，因此，IEEE 小组又相继推出了 802.11b 和 802.11a 两个新标准，802.11 标准目前已经较少采用。
- 802.11b 在 802.11 标准基础上做了速度方面的扩展，可以达到最高 11Mbps。
- 802.11a 标准工作在 5GHz，虽然速率可以达到 54Mbps，但是与原有的 b 标准不能兼容。
- 802.11g 标准工作在 2.4GHz，和 802.11b 标准完全兼容而且速率提高到 54Mbps。
- 802.11n 标准通过多项新技术，把传输速率最高提高到 600Mbps，而且通过智能天线分布，大幅度提高传统无线网络传输距离 100m 的限制，是目前比较有前景的新的无线网络协议标准。

(2) 最大覆盖范围

802.11 系列网络协议标准的标准传输距离是 100m，可以扩展到 300m。但是实际传输的距离还与天线的性能和传输条件有关。使用大增益的天线可以获得更大的发射功率，从而增加传输距离；在开阔地区的传输距离显然比穿透障碍之后的传输距离大得多。

(3) Intel 的无线网卡

Intel PRO/Wireless 2100B，迅驰一代的标准网卡，它本身是一款无线网卡产品，但其型号也直接代表了它采用的无线芯片类型。这款网卡支持 802.11b。

Intel PRO/Wireless 2915ABG，迅驰二代的主力，与它同属迅驰二代的还有 2100BG 无线网卡。迅驰二代只要求支持 802.11a/b,但 2915ABG 却已经超越了这个要求。

Intel PRO/Wireless 3945ABG 成为迅驰三代的标配,比 2915ABG 多了 VOIP 和网络唤醒功能,其加密技术也更先进。

迅驰四代的主角就是 Intel Wireless Wi-Fi Link 4965AGN。其最大的特点就是增加了对新标准 802.11n 的支持,且无线传输速度比其他芯片都快。

4. 目前市场中的主流无线网卡

一般来说,无线网卡在笔记本电脑中使用比较普遍,而台式机一般很少使用。目前市售的笔记本电脑都内置了无线网卡,因此市场中独立销售的无线网卡并不多见。

目前市售的无线网卡,低端价位主要有 TP-Link 品牌,中端价位 D-Link、华硕比较常见,高端价位 Cisco-Linksys 品牌使用较多。这几个品牌都有 PCI、USB、PCMCIA 这几种常见的接口的产品可供选择。常见产品一般只支持 802.11b 标准,支持 802.11g 标准、802.11a 标准和 802.11n 标准的网卡会依次贵一些。

课堂练习

任务背景:在课堂讲解中学习了各种硬件知识之后,需要在实践环节对照知识点认识各种硬件产品,从而加深记忆。

任务目标:辨识各种硬件设备。

任务要求:能够识别各种硬件的产品类型和接口类型。

任务指导:各种不同型号硬件的性能参数,可以参考网上有关资料。

练习评价

项　目	标准描述	评定分值	得分
基本要求 60 分	区分 Intel 和 AMD 的 CPU 产品	5	
	区分 LGA 775 和 Socket AM2 两种接口	10	
	区分 DDR、DDR2 和 DDR3 内存条	15	
	区分三种尺寸的硬盘	5	
	区分 SATA 和 IDE 接口的硬盘和光驱	5	
	识别出教学用网卡的芯片型号	10	
	识别出教学用无线网卡的型号和品牌	10	
拓展要求 40 分	认识图 3-1 中的其他 CPU 接口	20	
	识别教学用各种零部件的型号,并通过网络查询它们的技术指标	20	
主观评价		总分	

本课小结

本课介绍了计算机硬件的一些必备基础知识。对于 CPU、内存、外存、网卡等各种硬件设备,首先回顾了它们的简要发展历史,然后重点解析了硬件的一些重要的基础概念、性能指标和接口知识，最后分析了目前市场中的主流产品信息。通过这一课的学习，期待学员在拆解计算机并对各种硬件有一个直观认识的基础上，能够更深入地了解这些硬件。这将成为以后学习计算机组装、应用和维修的知识基础。

课外阅读

1. CPU 历史上最难忘的十个第一

http://tech.sina.com.cn/h/2005-05-08/0826600430.shtml

2. CPU 历史大表格

http://cpu.zol.com.cn/22/228238.html

3. 深入硬盘内部谈硬盘技术发展

http://www.shudoo.com/08/1013/09/11575476.html

课后思考

（1）LGA 775 和 Socket AM2 两种 CPU 接口分别采用了哪些防插反、插错的措施？（提示，观察 CPU 产品的轴对称性）

（2）网卡上通常还空着大块的电路板没有焊接部件，或者焊接了一个空白的插座，调研这些位置是留作什么用途？

第 4 课　深入了解计算机硬件（二）

课堂讲解

知识要点：这一课主要学习关于主板、显卡和显示器等部件的一些基础知识。知识点涉及这些部件的主要技术指标、流行的技术概念、市场中主流产品、产品接口等内容。这些知识点是在第 3 课对计算机各种内部部件直观认识的基础上必备的提高和升华。

学习指导：本课内容以课堂讲解和理论学习为主，同时也可结合对实物的观摩加深理解和认识。课后应该多浏览互联网上的计算机产品库，对课内的知识点予以巩固。

学习要求：对于各种部件中流行的技术概念，应该有基本的了解，虽然不要求深入了解原理和技术实现，但是必须掌握这些概念的基本含义和在各自部件中的作用；对于主板上主要组件的外观和位置，要求能够结合实物加以区分；对于主要技术指标应该结合市场中的主流产品的介绍，熟练掌握；产品接口知识可以回顾第 2 课拆解计算机时的相关内容，并结合实物加深记忆。

4.1 了解主板

主板是机箱内处于核心位置的部件，几乎所有的设备都直接安装在主板上或者通过电缆与主板相连接。从机箱里拆出来的主板上面究竟有些什么呢？我们当然不可能再继续拆解主板，但是应该了解主板上的组件，了解它们的功能和作用。

1. 主板上的零部件和接口

这一节将以华硕的 P5KPL-E 主板为例，介绍主板上的主要部件。图 4-1 给出了这款主板的结构示意图（上图）和对应的实物图（下图）。其他型号的主板不外乎这些部件，最多在部件的型号、位置方面有所区别，或者增删一些次要的部件。

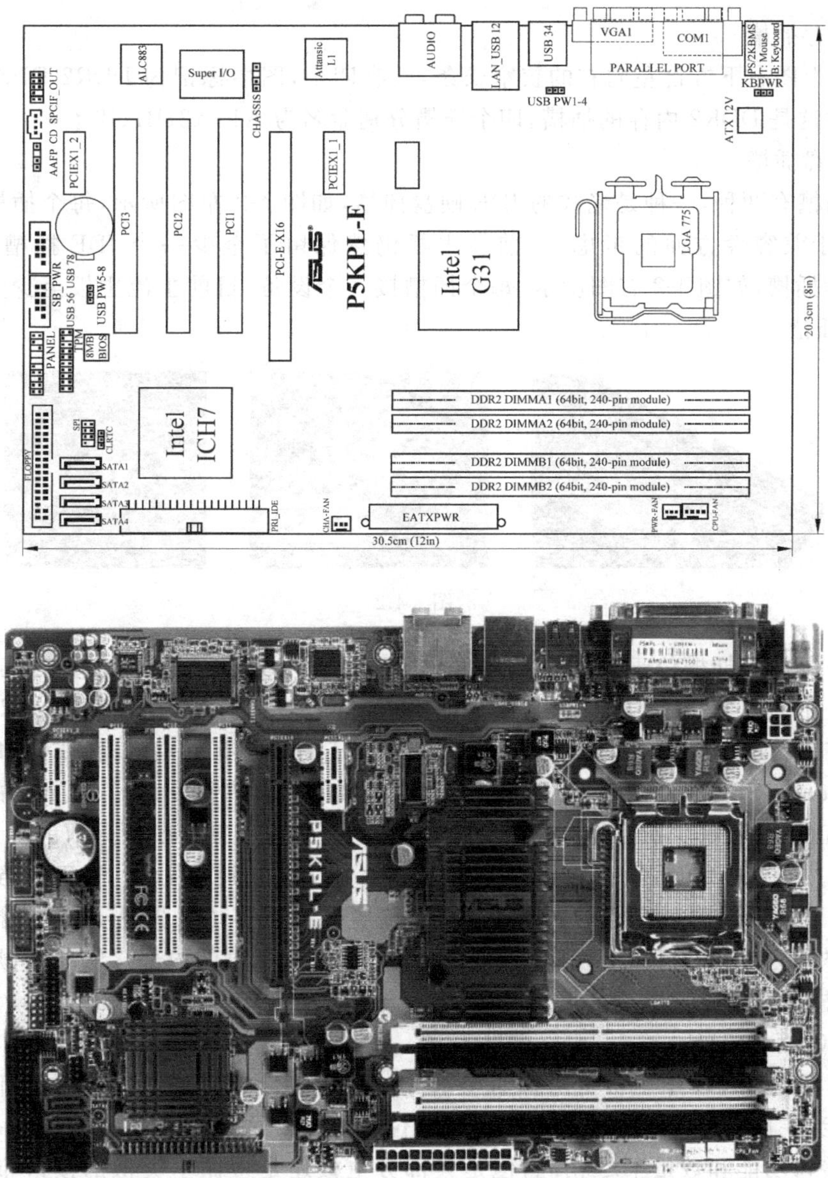

图 4-1

主板上除了几块核心集成电路之外，其他主要以插接件为主，主要包括以下几大类。

(1) CPU 插座

图 4-1 上图中右侧正中标记为 LGA 775 的方块，实物在图 4-1 下图中对应位置，这是安装 CPU 的地方。LGA 775 是目前 Intel CPU 中普遍采用的一种接口。其他的 CPU 接口形状可能略有区别。

(2) 芯片组

图 4-1 上图中两块分别标记为 Intel G31 和 Intel ICH7 的大块正方形，对应图 4-1 下图中主板上加装了散热片的两块集成电路芯片（图中只能看到散热片，芯片被散热片覆盖）。这两块芯片分别是主板的北桥和南桥芯片，是主板上的核心部件，控制和完成主板的大部分功能。

(3) 内存插槽

图 4-1 上图右下方自左向右的狭窄长条，共有四个，图中标记为 DDR2 DIMM_xx。标记告诉我们这是 DDR2 内存的插槽，四个插槽分别命名为 A1、A2、B1、B2。

(4) 硬盘插槽

硬盘插槽有两种，一种是老式的 IDE 硬盘插槽，如图 4-2 左图所示，每个插槽可以接两个设备，出于兼容性方面的考虑，目前新主板仍然保留了至少一个 IDE 插槽；另一种是 SATA 硬盘插槽，如图 4-2 右图所示，每个插槽接一个设备，目前主流主板至少会有 4 个以上 SATA 插槽。

图 4-2

图 4-1 中 IDE 插槽位于主板的左下角。注意右下角 Intel ICH7 南桥芯片正下方紧贴下边缘有一个横向的窄条，左侧标记着 PRI_IDE，这是一组扩展 IDE 插槽。PRI 的意思是 Primary(首要的)，所以 PRI_IDE 表示这是 1 号 IDE 插槽。有的主板有 SEC_IDE，SEC 意思是 Secondary，SEC_IDE 也就是 2 号 IDE 插槽。如图 4-2 左图所示，IDE 插槽的外边缘有一个缺口，正中间还缺少一根针脚，这些都是为了防止把电缆插反了所采取的设计。

图 4-1 中，PRI_IDE 插槽左侧有 4 个 SATA 插槽，分别编号为 SATA1 到 SATA4。图 4-2 中图和右图是两种典型的 SATA 插槽，前者比后者多了一圈外壳，这样插接更为牢固，而且其外壳形状不对称，可以防止插反。另外 SATA 插槽的内部接触部分，是一个 L 形的设计，同样可以防止把电缆插反。

(5) I/O 面板组件

I/O 面板组件是位于主板上边缘右半部分的一组部件，它们的功能都是提供某类特定的接口功能，并且把这些接口通过机箱上对应位置的 I/O 面板扩展出去。虽然每个主板提供的 I/O 接口功能和数量不尽相同，但是大部分主板还是遵循了类似的接口布局。另外，主板的 I/O 接口在机箱上预留的尺寸是有标准尺寸限制的，所有的接口加在一起不能超过机箱上I/O面板的大小。

如果主板的I/O面板接口分布和标准的面板不相同，那么主板厂家应该会提供一块新的金属盖板，用来替换机箱上相同位置的盖板。

（6）电源接口

主板上的电源接口有两类，一类是主电源接口，位于图4-1中内存插槽下方的位置，标记为EATXPWR。这是一种24芯的电源插座，形状如图4-3左图所示，为扁平双排针脚设计。注意图中上下两侧并不完全对称，下侧边缘向外凸出一点，这是为了和电源插头上的卡子配合，实现电源插头的固定，同时也作为连接时辨认正反的依据。图中的插座最右端四个孔被不干胶纸贴住，原因是还有一些旧式的20芯电源线用户，贴纸的目的是提醒这些用户应该把20芯的电源插入左侧20个孔内，贴住的4个孔空着。如果使用24芯的电源线，自然不存在这个问题。

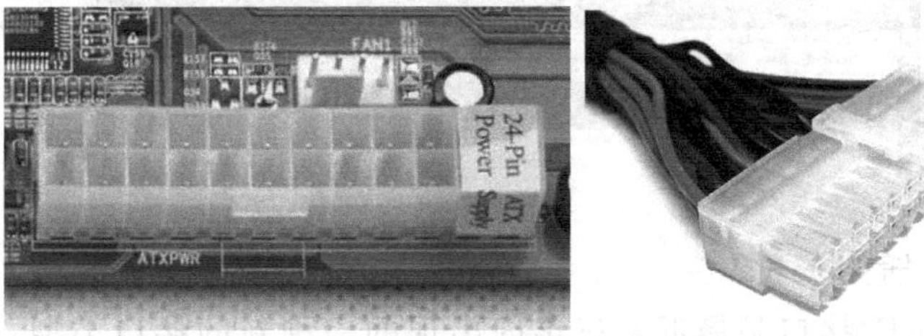

图　4-3

另一类电源接口是辅助电源接口。辅助电源接口有好几种，是为了满足主板上用电大户——CPU、显卡等的供电需求而设计的补充供电方案。常见的辅助电源接口有4芯、6芯、8芯等多种。

图4-1中辅助电源接口位于右上角，标注为ATX12V，这是一个4芯的双排插座。实际使用中常见的还有如图4-4右上图所示的8芯插座。4芯、6芯和8芯的供电方案都是为了给CPU等部件提供+12V的大电流供电而设计的。这些接口都会在一侧设计一个小凸起，如图4-4右下图所示，使用时要和插头上的塑料卡子方向一致，把卡子卡在凸起上，起到固定作用，如图4-4左下图所示。

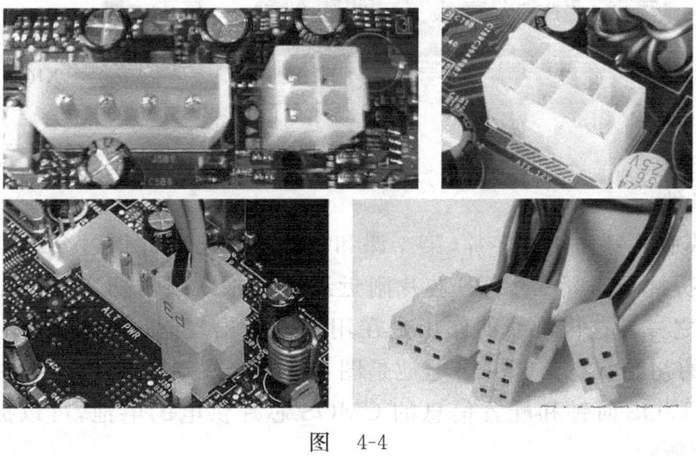

图　4-4

另一种标注为 EZ_PLUG 的辅助插座常见于支持双显卡的主板，主要目的是为显卡供电。它采用计算机中比较常见的扁平 4 芯电源插座(图 4-4 左上图)，光驱、硬盘等设备都采用了这种插座。它有＋12V(黄线)和＋5V(红色)两种电压，插座上下不对称，因此不会出现插反的情况。如果主板上插了两个显卡，则需要使用此插座给显卡供电。

(7) PCI 插槽

PCI 插槽是比较老的外接扩展插槽，但是出于兼容性考虑，目前大部分主板仍然支持 PCI 插槽。图 4-1 中左下方标记为"PCI1、2、3"的 3 个插槽就是 PCI 插槽，PCI 插槽一般都为白色。对应的实物如图 4-5 所示，狭长的插槽被一个隔断分割为长短两部分，这样可以避免设备插反。

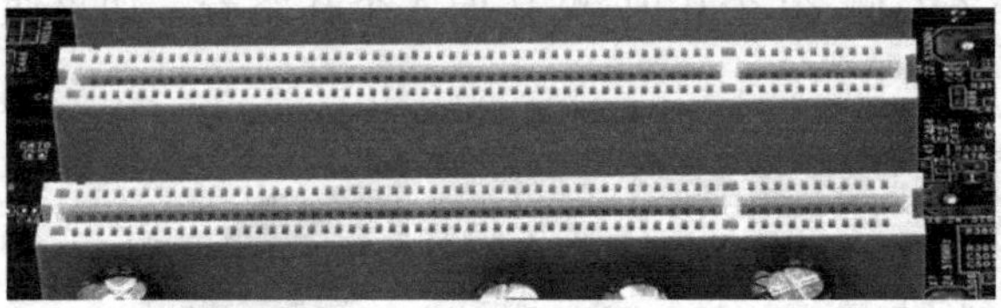

图 4-5

(8) PCI-Express 插槽

PCI-Express(PCI-E)接口是最近两三年内出现的一种新的接口类型，有逐渐取代 PCI 接口的趋势。图 4-1 中，有三个 PCI-E 插槽，它们位于 PCI 插槽左右两侧。有一个比较长的插槽标记为 PCI-E X16，还有两个比较短的插槽标记为 PCI-E X1。这两种都属于 PCI-E 插槽，只是对应于不同的传输速率。前者是 16 倍速，目前主要用于显卡；后者是1 倍速，用于普通低速设备。图 4-6 中，左图是 PCI-E X16 和 PCI-E X1 的实物，右图是常用的 4 种 PCI-E 插槽的对比，它们在引脚定义方面兼容，因此短的卡可以用在长的槽中。注意图 4-6 中 PCI-E X16 插槽的右端有一个白色的部分，这是固定显卡用的卡子，向一侧掰开即可安装或拆卸显卡。

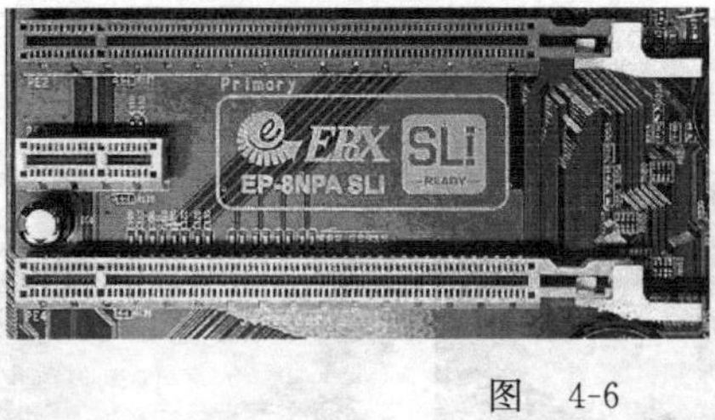

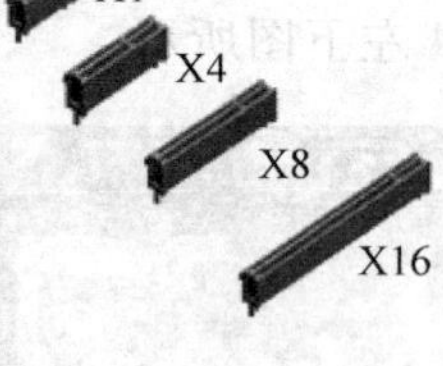

图 4-6

(9) BIOS 组件

BIOS 是一块有特殊作用的芯片，第 1 课和第 2 课均已对此做过介绍。常见的 BIOS 芯片可以从插座中拆卸下来。在 BIOS 芯片附近还有一根跳线，这是主板上至今仍然保留的为数不多的跳线之一。这根跳线的作用是在用户设置出现问题时清除 BIOS 设置的内容，恢复 BIOS 设置的初始状态。CMOS 电池是图 4-1 中唯一一个圆形的部件，位于主板左侧。它是用来给保存 BIOS 时钟和配置信息的 CMOS 芯片供电的电池，可以拆卸，可以自动充电，如图 4-7 左图所示。

图　4-7

(10) 风扇接口

目前主流主板上都提供了多个风扇接口，分别为 CPU 风扇、电源风扇、机箱风扇等设备提供供电和控制功能。之所以把这些风扇都接到主板上来，是因为设计人员试图通过统一的检测和管理，并根据 CPU 负荷情况、机箱环境温度，控制各种风扇的工作状态和转速，从而达到节电、降噪、散热的目的。图 4-1 中主板下边沿 EATXPWR 电源插座两侧的几个三芯和四芯插座就是为各种风扇准备的。

一般来说，主板上至少有一组 CPU 风扇接口，一组系统风扇接口。CPU 风扇接口采用四针设计，系统风扇接口有三针和四针两种设计。风扇插头的一侧有凹槽，和插座上的立柱对应，安装时对准并插进去即可，如图 4-7 右图所示。

(11) 前置 USB 接口

现在的机箱一般都有前置 USB 接口，相应的在主板上一般都有一到两组用于连接前置 USB 接口的引脚。在图 4-1 左侧，标记 USB 56 和 USB 78 的两组接线柱就是 USB 连接线插座。常见的前置 USB 插座有 9 根针(图 4-8 左上图)，实际只有 8 根有效，多出一根用来定位方向，避免插头插反的情况。插头形状如图 4-8 右上图所示。这 8 根线分为两组，“①”和“②”代表第一组和第二组接线，4 根线分别为 VCC(＋5V)、Data＋(D＋)、Data－(D－)、Ground(GND)。例如图 4-8 左下图给出了第二组接线。图 4-8 右下图是常见的 9 个针脚的定义，可供参考。也有一些机箱采用了 8 根独立的连线，来适应不同的主板。这时需要把 8 个小插头对应主板说明书上提供的引脚定义，一一连接到位。

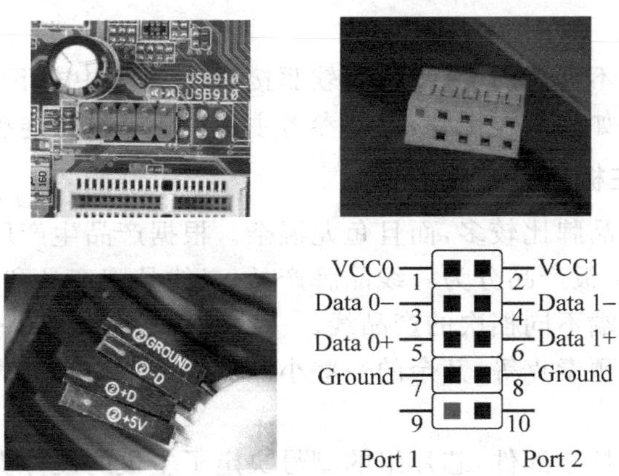

图　4-8

(12) 前置声卡接口

图 4-1 中左上角,标记 AAFP 的插座就是前置声卡接口。同样也是 9 根针,但是排列方式和前置 USB 接口不同(缺口的位置不一样),因此可以有效避免插错或者插反的问题。

(13) 前置 1394 接口

不是每个主板或者机箱都提供了这组接口,只有在主板支持、机箱也提供时,前置 1394 口才能正常使用。前置 1394 口插座同样也是 9 根针,但是针脚的排列方向和 USB 插座恰好相反。

(14) 游戏杆和 COM 口(串口)

有些主板提供了这两类接口,可以通过连接线把这些接口扩展到机箱扩展插槽上的扩充接口上去。有些主板甚至在 I/O 面板中省略了并口,如果需要使用并口也需要通过这种方式扩展。

(15) 前置面板接口

前置面板(Panel)接口是指机箱前面板到主板上的连线,这是主板连线中最为复杂的一组连线,不仅连线凌乱,而且不同厂家设计也各不相同。这组连线主要连接电源开关、Reset 键、电源指示灯、硬盘指示灯、机箱扬声器等。这些连接线在主板上的连接稍微麻烦一点,需要参照主板上的标记,或者最好参考主板说明书。好在新出的主板都采用了彩色的接线柱,分别用不同的颜色区分不同的连接线,这样大大降低了出错的几率。

图 4-9 是前面板的连接线示意图,旁边的小字标出了功能,PLED 是电源指示灯,IDE_LED 是硬盘指示灯,PWRSW 是电源开关,RESET 是 Reset 键,Speaker 是扬声器。

图 4-9

(16) 其他部件

主板上还会有一些不常用的部件,例如软驱接口(图 4-1 中左下角)、CD 接口、音频光纤接口、eSATA 接口等。如果需要用到,可以参考主板说明书进行连接。

2. 市场中的主流主板产品

市场中的主板产品品牌比较多,而且鱼龙混杂。根据产品生产厂商的技术实力、产品销量和产品质量,通常把主板产品分为一线品牌产品、二线品牌产品和三线品牌产品。这些品牌产品都有从高端到低端不同档次的产品线。一线品牌通常指 Intel、华硕、技嘉;二线品牌比较多,常见的有微星、硕泰克等;其余的一些小品牌和尚未取得市场知名度的新品牌通常被归类到三线品牌中。

芯片组是主板上的核心部件,芯片组的型号决定了主板的硬件支持能力(主要需要考虑 CPU 的支持能力),从而决定了主板的档次。市场中常见的芯片组有 Intel、nForce、ATI 3 大系列。

4.2 了解显卡和显示器

1. 显卡相关的概念

(1) 核心频率

显卡的核心频率是指显示核心的工作频率，类似于CPU的主频。其工作频率在一定程度上可以反映出显示核心的性能。在同样级别的芯片中，核心频率高的则性能要强一些，因此提高核心频率是显卡超频的方法之一。

公版频率是指显卡使用的显示芯片(GPU)的厂商在设计该显示芯片时给出的指导性频率，包括核心频率和显存频率两个部分。显卡的厂商在生产显卡的时候可以使用不同的频率，也就是说使用了相同显示芯片的显卡的频率可以完全不同。而公版的频率主要起参考作用，用于和显卡的实际频率比较，可以直观地了解到一块显卡出厂时是否已经超频或者降频。

(2) 显示芯片位宽

显示芯片位宽是指显示芯片内部数据总线的位宽，也就是显示芯片内部所采用的数据传输位数。采用更大的位宽意味着在数据传输速度不变的情况，瞬间所能传输的数据量越大。就好比是不同口径的阀门，在水流速度一定的情况下，口径大的能提供更大的出水量。

目前已推出的显示芯片最大位宽是512位，而目前市场中主流显示芯片，全部采用256位以上的位宽。

(3) 显存位宽

显存位宽是显存在一个时钟周期内所能传送数据的位数，位数越大则瞬间所能传输的数据量越大。它是显存的重要参数之一。目前市场上的显存位宽有64位、128位和256位三种，人们习惯上按位宽将显卡称为64位显卡、128位显卡和256位显卡。一般显存位宽越高，性能越好，但价格也就越高。显存带宽=显存频率×显存位宽/8，所以在显存频率相同的情况下，显存位宽将决定显存带宽的大小。

(4) 顶点着色单元

顶点着色单元(Vertex Shader)是显示芯片内部用来处理顶点(Vertex)信息并完成着色工作的并行处理单元。顶点着色单元决定了显卡的三角形处理和生成能力，所以是衡量显示芯片性能特别是3D性能的重要参数。

顶点是图形学中的最基本元素，在三维空间中，每个顶点都拥有自己的坐标和颜色值等参数，三个顶点可以构成一个三角形，而显卡所最终生成的立体画面则是由数量繁多的三角形构成的，因此三角形数量的多少就决定了画面质量的高低，画面越真实越精美，就越需要数量更多的三角形来构成。顶点着色单元的功能就是处理这些信息，然后把结果再送给像素渲染单元完成贴图工作，这些染色后的三角形最终输出到显示器就成为我们所看到的3D画面。如果显卡的顶点处理能力不足，就会导致画质或者显示速度降低。

通常情况下，顶点着色单元的数量就决定了显卡性能的高低，数量越多也就意味着性能越高。

(5) 渲染管线

渲染管线也称为渲染流水线，是显示芯片内部处理图形信号相互独立的并行处理单元。在某种程度上可以把渲染管线比喻为工厂里面常见的各种生产流水线，工厂里的生产流水线是为了提高产品的生产能力和效率，而渲染管线则是为了提高显卡的工作能力和效率。

渲染管线的数量一般是以“像素渲染流水线的数量×每管线的纹理处理单元数量”来表

示。例如,GeForce 6800Ultra 的渲染管线是 16×1,就表示其具有 16 条像素渲染流水线,每管线具有 1 个纹理处理单元;GeForce4 MX440 的渲染管线是 2×2,就表示其具有 2 条像素渲染流水线,每管线具有 2 个纹理处理单元等,其余表示方式以此类推。

渲染管线的数量是决定显示芯片性能和档次的最重要的参数之一,在相同的显卡核心频率下,更多的渲染管线也就意味着更大的像素填充率和纹理填充率,从显卡的渲染管线数量上可以大致判断出显卡的性能高低档次。一般来说在相同的显示核心架构下,渲染管线越多也就意味着性能越高,就像工厂里的采用相同技术的 2 条生产流水线的生产能力和效率要强于 1 条生产流水线那样。

(6) SLI 技术

SLI 技术是 nVidia 公司推出的一种显卡并联技术,通过多个显卡并联之后,相互协同工作,共同完成图像处理工作。真正的 SLI 技术是将两块以上具有 SLI 功能的绘图芯片的显卡同时插入主板 PCI-E X16 的两个插槽,然后用一块桥接卡连接起来,桥接卡在两块显卡之间传输信号,保证两块显卡的任务分工和完美的协同工作。

SLI 技术也可以不通过桥接卡来实现,但是这样组成的系统性能提升有限。目前还有 4 块显卡组成的 SLI 系统,但是需要主板硬件支持。

(7) CrossFire 技术

CrossFire(交火技术)是 ATI 公司推出的双显卡并联技术。CrossFire 需要 ATI 主板芯片组、一块支持 CrossFire 的显卡和一块普通 ATI 显卡。CrossFire 系统采用一块主卡与一块从卡协作的方式,主卡与从卡之间通过一根特殊的连接线连接。从卡输出的 DVI 信号传输到主卡的 HD-DMS 专用接口,然后引出一个接口连接到显示器上面显示。这种工作方式决定了交叉火力技术可以支持不同类型的显示核心,因此在兼容性上优于 SLI。

2. 显示器相关的概念

(1) 显示器种类

常见的显示器有 CRT 显示器和液晶显示器两种。CRT 显示器就是通常所说的显像管显示器,体积大、重量大、辐射大,目前已经趋于淘汰;液晶显示器早期受到屏幕反应速度的困扰,并没有大量普及。在新的液晶面板问世之后,速度的问题已经被解决,因此液晶显示器正在被迅速普及。

(2) 屏幕尺寸和可视面积

屏幕尺寸是指液晶显示器屏幕或者 CRT 显示器可见部分的对角线长度,单位为英寸。而屏幕可视面积是显示器可以显示图形的最大范围。通常 CRT 显示器可视面积都会小于显像管的显示面积,例如 15 英寸 CRT 显示器的可视范围在 13.8 英寸左右,17 英寸在 15~16 英寸,19 英寸显示器可达到 18 英寸左右。与 CRT 显示器不同的是,液晶显示器标称的屏幕尺寸就是实际屏幕可视尺寸,所以 17 英寸的液晶显示器的可视面积接近 19 英寸的 CRT 纯平显示器。目前主流显示器产品的屏幕尺寸主要以 19 英寸和 22 英寸为主,也有 22 寸以上的液晶显示器出售。

目前流行的宽屏显示器其屏幕尺寸仍然是指液晶显示器屏幕对角线的长度。传统显示器的宽高比大约是 4∶3,而现在宽屏液晶显示器的屏幕比例还没有统一的标准,常见的有 16∶9 和 16∶10 两种。宽屏液晶显示器相对于普通液晶显示器具有更大更有效的可视范围,但是值得注意的是,在相同屏幕尺寸下,无论是 16∶9 还是 16∶10 的宽屏液晶显示器,其实际屏幕面积其实都要比普通的 4∶3 液晶显示器小。

(3) 接口类型

一般CRT显示器都采用模拟信号输入,使用15针D-Sub接口。目前低价位的液晶显示器和显卡,一般仍然采用这种接口。而未来主流的液晶显示器将以DVI数字信号接口为主。少量高端显示器,主要以液晶大屏幕显示器为主,采用了HDMI数字输入接口。

(4) 亮度和对比度

亮度是指画面的明亮程度。广义上的亮度,除了包括普通的亮度因素,同时还包括色彩的饱和度和艳丽度。亮度的单位是cd/m^2(坎德拉每平方米)。

显示器的对比度实际上就是亮度的比值,定义是:在暗室中,白色画面(最亮时)下的亮度除以黑色画面(最暗时)下的亮度。因此白色越亮、黑色越暗,对比度就越高。对比度是液晶显示器的一个重要参数,在合理的亮度值下,对比度越高,其所能显示的色彩层次越丰富。

(5) 分辨率

对于CRT显示器,在特定刷新频率下,由于显示器带宽的限制,因此有最大分辨率的限制,超过这个分辨率,显示器将不工作。而对于LCD显示器,则主要考虑额定分辨率。由于液晶面板的像素数固定,因此只有在额定分辨率下,图像才可以清晰显示。超过或者低于这个分辨率将会影响显示效果,甚至不能正常显示。

(6) 刷新率,扫描频率

屏幕上的图案实际上不是停止不动的,而是在不停地刷新的。每秒钟屏幕内容更新的次数叫做屏幕的刷新率,也叫做“场频”,或者叫“垂直扫描频率”。例如,设定刷新频率为75Hz,那么屏幕每秒钟会更新75次。刷新率和屏幕的抖动、闪烁有关,对于CRT显示器,一般建议刷新率在85Hz以上,这样人眼才不易感觉到屏幕的刷新过程,否则人眼会感觉到屏幕的闪烁,容易使眼睛疲劳。而对于LCD显示器,由于原理不同,不存在显像管电子束扫描的过程,因此图像相对比较稳定,可以选择比较低的分辨率。一般LCD显示器默认刷新率为60Hz,这个频率足够保持图像的稳定。

(7) 带宽

带宽是显示器显示能力的一个综合指标,指每秒钟所扫描的像素个数,即单位时间内所有扫描线上显示的点数总和,以MHz为单位。带宽越大表明显示控制能力越强,显示效果越佳。对于液晶显示器,带宽=水平分辨率×垂直分辨率×刷新频率,而对于CRT显示器,还需要再乘一个系数1.344(这是因为为了保证显示器边缘图像质量,显像管扫描过的像素个数比我们实际看到的要多)。

(8) 响应时间

响应时间是液晶显示器的一项重要指标。CRT显示器显像管的响应时间都很短,因此不考虑这项参数。

通常所说的响应时间,实际上包含黑白响应时间和灰阶响应时间两种参数。通俗地说,黑白响应时间是显示器从全黑到全白之间转换所需要的时间。大多数显示器标称的响应时间指的就是黑白响应时间。通常16毫秒的响应时间对应每秒钟63幅图像,而12毫秒响应时间对应83幅图像。一般液晶显示器额定刷新率在75Hz以下,因此高于12毫秒以上的响应时间在使用过程中是体现不出来的。通常播放DVD只要30毫秒,而普通游戏只需要25毫秒就已经足够。

3. 主流显卡产品

显卡通常分为主板集成显卡和独立显卡两大类。主板集成显卡芯片通常与主板芯片组源自同一厂商，而且显卡集成在主板北桥芯片中。

目前的独立显卡市场是 nVidia 和 ATI 双雄鼎立。相比之前的显卡制造商，这两家显卡最大的特点就是没有自己垄断显卡的产品线，而是抓住 GPU 这个核心工具，通过芯片授权的方式，让更多合作伙伴共同参与到研发队伍中来，大家一起做市场，从而壮大自己产品线的规模和实力。

AIC 是 nVidia 的合作伙伴，目前主要的 AIC 成员有 WinFast（丽台）、XFX（讯景）、Galaxy（影驰）、ASUS（华硕）、MSI（微星）、Abit（升技）等厂家。

AIB 是 ATI 显卡的合作认证厂家，主要成员有 Sapphire（蓝宝石）、PowerColor（迪兰恒进）、HIS（基恩）、ASUS（华硕）、MSI（微星）、Gigabyte（技嘉）等。

这些 AIC/AIB 厂家一般都有比较雄厚的技术实力，产品独具特色，性能优异。相比之下，还有一些所谓的“通路商”品牌的显卡。通路商是指公司自己没有研发实力和生产环节，而是把别人的产品拿来贴上了自己的商标。常见的通路商有七彩虹、双敏、昂达、盈通、铭瑄等，它们大多通过代工工厂生产产品并贴标销售，板卡大多采用显卡的公版电路。常见的代工工厂有同德、广达等。

课堂练习

任务背景：在学习了关于主板、显卡、显示器的一些基本概念之后，有必要通过实物，对这些部件，以及书中讲解的一些概念加深认识。

任务目标：加深对主板、显卡、显示器的外观、硬件接口、产品类型等的直观认识。

任务要求：能够区分核心芯片（例如主板南北桥、显卡 GPU 等）的品牌和型号；能够区分显示器接口；能够识别主板、显卡上的主要芯片和功能部件。

任务指导：不同品牌、不同型号的主板和显卡产品在组件、功能上不尽相同，因此不需要照搬书中的样例，而应该根据具体情况灵活运用。

练习评价

项 目	标准描述	评定分值	得分
基本要求 60 分	区分 LGA 775 和 Socket AM2 两种接口的主板	5	
	区分使用 DDR、DDR2 和 DDR3 三种内存条的主板	10	
	区分主板上的两种硬盘接口	5	
	区分主板上的各种组件，指出其名称和功能	20	
	区分不同接口的显卡	10	
	观察不同大小的显示器，测量普通和宽屏显示器的长宽尺寸，并对比其像素分辨率	10	
拓展要求 40 分	识别出显卡上的主要组件并说明其功能	30	
	调节显卡输出的屏幕分辨率、显示器刷新频率，对比其显示效果，并测出显示器的最大分辨率或额定分辨率	10	
主观评价		总分	

本课小结

这一课主要学习与主板、显卡和显示器等部件相关的一些基础知识。例如主板上的各种功能组件、显卡的常见技术概念、显示器的主要技术指标等，还在此基础上介绍了市场中主流的主板、显卡、显示器产品。这些知识是在第 2 课对计算机各种内部部件直观认识的基础上，必备的提高和升华。

课外阅读

1．计算机主板工作原理

http://computer.bowenwang.com.cn/motherboard.htm

2．主板知识

http://product.zol.com.cn/products/param_list.php?subcatid=5

3．显卡性能评测中的术语与指标

http://www.highdiy.com/html/av/video/387.shtml

课后思考

显示器的各项性能参数的区别主要体现在哪些应用场合？如何设计测试方法来对比检验这些参数？

第 2 章 组装和使用计算机

知识要点

- 组装台式计算机
- 检测计算机配置
- 测试计算机零部件
- 评测计算机性能
- 安装操作系统
- 安装硬件驱动程序
- 应用软件安装方法
- 常用软件使用方法

第 5 课 组装台式计算机

课堂讲解

知识要点：这一课重点学习动手组装计算机，组装流程和操作步骤是课堂学习的重点内容。

学习指导：组装计算机的过程是和前几节课程中学习的硬件知识，尤其是硬件接口知识密切相关的。所以在学习这一课之前，应该首先复习这些相关知识。组装过程是拆解过程的逆过程，因此回顾第 2 课拆解计算机的过程对于本课的学习是非常有帮助的。

学习要求：课堂学习过程中应该牢记组装计算机的操作步骤，但是绝不应该机械照搬。正确的学习方法是结合前几节课程的相关知识，理解每一个操作步骤的关键点。同时应该考虑为什么需要有这样的操作顺序，哪些环节可以适当调整顺序，哪些环节必须严格按顺序操作。

5.1 安装 CPU 和内存

步骤 1 安装 CPU

(1)【Intel】Intel LGA 775 接口 CPU 的安装

如图 5-1 左上图所示，这是典型的 LGA 775 接口的 CPU 插座，是目前 Intel CPU 的主流接口。

① 用手掰开插座旁边的手柄，向上拉起，将手柄拉到最上侧，然后打开扣在插座上的金属盖，如图 5-1 右上图所示。

② 将 CPU 放入插座，CPU 四周的缺口应该和插座上的凸起相吻合（图 5-1 左下图）。另外，CPU 一个角上的三角形应该和主板插座一个角上的缺口相对应，否则 CPU 是安装不进去的。

③ 盖上盖板，合上手柄，将 CPU 牢牢地固定在插座内，如图 5-1 右下图所示。

图 5-1

(2)【AMD】Socket AM2 接口 CPU 的安装

在第 3 课里讲解过 AMD 公司目前主流的 CPU 产品使用的是 Socket AM2 接口。除此之外，Intel 公司在采用 LGA 775 接口之前的大部分产品和 AMD 所有的产品都采用了不同的 Socket 类型接口。如图 5-2 所示是 Socket AM2 接口的 CPU 安装方法，其余各种 Socket 接口都具有共同的安装方法。

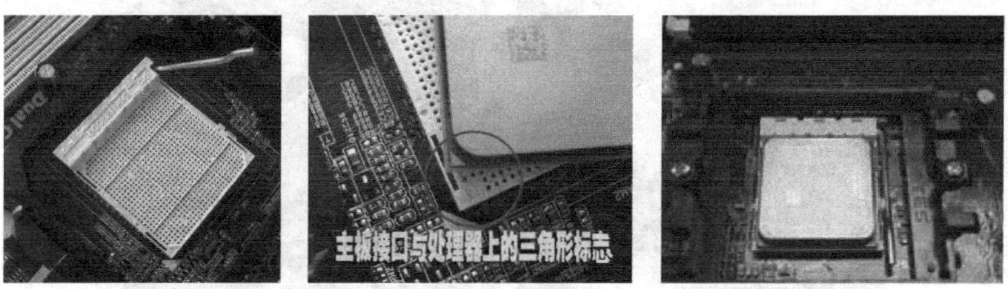

图 5-2

① 打开 CPU 插座旁边的拉杆到垂直的位置（图 5-2 左图），方法是把拉杆稍向下压，同时往外侧推，然后松手，拉杆就可以抬起了。

② 将 CPU 针脚放入插座的圆孔内，观察 CPU 四周，务必使 CPU 和插座贴紧。要注意 CPU 的方向，CPU 下方电路板一角的三角形标志应该和插座一角的三角形标志对齐（图 5-2 中图），也可以通过观察 CPU 底部针脚排列的缺口位置和插座上针孔的缺口位置来判断 CPU 的方向。其他类型的 Socket 接口都可以采用这样的方法来判断方向。

③ 向下合上拉杆，直到拉杆被卡住不再弹起为止。

步骤 2　安装 CPU 散热器和风扇

装好 CPU 之后，接下来需要安装 CPU 散热器和风扇。

一般来说，CPU 和散热器之间应该均匀涂抹一层导热硅脂。有些品牌风扇的散热器背部已经有这样一层硅脂，例如 Intel 原装的风扇。否则就应该另外涂抹一层。

(1)【Intel】Intel CPU 散热风扇的安装方法

① 将散热器和风扇扣在 CPU 上方，将散热器周围的四个孔位和散热器周围的四个固定扣具的位置一一对齐，并将扣具末端的缺口沟槽放在正确的位置，如图 5-3 左图所示。

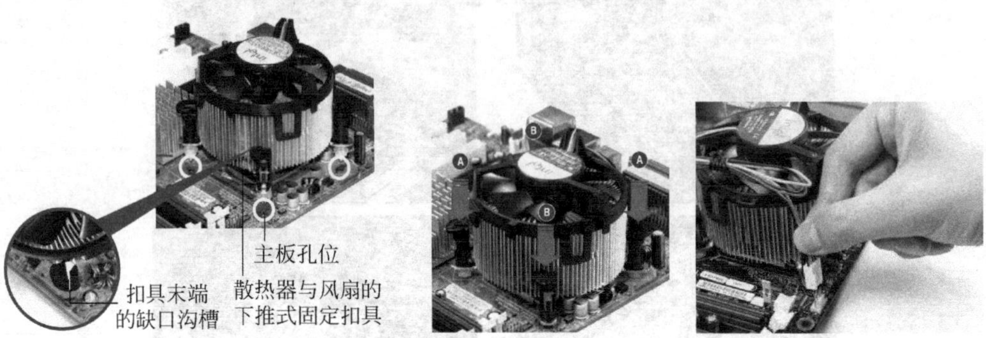

图 5-3

② 向下按下扣具，把塑料扣具插入主板上的圆孔内。注意要按照对角线方向依次交叉按下，避免 CPU 和风扇受力不均，如图 5-3 中图所示。

③ 最后要记得插好风扇的电源插头，如图 5-3 右图所示。

(2)【AMD】AMD CPU 散热风扇的安装方法

AMD CPU 的风扇结构和安装方法略有不同。

① 如图 5-4 所示，把 CPU 风扇平放在主板上的方形塑料托架内，风扇和托架之间通过缺角来定位，如果方向放错了是放不进去的。

图 5-4

② 向下压散热片旁边的两个金属挂钩，将其卡在塑料托架侧面的凸起部位，如图 5-4 左上、右上图所示。图 5-4 左下图是另外一种卡子，采用了三个凸起固定，更牢固。

③ 如图 5-4 右下图所示的扳手扳到位。

④ 插好风扇电源插头。

步骤 3 安装内存

① 把内存插槽两端的卡子向两侧打开，对比内存条上缺口的位置和插槽中凸起的位置（缺口两侧长短不对称），摆正内存的方向。

② 把内存两端插入卡子上的插槽内，这时内存自然也就正对着插槽的中央，如图 5-5 所示。使劲向下用力，把内存插入插槽中，直到两侧的白色卡子自动弹起，并向内扣住内存条为止。

图 5-5

注意：如果有两条内存，那么应该插入主板上颜色相同的两个内存插槽内，这样组成双通道内存，可以较大幅度地提高内存的效率。

5.2 测试准系统

在把主板放入机箱之前，首先测试一下主板、CPU、内存等核心部件是否工作正常。因为一旦主板放入机箱中，这些部件拆卸就会比较麻烦，而且在机箱的狭小空间中拆装，会影响组装的质量。因此通常测试通过之后，再把它们放入机箱中。

① 如图 5-6 所示，在安装好 CPU、散热风扇、内存条的主板上再插入显卡，连接到显示器，同时连接好主板上的电源。

② 测试前先检查显卡接口是否已经插紧，在没有固定的情况下，显卡可能会松动。观察插槽接触部位，可能会出现如图 5-7 左图所示的情形，此时应该在不通电的情况下重新安装到位。

提示：同样的检查方法也适用于将来在机箱内安装的显卡、网卡等扩展卡。

③ 找到主板上的前置面板接口（图 5-7 右图），对照主板上的标记或者主板说明书，从中找出连接电源开关的接口，这是两个相邻的接线柱。用金属螺丝刀将其短接，这时电源将会启动。

④ 检查“准系统”是否能够点亮，屏幕显示 BIOS 自检过程是否正常。如果必要，也可以接上键盘，进入 BIOS 设置界面查看系统硬件自检结果。

注意：测试完后，应该断开电源，拆下显卡备用，准备把主板放入机箱。

图 5-6

图 5-7

5.3 安装电源和板卡

板卡指计算机中以印刷电路板为主体制作的部件，例如主板、声卡、显卡以及各种扩展卡等。

步骤 1 安装电源

将电源放入机箱内相应的位置，并对准后部的螺丝孔，如图 5-8 所示。挑选合适的螺丝，将电源固定好。

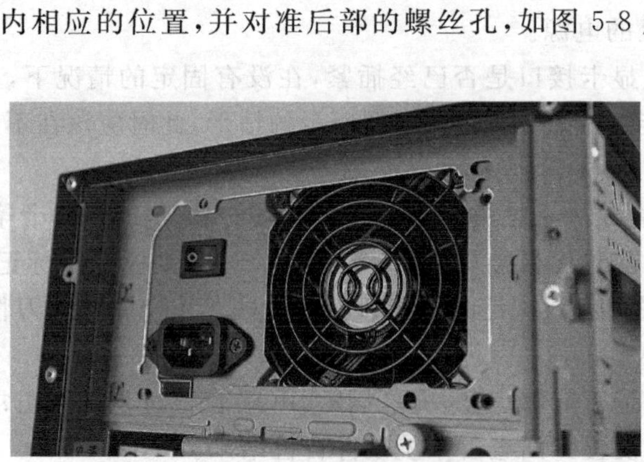

图 5-8

注意：电源上的四个螺丝孔位置是不对称的，因此如果电源放反了，螺丝孔是不可能对准的。

步骤 2 安装主板

① 挑选用于固定主板的铜质螺母和对应的螺丝。

注意：机箱都会附带一小包配套的螺丝和螺母，这些螺丝有好几种规格，为了避免混淆，应该把挑出的螺丝逐个拧入螺母中试一下。

② 检查机箱后部 I/O 面板上的金属盖板是否和主板兼容，如果插孔的位置和数量不一致，应该将其拆下，并换上主板附带的 I/O 面板，如图 5-9 所示。

图 5-9

③ 对照主板上螺丝孔的位置，在机箱相应的位置放置铜质螺母(图 5-10 左图)，最好用钳子逐个用力拧紧，以免脱落。

图 5-10

④ 把主板放入机箱前，对照主板上的文字标识，先接好前置面板上的连接线，如图 5-11 左上图所示。这些线通常连接有电源开关、Reset 键、扬声器、指示灯等。

注意：一旦主板放入机箱，再连接这些线会比较困难。

⑤ 对准螺丝孔的位置和 I/O 面板上的插孔位置，将主板轻轻放入机箱内，如图 5-11 右上图所示。

注意：机箱 I/O 面板内侧有诸多小弹簧片，这些小弹簧片应该和主板自由接触，没有扭曲或挤压变形的情况发生，如图 5-11 左下图所示。

⑥ 将事先挑好的螺丝拧入螺丝孔内，如图 5-11 右下图所示。

注意：所有螺丝不要一次拧紧，先拧到 2/3 左右，等所有螺丝都到位，确认主板活动自由，没有受力变形的情况下，再将螺丝沿 I/O 面板一侧向另外一侧依次拧紧。

图 5-11

步骤 3　安装各种扩展卡

显卡是最常见的扩展卡。如果计算机需要安装网卡、声卡等其他板卡，操作方法与此相同。

① 对比板卡与主板上相应插槽的形状，确定安装位置。目前显卡一般都采用 PCI-Express X16 接口，这种接口在主板上通常只有一个，因此安装位置比较固定；如果是其他类型 PCI 接口的板卡，则可以从多个插槽中任选一个。

② 根据选定的位置，拆下机箱背部相应部位的扩展槽挡板，将板卡插入插槽内，如图 5-12 所示。如果板卡有输出接口，应该从机箱后部伸出。

图 5-12

③ 按照图 5-7 左图中所示的方法检查板卡是否安装到位。尤其是板卡下端插入到主板和机箱缝隙中的位置，经常会出现异常卡住的情况，需要仔细检查。

④ 拧紧螺丝即可。

注意：将合格的板卡安装到位时，板卡上的挡板应该和对应的螺丝孔恰好吻合，而不是要靠螺丝的压力把它们凑在一起。否则，板卡可能没有完全插到位。

如果需要安装网卡等其他扩展卡，可以按照同样的步骤操作。

5.4 安装硬盘、光驱

步骤1 安装硬盘

目前市场中的台式机硬盘大部分采用SATA接口，旧的IDE接口已经很少见了。如果遇到IDE接口的硬盘，则可能会遇到新型号主板的IDE接口不够用的问题。这时需要考虑硬盘跳线的问题。具体可以参考阅读材料。

① 将硬盘贴有标签的一侧向上，从机箱内侧缓缓插入机箱托架内。现在大部分机箱都有多个硬盘安装位置，选择时需要重点考虑硬盘的散热问题，要给硬盘留下足够的散热间隙。

注意：要将接口一侧向内，不要插反了。

② 插入到位后，应该可以从机箱两侧看到硬盘螺丝孔的位置。将两侧的四个螺丝固定到位，如图5-13所示。方法依然是先拧2/3，都到位后再全部拧紧。

图 5-13

注意：硬盘的螺丝和机箱内其他部位的完全不一样，比普通机箱内使用的螺丝螺纹大一号，所以如果没有把握，建议安装前先将螺丝依次试好。

③ 连接硬盘电源线和数据线。这两种电缆都有防插反的设计，因此一般不会插错。

步骤2 安装光驱

光驱的安装和硬盘略有不同，硬盘是从机箱内部插入固定托架，而光驱是从机箱前部插入托架。主流硬盘产品采用SATA接口，而多数光驱仍然是IDE接口。

① 选择光驱的安装位置，拆下前面板上相应位置的塑料或金属挡板。

注意：大部分机箱都有塑料和金属两层挡板。个别机箱的挡板使用螺丝固定，而大多数机箱中，塑料挡板是用卡子固定，从内向外用力即可取出；金属挡板是用一次性软连接固定在机箱上，用力反复扭动几下就可以拆下。

② 把光驱从机箱前部，由外向内缓缓插入，直到与前面板平行为止。

③ 拧紧四个固定螺丝。依然是先拧2/3，都到位后再全部拧紧。

④ 连接光驱数据线和电源线，如图5-14所示。

注意：光驱的数据线一般使用IDE接口，可以用IDE数据线连接到主板上的IDE接口（目前主流主板普遍只有一个IDE接口）。如果是SATA光驱，那么连接到主板任何一个SATA接口均可。

图　5-14

步骤 3　连接机箱内其他连线

这些连线包括主板的电源线、主板辅助电源线、前置 USB、前置声卡、前置 1394(如果机箱和主板提供)、CD 数据线、机箱风扇、电源风扇等连线，这些连线的数量和连接方式因主板和机箱的设计而异，大部分连线在第 4 课介绍主板时都已经一一介绍了。

步骤 4　收尾工作

最后，需要整理机箱内的连线，适当捆绑，避免导线落入风扇内。

然后盖好盖板，拧上机箱螺丝。这样，一台台式机的主机就安装完成了。

5.5　安装外部设备

外部设备主要包括键盘、鼠标、显示器等必备设备，以及音箱、耳麦、打印机、扫描仪等可选设备。

步骤 1　连接鼠标和键盘

目前市场上的鼠标一般都同时支持 USB 和 PS/2 接口，两种接口可以通过一个转接头实现转换。所以采用任何一种接口都可以。PS/2 接口位于计算机背后 I/O 面板的最上方，圆形绿色的接口。插入时，插头上标有鼠标图形的一侧向右(面对机箱后部)。USB 接口的鼠标可以插入任何一个 USB 插口中。

键盘还是以 PS 接口居多，少量采用 USB 接口。PS 接口位于鼠标 PS/2 接口旁边，为紫色圆形插孔，插入时，插头上标有键盘图形的一侧向右。USB 键盘可以插入任何一个 USB 插口中。

步骤 2　连接显示器

观察显示器连接线插头的形状方向，将其插入显卡上正确的插孔，然后拧紧插头两侧的螺栓，避免插头意外脱落。

步骤 3　连接音箱和耳麦

普通音箱和耳机插头一般是浅绿色，插入声卡上绿色的标记有 Phone(或者标记一个耳机形状的图形)的插孔即可。如果声卡提供了三个插孔，那么 Phone 插孔通常是中间那个。麦克风的插头一般是浅红色，应该插入声卡上浅红色的标记有 Mic(或者标记一个麦克风形状的图形)的插孔。

5.1 或者 7.1 的音箱连接稍微复杂，总的原则是各种颜色的插头对应相同颜色的插孔，这样就不会插错了。

步骤 4　连接打印机、扫描仪

目前主流打印机和扫描仪都采用了 USB 连接，所以插入 USB 接口即可。

少量老式打印机和扫描仪还在用并行接口。狭长的并行接口形状比较独特，找到后将电缆插入，并拧紧两侧的螺栓。

课堂练习

任务背景： 前几课中学习了计算机硬件的相关知识，已经结合实物认识了各种零部件。本课课堂学习中已经学习了组装计算机的基本步骤。课堂练习环节是对上述知识的综合巩固和实践练习。

任务目标： 按照课堂讲解的内容，从零部件开始动手组装一台台式计算机。

任务要求： 要求按照课堂讲解的步骤进行操作，各部件组装到位，连接线路整齐，计算机启动正常。

任务指导： 在第 2 课里，带领大家认识了计算机硬件，并动手拆解了一台计算机。在动手组装计算机之前，需要先对拆解的过程进行回顾。然后熟悉各个零部件的接口，熟悉组装中用到的各种线缆，并对比它们之间的配套关系。在组装每个部件之前，最好先比对其他部件，选择合适的安装位置，不要急于拧螺丝。

练习评价

项　目	标 准 描 述	评 定 分 值	得分
基本要求 60 分	各部件位置恰当	15	
	各部件线路连接正确	25	
	计算机可以正常开机	20	
拓展要求 40 分	线路走向合理整齐	15	
	各部件安装位置考虑了日后升级的因素	25	
主观评价		总分	

本课小结

这一课学习了如何组装台式计算机。整个组装过程被划分为 5 个过程，分别对应 5 类不同的硬件设备。在课堂讲解过程中，兼顾了 Intel 和 AMD 两种类型的 CPU 产品，兼顾了 SATA 和 IDE 两种硬盘接口。虽然学员在实践环节的练习中可能只能动手操作其中的一种，但是另外一种也应该有所了解。如果能够两种产品兼顾，自然是最好的。

课外阅读

1. 组装电脑全过程

http://www.zzit.com.cn/diy/diytech/115115738.html

2. 图解电脑组装之接口线缆安装细节

http://diy.yesky.com/cpu/499/2529499.shtml

3. "计算机组装"视频资料

http://v.youku.com/v_show/id_XMzIwNjUxMDQ=.html

课后思考

(1) 组装过程中，哪些步骤可以适当互换顺序？哪些步骤必须严格按照这样的顺序？为什么？

(2) 如果需要安装第二块、第三块硬盘，第二个、第三个内存条，第二只光驱，机箱中现有部件的安装位置是否能够方便地满足上述操作？出于这些升级的考虑，在组装计算机时，关于零部件安装位置的选择还应该注意什么？

第 6 课　检测计算机

课堂讲解

知识要点：本课主要介绍评价计算机质量过程中常用的检测软件及基本使用方法。

学习指导：评价计算机质量和性能，有多个不同的检测项目。各种工具软件也分别有各自的特色。因此本课的重点在于了解各种检测项目分别可以通过哪些检测软件来实现，其次才需要掌握各种软件的操作方法。这是因为，这类软件的使用过程通常比较简单，而且软件版本会不断更新，使用方法也会不断变化。

学习要求：通过课堂知识的学习，需要掌握针对单个零部件和针对计算机整体两大类测试对象，分别进行质量和性能测试的基本方法。通过课堂演示，了解各种软件的主要功能和基本操作方法。

组装好的计算机应该经过一系列检测，确认设备没有问题之后，才可以投入使用。这些检测按照不同的类别，又分为以下几大类。

- 系统硬件信息整体检测，主要目的是检查计算机中的硬件情况，查看各个部件是否和配置单一致。通过软件检测，可以在一定程度上防止销售商在零部件上做手脚。
- CPU、内存、硬盘、显示器等硬件的专门测试，主要目的是更细致地检测各个部件的详细参数和工作状态。

➢ 系统硬件性能整体检测，主要目的是检测系统硬件组合搭配之后，是否能够达到预期的性能，是否在某一方面的工作中存在瓶颈。

6.1 系统硬件信息整体检测

1. 硬件信息综合检测软件 EVEREST

EVEREST 原名 AIDA32，是一个测试系统硬件信息的工具，它可以详细地显示出 PC 硬件多个方面的信息，支持上千种(3400＋)主板，上百种(360＋)显卡，支持对并口、串口、USB 这些 PNP 设备的检测，支持对各式各样处理器的检测。其检测信息基本覆盖了所有的硬件设备。当然，其中大量专业数据对普通用户是没有太多参考意义的。我们重点关注的信息在于它报告的每种硬件的名称和基本参数。

(1) 启动 EVEREST 软件

EVEREST 软件属于比较常用的软件，从各大软件站点都可以下载到最新的版本。EVEREST 软件是典型的绿色免安装软件，下载后的软件是一个压缩包，解压缩后就可以直接使用。EVEREST 是共享软件，需要注册才能使用全部功能，否则只能在 30 天试用期内使用部分功能。如果我们只是偶尔用它检测一次硬件，那么免费的试用功能完全足够了。

① 在软件站点，例如天空软件、华军软件园等，下载最新版的 EVEREST 软件包，为了使用方便，最好下载简体中文版的。

② 解压缩下载得到的软件包，运行其中的 EVEREST. exe 可执行程序，将出现如图 6-1 左图所示的启动界面。

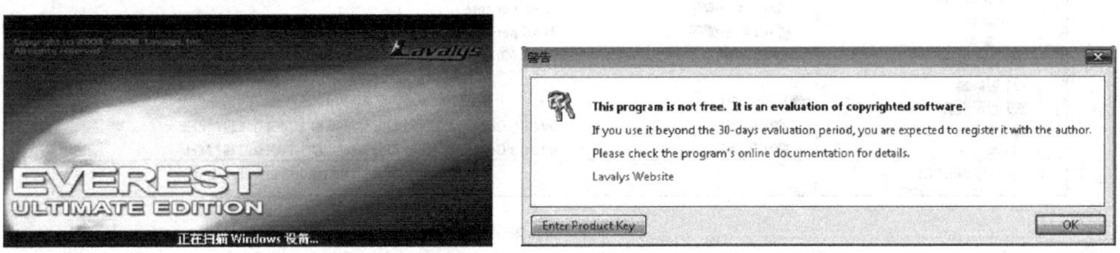

图 6-1

③ 软件将在启动界面停留一段时间检测系统硬件设备。之后，将出现如图 6-1 右图所示的提示信息，提醒用户这是试用版软件，只有 30 天时间。

(2) 使用 EVEREST 查看硬件信息

EVEREST 启动后的界面如图 6-2 所示，屏幕非常简洁，主窗口左侧是一棵系统硬件树，列出了 EVEREST 监测的各类信息，可以从中选择需要查看的内容；主窗口右侧列出了选定的信息类别的内容。通过 EVEREST 可以获得的信息非常全面，因此这款软件又被称为“硬件百科全书”。

在左侧窗口中选择一个信息大类，然后从中选择一个子分类，这时屏幕右侧将出现这类硬件的信息，如图 6-3 所示。

依次查看 CPU、主板、内存、SPD、物理磁盘存储器等硬件设备信息，对比与计算机配置单是否一致。

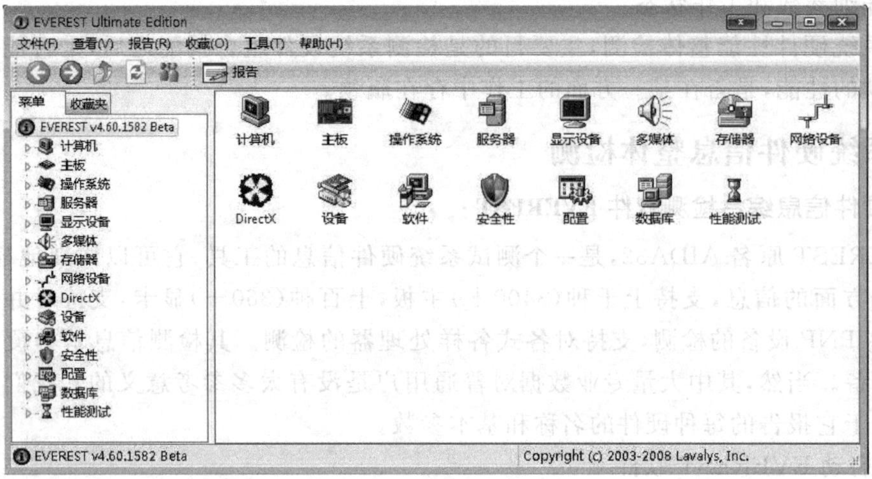

图 6-2

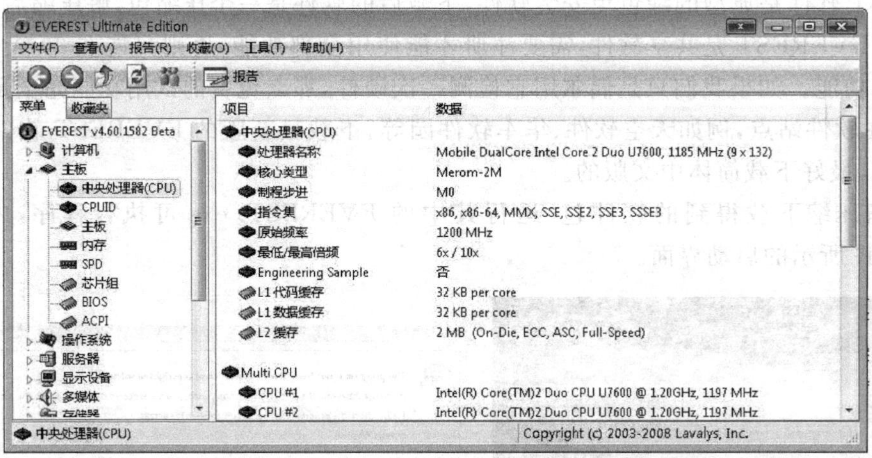

图 6-3

小知识 关于 EVEREST 软件提供的信息

通常情况下，使用 EVEREST 软件不外乎两方面的目的：第一是检测系统硬件配置情况，确定零部件型号是否属实；第二是获得硬件的详细内部细节，这些细节在常用的硬件参数中往往不会提及，而 EVEREST 则会详细列出。使用目的不同，决定了对获得的硬件信息的关注程度不同。

如图 6-3 所示，这是关于 CPU 情况的报告，报告分为以下几个部分：

- 中央处理器(CPU)整体信息
- CPU 多核情况
- CPU 物理信息
- CPU 厂商信息
- CPU 目前使用情况

除去最后一项 CPU 使用情况数据实施监测功能，其他的信息大致可以分为两类：第一类是关于硬件型号的识别信息，例如图 6-3 中的“处理器名称”这一项，标明这款 CPU 的型号是 Mobile DualCore Intel Core 2 Duo U7600，工作频率是 1185MHz，系统主频 132MHz，9 倍频，这是软件检测和识别出的 CPU 型号和工作参数；第二类信息是 CPU 的具体参数和属性信息，这是存放在软件内部数据库中的数据，它们和型号是一一对应的，因此只要是相同的 CPU 型号，在不同的计算机得到的参数和属性信息是相同的。在其他硬件设备的检测结果中，也可以区分出这两类信息。

在本课里，检测硬件配置情况是使用 EVEREST 的初衷。因此通常只重点关注第一类信息。第二类信息可以作为熟悉硬件设备和学习硬件基础知识的好教材，供大家课后研读。

(3) 使用 EVEREST 的系统监测功能

EVEREST 还提供了系统状态的监测功能。软件运行后，在屏幕右下角的任务栏里将出现一排数字小图标(见图 6-4 左图，图中字母 T 是由于试用版软件不能提供该项信息)，这是 EVEREST 提供的硬件状态监测功能，图中的数字是一系列系统温度、电压等状态监测信息。如果软件注册成功，将提供更多监测信息，如图 6-4 右图所示。

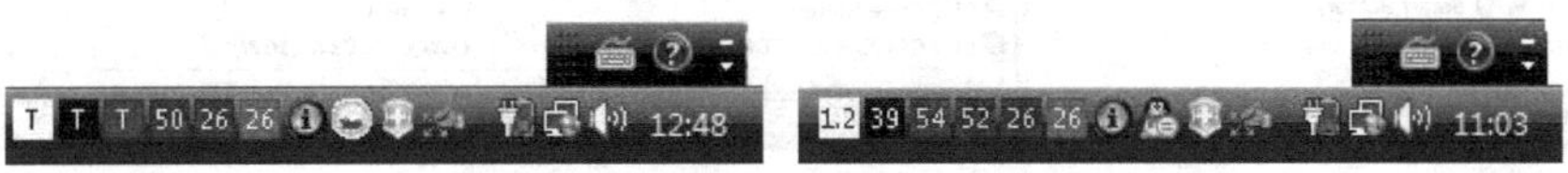

图　6-4

这些监测信息的含义可以参考软件设置界面。选择“文件”→“设置”选项，打开 EVEREST 配置界面。选择“硬件监视工具”→“任务通知区域”选项，如图 6-5 所示，图中列出了所有可监测的项目，并给出了这些项目对应图标的颜色和文字。其中一些选项已经被选中，被选中的监测结果显示在屏幕右下角的系统托盘中。可以根据需要增删监测项目。

图　6-5

EVEREST 还提供了其他的监测途径，例如图 6-5 左侧的树中“硬件监视工具”分支下，还可以选择启用“Vista 边栏”、OSD(显示器提供的文字提示)、“日志”等途径显示或者记录监测信息,而且可以分别进行详细配置。

2. 硬件信息查看工具 HWiNFO32

常用的硬件信息查看工具软件还有 HWiNFO32。这款软件需要安装才能使用,运行后提供的信息也很全面。这是一款共享软件,但是可以试用。

HWiNFO32 运行后界面如图 6-6 所示,左边是硬件树,右边是信息清单。可以单击后逐一查看。

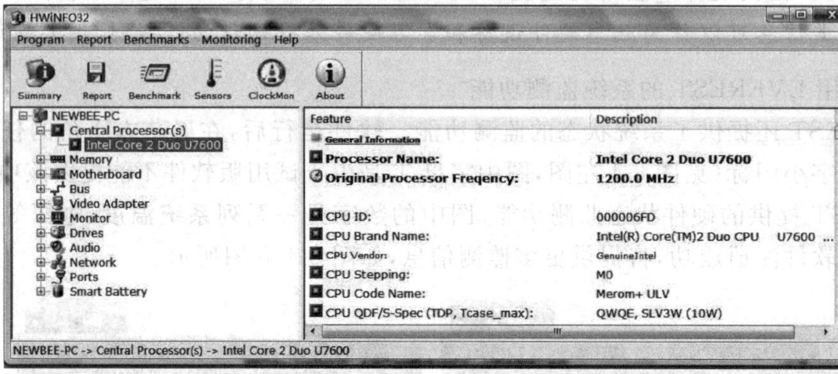

图 6-6

除了可以逐项查看硬件细节外,HWiNFO 的独到之处在于它提供了汇总功能。单击工具栏中的 Summary 按钮,将出现如图 6-7 所示的系统信息汇总摘要界面。其中的 Processor(处理器)和 Motherboard(主板)两项内容中将给出我们使用软件检测硬件型号所需要的大部分信息。

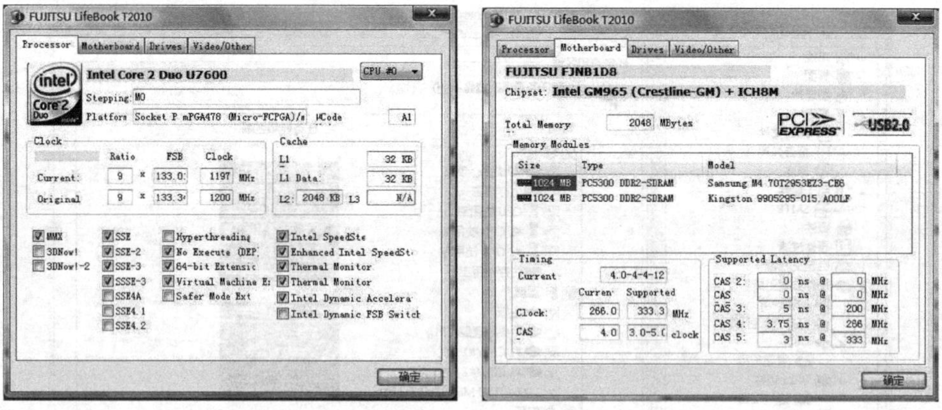

图 6-7

HWiNFO 软件还提供了报告功能,可以单击工具栏中的 Report 按钮,指定格式后输出一份详细的硬件信息报告。输出的报告可以使用其他软件查看。

6.2 计算机零部件测试软件

这类软件主要针对某一个具体的零部件,测试该部件的型号参数、工作状态和性能指标。其中部分软件综合性比较强,兼有多种硬件的测试功能,但是往往以其中一种为主。

1. CPU 测试软件

(1) Intel Processor Frequency ID Utility 和 Intel Processor Identification Utility

这两款软件是 Intel 公司推出的针对 Intel CPU 的检测软件，检测内容包括 CPU 类型、型号、工作状态等内容。其中 Intel Processor Frequency ID Utility 仅支持 Pentium 4 之前出品的相对较旧的 CPU 芯片，最后的版本是 7.2 版。Intel Processor Identification Utility 主要针对比较新的 CPU 芯片。我们使用这两款软件的目的在于识别 Intel CPU 的真实身份，避免买到被 Remark(打磨掉芯片原来的标识，重新标注更高型号)过的芯片。

如图 6-8 所示是这两款软件的工作界面。图中圆圈中的内容给出了 CPU 预期的速度和实际的速度。如果芯片没有被做过手脚，这两列内容应该是一致的。

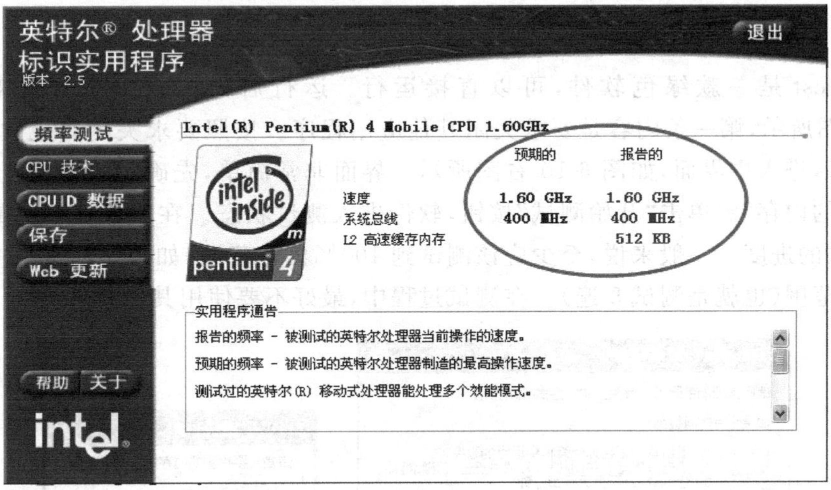

图　6-8

(2) AMD CPU Info

这是 AMD 公司推出的针对 AMD CPU 的检测软件，常用于检测 CPU 有没有被做手脚。但是这款软件更新有些慢，可能会不支持最新的 CPU。而另外一款名为 Central Brain Identifier 的第三方软件更新相对要快一些，这款软件也是专门针对 AMD CPU 的识别和检测软件。用户可以在两款软件中选定一款。

(3) CPU-Z

该软件可以提供全面的 CPU 相关信息报告，包括处理器的名称、厂商、时钟频率、核心电压、超频检测、CPU 所支持的多媒体指令集，并且还可以显示出关于 CPU 的 L1、L2 缓存的资料(大小、速度、技术)等，还可以侦测主板、内存等其他部分的信息。图 6-9 所示是 CPU-Z 的报告界面。图中圈出的部分是我们重点关注的内容，这些内容分别报告了 CPU 类型(名称、内核、接口)、CPU 实际运行频率(核心频率、倍频、外频)、内存运行参数、每个内存条的参数(容量、最大频率、厂家)等信息。

2. 内存测试软件 MemTest

MemTest 是一款内存测试软件，它可以通过长时间运行反复读写数据以彻底检测内存的稳定性，同时测试内存的存储与检索数据的能力。

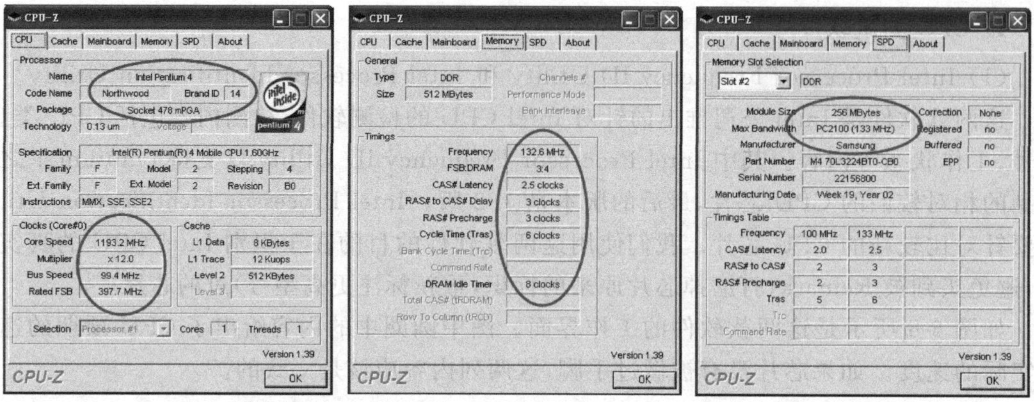

图 6-9

MemTest 是一款绿色软件，可以直接运行。运行后先出现一个提示对话框，如图 6-10 左图所示，第一条内容是要求关闭其他应用程序。按照要求关闭其他软件后，单击“确定”按钮，进入主界面，如图 6-10 右图所示。界面非常简单，先确定检测的范围，默认是“所有未用的内存”。单击“开始测试”按钮，软件进入测试状态。在软件窗口的最下方显示了当前测试的进度。一般来说，至少应该测试到 100%覆盖范围，如果时间富余应该测试到 500%覆盖范围（也就是测试 5 遍）。在测试过程中，最好不要使用其他软件。

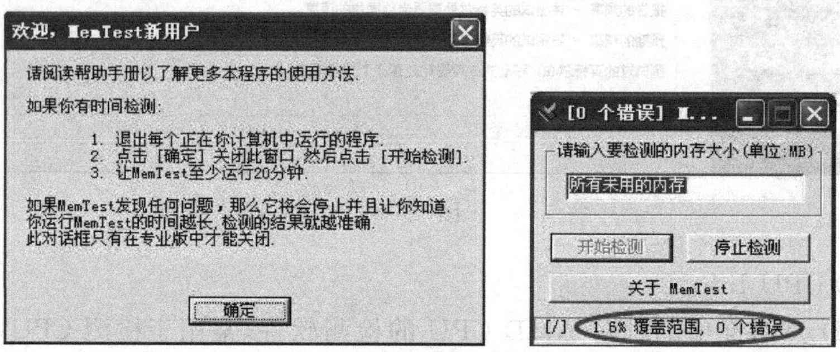

图 6-10

3. 硬盘测试软件 HD Tune

HD Tune 是一款小巧易用的硬盘工具软件，其主要功能有硬盘传输速率检测、健康状态检测、温度检测及磁盘表面扫描等。另外，还能检测出硬盘的固件版本、序列号、容量、缓存大小以及当前的 Ultra DMA 模式等。为了使用方便，最好下载汉化版本。

启动 HD Tune（图 6-11 左图），最上方是硬盘选择栏，如果有多个硬盘可以在这里切换。有四项基本功能：Benchmark（性能测试）、Info（信息）、Health（健康状况）、Error Scan（错误扫描）。对于新硬盘，只需要关注 Health 中的 Power On Hours Count 这一行的 Data 列的内容和 Start/Stop Count 行的 Data 列。这两项数据分别给出了硬盘累计运行时间和开机次数，从这些数据可以验证是否是新硬盘。另外可以验证 Info 中的传输模式是否是 Ultra ATA 模式。对新硬盘其余的检测没有太多必要。

对二手硬盘，Health 中的信息非常重要。这些信息来自于硬盘中的 S. M. A. R. T. 功能中记录的硬盘状态信息。这些记录下来的信息和相应的阈值（Threshold）进行比较，从而

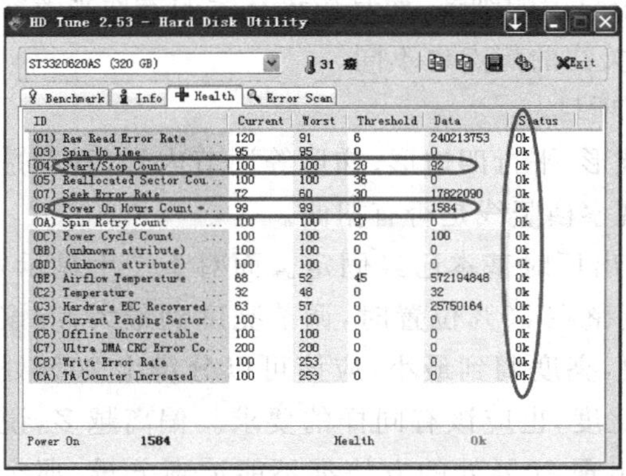

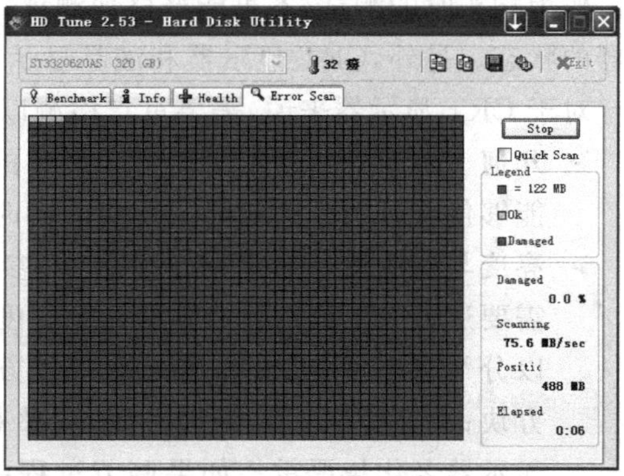

图 6-11

判断出硬盘的工作状态。如图 6-11 左图所示，几列数据的内容分别是 ID（检测项目的名称）、Current（当前值）、Worst（最差值）、Threshold（阈值）、Data（保存的其他数据）和 Status（状态）。须要重点关注的内容是最后一列信息 Status，分别给出了每个项目的诊断结果。如果硬盘状态良好，Current 和 Worst 值都应该远离 Threshold。另外 Power On Hours Count 和 Start/Stop Count 两项依然值得关注。如果硬盘使用时间或者开机次数太多，最好还是不要购买。

HD Tune 的另一项功能是磁盘错误扫描。这个扫描功能比 Windows 自带的扫描功能强大很多。选择 Error Scan 属性页（图 6-11 右图），单击 Start（开始）按钮，就开始了磁盘扫描的过程。整个扫描过程比较快，一块硬盘大约需要十几分钟。对于二手硬盘，这样的一个磁盘扫描过程是必需的。

4. 显示器测试软件 Nokia Monitor Test

这是一款经典的屏幕测试软件，提供了多种用于检测显示器状态的显示内容。这些测试内容包括 Geometry（几何）、Brightness and Contrast（亮度与对比度）、High Voltage（高电压）、Colors（色彩）、Convergence（收敛）、Focus（聚焦）、Resolution（分辨率）、Moiré（水波纹）、Readability（文本清晰度）、Jitter（抖动）等内容。在主界面中单击不同的按钮，如图 6-12 所示，就会提供相应的测试功能。每个测试功能包括一组若干幅测试画面，可以使用鼠标左键向后翻页。

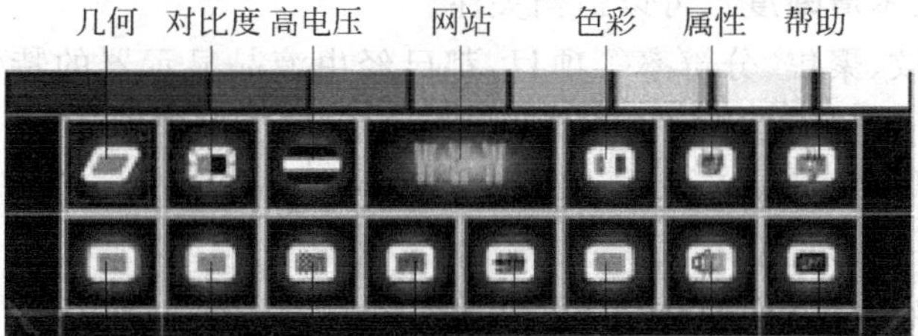

图 6-12

作为购买时的测试，不可能严格地测评每个显示的细节，而是应该从大的方面来考察显示器的状态。另外，CRT 显示器和液晶显示器关注的焦点也不同。

对于 CRT 显示器来说，需要重点检测以下项目。

➢ **几何**　调节显示器本身调节功能中的枕形、平行四边形、梯形等调节内容，看看是否能够使屏幕四个边缘显示平直。同时观察横竖线是否有扭曲。

➢ **亮度与对比度**　如果是新显示器，参数出厂时基本已经固定。而对于二手显示器，需要进行一下测试：把显示器对比度调整在 50%位置时，调节亮度到最大，应该可以分辨出屏幕上 5%位置处的灰色方块，亮度调到最小，应该可以分辨出 20%处的方块；把亮度调节到 50%位置，调整对比度，也应该有同样的要求。偏离越多，说明显示器老化越严重。如果调节过程中出现 20%处的方块都不能清晰分辨，那么这台 CRT 显示器应该报废了。

➢ **收敛**　收敛对于 CRT 显示器非常重要。测试中，前四幅白色和单色的测试图，线条应该干净利落，不应该出现其他颜色的“影子”，组成白色的三色线条更不应该分开；最后一幅三色十字连成的图像中，连接处应该平滑，不应该有偏移或者中断。

➢ **聚焦**　聚焦是 CRT 显示器的重要项目，也是最容易出问题的项目。测试中，显示的所有文字、图案的细节应该清晰可见，相邻黑线应该很容易分辨，不应该有混淆和模糊的现象。

➢ **分辨率**　现在的显示器都应该能够分辨图案中最细小的线条。

➢ **水波纹**　所有的项目都应该没有可分辨的图案或者只有平直的微弱的水平、垂直线条。CRT 显示器一般都做不到平直的线条，都会有明显的扭曲图案。当然水波纹越少越好。

➢ **文本清晰度**　文字可以清晰分辨，阅读不会太吃力。

CRT 显示器在使用过程中会随着使用时间逐渐老化，显示器老化的表现主要是亮度和对比度下降，清晰度下降，分辨率下降，聚焦和收敛性能下降。因此在选购二手显示器时，一定要使用软件重点测试这些项目。

在液晶显示器的测试中，启动软件，然后使用显示器的 Auto Image 功能完成自动调整。

➢ **几何测试**　同样需要关注屏幕边缘是否和图案边缘平行。

➢ **亮度与对比度**　要求和 CRT 显示器相同。

➢ **色彩选项**　非常重要，通过不同颜色的全屏色彩，可以很容易发现液晶屏上的亮点、暗点和色点。

➢ **收敛项目、文本清晰度**　可以适当关注。

➢ 其他如水波纹、聚焦、分辨率等项目，都已经由液晶显示器的特性所确定，一般差别不大。

类似的软件还有 Display X、CheckScreen、PassMark MonitorTest、Eizo-Test 等，功能基本类似，可以任选一两款使用。

5. 键盘测试软件 PassMark KeyboardTest

这是一款键盘测试软件。启动后，将会显示一个键盘的画面。依次按下键盘中的按键，屏幕画面中相应的按键就会变绿。这样就可以在最短时间内测试所有的按键是否正常。美中不足之处是软件只提供了三种键盘的布局（一种标准台式机 107 键键盘，两种 Dell 笔记本电脑键盘),因此不能和所有的键盘按键一一对应。但是大部分计算机键盘基本布局是相同的,因此这款软件也可用于测试其他键盘。

6. 电池测试软件 PassMark BatteryMon

这是一款用来测试笔记本电脑电池的软件。图 6-13 左图所示是电池信息,从中可以了解到电池的生产厂家,判断是否原装电池;图 6-13 右图所示是软件主界面。测试时,拔掉笔记本电脑稳压电源,然后单击 Start 按钮。在测试过程中,需要重点关注图中圆圈圈出的指标 Life left(剩余电量)、Time Remaining(剩余使用时间)的变化情况。结合测试已经进行的时间(Run time)、额定使用时间(Total time)信息,也可以大致判断电池的性能。例如图中的电池,用了不到 5 分钟,电池容量下降到 70%。这款电池显然老化严重。使用图表当然会使结果更加直观:图中黑色粗线条显示电池容量下降的曲线,蓝色虚线为按照电池性能计算出的理论放电曲线,两者越接近越好。另外,测试电池时不要让笔记本电脑闲着,否则笔记本电脑会自动进入省电状态,影响结果的准确性。这款软件也可以测试充电曲线,如果时间允许,也可以测试电池的充电性能。

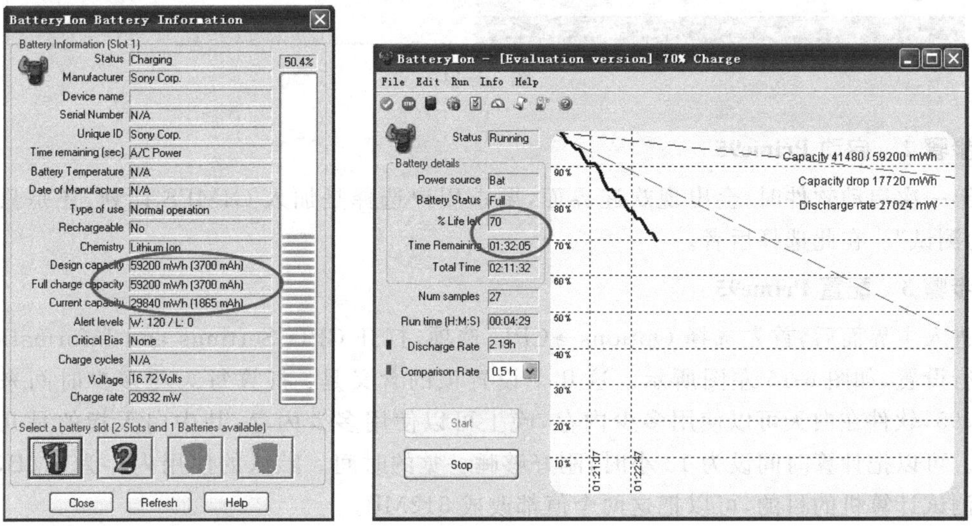

图 6-13

6.3 系统硬件性能整体检测

1. 系统稳定性测试软件 Prime95

Prime95 原本是美国数学家乔治·沃特曼和程序设计师库洛夫斯基共同编制的一款用来寻找梅森最大素数的分布式计算软件,全球的数学爱好者都可以免费下载使用,这就是著名的 GIMPS(因特网梅森素数大搜索项目)。这个软件的客户端是一个在后台运行的程序,只要一开机就自动运行,不会影响用户的正常工作,由于利用了因特网上大量计算机的闲置时间进行计算,可以获得相当于超级计算机的运算能力。

如果用 Prime95 来测试系统稳定性,将是所有拷机软件中最"残酷"的一款,据说可以发现其他测试软件无法发现的稳定性问题,即使系统能够在 Super PI 中顺利通过 419 万次测试,也不见得能够在 Prime95 中熬过几分钟,因此许多超频玩家都用 Prime95 作为超频成功的判据。

软件可以从 http://www.mersenne.org/freesoft.htm 下载，32 位和 64 位 Windows 应该使用不同的下载文件。该软件国内有相应的中文汉化版本。

步骤 1　安装 Prime95

Prime95 的安装非常简单，是标准的软件安装流程。主要安装步骤如图 6-14 所示。

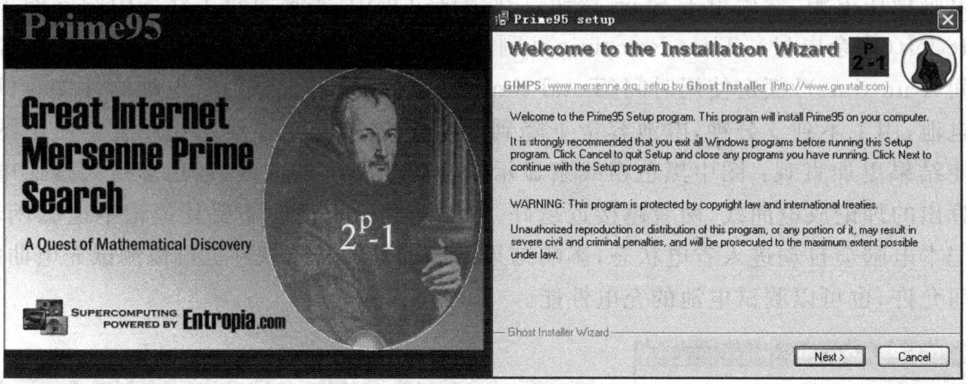

图　6-14

步骤 2　启动 Prime95

第一次启动软件时，会出现欢迎界面，要求用户选择是加入 GIMPS 计划，还是只进行“压力测试”。在此选择后者。

步骤 3　配置 Prime95

进入主界面后，首先选择 Options→CPU 选项，打开 CPU Settings and Information 窗口进行设置，如图 6-15 左图所示。这几个设置项的含义是：打算每天花多少时间来运行 Prime95，软件在白天可以使用多少内存，晚上可以使用多少内存，其中白天指的是几点到几点。可以把计算时间设为 12 小时，刚好够睡一觉的时间。默认的使用内存为 8MB，为了达到测试计算机的目的，可以把这两个值都改成 512MB。

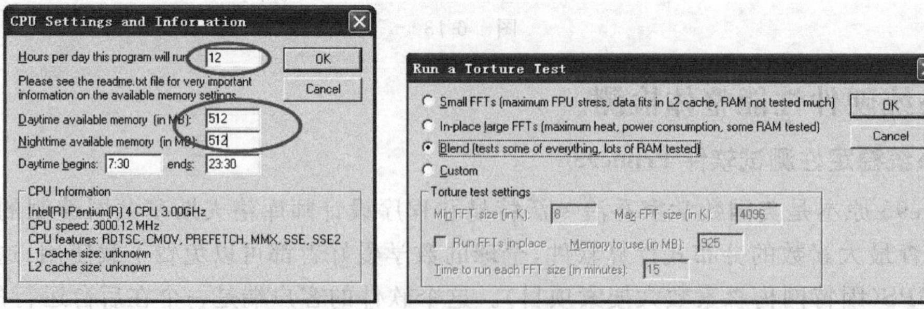

图　6-15

步骤 4　开始测试

选择 Options→Torture Test 选项，此时会弹出图 6-15 右图所示的对话框，要求用户选择测试方式，默认选择 Blend，此时会同时综合测试 CPU 和内存。或者，也可以选择 Small

FFTs 或 In-Place Large FFTs，前者对 CPU 进行压力测试，基本不检测内存；后者着重测试内存，比较费电。

单击 OK 按钮，就可以开始进行稳定性测试了。

知识拓展 关于 Prime95

测试过程中，可以在系统托盘区看到一个红色的程序图标，如果测试还没有结束时该图标变为黄色，说明测试失败。测试过程中可以使用 Test→Stop 选项中止和 Test→Continue 选项继续。

Prime95 只能支持单 CPU 的运算，如果使用双核 CPU 或者超线程 CPU，程序执行过程中会任选一个 CPU。也可以选择 Advanced→Affinity 选项，在对话框中指定一个 CPU 进行测试（CPU 0 或者 1）。如果时间允许，可以分别测试两个 CPU。

Prime95 也可以用来做性能测试，选择 Options→Benchmark 选项测试系统性能，测试时以完成一定运算量所花费的时间作为标准，时间当然是越短越好。测试的结果可以和网站 http://www.mersenne.org/bench.htm 上公布的结果进行比较，需要注意的是：网站上的结果单位是 s（秒），而 Prime95 显示的结果单位是 ms（毫秒）。

注意： 由于 Prime95 的性能测试实在太苛刻，非常容易导致系统死机而无法完成测试，因此即使没有通过性能测试，也不能代表系统稳定性一定存在问题。

2. CPU 性能测试软件 Super PI

Super PI 是东京大学开发的一款用于计算圆周率的软件，现已成为世界公认的考察计算机处理器浮点运算能力的标准之一，它的原理是通过计算不同数位的圆周率来考察计算机处理器性能，计算时间越短表明 CPU 浮点运算速度越快，而我们平时大多数情况下需要处理的数据都为浮点型数据，所以软件在一定程度上反映了计算机处理器的性能。

Super PI 的使用方法比较简单，下载后解压缩，直接运行即可。单击 Calculate（计算）菜单项，出现计算位数选择对话框。通常选择 104 万位（1M 位）作为比较标准，时间充裕也可以计算 409 万位。单击“确定”按钮开始后，屏幕会显示计算过程中每一步花费的时间。最后，完成计算总的时间会显示在窗口中。可以拿计算的结果和网友相互交流，比较差距。一般来说，相同 CPU 的测试结果应该差不多，否则就应该考虑是否主板和内存与 CPU 搭配不合适，造成系统性能的瓶颈。

3. 硬件性能评测软件 SiSoft Sandra Pro

SiSoft Sandra Pro 是一套功能强大的系统分析评测工具，拥有超过 30 种以上的分析与测试模块，主要包括 CPU、驱动器、CD-ROM/DVD、内存、SCSI、APM/ACPI、鼠标、键盘、网络、主板、打印机等。它还可将分析结果报告列表存盘。除了可以提供详细的硬件信息外，还可以做产品的性能对比，提供性能改进建议，是一款功能强大的必备软件。

SiSoft Sandra Pro 有汉化版本和免安装版本可以下载使用。建议学员下载汉化版，以避免英文专业词汇的困扰。

SiSoft Sandra Pro 的功能非常庞杂。在启动后的主界面中，这些功能被分为五大类。

➢ **向导模块** 包括了几个常用功能的使用向导。
➢ **信息模块** 包括了 30 多个针对不同硬件和软件的信息检测功能。

➢ **对比模块** 包括了针对多个不同硬件的性能对比分析功能。

➢ **测试模块** 包括了对一些 I/O 功能的测试。

➢ **列表模块** 对操作系统中一些信息的列表显示。

通过信息模块中的不同功能，可以全面了解当前计算机软硬件环境。也可以通过这些功能，检查硬件配置是否和预期一致。如图 6-16 左图所示是关于 CPU 的检测结果，可以看到这里列举出了一百多项检测项目，内容非常全面。

通过对比模块中的项目，可以检测当前 CPU 的性能，并且可以把结果和一些 CPU 的标准结果进行比较。测试方法非常简单，以 CPU 运算能力测试为例，在主界面中双击"CPU 运算能力测试"，在打开的对话框中，单击工具条中的"刷新"按钮，然后稍候片刻，就可以在窗口中看到当前 CPU 的表现。窗口中列出了 4 个参考 CPU 的标准结果，可以对比这些标准结果来确定自己 CPU 的运算能力是否名副其实，如图 6-16 右图所示。

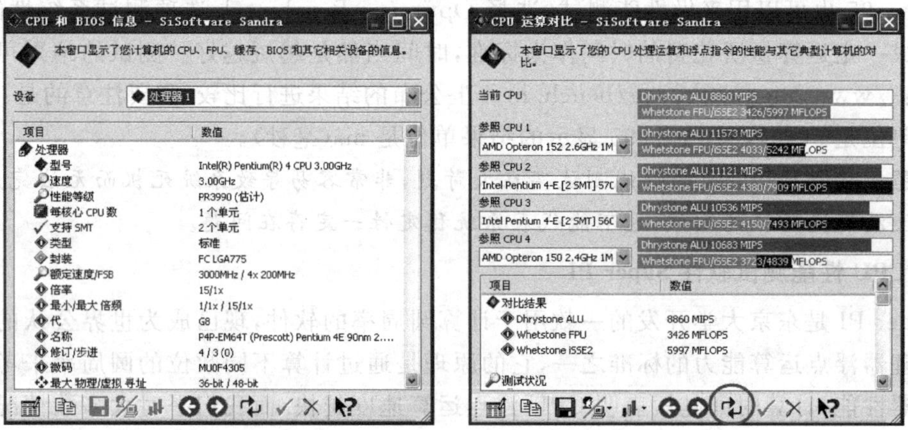

图 6-16

4. PCMark

这是由大名鼎鼎的 Futuremark 推出的一款硬件测试工具。PCMark 集易用性和专业性于一身，很适合刚刚上手的 PC 用户使用。PCMark 免费版只能运行系统测试组，显示出综合成绩。注册版用户可运行中央处理器测试组、内存测试组、图形芯片测试组、硬盘测试组，并且可以显示出单独的测试成绩。和其他专业的测试软件相比，PCMark 的着眼点不在单独某项指标，而在于测试评估实际应用中系统的表现。整合的在线结果浏览器可以将测试结果与世界上最大的性能数据库进行对比。

PCMark 2005 运行测试内容时需要 DirectX 9.0c（2005.4）版和 Windows Media Encoder 9.0 以上版本。如果没有安装相应的软件，系统软件会在启动时提示，而且其中部分功能会被禁用。

PCMark 的界面非常简洁，如图 6-17 所示，窗口左侧是测试项目选择区，中间是系统信息区，右侧是测试结果区。左侧的测试项目选择区中，列出了当前选择的测试项目，项目分系统整体、CPU、内存、显卡、硬盘五大类，单击 Select 按钮，将出现一个测试项目选择对话框，可以从中选择 5 大类 40 多种测试项目。中间系统信息区，显示了主要的软硬件摘要信息，单击 Details 按钮，将在一个 IE 窗口中列出所有测试相关的系统软硬件信息。右侧是测试成绩区,列出了对于各大类测试内容的一个综合分数。单击 Options 按钮可以查看测试结果明细,也可以选择是否将成绩提交到网络上去或数据库中。

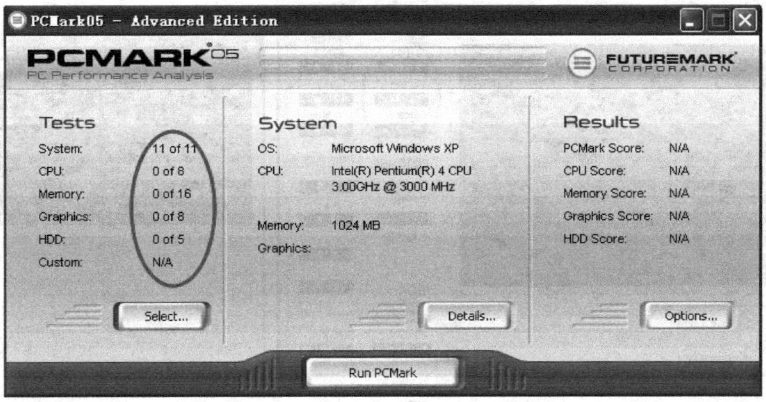

图 6-17

运行测试前应该关闭其他软件,还要求调节显示器为 1024×768 分辨率,32 位真彩色。单击 Select 按钮选择要测试的项目,然后开始(Run PCMark)测试。测试结果可以单独保存,也可以提交到网络上进行比较。

5. 3DMark

3DMark 是 Futuremark 推出的一款计算机 3D 性能测试工具,多年来,这款软件已成为衡量显卡和整机性能的业界标准之一。

3DMark06 主要使用最新一代游戏技术衡量 DirectX 9.0 级别的 3D 硬件。3DMark06 所有测试都需要支持 SM3.0 的 DirectX 9.0 硬件,但是只支持 SM2.x 的硬件也可以运行大部分测试。

3DMark06 的界面和 PCMark 类似,使用方法也基本相同。测试结果也可以提交到网络上进行比较,从而获知在相同配置计算机中的排名。

6. Nero CD-DVD Speed

Nero CD-DVD Speed 已经是一款综合的光盘驱动器性能测试软件,它能够测试很多关于 CD、DVD 光盘和光盘驱动器的重要数据。例如光驱的传输率、搜索时间、CPU 的占用率以及盘片的材质、最高支持速度等参数,是检测光驱性能的首选软件。目前最新版本是 4.7 版。

Nero CD-DVD Speed 提供了五大类多项测试内容,如图 6-18 所示,其中"基准"测试将对光驱的性能进行测试,包括读取速度、寻道时间、CPU 占用率等性能指标;"创建光盘"测试将对刻录机的刻录性能进行测试;"光盘信息"给出当前光盘的状态信息;"光盘质量"提供对光盘质量的测试功能;ScanDisc 则提供了对光盘的数据扫描和读取测试。前两项是对光驱性能的测试,后三项则是对光盘的测试,但实际上,插入的测试光盘的质量影响了光驱的测试结果,而光驱的好坏也制约了对光盘质量的评估,这两类测试数据是无法独立的。

这款软件不需要安装,使用时直接运行即可。测试前先在光驱内放入一张光盘。如果目的是测试光驱的性能,最好放入一张质量比较好的光盘。如果系统中有多个光驱,在菜单

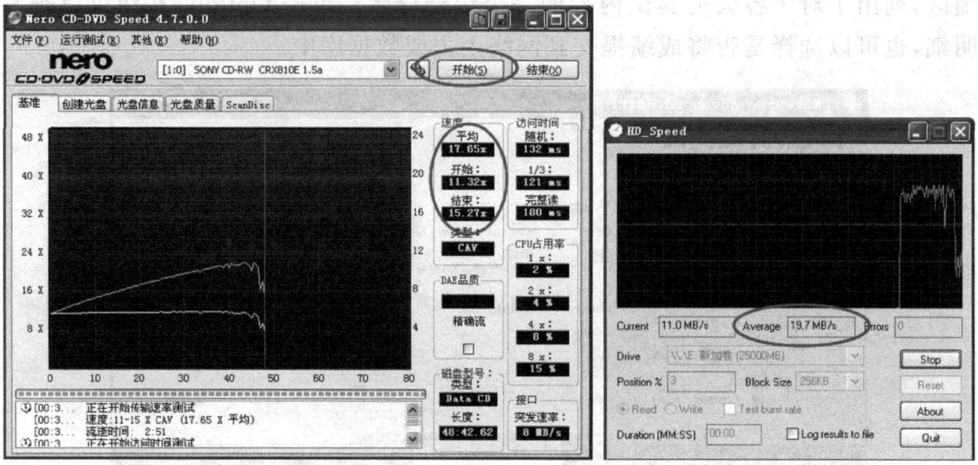

图 6-18

栏下方的下拉列表框里，可以选择要测试的光驱。在对话框中间的属性页中，从五大类中选择要测试的内容类别，单击对话框右上角的“开始”按钮，可以开始相应的测试任务。如果在“基准”测试中直接单击“开始”，将一次进行所有的测试项目；也可以在“运行测试”菜单中逐项选择测试的项目。测试的数据结果也会以图形的形式显示。“速度”测试项是比较受关注的环节，可以对比测试出的速度和光驱标称的速度是否一致。

7. HD Speed

HD Speed 是一款小巧而强大的硬盘读写速度测试软件。

HD Speed 不需要安装，直接运行即可。如图 6-18 右图所示，在软件界面中，可以从 Drive 下拉列表框中选择某一个逻辑驱动器或者整个硬盘物理驱动器（也可以选择光驱）。然后选择 Read（读）/Write（写），还可以选择 Test Burst Rate 测试驱动器的突发性能。单击 Start 按钮，即可开始硬盘速度的测试。测试的瞬间数据以曲线的形式显示在屏幕上方的图形中。

和 HD Speed 功能类似的软件还有 HD Tach，两者测试项目基本相同，使用也一样简单明了，这里不再详细介绍。

课堂练习

任务背景：硬件测试是检验计算机组装质量的必要过程。硬件测试主要通过测试软件实现。因此练习使用硬件检测和测试软件是非常必要的。

任务目标：通过练习熟悉几款最常用的硬件检测和测试软件的使用方法。

任务要求：掌握这几款测试软件最主要的功能和使用方法，并记录测试的结果。

任务指导：大部分测试软件不需要安装就可以直接使用，这是这类软件的一个共同点。使用软件过程中，首先通过主界面对软件的总体功能有所认识，然后开始分项目的测试；一般先进行硬件基本信息的检测，再进行性能的测试；先进行分部件的检测，再进行整体状况的检测。性能的测试耗时较多，课堂练习中通常只能完成一次测试。

练习评价

项　目	标准描述	评定分值	得分
基本要求 60 分	完成练习所需各种软件的安装	5	
	使用 EVEREST 软件，记录计算机中各种硬件的型号和主要参数	10	
	使用 CPU-Z 软件，记录 CPU 和内存的主要参数	10	
	使用 HD Tune 软件查看硬盘的使用情况	10	
	使用显示器检测软件测试显示器性能	10	
	使用 PCMark 软件测试计算机整体性能	15	
拓展要求 40 分	使用 Intel Processor Identification Utility 软件鉴别 CPU 真伪	10	
	使用 Super PI 测试计算机浮点性能，与网络上的公开数据做比较	15	
	使用 3DMark 软件检测计算机显卡性能	15	
主观评价		总分	

本课小结

这一课主要列举了计算机硬件信息综合检测、硬件零部件测试、硬件性能检测三大类测试软件。重点在于介绍这些测试软件的功能和适用范围，在此基础上，也简要讲解了这些软件的使用方法。这类软件操作一般都比较简单，而功能则以专业性为主，部分软件兼顾了综合性。因此每类硬件设备或者每项检测目的都会有不同的最适合的软件，这是本课需要重点掌握的内容。

课外阅读

1. 3DMark06 使用方法

http://hi.baidu.com/x378719409/blog/item/845c75e98cc1753ab90e2d76.html

2. EVEREST Ultimate 使用指南

http://www.softcps.com/software/66/n-66.html

3. 众多 CPU 跑 Super PI 成绩表

http://tieba.baidu.com/f?kz=410398546

课后思考

比较 SiSoft Sandra Pro、3DMark、PCMark、EVEREST 等软件对硬件的检测和测试结果，比较各个项目有什么不同之处？并上网检索，找出它们不同的主要原因。

第7课　安装 Windows 操作系统

课堂讲解

知识要点：本课主要学习计算机操作系统的安装过程，了解 Windows XP 和 Windows Vista 两种常用操作系统的安装过程。

学习指导：学习过程中没有必要记录每一个操作步骤，只需要知道可能需要哪些交互信息，或者需要哪些基本操作。这两种操作系统的安装过程中有不少共同之处，这也是其他操作系统安装过程中的共同之处，因此要触类旁通，举一反三。

学习要求：熟练掌握操作系统安装过程中的各种提示和界面的含义，了解需要输入的交互信息内容和含义，掌握安装界面中的基本操作方法。

操作系统软件的种类并不算多，但还是会使一些初学者混乱。总体来说，常见操作系统分为三大家。

- Windows 操作系统，使用比较简捷便利，因此占据了 90%以上的市场份额；
- Linux 和 UNIX 操作系统比较类似，可以归为一类，主要用于服务器产品，当然也可以用在 PC 上，但是对用户水平要求比较高，Linux 是开放源代码的免费产品，UNIX 中有一些商业版本；
- Mac OS 是苹果公司的产品，用户很少，以界面美观绚丽而著称，是计算机图形界面的鼻祖。

Windows 操作系统实际是一个系列产品，常见的有 Windows 98、Windows 2000、Windows XP、Windows Vista 等多个常用型号，以及一些过渡型号和服务器型号。Windows XP（简称 XP）是目前使用最广泛的型号，超过半数计算机用户在使用 XP 系统。但是由于微软已经终止了 Windows XP 的销售，并且强力推广新的 Windows Vista 操作系统（简称 Vista），因此预计不久的将来 Windows Vista 用户数量会超过 Windows XP。

7.1　安装 Windows XP 操作系统

安装前的准备工作如下。

① 需要一张可以用于计算机启动和 Windows XP 系统安装的光盘。

注意：一般来说完整的 Windows XP 安装光盘是可以用于计算机启动的，这张光盘最好是集成了 SP3 补丁的安装光盘。

② 需要准备一个 Windows XP 系统的安装序列号，否则安装过程无法继续。

③ 如果光盘中没有集成 SP3，那么需要下载 Windows XP SP3 安装程序，大约需要 300MB 磁盘空间。

④ 如果计算机连接了网络，需要先断开网线。

⑤ 在 BIOS 中设置计算机启动顺序，选择优先从光驱启动。

提示：具体设置方法可以参考第 24 课。

步骤 1　启动计算机，从光盘引导安装程序

① 在光驱中插入 XP 安装光盘。启动计算机。

② 在屏幕最上面一行出现 Press any key to boot from CD-ROM...时，按下任意键。

③ 当屏幕停留在如图 7-1 左图所示的画面时，根据屏幕提示的内容，按 Enter 键开始系统的安装工作。

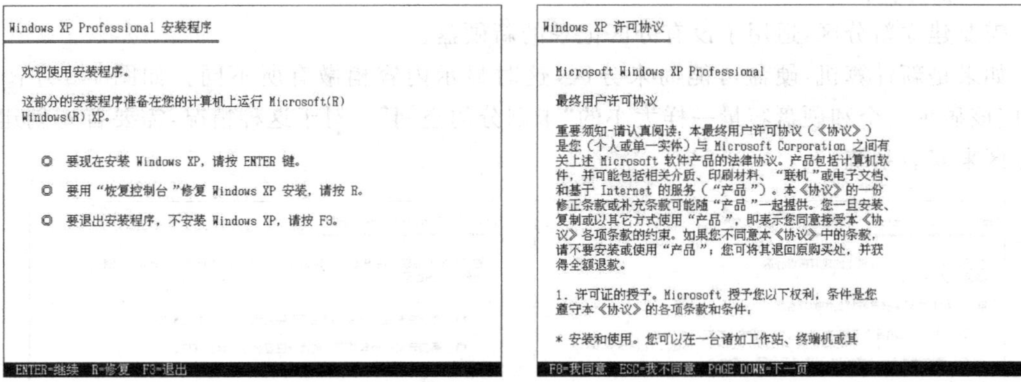

图　7-1

④ 接下来出现 Windows 许可协议界面，如图 7-1 右图所示，虽然文字很多，但是没有太多阅读的必要，所以按 F8 键继续。

⑤ 随后的界面对于新计算机和重新安装 Windows XP 系统的计算机有些不同。如果之前计算机中已经存在 Windows XP 操作系统，那么会出现如图 7-2 左图所示的提示信息。如果原来计算机中没有安装过 Windows XP 系统，那么不会出现这个提示信息。

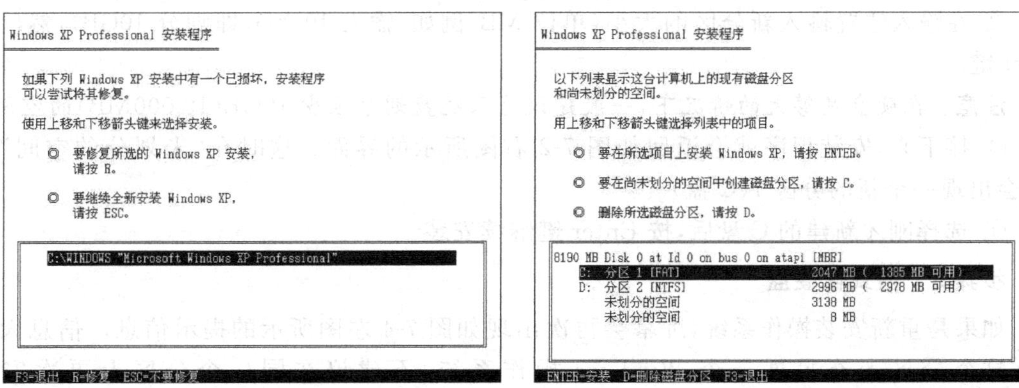

图　7-2

提示：*提示信息的大意是发现了硬盘上已有的 Windows XP 系统，如果原来的系统发生了问题，安装程序可以尝试修复。现在我们要安装新的 Windows XP 系统，所以根据提示信息按 Esc 键。*

步骤 2　创建和选择安装分区

接下来是硬盘分区选择界面，如图 7-2 右图所示。在这个界面中可以进行硬盘的分区操作。屏幕下半部分列出了硬盘上的分区情况。对于已经使用过的计算机，这里会显示 C、

D 等所有分区的大小、格式、使用情况等信息。我们可以从中选择一个来安装新系统。

（1）重装系统

适用于计算机中已经建立了至少一个磁盘分区的情况。

用上下键移动白色亮条停留在 C 盘的位置，按 Enter 键进入下一步。

注意：通常操作系统选择安装在 C 盘（当然也可以选择其他盘）。

（2）新计算机

需要建立新分区，适用于没有分区记录的新硬盘。

如果是新计算机，硬盘可能尚未分区，这时显示内容稍微有所不同。如图 7-3 左图所示，应该显示一个和硬盘容量一样大小的“未划分的空间”。对于这种情况，需要首先创建一个分区来安装系统。

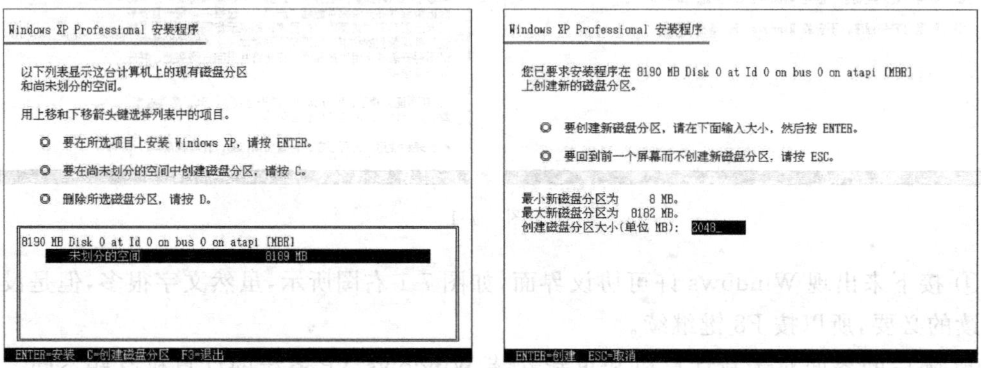

图 7-3

① 在如图 7-3 左图所示的界面中，按 C 键，进入如图 7-3 右图所示的硬盘分区界面。

② 在输入位置输入新分区的大小（单位 MB，例如，输入 10 000，即划分 10GB），然后按 Enter 键。

注意：在硬盘足够大的情况下，一般建议为系统盘划分至少 10GB（10 000MB）的空间。

③ 接下来，安装程序就会返回如图 7-2 右图所示的界面。这时在“未划分的空间”上方，会出现一个新的分区 1（C 盘）。

④ 选择刚才新建的 C 盘后，按 Enter 键继续安装。

步骤 3　格式化硬盘

如果是重新安装操作系统，屏幕会再次出现如图 7-4 左图所示的提示信息。信息大意是在这个分区上有另外一个 Windows 操作系统，不建议在同一个分区上再次安装 Windows XP 系统。因为要重新安装系统，所以可以忽略这个提示信息。

接下来会提示是否格式化分区，如图 7-4 右图所示。屏幕提示的信息每次进入的时候会根据具体情况略有所不同。但提示内容的大意是一致的，就是根据前几步的选择，需要选择一种硬盘格式化的方式。有 4 种常用方式备选：用 NTFS 文件系统快速格式化、用 NTFS 文件系统普通格式化、用 FAT 文件系统快速格式化、用 FAT 文件系统普通格式化。有时还会有“保持现有文件系统（不变化）”选项。

提示：一般不选择“保持现有文件系统”选项，因为那样可能会造成硬盘上已有的内容和新安装的内容发生冲突。

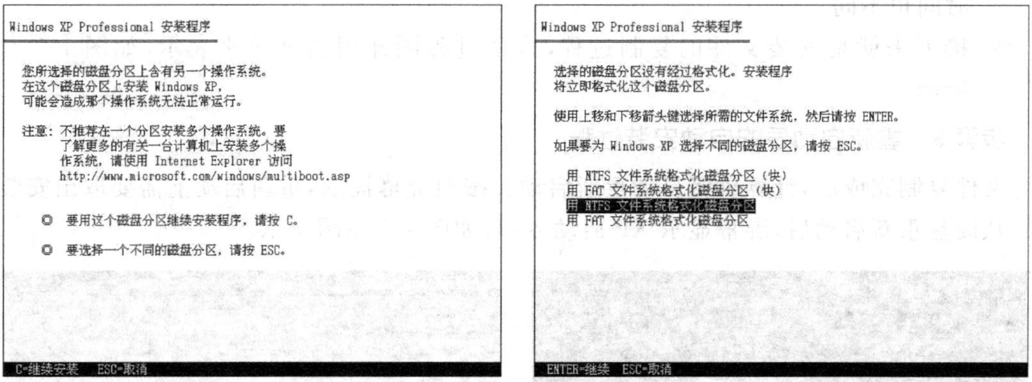

图 7-4

(1) 重装系统

此时计算机中已经有一个 XP 系统，屏幕如图 7-4 左图所示。

注意：如果所选择的硬盘分区上还有有用的信息，建议事先予以备份，否则格式化后该分区中所有的数据都会丢失。

① 根据提示按 C 键继续。

② 选择"用 NTFS 文件系统格式化磁盘分区(快)"选项。

提示：使用快速的原因是假定计算机硬盘没有出现过故障，所以为了节省时间不使用普通格式化过程来检测硬盘。

(2) 新计算机

此时 C 盘为新建的空白分区，屏幕停留在如图 7-4 右图所示界面，可以选择"用 NTFS 文件系统格式化磁盘分区(快)"选项。

步骤 4 文件复制

这一步是一个自动的过程，不需要人工干预。计算机会自动做以下工作。

➢ 如果选择了格式化分区，将会出现如图 7-5 左图所示的格式化进度条。选择快速格式化只需要几秒钟即可完成格式化操作。

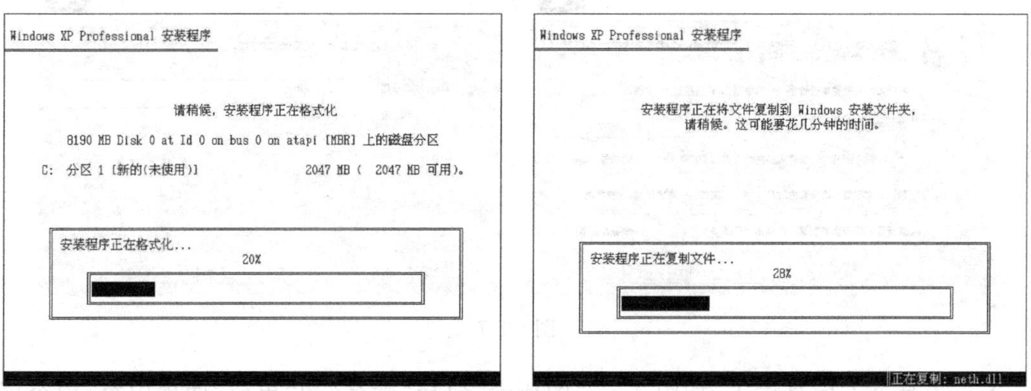

图 7-5

➢ 格式化完成后，紧接着将自动进行磁盘分区的检查。视分区大小不同，检查花费的时间也不同。

➢ 接下来就是安装文件的复制过程，这个过程同样用进度条来表示，如图 7-5 右图所示。

步骤 5　重新启动后的自动安装过程

文件复制完成后，计算机将自动重新启动。按照屏幕提示，重新启动前需要取出安装光盘。从硬盘重新启动后，屏幕显示 XP 启动界面，如图 7-6 左图所示。

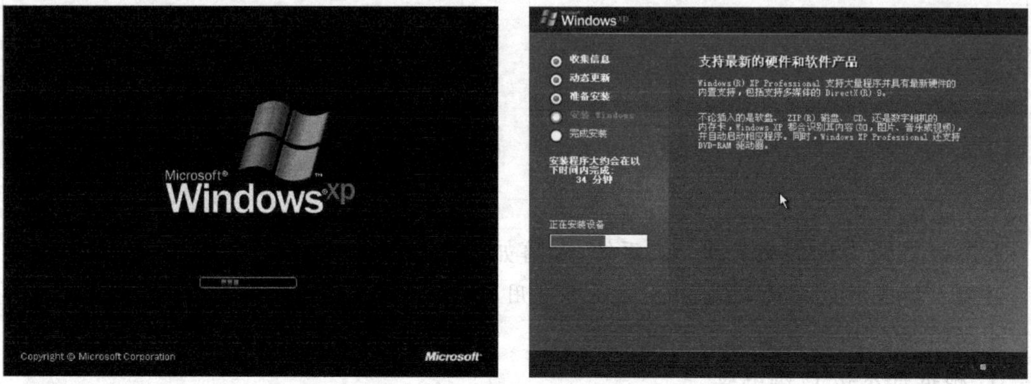

图　7-6

随后将自动进入安装过程，这时会提示再次插入安装光盘。如图 7-6 右图所示，屏幕左侧显示了目前正在进行的操作和估计剩余的时间；屏幕右侧则是不断变化的 Windows 产品介绍和功能提示。整个自动过程大约需要十分钟时间。

步骤 6　个性化设置：区域语言和个人信息

接下来需要进行一些个性化的设置内容。

首先是区域和语言选项，如图 7-7 左图所示。这项设置涉及通用的输入法、货币格式、数字格式、时间日期格式等内容。除非有特殊需要，否则使用默认的设置即可。

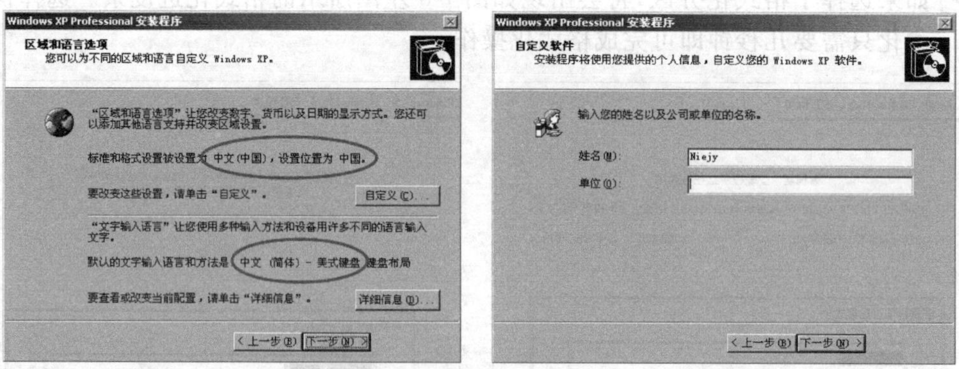

图　7-7

下一步是个人信息输入，如图 7-7 右图所示，包括“姓名”和“单位”两项内容，内容可以随便输入。这些内容将在以后安装各种软件中被反复用到。所以建议“姓名”可以输入个人常用的英文名、网络 ID 或者姓名缩写，“单位”可以为空。

① 如图 7-7 左图所示，标准和格式设置为“中文(中国)”，位置设置为“中国”，输入语言设置为“中文(简体)-美式键盘”，然后单击“下一步”按钮。

② 如图 7-7 右图所示，输入姓名，如 Niejy，然后单击“下一步”按钮。

步骤 7 输入系列号(产品密钥)

接下来需要使用事先准备好的产品序列。如图 7-8 左图所示，按照顺序在空白处正确输入 5 段共 25 个字符组成的产品密钥，否则无法继续安装。

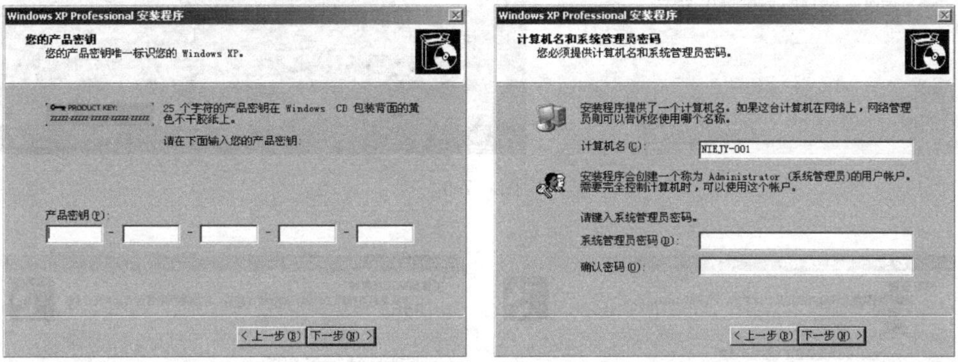

图 7-8

步骤 8 个性化设置：计算机名、管理员密码、日期和时间

接下来需要设置一个计算机名，如图 7-8 右图所示。可以使用默认的名称，也可以设置一个自己喜欢的名称。

管理员拥有 Windows XP 系统管理的最高权限。所以管理员密码应该谨慎设置，虽然使用空的管理员密码也可以继续安装，但是空的管理员密码在网络上很容易受到攻击。因此一般建议至少使用 8 位以上而且没有明显规律的密码，以确保系统安全。输入的管理员密码和确认密码应该保持一致，否则安装不能继续。

① 如图 7-8 右图所示的界面中输入一个计算机名。如果不想修改，也可以使用默认名称。

② 设置一个系统管理员的密码，密码和确认密码两行的输入内容要一致。

注意：这个密码不应该是日常登录计算机的密码。因为管理员帐号只在某些特殊情况下才使用。平时应该使用其他的用户名(稍后会建立)。

③ 单击“下一步”按钮后，检查显示的计算机日期和时间是否正确，如图 7-9 左图所示。时区应该选择“GMT＋08:00”，也就是默认的北京、重庆、香港等城市所在的时区。

提示：从这一步开始，后面的所有设置内容都可以在使用中重新更改，所以设置错了也没有太大关系。

步骤 9 设置网络

设置好时间后，安装程序开始安装网络，如图 7-9 右图所示。随后，会要求进行网络设置。

① 在图 7-10 左图所示的界面中，选择默认的“典型设置”。然后单击“下一步”按钮。

② 在图 7-10 右图所示的界面中，选择“不，此计算机不在网络上……”选项，并在下方

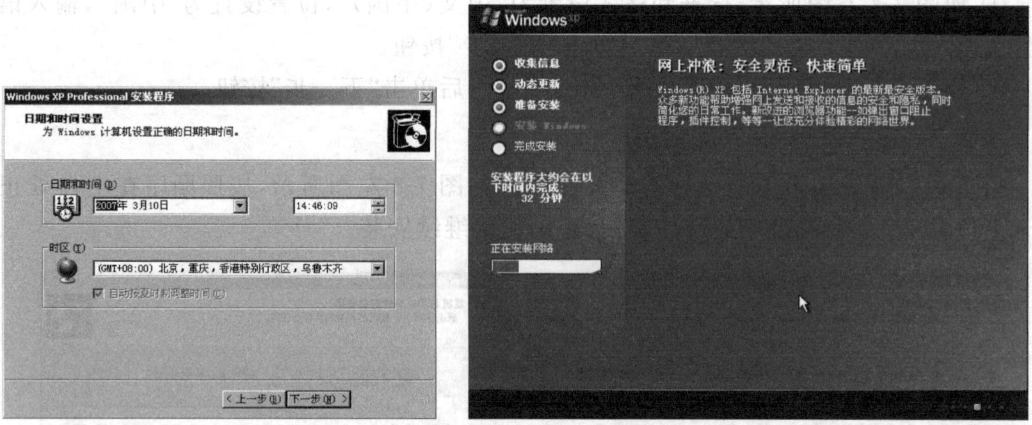

图 7-9

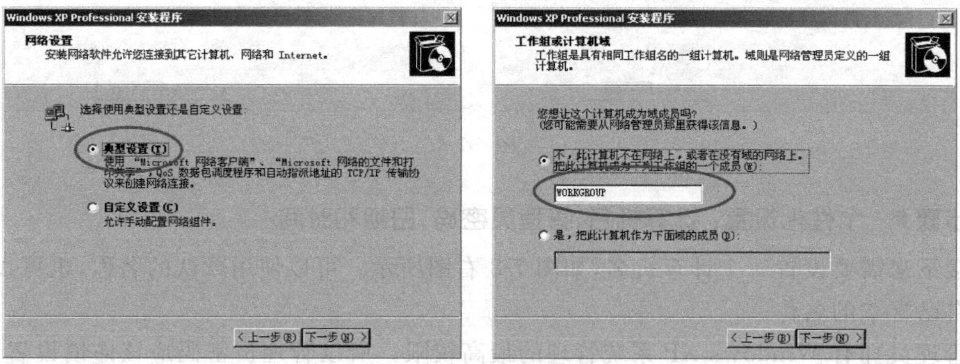

图 7-10

的文本框中输入一个工作组的名称，可以保留默认的 WORKGROUP。

注意：*如果在局域网上，那么工作组或者域的名称需要询问网络管理员，局域网中存在域时，需要选择第二个选项，并输入域的名称；如果只是家用，或者局域网中没有太多要求时，使用默认的工作组名(默认为 WORKGROUP)即可。*

步骤 10　自动调整分辨率

接下来计算机会再次进入自动安装过程，大约几分钟后，安装程序提示要自动调整屏幕分辨率，如图 7-11 左图所示。单击“确定”按钮之后，屏幕分辨率将进行调整。如果能够在屏幕上看到如图 7-11 右图所示的对话框，说明调整后的分辨率可用，单击“确定”按钮即可。否则说明调整不成功，需要等待大约 30 秒(或者按 Esc 键)，会自动更改为原来的设置。

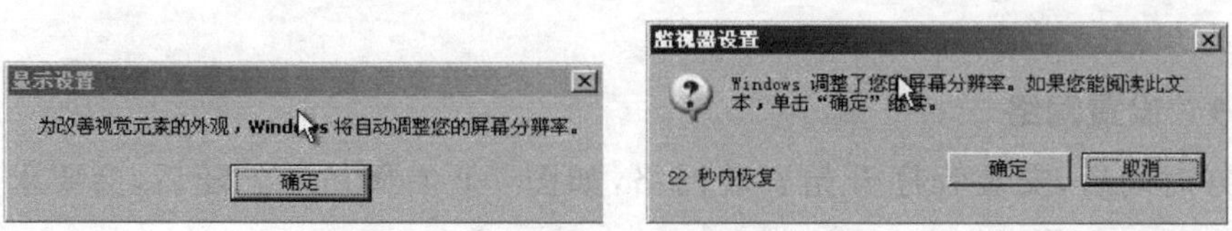

图 7-11

这时悦耳的音乐声响起，安装过程已经告一段落，弹出如图 7-12 左图所示的欢迎界面。

在正式使用前,还有一些必要的设置内容需要选择或者填写。

图 7-12

步骤 11 配置自动更新

Windows 操作系统发布之后,陆续发现很多缺陷和漏洞,需要使用补丁程序及时更新操作系统。所以一般选择启用自动更新(图 7-12 右图),这样计算机会在联网的情况下自动补上系统漏洞,确保系统安全。但是自动更新过于“霸道”,经常会自作主张对系统进行一些不必要的修改,因而浪费磁盘空间或者带来更多麻烦。因此建议对自动更新进行一些必要的设置,例如,加强用户干预措施等。另一种解决的思路是不启用自动更新,而是使用第三方软件,例如,360 安全卫士等第三方软件对微软发布的安全漏洞进行管理。有关的内容请参考第 20 课。

选中“现在不启用”单选按钮,稍后在安装好的系统中再对“自动更新”进行详细配置。

步骤 12 Internet 连接设置

关于 Internet 连接设置包括一系列内容,主要有:

➢ 联网方式的选择,使用拨号上网(数字用户线或调制解调器),还是宽带局域网(LAN),如图 7-13 左图所示;

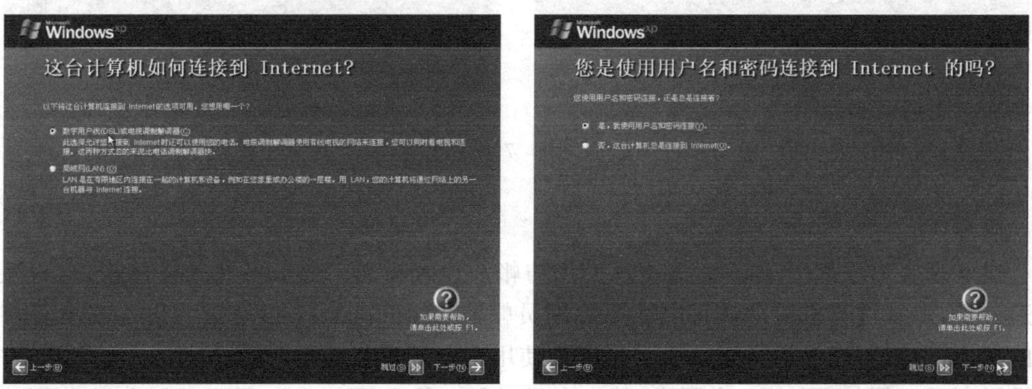

图 7-13

➢ 是否需要拨号。可选“需要用户名和密码连接”或“始终在线”,如图 7-13 右图所示;

➢ 拨号帐户。拨号连接所使用的帐号和密码，如图 7-14 左图所示。

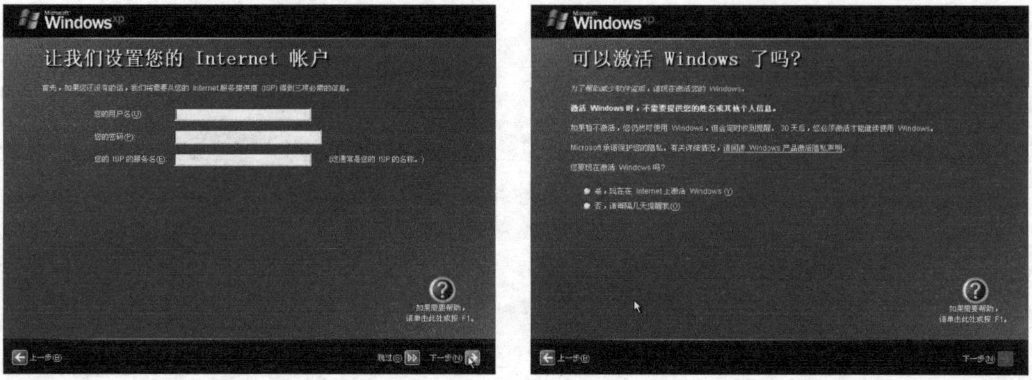

图 7-14

此项设置不是非常重要，所以对于不清楚的内容，可以直接选择跳过，以后在系统中还可以重新设置。

步骤 13　激活和注册

Windows 操作系统需要激活后才能使用，否则只能试用 30 天。

① 关于激活的过程，稍后会详细介绍，这一步可以先选择“否”，如图 7-14 右图所示。

② 下一步是否向微软注册也建议选择“否”，如图 7-15 左图所示，因为是否注册对使用没有任何影响。

图 7-15

步骤 14　用户帐号设置

接下来会出现如图 7-15 右图所示的用户帐户设置界面。如果不设置任何帐户，直接跳过这一步，那么计算机会默认每次使用管理员帐户（Administrator）登录。出于安全等多方面的考虑，一般不建议那样做。通常可以为使用这台计算机的每个用户建立一个帐户，并分别设置密码。例如，图 7-15 右图中，就为自己（Me）、父亲（Father）、母亲（Mother）分别建立了一个帐号，这里的帐号名称也可以使用中文。在这个界面下建立的帐号都具有和管理员同等的权限。

如果要在使用中添加删除帐户，或者为这里设置的帐户设置密码，则需要到控制面板中进行相应的操作。具体步骤请参考第 20 课的相关内容。

设置过程到此结束，现在可以使用 Windows XP 系统了。单击图 7-16 左图中的“完成”按钮后，系统将打开用户登录界面，如图 7-16 右图所示。单击用户名，即可进入系统。

图 7-16

7.2 激活 Windows XP 操作系统

为了防止盗版现象，微软在其一系列产品中均采用了激活技术。只有通过激活过程，该软件才能不受限制地使用。如果不及时激活，一般只能试用有限的天数或者次数。

激活的原理非常简单：每台计算机都有一套硬件设备，这些硬件产品大多都有唯一的产品 ID，例如，硬盘序列号、BIOS 序列号等，或者至少有确定的硬件型号。这些信息可以在程序中获得。根据这些来自硬件的信息，通过特定的算法，就可以产生一个识别码。算法保证了不同计算机——不同的硬件设备信息——不同的识别码。这个识别码作为微软认定该软件被安装次数的标志，在激活时和软件序列号一起发送给微软公司。微软公司建立了一个庞大的数据库，记录了每个序列号曾经被激活的历史记录。重新安装系统后，系统要求激活。如果计算机的硬件配置没有变化，产生的识别码也不会变，所以同一台计算机上可以再次激活；如果硬件发生了变化，当然就无法激活。实际操作中，考虑到用户更改计算机配置的需求，微软在不同软件产品中对这一政策进行了一些变通，一个序列号可以激活有限次数。通过这种方式，微软限制了每套产品不能无限制地在多台计算机上同时使用。

Windows XP 激活的期限是 30 天，必须在 30 天内激活系统，否则将无法继续使用。

1. 准备工作

激活 Windows XP 之前，请确保拥有能够激活的序列号，要求计算机能够连接网络，或者至少有一部电话。

2. 通过网络激活

① 如图 7-17 左图所示，在“开始”菜单中可以找到“激活 Windows”的菜单项（如果在图示位置找不到，可以到“开始”→“所有程序”→“附件”→“系统工具”中寻找）。运行 Windows 激活向导。

② 在如图 7-17 右图所示的激活界面中，选择第一项“是，现在通过 Internet 激活 Windows”。

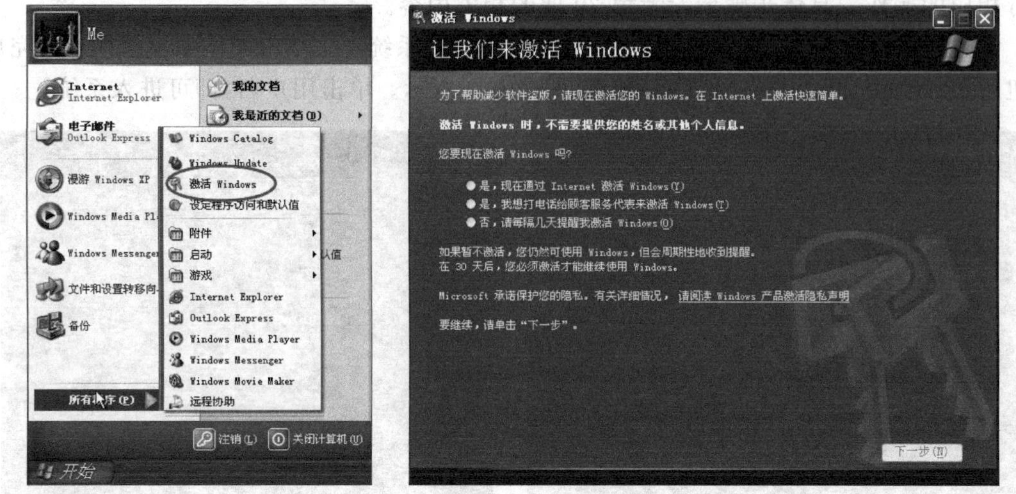

图 7-17

③ 下一步会询问是否要向 Microsoft 注册，如图 7-18 左图所示。对普通用户来说注册意义不大，所以选择"否，我现在不想注册，只想激活 Windows"。

④ 接下来会联网激活。如果安装输入的序列号不能激活，将会提示要求输入新的序列号(图 7-18 右图)，直到输入可以激活的合法序列号为止。

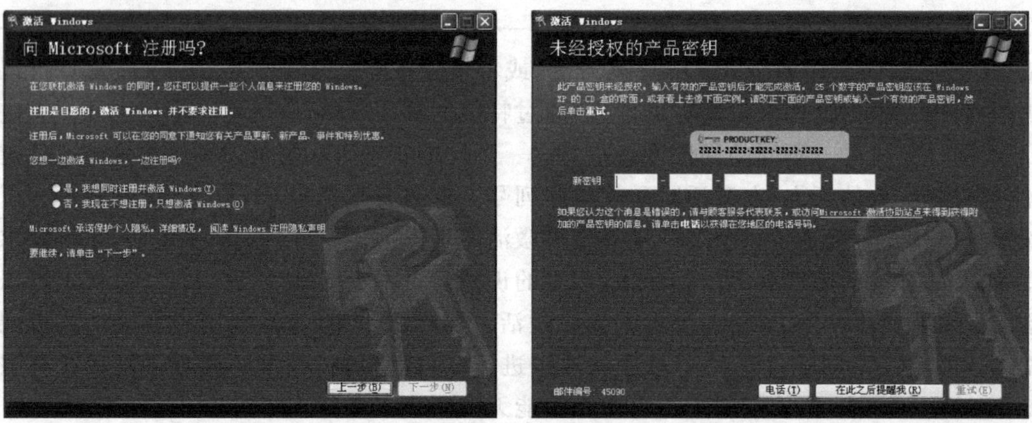

图 7-18

3. 电话激活

适用于计算机没有联网条件的情况。

① 在"开始"菜单中可以找到"激活 Windows"的菜单项运行 Windows 激活向导。

② 在如图 7-17 右图所示的激活界面中，选择第二项"是，我想打电话给顾客服务代表来激活 Windows"。

③ 记录下如图 7-19 左图所示屏幕中部的"安装 ID"。

④ 打电话给微软激活热线，推荐使用免费电话 800-830-1832，也可以按照图 7-19 左图所示的提示，从国家列表中找到"中华人民共和国"(按照拼音排序，中国位于最后一个)，这时窗口中会显示服务电话的号码。

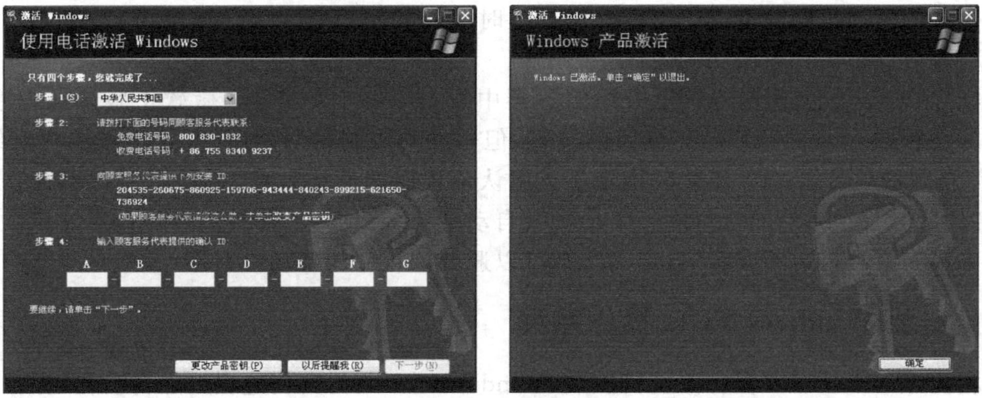

图 7-19

⑤ 根据电话语音提示输入图中的一串数字(安装 ID),几秒钟后,电话中会语音提示一个七段字符组成的“确认 ID”。记录下这些字符。

⑥ 在图 7-19 左图中的文本框中输入“确认 ID”,即可完成激活。

如果安装时使用的序列号无法激活,则需要提供新的激活序列号。此时需要先单击图 7-19 左图下方的按钮“更改产品密钥”,然后输入新的序列号并重复上面的过程,得到新的“安装 ID”。

顺利激活后将出现图 7-19 右图所示的提示界面,图中提示“Windows 已激活”。

4. 关于激活的话题

值得一提的是,虽然光盘—密钥—激活这样的一套反盗版策略看似天衣无缝,实际上还是有很多漏洞。首先,微软给了用户 30 天的试用期,试用期内,还剩余多少时间留给用户来激活是依靠注册表信息和文件来记录的。那么只要控制了这些信息,就可以把试用期无限制延长。这是最早的 Windows XP 破解程序的工作原理(每个新产品问世,延长试用期的破解程序总是最早出现)。

Windows XP 的安装和激活密钥是根据特定的方法计算出来的,所以有人重复了这个算法,得到了算号器程序。相对来说,安装时对序列号的要求比激活时要低很多,所以算号器很容易得到一个可以安装的序列号,但是需要经过很多次尝试才能得到一个可以激活的序列号。按照 2002 年左右的计算机水平,大约平均 30 多个小时的计算可以得到一个可激活序列号。

针对一些大客户,微软推出了大客户版本,这种版本不需要激活,也就是平时所说的 VLK 版。VLK 版有专门的序列号系列。一些大客户版的安装程序和序列号也以种种途径流入网络。

在微软推出 SP2 补丁之后,对盗版做了更严格的检查,之前的很多盗版 Windows XP,尤其是破解 30 天试用期的破解补丁和一些算号器的计算结果在升级到 SP2 补丁之后,全都无效了。但是之前的 SP1 版本的补丁却没有这么强的检查功能。而且微软默认已经激活的软件不再检查,所以网上出现了针对 SP2 版的激活程序,通过替换两个和激活有关的关键文件到 SP1 版本,完成激活后再还原这两个文件,从而达到激活的目的。

这时出现了更疯狂的破解高潮:有黑客更完全地破解了 Windows XP 的安装序列号,每计算一个可激活序列号只需要不到 0.1 秒。结合前面提到的 SP2 版破解程序,该算号器使得微软的激活机制完全成了虚设。但是这时 Windows Vista 快要推出了，所以微软好像没有精力对此做出比较激烈的反应。

在 2006 年年底，微软在网上升级服务器中发布了一个小补丁：微软正版认证程序，该程序对盗版 Windows XP 做更彻底的检查，但是并不限制用户使用，只是阻止用户升级 IE 7.0 等新版的软件。2008 年微软推出了正版认证程序的升级版本，该程序会自动在系统中添加“盗版软件”字样，而且每隔一个小时会自动把系统桌面改为黑色。当然，通过更改自动升级方式为“用户选择”或者“自定义”，则可以避开该程序的自动检查。

7.3 安装 Windows Vista 操作系统

相比 Windows XP 操作系统的安装，Windows Vista 的安装过程更加自动化，操作更简单；虽然 Windows Vista 本身比 Windows XP 要大不少，但是安装速度却更快。

步骤 1　从光盘启动安装程序

将 Vista 安装盘插入光驱，设置 BIOS 从光盘启动，然后引导系统并进入安装过程，如图 7-20 左图所示。

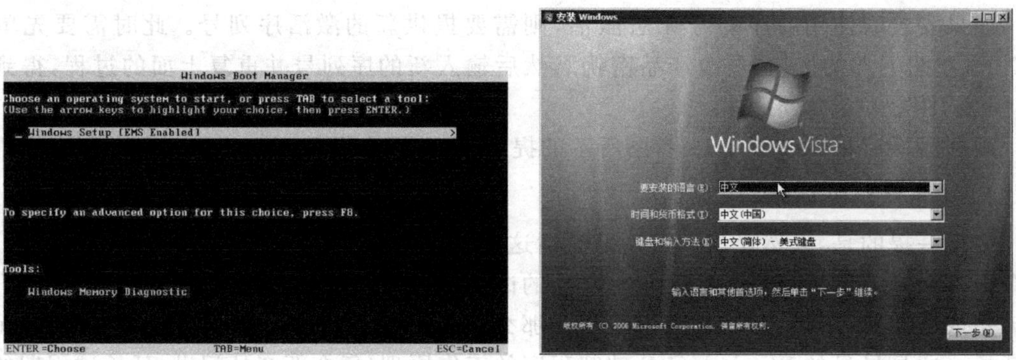

图　7-20

步骤 2　选择语言

如图 7-20 右图所示，默认选项都是“中文”，不需要修改。

单击“下一步”按钮后，安装程序将出现如图 7-21 左图所示的界面。单击屏幕正中央的“现在安装”，就可以开始安装过程了。

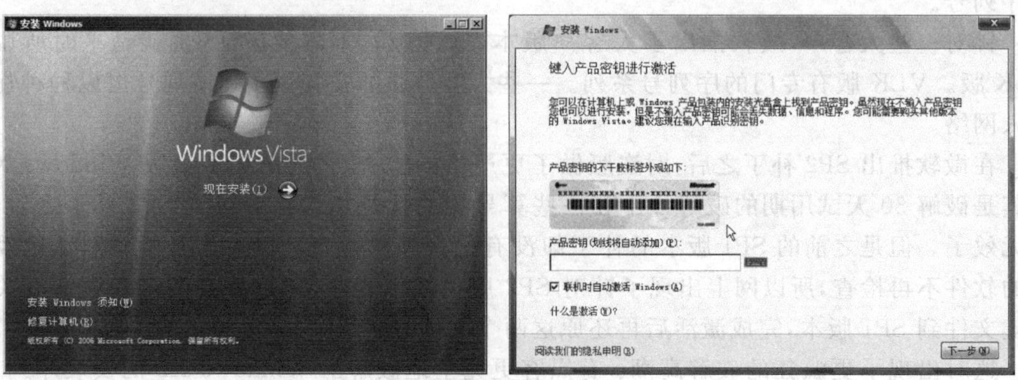

图　7-21

步骤 3　输入密钥

随后如图 7-21 右图所示，需要输入 25 位的产品密钥，也就是安装序列号。

提示：在 Windows Vista 版本中，序列号变成非必要的步骤，可以先不输入密钥而进入 30 天试用状态。而在 XP 安装过程中则必需一个可以供安装的序列号。

接下来的安装过程中，将保持如图 7-21 右图所示窗口的界面。单击窗口右上角的红叉将退出安装，“下一步”按钮位于窗口右下角。

步骤 4　用户许可协议

如图 7-22 左图所示，选中“我接受许可条款”复选框，然后单击“下一步”按钮。

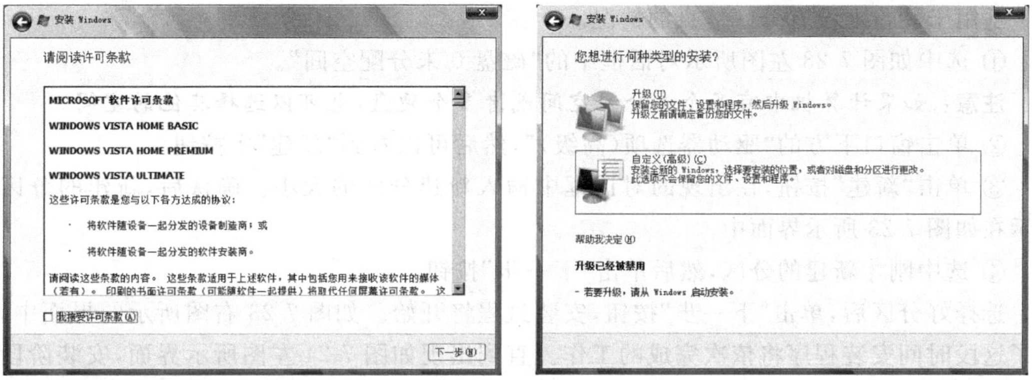

图　7-22

步骤 5　安装类型选项

如图 7-22 右图所示，选择“自定义”。

提示：只有在 Windows XP 下运行 setup. exe 程序启动的安装过程才可以选择“升级”，否则只能选择“自定义”。

步骤 6　选择安装目的分区

如图 7-23 左图所示，对话框中间部分是当前硬盘上的分区情况列表，下方有三个按钮：“刷新”将重新读取分区列表并显示；“加载驱动程序”用于使用特殊型号的硬盘阵列卡的情

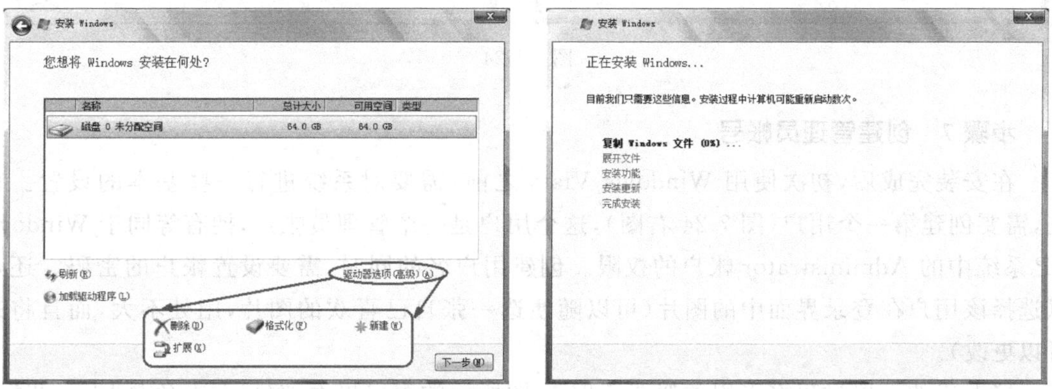

图　7-23

况；“驱动器选项(高级)”则包含了对当前硬盘进行操作的一些选项，在单击之后，“新建”分区、“删除”分区、“格式化”分区等按钮将出现。可以选择一个已经存在的分区，并格式化这个分区，或者从空闲硬盘空间中划分一个分区用于系统的安装。最好为 Windows Vista 系统盘预留至少 15GB 的硬盘空间。

(1) 重装系统

适用于硬盘上已经存在分区的情况，Windows Vista 要安装到已有的分区中。

① 从硬盘分区列表中选择需要安装 Windows Vista 的分区。

② 单击“下一步”按钮。

(2) 新计算机

适用于硬盘上没有分区信息的情况。

① 选中如图 7-23 左图所示对话框中的“磁盘 0 未分配空间”。

注意：如果计算机中有多个未分配空间或者多个硬盘，也可以选择其他的空间。

② 单击窗口下方的“驱动器选项(高级)”，然后可以看到“新建”等按钮。

③ 单击“新建”按钮，在出现的对话框中输入新建分区的大小。确认后，新建的分区将显示在如图 7-23 所示界面中。

④ 选中刚才新建的分区，然后单击“下一步”按钮。

选择好分区后，单击“下一步”按钮，安装过程将开始。如图 7-23 右图所示的界面中，显示了这段时间安装程序将依次完成的工作。直到出现如图 7-24 左图所示界面，安装阶段的工作才告一段落。

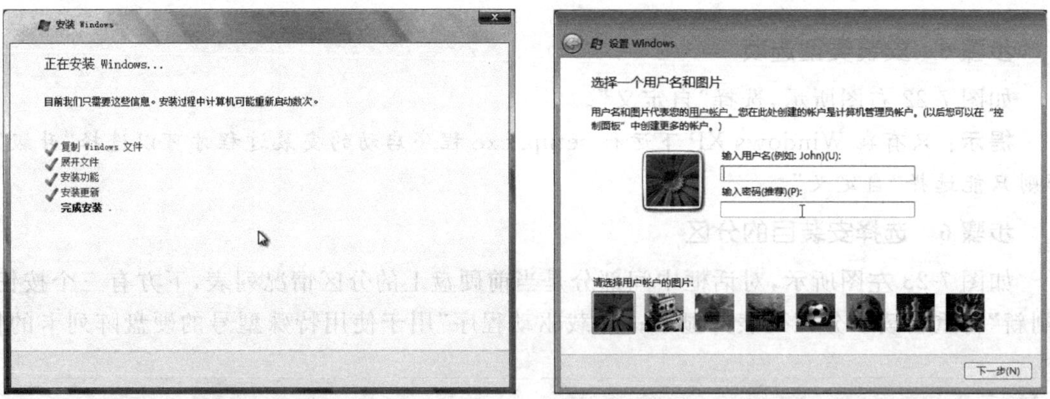

图 7-24

步骤 7　创建管理员帐号

在安装完成后，初次使用 Windows Vista 之前，需要对系统进行一些基本的设置。首先，需要创建第一个用户(图 7-24 右图)，这个用户是一个管理员帐户，拥有等同于 Windows XP 系统中的 Administrator 帐户的权限。创建用户名的同时，需要设置帐户的密码。还可以选择该用户在登录界面中的图片(可以随便选一张自己喜欢的图片，用处不大，而且将来可以更改)。

接下来的设置过程将采用类似图 7-24 右图所示的窗口界面，窗口左上角是“上一步”按钮，右下角是“下一步”按钮。

步骤 8　设置计算机名和桌面背景

这本来是两个毫不相干的设置内容，但是为了节省“篇幅”，设计者把它们合并在一个窗口中，如图 7-25 左图所示。计算机名主要在网络上标识计算机，可以随便起一个具有代表性的名字，或者使用默认名称。桌面背景也可以随便选一张自己喜欢的图片。

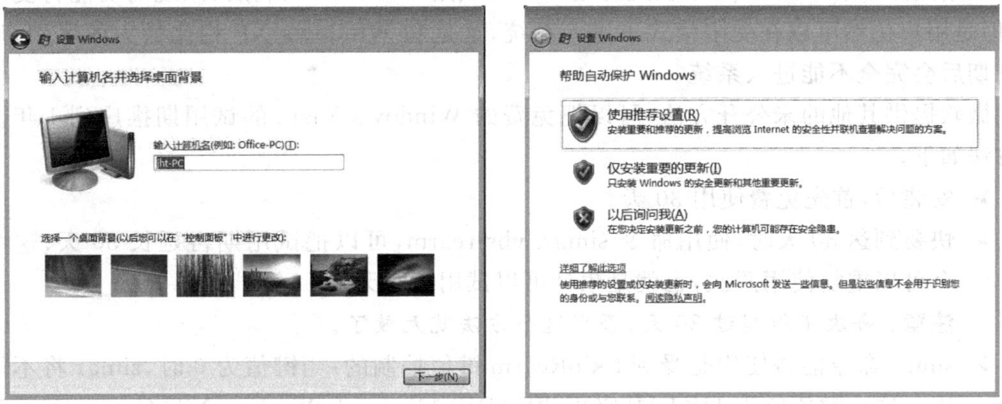

图　7-25

步骤 9　设置自动更新

接下来，需要选择系统自动更新的方式，如图 7-25 右图所示。

可以随便选择一项，然后在系统中进行详细设置。推荐使用第三方软件（例如，360 安全卫士等）对系统更新进行管理。

步骤 10　设置时间和日期

如图 7-26 左图所示，时区一般选择“GMT＋08:00，北京、重庆、香港特别行政区、乌鲁木齐”，时间和日期如果不正确可以修改。

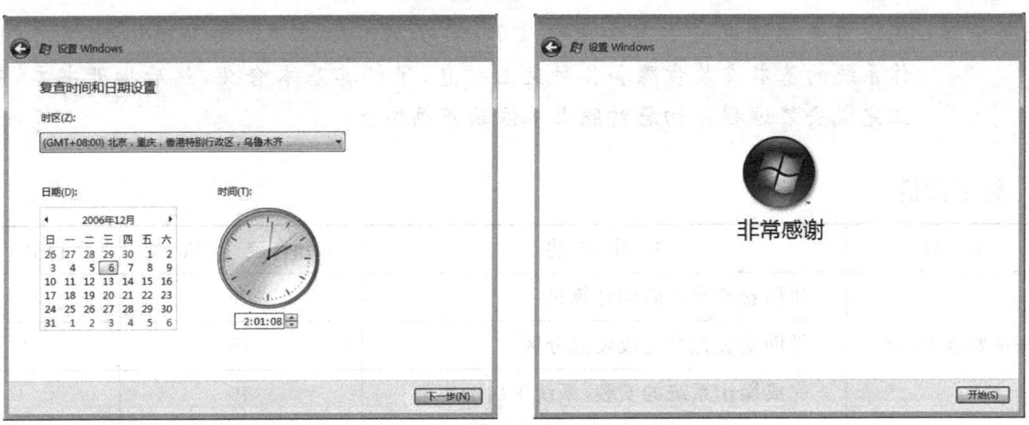

图　7-26

至此，安装后的设置工作顺利完成。单击图 7-26 右图所示的“开始”按钮，将会进入 Windows Vista 管理员帐户（也就是步骤 7 中创建的用户）界面。

7.4 激活 Windows Vista 操作系统

Windows Vista 的激活过程比 Windows XP 更容易，如果用户能够联网而且拥有正版的 CD-Key，那么按照向导可以很快完成激活过程。

如果用户没有 CD-Key，微软允许用户免费试用 30 天，30 天满后，系统的功能将受到限制，但是用户仍然可以在受限模式下进入系统，这是和 Windows XP 相比最大的区别，后者在到期后会完全不能进入系统。

微软提供其他的未公开方法，可以把免费的 Windows Vista 的试用期推广到 1 年。具体方法如下。

- 安装后，首先免费使用 30 天。
- 快要到达 30 天时，使用命令 simgr. vbs-rearm，可以把试用期再延长 30 天；这个命令可以重复使用两次，也就是累计可以试用 120 天。

  注意：每次不能超过 30 天，否则这个方法就无效了。
- simgr 命令能否使用是受到 SkipRearm 键值控制的，当键值为 0 时，simgr 将不能使用。这个键值位于 HKLM\SOFTWARE\MicrosoftWindowsNT\CurrentVersion\SL 注册表分支下。修改这个键值为 1，可以再次恢复 simgr 命令的运行，但是只能再运行一次，运行后 simgr 将回到 0。这个注册表项累计可以修改 8 次，因此可以再试用 240 天。加上前面的 120 天限制，累计可以免费试用 Vista 达 360 天。

课堂练习

任务背景：结合课堂学习的知识，实践操作系统的安装过程。

任务目标：完成 Windows XP 或 Windows Vista 操作系统的安装。

任务要求：能够借助操作系统安装光盘，完成硬盘的分区操作，并在第一个分区中安装 Windows XP 或 Windows Vista 操作系统。

任务指导：建议首先通过课堂学习和课件演示，学习 Windows XP 或 Windows Vista 操作系统的基本安装步骤和各种交互信息，了解其基本含义，然后抛开书本，独立完成安装过程。切忌对照书本依葫芦画瓢。

练习评价

项　目	标准描述	评定分值	得分
基本要求 60 分	使用安装光盘启动计算机	5	
	借助安装光盘完成硬盘分区	15	
	完成操作系统的安装，系统重启动正常	40	
拓展要求 40 分	完成另一种操作系统的安装	40	
主观评价		总分	

本课小结

这一课结合 Windows XP 和 Windows Vista 两种流行的操作系统介绍了计算机操作系

统的安装方法，重点介绍了安装过程中的各种交互信息和提示信息的内容和含义，这些知识有助于在实践环节中抛开书本独立完成安装工作。

课外阅读

1. Windows Vista 无人值守安装

http://wczj.cn/thread-52989-1-1.html

2. Windows Vista 简介

http://baike.baidu.com/view/7764.htm

3. Windows XP 和 Windows Vista 双系统安装方法

http://www.onegreen.net/Article/Class55/Vista/Vista2/13430_2.html

课后思考

（1）在操作系统安装过程中，需要输入哪些基本信息？需要用户进行哪些主要操作？

（2）操作系统安装过程中，在计算机上主要做了什么操作？分别在安装过程的哪些环节实现？

第 8 课　安装硬件驱动程序

课堂讲解

知识要点： 本课主要介绍硬件驱动程序的安装方法，“硬件更新向导”的使用方法是驱动程序安装的重点环节，需要熟练掌握。

学习指导： “硬件更新向导”是驱动程序安装的核心内容，所有的安装方法或多或少都和它有关，因此需要首先予以掌握。在此基础上，结合课件，学习三种驱动程序的安装方法。

学习要求： 通过课堂知识的学习，掌握驱动程序安装的三种基本方法，了解它们的异同和适用场合。

“驱动”的全称叫做“设备驱动程序(Device Driver)”，顾名思义，这种程序的用途就是“驱使”硬件设备工作。它是一种特殊的程序，在计算机中起到沟通计算机软硬件的作用。

在第 1 课里已经介绍过操作系统的概念，操作系统是在计算机软件中担负“基础设施”功能的一类特殊软件。在整个计算机中操作系统起到了沟通应用程序和硬件的作用，而实际中操作系统本身还是有可能在各种硬件组成的计算机上安装。这时就出现了操作系统本身如何适应和控制硬件的问题。驱动程序负责针对不同的硬件电路，向硬件设备转换和翻译这些指令，从而保证不同设备中结果的一致性。所以从这个意义上来讲，硬件驱动程序是操作系统和硬件设备之间的桥梁，是计算机中最直接和硬件打交道的程序。

硬件的驱动通常由硬件开发人员编写，所以在安装完操作系统之后，针对不同的硬件，需要安装由硬件厂商提供的硬件驱动程序，这样操作系统才能控制和使用这些硬件设备。所以说安装驱动程序是安装计算机操作系统过程中非常重要的一步。

操作系统中自带了一些最常用的驱动程序或者标准的驱动程序，能够满足系统安装过程中的需要。但是新配置的计算机的硬件设备大多是在操作系统发布之后才生产出来的，因此操作系统不可能有这部分新硬件的驱动程序。如果要让硬件设备充分发挥性能，就必须在系统安装之后另外安装硬件驱动程序。一般来说，键盘、鼠标、显示器、光驱、硬盘等设备不需要另外的程序，默认的驱动程序就已经够用了。而显卡、声卡、主板芯片组的驱动程序则一般需要单独安装。

8.1 设备管理器

在安装驱动程序前，先熟悉一下 Windows XP 操作系统的硬件管理功能。在 Windows XP 系统中，通常使用“设备管理器”来查看和管理硬件。

1. 启动设备管理器

在“开始”菜单中选择“控制面板”选项，打开“控制面板”，双击其中的“系统”图标，打开“系统属性”对话框，在“硬件”选项卡中单击“设备管理器”按钮，如图 8-1 左图所示。

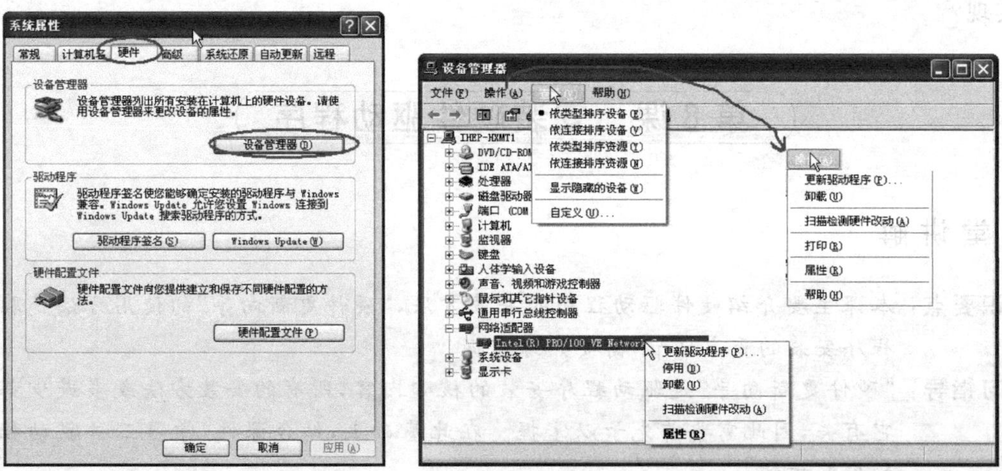

图 8-1

2. 设备管理器的操作界面

图 8-1 右图所示是设备管理器的操作界面，在默认界面下所有的硬件设备按照类型分类显示。当然也可以通过“查看”→“依连接排序设备”来改变显示的方式。如果选择“查看”→“显示隐藏的设备”选项，将看到更多由系统内部管理的设备。但是通常用不到这些隐藏设备项。

正常情况下，设备管理器中的硬件列表会按照图 8-1 右图那样分门别类有序排放，但是当系统中出现没有正确安装驱动程序的设备时，会出现如图 8-2 右图所示的黄色标志。

提示：黄色的感叹号表示该硬件工作不正常，通常是由于驱动程序安装错误；黄色的问

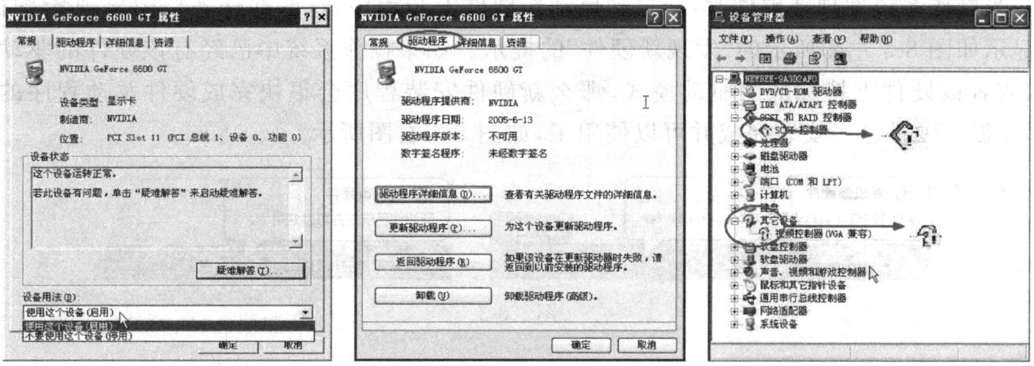

图 8-2

号表示系统未能正确识别该设备的类别。因此带问号的设备被归类在“其他设备”中。

3. 鼠标右键菜单内容

设备管理器中最常用的操作方式就是使用鼠标右键菜单(鼠标右键菜单的内容和窗口中“操作”菜单项的基本相同)。在具体的设备上右击，将出现如图 8-1 右图所示的快捷菜单。

- “停用”表示暂时从系统中关闭或者停止该硬件，如果设备停用后，这一项将变成“启用”；
- “卸载”表示从系统中删除该硬件的信息和驱动程序；
- “更新驱动程序”将启动“硬件更新向导”，具体的使用方法将在稍后介绍；
- “扫描检测硬件改动”用来在硬件发生改变时刷新系统记录的信息，通常用处不大；
- “属性”可以打开该设备的属性对话框。

4. 设备属性对话框

在某个设备的右键菜单中选择“属性”，将打开该设备的属性对话框，如图 8-2 左图所示。对话框中，共有 4 个选项卡，其他的硬件可能会由驱动程序添加更多的特有的选项卡，并不局限于这个例子中的 4 个。

“常规”选项卡(图 8-2 左图)中显示了设备的类型、型号、硬件资源、设备状态等信息，使用最下方的“设备用法”，也可以达到停用或者启用该设备的目的。

“驱动程序”选项卡(图 8-2 中图)比较简单，窗口上半部分是关于驱动程序的基本信息，下半部分共有 4 个按钮而且每个按钮旁边都有说明：“驱动程序详细信息”按钮用来列出当前驱动程序都由哪些文件构成；“更新驱动程序”按钮和右键菜单中的“更新驱动程序”选项内容相同，都会启动“硬件更新向导”；“返回驱动程序”用来恢复到备份的驱动程序；“卸载”按钮将删除该硬件的驱动程序。

“详细信息”和“资源”选项卡中的信息比较专业，平时较少使用。

8.2 学习使用“硬件更新向导”

“硬件更新向导”是在 Windows XP 操作系统下安装驱动程序的基本工具之一，几乎所有手动安装驱动程序的操作都要通过这个向导来完成。

当操作系统发现新硬件时，会自动启动新硬件安装程序，这时在任务栏中出现图标，并显示如图 8-3 左图所示的“发现新硬件”的提示。如果操作系统中已经有该硬件的驱动程序，或者该硬件支持标准的驱动模式，那么新硬件安装程序会很快完成硬件驱动程序的安装，并提示硬件已经安装完成并可以使用了，如图 8-3 右图所示。

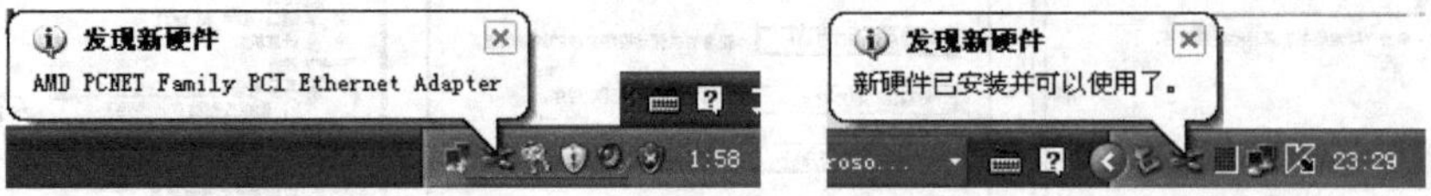

图 8-3

步骤 1　启动“硬件更新向导”

启动“硬件更新向导”有两种方式。

- 自动启动，当计算机发现新硬件后（图 8-3 左图），系统找不到该硬件的驱动程序，于是“硬件更新向导”自动启动；
- 手动启动，从设备管理器中通过“更新驱动程序”菜单或按钮手动启动该向导。

步骤 2　选择是否使用 Windows Update

向导启动后，会首先询问是否通过 Windows Update 查找硬件程序，如图 8-4 左上图所示。通常都选“否”，因为微软提供的驱动程序数量非常有限，大多数情况下会徒劳而返。因此不如自己动手下载驱动程序。

步骤 3　选择安装模式

接下来的询问中，需要选择硬件安装的模式（图 8-4 右上图），一般选择“从列表或指定位置安装（高级）”模式，因为自动安装经常不能解决问题。

步骤 4　选择是否自动搜索和搜索方式

这一步仍然有两种选择：“在这些位置上搜索最佳驱动程序（即自动搜索）”和“不要搜索。我要自己选择要安装的驱动程序。”，如图 8-4 左中图所示。如果选择“自动搜索”模式，可以使用两个复选框。

- 第一个复选框用来选择是否在光盘、U 盘等可移动媒体中自动搜索；
- 第二个复选框和随后的输入框用来指定在特定的磁盘目录中搜索。

在这种模式下，向导将在系统自带驱动、系统内已安装驱动、光盘等移动介质上的驱动、指定目录下的驱动之间进行搜索比较，从中选择出最合适的驱动程序，如图 8-4 右中图所示。如果这些位置都不包含合适的驱动，系统将会提示找不到驱动，并回到如图 8-4 左中图所示的界面。

如果这一步选择“不要搜索。我要自己选择要安装的驱动程序。”模式，那么将会出现对话框要求选择“硬件类型”（图 8-4 左下图），进一步会列出系统自带的所有这种类型的设备，可以从中选择。但是，这些设备一般都是很老的型号，所以指望从中能够找到的概率不大。在如图 8-4 右下图所示的界面上有一个非常重要而且有用的“从磁盘安装”按钮。单击这个按钮后可以选择驱动程序的路径，然后进行手动安装。在选择“自动搜索”模式失败的情况下，可以通过这种方式指定驱动程序所在的位置。

图　8-4

步骤 5　安装结束画面

如果硬件驱动程序安装成功，将出现如图 8-5 右图所示的提示界面，否则会提示“无法安装这个硬件”，如图 8-5 左图所示。安装未成功的硬件在设备管理器中将被标上黄色感叹号。

安装总结如下。

在使用“硬件更新向导”的过程中，有多个需要选择的步骤，而且有多种自动模式，容易产生眼花缭乱的感觉。这里再作一个总结。

➢ **比较常用的方式**　如图 8-4 左上图中选择“否，暂时不”，图 8-4 右上图中选择“从列表或指定位置安装(高级)”，图 8-4 左中图中选择“在这些位置上搜索最佳驱动程

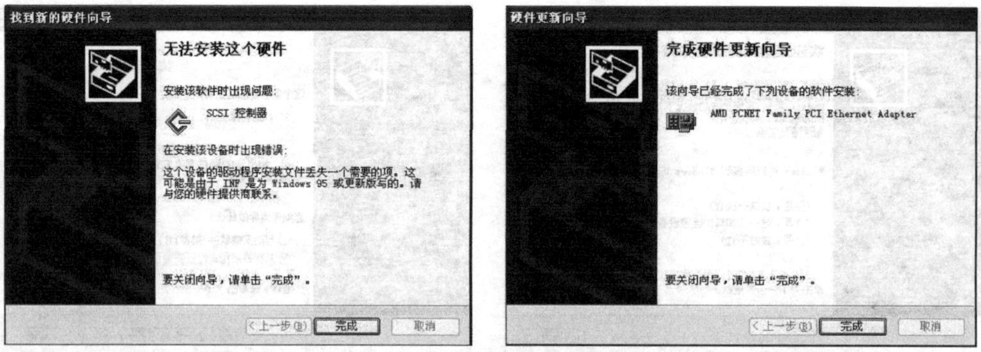

图　8-5

序”，然后选中“在搜索中包括这个位置”复选框，并单击“浏览”按钮选择驱动程序所在的某个目录。

- **自动程度最小的方式**　如图 8-4 左上图中选择“否，暂时不”，图 8-4 右上图中选择“从列表或指定位置安装(高级)”，图 8-4 左中图中选择“不要搜索……”，图 8-4 左下图界面中随便选择一个类别，进入类似图 8-4 右下图所示的界面，选择“从磁盘安装”，然后选择驱动程序所在的位置。
- **自动安装软件**(图 8-4 右上图)和**联网查找**(图 8-4 左上图)的功能浪费时间而且成功率低，不建议采用。

8.3　学习安装驱动程序

安装硬件驱动必须按照一定的顺序。硬件之间有相互的连接关系，底层的硬件不安装好，上层的硬件可能会无法安装或者根本检测不到。最典型的例子就是 USB 设备，这些设备都连接在 USB 接口上，如果系统中 USB 接口工作不正常，那么这些设备肯定无法正常工作；又如所有的硬件都连接在主板上，所以一定要先完成主板芯片组驱动程序的安装，才能陆续发现集成在主板上的高级电源管理、Raid 控制器等硬件设备。

鉴于此，建议先使用主板驱动程序，完成主板芯片组和板载设备的驱动程序安装，再安装 PCI、AGP 等插槽中的硬件，接下来再考虑 USB 设备，然后检查其他各种即插即用(PnP)设备，最后安装非即插即用设备驱动程序。

大部分硬件安装过程中会出现如图 8-6 左图所示的警告信息该驱动“没有通过 Windows 的徽标测试……”。这是因为硬件厂家的驱动程序没有拿给微软做兼容性测试。只要确认驱动程序的来源没有问题，那么可以忽略这一信息，单击“仍然继续”按钮即可。

在安装驱动程序前，需要准备好各种硬件的驱动程序。这些驱动程序可能来自于购买硬件时附带的随机光盘，也可能是从网络下载获得。下载驱动程序可以到厂商的网站下载，也可以到驱动之家(www.mydrivers.com)这一类的网站下载。如果下载得到的是压缩文件，应该事先解压缩到特定的文件夹下。

安装硬件驱动程序通常有下面三种方法，除了第一种方法之外，其余两种方法都不同程度地依赖于“硬件更新向导”。

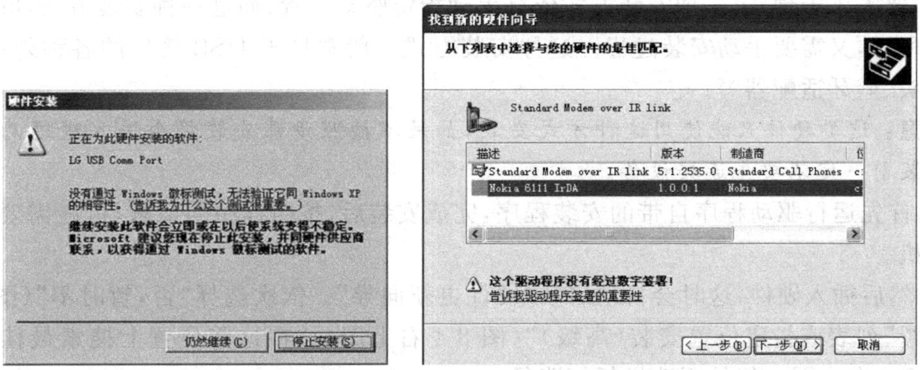

图 8-6

1. 使用驱动软件自带的安装程序

这是最简单的安装方法，找到硬件厂家提供的驱动安装光盘，运行其中的安装程序(一般是 setup. exe 或 install. exe)，步骤和安装其他软件一样。部分硬件驱动安装完毕需要重新启动计算机。安装成功之后就可以发现设备管理器中原先这款设备之前的黄色感叹号消失了，该设备从“未知设备”类回到了正常设备类中。通常各大硬件厂商，尤其是主板和显卡厂商都采用了这样的安装方式。由于主板驱动光盘内需要安装的内容比较多，因此一些主板厂家还提供了自动运行的安装向导界面，根据向导的提示可以方便灵活地依次选择需要安装的内容。

2. 手动安装驱动程序

这种方法是比较典型的安装方式，适用于大部分的驱动程序安装过程，包括很多能够采用第一种方法安装的驱动程序也可以使用这种方法，相比之下第一种方法更容易操作，而这一种方法更通用。

首先启动“硬件更新向导”，在“硬件更新向导”指引下，依次选择“否，暂时不”(图 8-4 左上图)、“从列表或指定位置安装(高级)”(图 8-4 右上图)、“在这些位置上搜索最佳驱动程序”(图 8-4 左中图)，然后选中“在搜索中包含这个位置”复选框，单击“浏览”按钮选择驱动程序所在的位置。

- 正常情况下，“向导”将搜索指定的位置，发现正确的驱动程序，如图 8-4 右中图所示。
- 如果提示找不到正确的驱动，则需要重新指定正确的位置，也可能是驱动程序和硬件不匹配。
- 如果出现如图 8-6 右图所示的界面，提示找到了多个匹配的硬件选项，这时需要按照实际的硬件型号再次进行选择和确认。

如果一切顺利，很快可以看到图 8-5 右图所示的提示信息，告知硬件已经安装成功。出现图 8-5 左图所示的“不成功”页面是件不幸的事，这需要重复刚才的步骤，在图 8-4 左中图所示的界面中指定新的驱动位置或者在图 8-6 右图中选择正确的硬件型号。

3. 半自动安装，适用于某些 USB 设备

第三种硬件安装方法介于前两种之间：第一种安装方式完全依靠安装程序完成所有工

作，不需要人工干预；第二种安装方式依靠手动指定驱动位置；而这一种安装方法，既需要运行安装程序，又需要手动安装过程。这种安装方式一般常见于USB接口的各种外接设备，如摄像头、蓝牙适配器等。

注意：这类硬件只能使用这种方式安装，如果不按照步骤安装将会进入进退两难的境地。安装前一定不要先连接设备。

① 首先运行驱动程序自带的安装程序，完成安装后，按照程序的要求，可能需要重新启动计算机。

② 然后插入硬件，这时会自动启动“硬件更新向导”。依次选择“否，暂时不”（图8-4左上图）、“从列表或指定位置安装（高级）”（图8-4右上图）、“在这些位置上搜索最佳驱动程序”（图8-4左中图），但是不选择任何路径。

③ 在图8-6右图所示的窗口中选择硬件型号，即可完成硬件的安装。

8.4 驱动安装过程中可能遇到的问题

由于每台计算机实际情况各不相同，因此在安装硬件过程中可能遇到一些意想不到的问题。本节就下面几个常见的问题作一个简单总结。

1. 指定搜索驱动的位置，却提示找不到驱动

这一问题主要是由于驱动程序不正确造成的，可能是型号不符，或者驱动程序使用的操作系统不一致。一般来说，Windows 2000和Windows XP系统的驱动程序大部分可以通用，9x系列、Windows 2000/XP、Windows Vista之间的驱动程序是不可以通用的。另外，现在还会有操作系统位数的区别，32位操作系统和64位操作系统所用的驱动也是不一样的。下载驱动时需要注意硬件型号、操作系统名称、操作系统版本都需要一致才可以正确安装。

2. 某个硬件设备有问题，怀疑是驱动不正确，如何重新安装驱动

这种情况简单删除硬件是不能解决问题的，因为再次发现硬件后，系统会自动找到以前的驱动程序自动安装。这时可以选择“更新驱动程序”，然后指定驱动程序搜索路径。注意大多数时候会出现提示，告知这个设备驱动已经存在，这时需要选择“替换已有驱动”而不是保留现有驱动。替换之后一般设备就会工作在新的驱动程序下了。

3. 驱动程序没有问题，可是总是安装失败

如果硬件未能成功安装，通常是硬件驱动程序不配套，可以尝试下载不同版本的驱动程序，有些版本的驱动程序可能存在一些问题，试试更新版本的驱动程序或者旧版本的驱动程序能否解决问题。如果可能，可以试试硬件随机光盘里的驱动程序。另外也可以在安装过程中，不要自动查找，选择手动指定磁盘文件试一试。

4. 插入新硬件，计算机不进行任何询问，自动安装驱动，并以失败告终

这种情况主要是系统中已经注册了一个错误的驱动程序，于是计算机就自动使用了这个错误的驱动安装新硬件。解决的办法可以先尝试和上一个问题同样的“全手动模式”安装方法，用新的驱动强行替换系统中原有的驱动。如果还不行，就从设备管理器中找到该硬件，选择“卸载”，重启后再次安装。

5. 指定了驱动程序的路径，“确定”按钮却总是灰色的

在图8-4左中图中指定目录或者在图8-4右下图中单击“从磁盘安装”按钮，然后选择

路径时,“确定”按钮始终是灰色的。

这是因为选择的目录中不包含和设备兼容的驱动程序(系统会检测后缀为.inf的文件是否存在和文件内容是否正确)。如果目录中没有需要的INF文件,那么“确定”按钮是无效的。

6. USB设备,昨天还使用正常,今天突然要求安装驱动

没关系,有时候换了一个USB接口,或者其他原因会造成这种情况。只要让计算机搜索驱动,一般都会自动重新安装驱动。如果找不到,就把搜索路径指到“＜系统目录＞\inf”即可。

课堂练习

任务背景: 驱动程序是硬件设备正常工作的必备条件。第7课安装的操作系统中,还没有进行驱动程序的安装,因此部分硬件还无法正常工作。

任务目标: 在第7课安装的操作系统中安装硬件驱动程序。

任务要求: 完成主板、声卡、显卡、网卡、摄像头等硬件设备驱动程序的安装,使各种硬件设备正常工作。

任务指导: 首先在设备管理器中查看硬件的工作状态,找出其中带有黄色感叹号的设备;然后查看每种设备目前的驱动程序的名称和版本;其次根据硬件厂商提供的驱动程序类型,选择合适的安装方法;安装结束后回到设备管理器,再次查看硬件的状态和驱动程序信息;最后检查驱动程序安装之后,计算机中各种硬件使用状态发生的变化,体会硬件驱动程序的作用。

练习评价

项　目	标准描述	评定分值	得分
基本要求60分	打开设备管理器查看各种硬件状态	10	
	安装主板驱动程序	15	
	安装声卡、网卡驱动程序	20	
	安装显卡驱动程序	15	
拓展要求40分	安装主板USB 2.0驱动程序	15	
	安装摄像头驱动程序	25	
主观评价		总分	

本课小结

驱动程序是计算机中硬件设备正常工作的基础,是安装完操作系统之后必需的软件安装环节。这一课学习了计算机驱动程序的安装方法,结合课件演示和课堂练习,介绍了驱动程序安装的过程和操作步骤。

课外阅读

1. 驱动程序全攻略

http://www.pconline.com.cn/pcedu/specialtopic/0612driver/index.html

2. 工具软件“驱动精灵 2008”

http://www.onlinedown.net/soft/3450.htm

3. 什么是驱动程序

http://baike.baidu.com/view/1048.htm

课后思考

(1) 驱动程序的三种安装方法中，哪一种最简便？哪一种速度最快？哪一种最容易成功？

(2) 需要针对厂商提供的不同类型的驱动程序选择不同的安装方法。对于安装方法的选择这一问题，你总结出了什么规律或技巧？

第 9 课　常用应用软件安装与使用（一）

课堂讲解

知识要点： 这一课介绍了计算机中常用软件的安装和使用方法，其中“普通软件的安装方法”是本课的核心内容，而“IE 浏览器”和“资源管理器”的使用则是本课的两大重点。

学习指导： 软件产品百花争艳，安装和使用方法各不相同。但是总结之后，仍然可以发现不少共同之处。因此只要把握课堂学习内容中总结归纳出的十大步骤，就可以应对常用的大多数软件的安装与使用。当然，实际的练习是掌握软件安装方法的最有效途径。同样，IE 浏览器和资源管理器软件也需要通过实践过程熟练掌握其各项功能和使用方法。

学习要求： 了解绿色软件和免安装软件的安装原则，掌握普通软件安装的十大步骤；熟练掌握 IE 浏览器和资源管理器的基本功能与使用方法。

9.1　学习安装应用软件

在第 1 课曾经介绍过计算机软件和硬件的概念，已经了解了计算机软件分为操作系统软件和应用软件。其中操作系统提供了一个控制硬件、运行软件的平台，而应用软件则完成我们需要的各种具体的功能。常见的操作系统中自带了一部分完成基本功能的应用软件，例如，Windows XP 操作系统，内置了网络浏览器（IE）、媒体播放器（Media Player）、文字处理软件（记事本）、文件管理器（Explorer）等应用软件。这些软件可以完成一些基本的功能，满足一部分日常的应用场合。但是如果我们想使用计算机做更多的事，完成更多的功能，仅凭借这些内置的软件是远远不够的。所以才有安装更多应用软件的需求。

软件必须安装之后才能使用。因此安装软件是使用计算机的一项基本技能。不同的软件安装方法不尽相同，无法一一详解。因此在本节内容中，主要介绍软件安装过程中的一些普通的、具有代表性的步骤，从总体上把握软件安装的脉络。

通过这一节内容的学习，读者应该结合书中介绍软件安装的代表性过程，通过对不同软件安装实践过程的补充和充实，从而把书中总结的软件安装步骤有机地串联成完整的操作经验。

1. 关于软件产品的一些概念

(1) 商业软件、共享软件和免费软件

商业软件是指专业的软件公司生产的软件产品，这类产品出于商业目的而开发，按照商品化来运作。共享软件一般是软件爱好者的杰作，是以“先使用后付费”方式销售的享有版权的软件。根据共享软件作者的授权，用户可以从各种渠道免费得到这类产品的复制件，也可以通过各种途径自由传播它。用户总是可以在一定期限内试用共享软件，或者使用共享软件的部分功能，认为满意后再向作者付费。免费软件则指永久不需要付费的软件产品，其中也有个别软件公司的产品，但更多的是个人作品。

(2) 注册码、激活码和序列号

注册码和安装序列号其实是两个不同起源的东西，但是实际使用中往往被混为一谈。安装序列号来源于商业软件产品，为了保证正版产品的销售，打击盗版，商业软件产品设计了序列号，在安装过程中必须输入和正版产品一起提供的安装序列号，才能开始软件的安装过程。注册码和激活码类似，都起源于共享软件。共享软件一般都做了功能或者时间的限制，只有用户向软件开发者注册并购买该产品，获得注册号码，才能用这个注册号码激活软件，取消时间或者功能的限制。

(3) 开源软件

开源软件是指作者开放了源代码的软件，任何人可以获得软件代码的复制件并在此基础上修改和完善软件功能。开源软件主要集中在 Linux 操作系统下，Linux 操作系统本身是一款开放源代码的系统。在 Windows 系统下开源软件数量有限。根据 GNU 协议，凡是适用于非商业用途的改写和发行，都不需要向软件代码的作者支付费用。

(4) 常见的软件包类型

从网上下载得到软件包通常有以下几种。

- 一个可执行程序，一般为 EXE 或者 MSI 格式的文件，运行后直接开始安装过程；
- 一个 ZIP 或者 RAR 压缩包文件，解压后为一个目录下的若干文件和子目录，可以找到其中的 setup. exe 或其他可执行文件尝试安装过程；
- 一个 ISO 文件，这常见于大型软件，是软件发行光盘的镜像文件，推荐使用虚拟光驱（Demon Tools）加载并打开此类文件，然后从虚拟的光盘中安装软件。

2. 绿色软件和免安装软件的安装方法

绿色软件多为一些小型软件。这类软件的安装过程不向操作系统中添加任何文件或者注册表信息，不对操作系统和其他软件构成影响，因此叫做绿色软件。只要绿色软件自身文件齐全，就可以正常启动。

互联网上还流行一类“免安装软件”。这类软件经常也自称绿色软件，但实际上它们并不能算是完全的“绿色”。这些软件的安装过程和绿色软件一样，也只需要简单复制即可。但是在第一次运行时，需要手动或者自动向注册表中添加有关的信息，或向系统目录添加必要的文件。但是这些过程都是自动或者半自动完成的，不需要专门的安装过程。所以叫做免安装软件。互联网上大部分“免安装软件”都是网友根据普通软件自己制作的软件包。

- 绿色软件的安装过程：解压缩软件包，然后复制软件目录到预定的位置即可。必要时可以向桌面或者开始菜单中添加一些快捷方式。
- 免安装软件的安装过程：解压缩软件包，复制软件目录到预定的位置，然后按照软件安装说明中介绍的方法，执行初始化程序或者手动添加相关文件和信息。最后可以根据需要建立快捷方式。

提示：普通软件默认的安装路径是“<系统盘>\program files”目录，为了避免和普通软件混淆，也为了有序管理这类软件，建议为绿色软件和免安装软件建立一个单独的安装路径。这个安装路径最好不在系统盘上，因此这类软件重装系统后仍然可以继续使用。

3. 普通软件的安装方法

由于大多数软件运行过程中，依赖于操作系统环境和一些公共程序库，依赖于系统注册表中的信息，因此这些软件需要严格的安装过程，安装完毕，向注册表中添加多项与运行有关的注册信息，还可能需要向系统目录添加一些文件。不同软件安装的细节各有千秋，但是仍然有许多共同规律可以借鉴。

实际应用中，每一款软件都会有个性化的界面、独特的信息显示、不同的安装选项，但是细究其安装步骤，不外乎以下这些内容，只是表现的外观和出现的顺序不同罢了。

接下来看看软件安装过程中的常见步骤（具体的软件中，这些步骤顺序和组合方式各有不同）。

步骤 1　欢迎界面

欢迎界面（Welcome）的主要功能是提示用户目前正在安装的软件名称、版本，得到用户是否开始安装的确认。图 9-1 所示是几种常见安装程序的欢迎界面。欢迎界面通常有两个可用的按钮：其中一个用于继续安装，如 Next、OK、Continue 等；另一个用于退出安装，通常为 Cancel、Exit 等。欢迎界面中通常有一段文字的描述，没有必要阅读这些文字，直接进入下一步即可。

步骤 2　同意用户许可协议

用户许可协议（License Agreement）可以理解为软件使用中的合同条文，如图 9-2 所示。在协议中界定了使用者和发行者之间的权利和义务关系，同时有一些发行者的免责声明等内容。不客气地说，这些内容没有什么阅读价值，大部分都是固定的套路。而且，同意才能安装，如果不同意就退出。

用户许可协议界面通常有以下 4 种类型。

- 直接有 Agree、Yes、Next 等按钮，可以单击后继续进行安装；
- Next 等按钮无效，需要选中“同意（Agree）”复选框或者单选按钮之后才能变成有效；

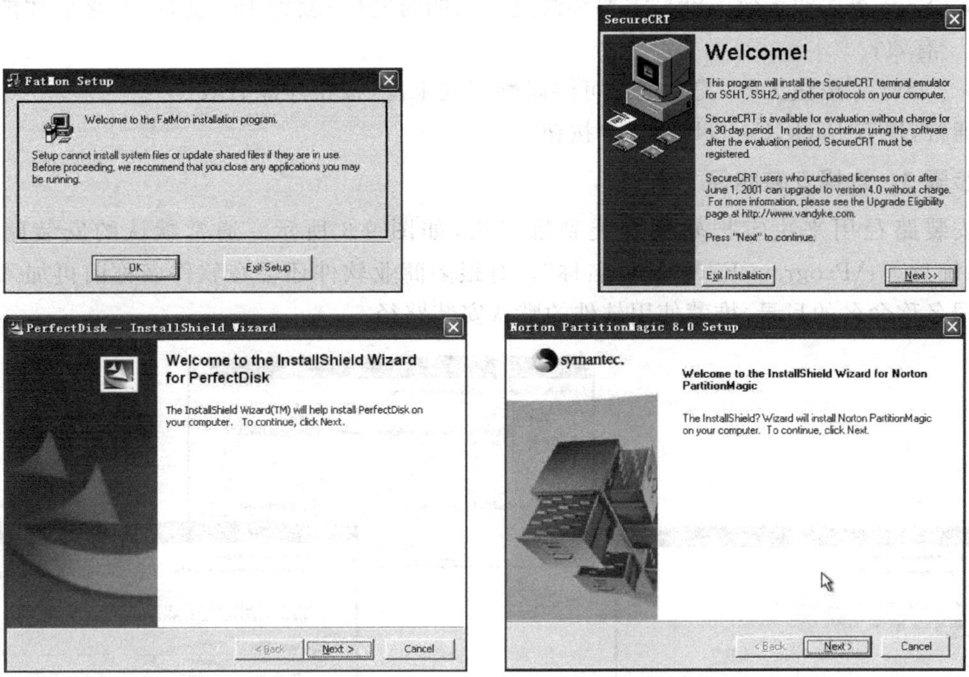
FatMon Setup
Welcome to the FatMon installation program.
Setup cannot install system files or update shared files if they are in use. Before proceeding, we recommend that you close any applications you may be running.
OK
Exit Setup
SecureCRT
Welcome!
This program will install the SecureCRT terminal emulator for SSH1, SSH2, and other protocols on your computer.
SecureCRT is available for evaluation without charge for a 30-day period. In order to continue using the software after the evaluation period, SecureCRT must be registered.
SecureCRT users who purchased licenses on or after June 1, 2001 can upgrade to version 4.0 without charge. For more information, please see the Upgrade Eligibility page at http://www.vandyke.com.
Press "Next" to continue.
Exit Installation
Next >>
PerfectDisk - InstallShield Wizard
Welcome to the InstallShield Wizard for PerfectDisk
The InstallShield Wizard(TM) will help install PerfectDisk on your computer. To continue, click Next.
< Back
Next >
Cancel
Norton PartitionMagic 8.0 Setup
symantec.
Welcome to the InstallShield Wizard for Norton PartitionMagic
The InstallShield? Wizard will install Norton PartitionMagic on your computer. To continue, click Next.
< Back
Next >
Cancel

图　9-1

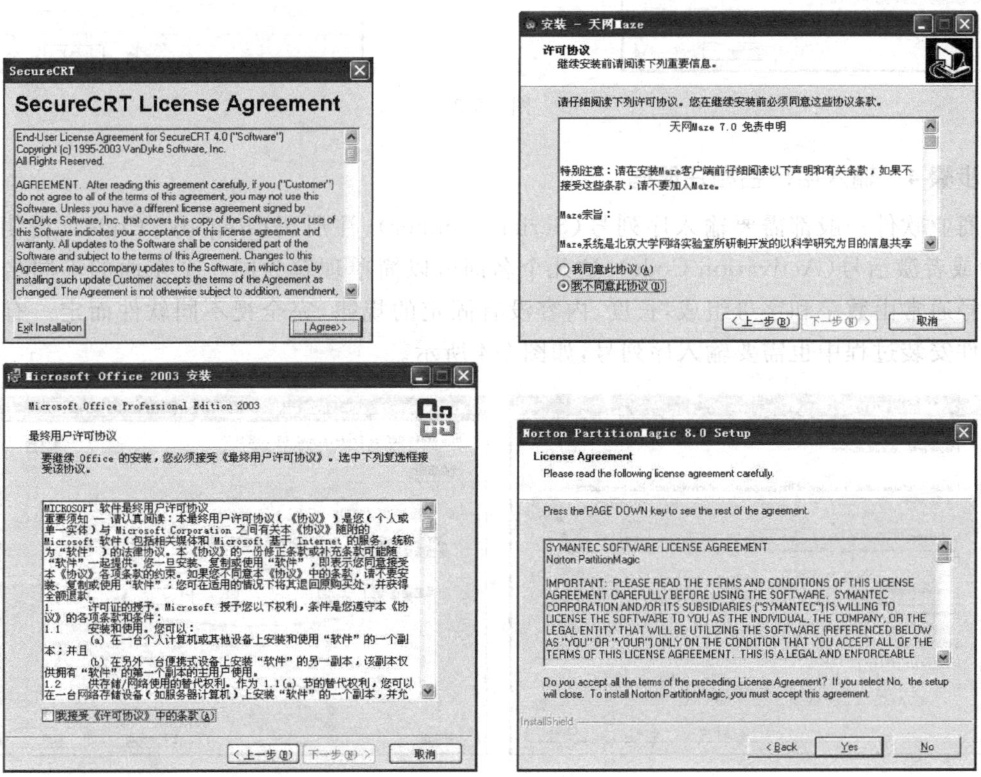
SecureCRT
SecureCRT License Agreement
End-User License Agreement for SecureCRT 4.0 ("Software")
Copyright (c) 1995-2003 VanDyke Software, Inc.
All Rights Reserved.
AGREEMENT. After reading this agreement carefully, if you ("Customer") do not agree to all of the terms of this agreement, you may not use this Software. Unless you have a different license agreement signed by VanDyke Software, Inc. that covers this copy of the Software, your use of this Software indicates your acceptance of this license agreement and warranty. All updates to the Software shall be considered part of the Software and subject to the terms of this Agreement. Changes to this Agreement may accompany updates to the Software, in which case by installing such update Customer accepts the terms of the Agreement as changed. The Agreement is not otherwise subject to addition, amendment,
Exit Installation
I Agree>>
安装 - 天网Maze
许可协议
继续安装前请阅读下列重要信息。
请仔细阅读下列许可协议。您在继续安装前必须同意这些协议条款。
天网Maze 7.0 免责申明
特别注意：请在安装Maze客户端前仔细阅读以下声明和有关条款，如果不接受这些条款，请不要加入Maze。
Maze宗旨：
Maze系统是北京大学网络实验室所研制开发的以科学研究为目的的信息共享
我同意此协议(A)
我不同意此协议(D)
＜上一步(B)
下一步(N)＞
取消
Microsoft Office 2003 安装
Microsoft Office Professional Edition 2003
最终用户许可协议
要继续 Office 的安装，您必须接受《最终用户许可协议》。选中下列复选框接受该协议。
我接受《许可协议》中的条款(A)
＜上一步(B)
下一步(N)＞
取消
Norton PartitionMagic 8.0 Setup
License Agreement
Please read the following license agreement carefully.
Press the PAGE DOWN key to see the rest of the agreement.
SYMANTEC SOFTWARE LICENSE AGREEMENT
Norton PartitionMagic
IMPORTANT: PLEASE READ THE TERMS AND CONDITIONS OF THIS LICENSE AGREEMENT CAREFULLY BEFORE USING THE SOFTWARE. SYMANTEC CORPORATION AND/OR ITS SUBSIDIARIES ("SYMANTEC") IS WILLING TO LICENSE THE SOFTWARE TO YOU AS THE INDIVIDUAL, THE COMPANY, OR THE LEGAL ENTITY THAT WILL BE UTILIZING THE SOFTWARE (REFERENCED BELOW AS "YOU" OR "YOUR") ONLY ON THE CONDITION THAT YOU ACCEPT ALL OF THE TERMS OF THIS LICENSE AGREEMENT. THIS IS A LEGAL AND ENFORCEABLE
Do you accept all the terms of the preceding License Agreement? If you select No, the setup will close. To install Norton PartitionMagic, you must accept this agreement.
InstallShield
< Back
Yes
No

图　9-2

➢ Next 等按钮无效，计时，需要等候足够长的时间（一般为 15s 或 30s），然后才能变成有效；

➢ Next 等按钮无效，需要把许可协议翻页到末尾，按钮才能有效。

通常，还有 Back、Cancel、Exit 等按钮。

步骤 3　选择安装路径

安装路径用来决定把软件安装到哪里去，如图 9-3 所示。通常默认的安装路径是“<系统盘>:\Program Files\软件名称”。有很多商业软件还会在软件名称前再加入一层以公司名称命名的目录，推荐使用软件的默认安装路径。

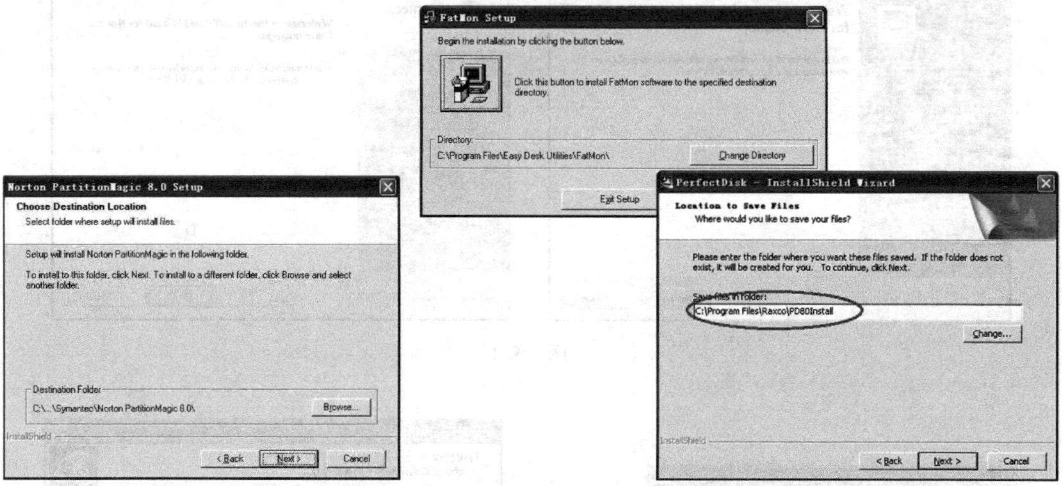

图　9-3

步骤 4　输入用户名和注册码

商业软件一般都需要输入序列号（Serial Number）、注册码（Register Code）、密钥（CD Key）或者激活号（Activation Code）（这几个名词可以简单理解为同一个东西的不同名称）。序列号通常由数字和字母组成，长度、内容没有固定的规律，完全视不同软件而定。有些共享软件安装过程中也需要输入序列号，如图 9-4 所示。

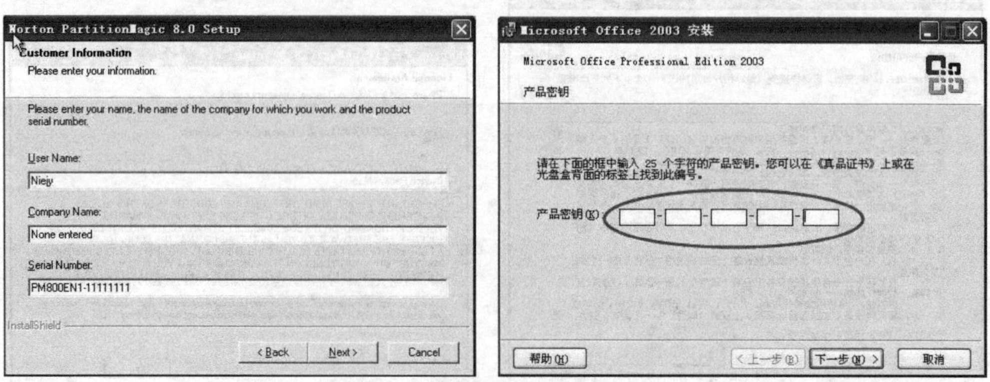

图　9-4

通常如果不输入正确的注册码，一些软件会无法正常安装。但是也有一些软件，提供了免费体验(Evaluation)或者演示(Demo)的功能。

和注册码一起输入的通常还有用户名和公司名。一般默认的用户名和安装操作系统时设置的用户名相同，当然也可以重新设置。有些软件用户名和注册码是关联的，但是大部分软件是不相关的，可以随便输入的。

目前在大型软件中还流行一种“软件授权许可”的方式，也就是 license。通常这是一段授权代码，或者包含授权代码的文件。安装时，需要提供 license 代码或者 license 文件。

关于软件使用过程中的注册或激活，将在稍后介绍。

步骤 5　安装类型选择

稍微复杂一点的软件都会出现一个安装类型选择的界面，如图 9-5 所示。常见的选项有最小安装(Minimum 或 Compact)、典型安装(Typical 或 Standard)、完全安装(Complete 或 Full)、自定义(Custom 或 User Define)等几种类型。如果对所安装的软件缺乏足够了解，建议遵循默认的选项——一般是典型安装或者完全安装。

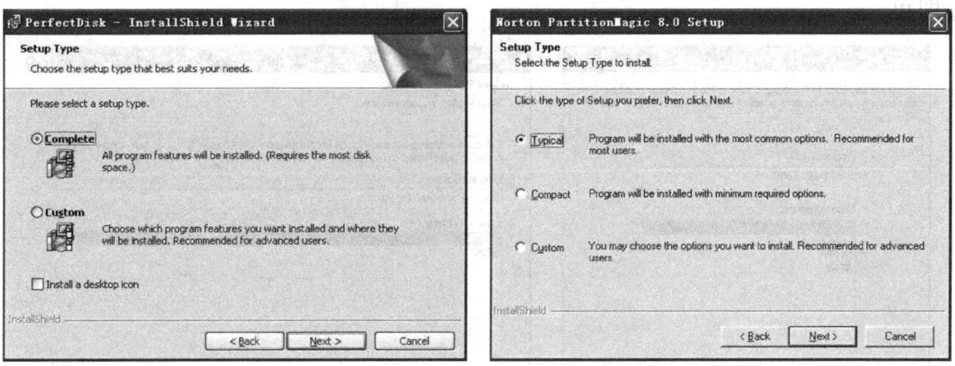

图 9-5

如果对于软件比较了解，可以选择自定义安装。此时会进入一个安装组件选择的界面，如图 9-6 所示。在这个界面里，用户可以自己选择要安装哪些内容。图 9-6 左图所示是比较经典的组件选择界面，通过选中需要安装组件前的复选框完成选择；图 9-6 右图所示是目前比较流行的新界面，这种界面下，对于每个安装项目通常有 5 个选项，它们依次是：

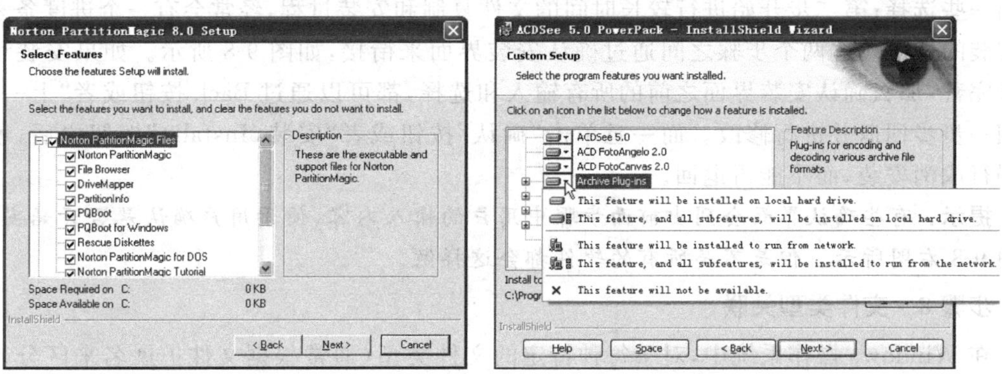

图 9-6

- 在硬盘上(Local Hard Disk)安装此功能(This feature will be installed on local hard drive.)；
- 在硬盘上安装此功能和它所属的所有子功能(This feature, and all subfeatures, will be installed on local hard drive.)；
- 不在硬盘上安装此功能，但是在需要时通过网络或光盘运行(This feature will be installed to run from network.)；
- 不在硬盘上安装此功能和所有子功能，但是在需要时通过网络或光盘运行(This feature, and all subfeatures, will be installed to run from network.)；
- 不安装此功能(This feature will not be available.)。

步骤 6　添加程序组

这一步供用户确认软件安装后，在开始菜单中添加程序组的名称和位置，如图 9-7 所示。对于程序组的命名大部分软件都比较规范，很容易获知软件名称和版本；另外，程序组的位置可以在开始菜单中自己调整。因此这一步通常没有什么更改的必要，使用默认值直接跳过即可。

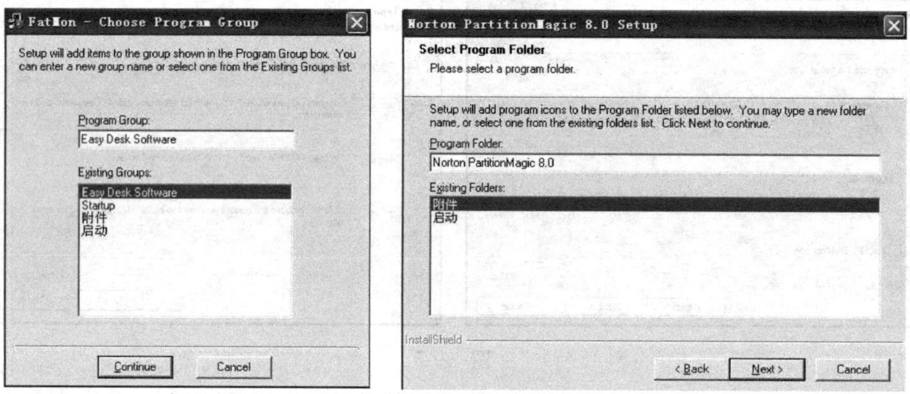

图　9-7

步骤 7　确认安装

通常软件的安装过程有两个大步骤，第一步询问用户很多问题，要求输入一些内容或者做出一些选择；第二步开始进行较长时间的文件复制和安装过程，经常会有一个进度条来指示安装的进度。这两个步骤之间通过确认安装界面来衔接，如图 9-8 所示。如果安装程序设计完善，那么确认安装界面之前的所有输入和选择，都可以通过 Back 按钮或者“上一步”按钮一步步回退并进行修改。而一旦单击“确认”按钮或者“安装(Install)”按钮之后，就只能强行取消安装，而不能再退回。

提示：有些确认界面会列出前面步骤中用户的输入内容，便于用户确认是否开始安装，如图 9-8 右图所示。但是不是所有的软件都会这样做。

步骤 8　文件类型关联

在 Windows 操作系统中，对于每种特定的文件类型(通常根据文件扩展名来区分)，都需要对应的软件支持才能使用。在系统中打开这个文件时，如果相应的软件已经安装并注册在系统中，那么会自动调用这个软件，否则就会要求使用者选择打开的方式。因此，有一

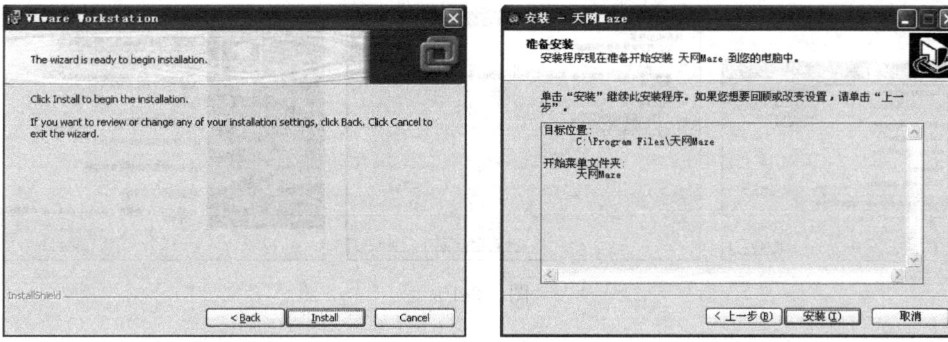

图 9-8

部分软件会和特定的文件类型相关联，这些信息要记录到系统中去。这就产生了文件类型关联的选择问题。

对于一些常见的文件类型，如 ZIP、MP3、WAV、JPG、TXT 等，会有很多种软件都可以支持。这时软件和文件类型关联就会发生冲突。为此，一些软件增加了文件类型关联的选项，由用户在安装时选择是不是自动调用该软件打开某种类型的文件，如图 9-9 所示。

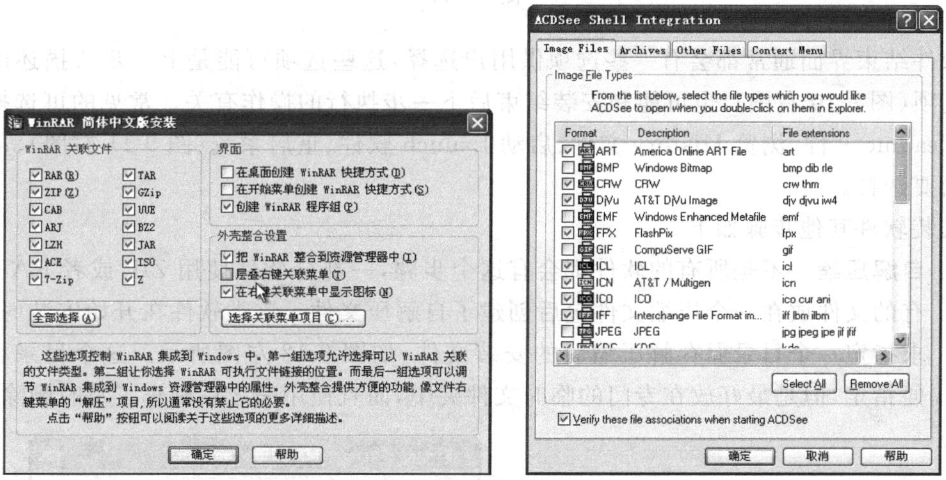

图 9-9

这种情况下通常涉及很多种文件类型的选择。所以如果用户对于这些文件类型不是很熟悉，可以不去改动这些内容，使用安装程序默认的设置即可。

步骤 9　快捷方式

除了在开始菜单中添加程序组，有些软件还会在桌面或者快速启动栏中添加快捷方式。大多数此类软件赋予了用户选择的权利，可以由用户决定是否添加这些内容，如图 9-10 所示。是否需要创建这些快捷方式完全在于用户的喜好。

步骤 10　结束界面

软件安装结束界面通常只有 Finish 或者“完成”按钮可用，如图 9-11 所示。单击后，会结束软件安装过程。

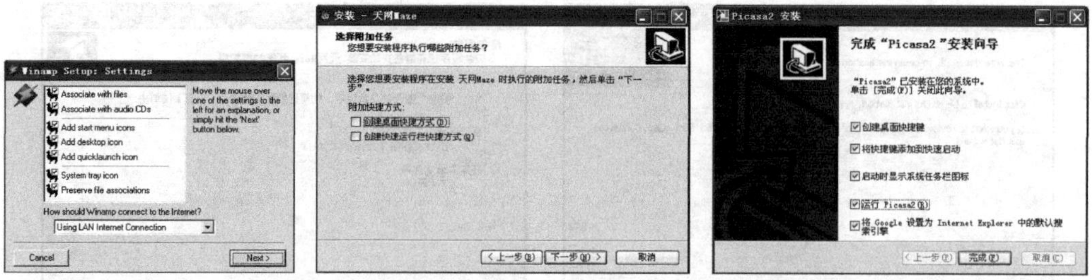

图　9-10

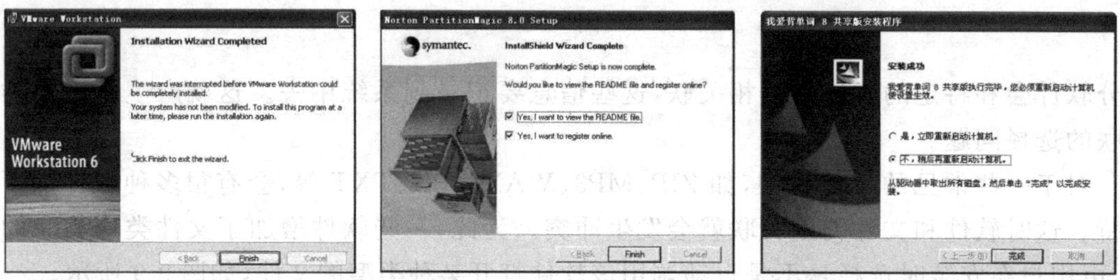

图　9-11

软件结束界面通常都会有一些选项供用户选择，这些选项可能是上一步所描述的快捷方式选项（图 9-10 右图），也可能和安装结束后下一步执行的操作有关。常见的可选操作有浏览 Readme 文件、浏览 History 文件、启动 Launch 软件、重启系统（图 9-11 右图）等，可以根据需要选择。

安装软件其他步骤如下。

➢ **自解压缩**　不是所有的软件都会有这个步骤，一部分软件使用 ZIP 或者 RAR 把所有的文件放在一个压缩文件包后创建了自解压文件。这类软件在开始安装时，会要求指定一个目录保存解压缩后的安装文件，如图 9-12 左图所示。这个目录可以随便指定，但是最好放在专门的临时文件夹中，而且使用完之后别忘了及时删除。

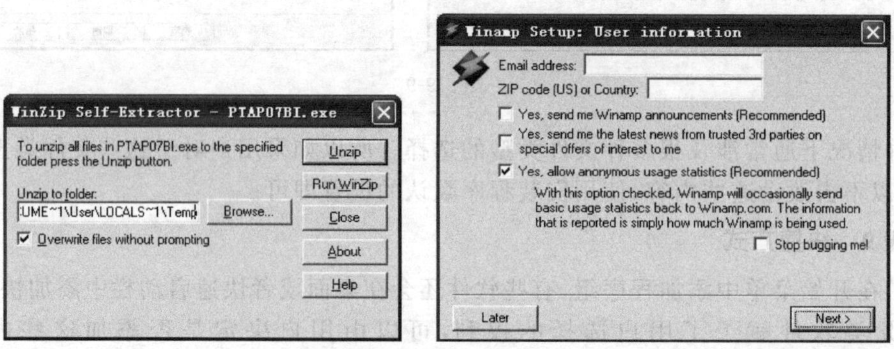

图　9-12

➢ **重启**　有些软件涉及了系统文件的改动，所以在安装完毕后需要重启系统。Windows XP 虽然在这方面做了很多改进，大部分软件都不再需要重新启动系统，但是仍然免不了有少数软件需要这样做。重启提醒界面一般会有"立刻自动重启"、

"不，稍后我自己手动重启"或者类似内容的两个选项。如果不马上使用该软件，可以选择"不"。要特别小心默认选项一般是"立刻自动重启"，如果不小心选中，会造成当前打开的所有软件窗口被强行关闭。

➢ **开机自动启动** 是否让这个软件在开机后自动运行。部分软件会单独有一个界面询问用户；也有些软件把这一项放在其他界面中一起供用户选择；当然，不经过询问下次开机自动出现的软件也比比皆是。一般可以通过软件中的设置项，或者管理开机加载项来解决这个问题，细节可以参考第 21 课的相关内容。

➢ **用户信息收集** 一些共享软件或者免费软件在安装过程中会收集用户信息，例如，要求填写 E-mail 地址，做用户喜好调查等，如图 9-12 右图所示。比较人性化的软件往往给予用户选择的权利，例如，Winamp 的用户信息界面可以选择是否需要"发给我 Winamp 的各种通知"等选项。

小知识 *如何解决没有讲到的步骤*

参考以上列出的软件在安装过程中可能遇到的十大步骤，应该可以应对 90%以上的软件安装过程。但是软件品种繁多，实际应用中会遇到一些软件安装的步骤超出以上范围。对于这些例外，如果能够领会软件作者的意图，明确应该如何选择或操作，那当然最好。否则，建议保留软件的默认选项，以免误操作带来不必要的损失。通常情况下，默认选项是比较稳妥和折中的选择。

4. 软件汉化

日常使用的大部分软件来源于国外。除了少量比较有开发实力的公司会同时发行包括中文在内的多个语言版本，大部分国外软件都是全英文界面。这给英文水平不高的普通电脑用户带来了很大的困难。好在国内有一批水平较高的业余软件汉化队伍，常见的一些软件，都可以找到他们制作的汉化版本，给大家的使用带来很多便利。

汉化软件包一般以补丁的方式发布。运行汉化包之后，会自动替换安装后软件中的相应文件，从而达到汉化的目的。这类汉化包通常有比较严格的版本限制，汉化包必须和原版外文软件具有相同版本。通常汉化包会先进行版本检查，如果不符合会拒绝安装。在汉化时，要关闭英文版的软件，特别注意要设法关闭那些可能在后台运行的软件，否则会造成汉化失败。

常用软件的汉化包在各大软件站点上都可以找到，也可以到专门的汉化软件站点下载，如汉化新世纪(http://www.hanzify.org/)等。

5. 软件注册与激活

首先需要区分关于注册的两个概念。有一些软件安装最后或者首次运行时会提示是否联网注册，这类的注册通常指的是合法用户向软件厂商提供身份、联系方式等一些必要的个人信息(图 9-13 左下图)，从而获得软件厂商额外的一些支持和服务；另一种注册是需要提供注册序列号(图 9-13 右下图)，完成软件产品使用授权的"注册"(也叫"激活")。这是两种完全不同的概念，前一种注册用户可以在实际中灵活选择，不是必需，但也不是件坏事；后一种则是这一小节要讨论的话题。

大部分商业软件和共享软件都需要有注册码或者序列号。如果在安装软件时没有输入注册码，那么软件通常会在功能、使用时间方面做出限制，或者会经常出现讨厌的警告信息

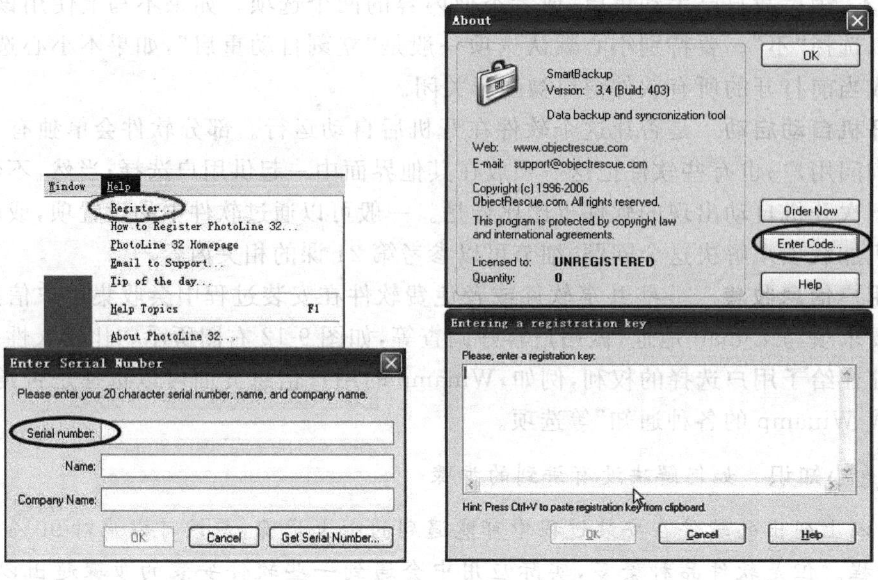

图 9-13

或广告信息。

有些软件安装时就要求输入注册码，否则拒绝继续安装。而大部分软件，在安装时不需要输入注册码或者可以不输入注册码，但是在使用过程中会要求提供，这种方式在共享软件中被广泛采用。在软件运行状态下输入注册码的界面一般在软件的 Help 菜单中，如图 9-13 左上图所示的 Help→Register 菜单项；更多软件把输入注册码的按钮做在软件的 Help→About 对话框中，如图 9-13 右上图所示。

在注册码的形式上，传统的注册码采用数字串或字符串注册码（图 9-13 左下图），如微软产品的注册码。也有一些软件采用了授权文件（License File）的方式完成注册（图 9-13 右下图），也可以认为这是注册码的一种变形。这种软件的注册码比较长，以文本文件的形式保存在授权文件中。使用时只要把这个授权文件复制到软件目录中即可。WinRAR、HyperSnap 等软件都采用了这种注册方式。

如果只是出于学习的目的，非商业的或者非其他不正当的目的，可以尝试使用互联网上的信息来解决这个问题。解决方法主要有以下几种。

- 公共的序列号或者注册码，经过他人试用之后通过的注册码。按照说明文件使用即可。这一方法适用于不会联网检查注册码的软件。
- 破解补丁，针对检查注册码的功能编写的补丁程序，对原程序进行了改写，取消了注册码的检查，或者使用固定的配套注册码。
- 算号器，也叫 keygen 软件，能够按照一定算法计算同一软件的多个可用序列号。
- 许可文件，也叫 license 文件、授权文件。只需要复制该文件到软件指定的目录中。适合使用 license 方式作注册检查的软件。
- 注册文件，是一个带有注册表导出信息的 REG 文件，只需要把这个文件导入注册表。

注意： 在网上寻找和下载相关内容时，最好到比较可信的站点，如霏凡软件、99 软件等，并使用杀毒软件进行检查。一些恶意站点故意提供带有病毒或木马的可执行文件，运行之后会给用户带来损失。

9.2　使用资源管理器

计算机所有的程序、数据、信息，全部是以文件的形式保存的，因此使用和管理计算机中的文件，成为使用计算机过程中非常重要的需求。正因为如此，在 Windows 操作系统中内置了一套文件管理工具：Explorer，中文名“资源管理器”。

1. 启动资源管理器

启动资源管理器可以通过以下 3 个途径。

- 选择“开始”→“所有程序”→“附件”→“Windows 资源管理器”选项；
- 在“开始”按钮上右击，然后从弹出的快捷菜单中选择“资源管理器”；
- 通过“窗口键＋E”快捷键来打开资源管理器。

2. 资源管理器软件界面

启动资源管理器后，会出现如图 9-14 所示的窗口。图中窗口的主体分成了左右两个部分，左侧窗口显示了计算机中的文件目录结构，右侧窗口是选定目录下的文件和目录列表。

图　9-14

注意：打开资源管理器，看到的右侧窗口可能和图 9-14 中略有不同，这是因为选择了不同的文件浏览方式。选择“查看”→“详细信息”选项，就可以与图中效果一致。

如图 9-14 所示，从左侧窗口中，可以看到计算机中所有可访问的文件资源，这些资源有实在的磁盘目录和文件，也有虚拟目录和文件。这些资源分为 4 大类。

- 我的文档，实际是存放在磁盘上的用户个人文档目录。
- 网上邻居，列出局域网中所有可访问的共享资源。
- 回收站，计算机中所有被安全删除(直接用 Delete 键)的内容，这些被删除的内容可以恢复。

➢ 我的电脑，包括了存放在这台计算机中所有的文件资源。列出的文件资源包括：
  - 硬盘上的所有分区（图中有 C、D、E 三个分区）；
  - 光驱（图中 G、H）；
  - 移动存储设备；
  - 虚拟目录共享文档（实际对应“我的文档”中提供给其他用户共享的内容）；
  - 虚拟目录 xxx 的文档（顾名思义，就是用户 xxx 登录系统时，使用的“我的文档”）；
  - 虚拟目录控制面板（和开始菜单中的控制面板类似，包含了所有系统配置项的一个集合）。

小知识

共享文档、我的文档、xxx 的文档这三个虚拟目录，实际上也是存放在“我的电脑”中的某个磁盘分区上。只是由于它们比较常用，而且在 Windows 中位置特殊，所以在逻辑上把它们单独划分出来，放到和磁盘分区平行的地位。文件内容默认的路径是在 C:\Documents and Settings\<用户名>\My Documents，这个位置可以由用户更改。

3. 浏览文件

资源管理器的使用非常简单。它的首要功能是浏览文件。

➢ 左侧窗口中，每个项目前方有一个小加号，单击之后就可以展开该项目，列出所有的子目录。此时加号变成减号，单击减号，则展开的项目会重新收回。
➢ 在左侧窗口中选择某一个目录，右侧窗口就会列出目录内的子目录和文件的列表，同时地址栏中显示的路径也会相应地变化。
➢ 在地址栏中输入一个路径，按 Enter 键后右侧窗口将显示该路径下的内容，同时左侧窗口目录树中光标的位置也会相应变化。也就是说，地址栏的内容——左侧窗口中光标停留的位置——右侧窗口显示的内容三者是同步的。
➢ 在右侧窗口中选择一个列出的子目录名称双击，就可以进入到这个子目录。单击工具栏中的“向上”按钮，就会回到上一级目录中。
➢ 在不同目录位置的切换过程中，窗口的标题栏中显示的内容始终在做相应的变化。

4. 文件操作

在资源管理器中，可以对文件进行复制、移动、删除、重命名等操作。

(1) 选择文件

在进行文件操作之前先要选择被操作的对象（文件或目录）。对象选择有以下几种方式。

➢ 单击需要选择的内容，这样每次可以选择一个对象；
➢ 选择第一个对象，按住 Ctrl 键，再选其他的内容，可以同时选中多个不连续排列的文件或者目录（图 9-15 左图）；
➢ 选择第一个对象，按住 Shift 键，再选第二个对象，那么两个对象位置之间的内容都将被选中（图 9-15 中图）。

(2) 文件和目录的复制和移动

文件、目录的移动或者复制可以通过系统剪贴板进行。

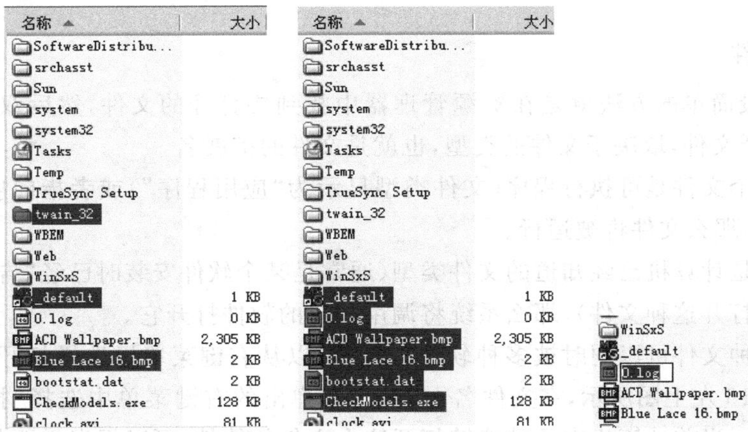

图　9-15

① 选择需要操作的对象。

② 在鼠标右键菜单中(或者窗口“编辑”菜单中)选择“复制”或者“剪切”(前者保留源文件,复制一份;后者移动文件),把目录或者文件复制或剪切到剪贴板上。

③ 在资源管理器中切换到需要保存文件的目录中,在右侧窗口空白处右击,在弹出的快捷菜单中选择“粘贴”菜单命令。

提示:也可以使用“编辑”菜单中的“复制到文件夹”、“移动到文件夹”菜单项实现相同的功能。

(3) 文件或目录的拖曳

在左侧窗口中逐级展开目录树,看到(是看到而不是选择)需要复制或者移动文件的目标位置,然后在当前目录下选中需要的内容,按住左键移动鼠标,把它们拖曳到目标位置的目录中。

文件和目录的拖曳结果与初始位置、目标位置有关。如果这两个位置位于同一个磁盘分区中,那么执行的是移动操作。如果不在同一个磁盘分区中,源文件会被保留,并复制一份到目标位置。

提示:为了操作简便,还可以同时并列两个资源管理器,分别进入源目录和目标目录,把文件从一个窗口拖动到另一个窗口中。

(4) 右键拖曳

(3)中的拖曳指的是按住鼠标左键,移动鼠标的正常拖曳,还可以使用右键拖曳,操作方法和左键拖曳相同,操作结果略有不同:松开鼠标之后,不是马上复制或移动文件,而是弹出一个菜单供选择,从菜单中可以选择复制、移动或者其他选项。相比左键拖曳,右键拖曳更加灵活,功能更全面。

(5) 文件的重命名

单击某个已经被选中的文件或者文件夹,这个名称将进入可以修改的状态,如图 9-15 右图所示。只要输入新的名称,按 Enter 键后即可完成文件或者目录的重命名。

(6) 查看文件或目录详细信息

在文件或者目录上右击,在弹出的快捷菜单中选择“属性”,将列出文件或者目录的详细属性信息。

5. 打开文件

打开文件最简单的方法就是在资源管理器中找到要打开的文件，然后双击这个文件。计算机如何打开文件，取决于文件的类型，也就是文件的扩展名。

- 如果这个文件是可执行程序（文件类型显示为“应用程序”）或者指向应用程序的快捷方式，那么文件将被运行。
- 如果这是计算机已经知道的文件类型（通常是某个软件安装时已经“告诉”操作系统它能够打开这种文件），那么系统将调用相应的软件打开它。
- 如果一种文件可以同时被多种软件打开，可以从右键菜单里选择打开文件的软件。如图 9-16 左上图所示，在文件名上右击，在弹出的右键菜单中选择“打开方式”，上面列出了当前计算机中几种能够打开这个文件的软件，可以根据需要从中选择一个来打开文件。

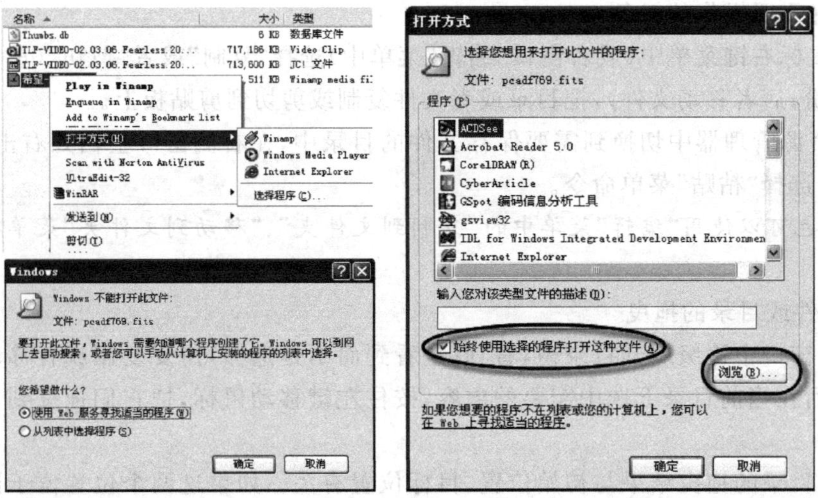

图 9-16

- 如果需要的工具软件没有被安装，那么计算机将不知道用什么软件来打开它，这时会出现如图 9-16 左下图所示的对话框，通常选择“从列表中选择程序”，接下来就可以从图 9-16 右图所示的窗口中选择计算机已有的某个软件来打开这个文件。如果列表中没有合适的软件，也可以单击“浏览”按钮（图 9-16 右图），从磁盘上选择一个软件程序来打开文件。

提示：如果选中“始终使用选择的程序打开这种文件”复选框，计算机会记住这一次的选择，以后将始终使用该软件打开同类型文件。除非我们已经确定选择的软件能够正确地打开这种文件，否则不应该选择这一选项。

6. 资源管理器和“我的电脑”

在桌面上或者开始菜单中选择“我的电脑”，打开后将会出现如图 9-17 所示的软件界面。看起来这和资源管理器很像，实际它们就是同一个软件程序，不同的外观界面。在“查看”→“浏览器栏”子菜单中，可以选择左侧窗口的功能：如果选择“文件夹”，那么就是前面看到的经典资源管理器界面；如果选择其他功能，就可以出现不同的视图界面。

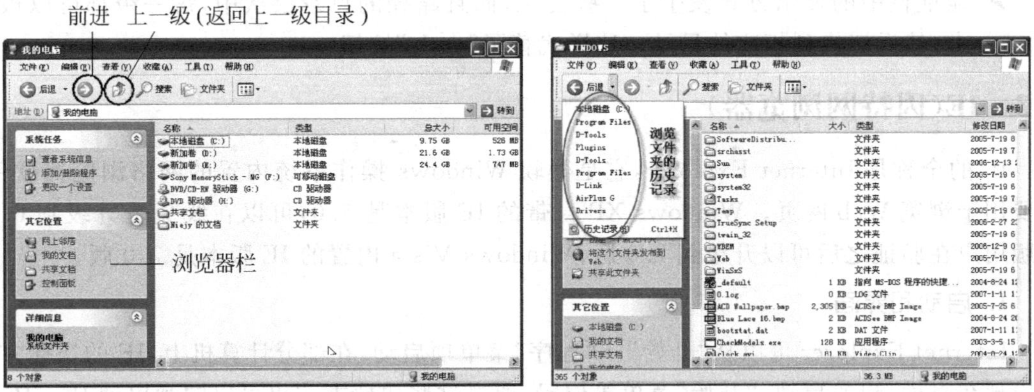

图　9-17

7. Windows Vista 的资源管理器

图 9-18 所示是 Windows Vista 的资源管理器。基本操作方法和 Windows XP 相同，主要是一些外观和细节的区别。

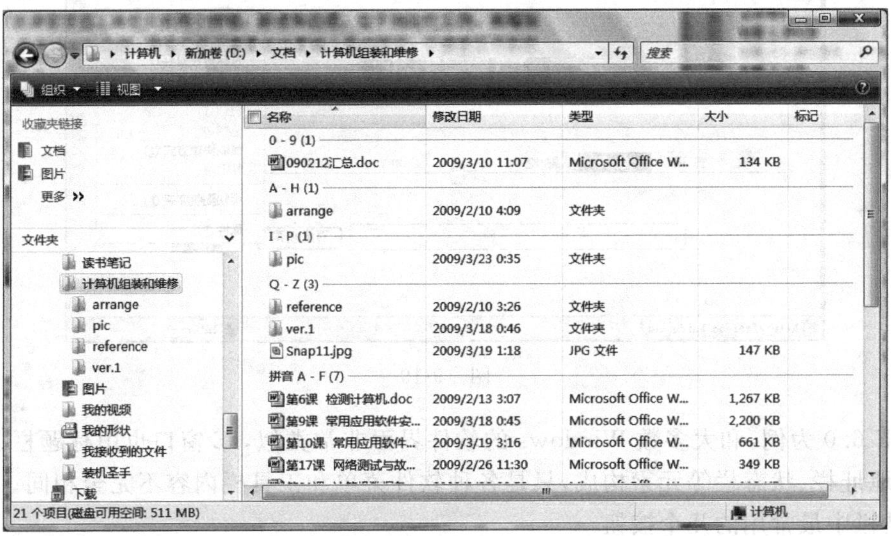

图　9-18

- ➢ Windows Vista 的界面更加简洁，可以使用的屏幕区域更大。
- ➢ Windows Vista 的菜单自动隐藏，需要按一下 Alt 键，菜单才会出现。
  提示：这是 Windows Vista 下很多软件的共同特征，如 IE 7.0 等。
- ➢ Windows Vista 的资源管理器工具栏只有两个按钮：前进和后退，位于地址栏左侧。新增加搜索栏，位于地址栏右侧。搜索文件只需要在这里输入条件即可，不需要打开新的搜索界面。
- ➢ 默认界面，窗口下方出现“详细信息窗格”，选中文件或者目录，这里将列出它们的详细信息。

➢ 文件显示增加了分组功能，列出的文件可以分组显示，如图 9-18 所示。

➢ 地址栏中的显示方式发生了一些变化，而且路径的目录层次中，每一级都可以被单击，然后切换到相应的目录。这样代替了“向上”按钮。

9.3 IE（因特网浏览器）

IE 的全称是 Internet Explorer，它是微软 Windows 操作系统内置的网络浏览器软件，主要用于浏览 Web 网页。Windows XP 自带的 IE 版本是 5.0，可以在线免费升级到 6.0，正版用户在验证之后可以升级到 7.0 版；Windows Vista 内置的 IE 版本是 7.0 版。

1. 启动和界面

Internet Explorer 可以从“开始”→“程序”菜单项启动，在部分计算机上，IE 的快捷方式会出现在桌面、快速启动、“开始”菜单等位置，通过这些快捷方式也可以顺利启动 IE。IE 启动之后的界面如图 9-19 所示。

图 9-19

以 IE 6.0 为例，和大多数 Windows 的软件界面非常类似，IE 窗口也由标题栏、菜单栏、工具栏、地址栏、状态栏等元素构成，只是各种软件菜单和工具栏内容不完全相同。

工具栏中最常用的几个按钮。

➢ “后退”、“前进”按钮，可以用来在曾经浏览过的网页之间来回切换；

➢ “停止”按钮，在某个网址连接很久但是没有结果显示，打算放弃对这个网址的访问时使用；

➢ “刷新”按钮，将命令 IE 重新下载并显示当前页面；

➢ “主页”按钮，将使 IE 跳转到设置好的默认开始页面。

2. 浏览网页

在确认计算机已经联网的前提下，在 IE 地址栏里输入一个网址，如 http://www.baidu.com，回车或者单击地址栏中的“转到”按钮，在下面的主窗口中将出现“百度”搜索引擎的网页。窗口下端的状态栏将显示网页连接过程中的状态。

一般在网页上都会有多个超级链接，超级链接对应着一个新的网址，便于用户访问该网页。超级链接的颜色、字体等外观一般和普通文字不同，最常见的情况是采用蓝色带下划线的文字。当鼠标指针移动到超级链接上时，将变成如图 9-19 所示的手形光标。这时从状态栏中可以看到这个链接指向的网址。单击超级链接，网页将跳转到链接的地址。如果想要在窗口保留当前的网页，避免内容被新网页覆盖，可以在打开超级链接时右击，然后在弹出的菜单（如图 9-19 窗口右侧）中选择“在新窗口中打开”。这样新的网页将出现在一个新窗口中。

在网页上还会有各种需要交互的内容，因此文本框、按钮、单选按钮、复选框、下拉列表框等各种对话框中常见的控件在网页中都会遇到。使用的方法和含义与程序窗口中没有本质区别。这里不再详细讨论。

当一个网页被打开后，可以用鼠标选择其中的文字和图片，并进行复制，然后就可以粘贴到其他软件中。选择“编辑”→“全选”选项，可以一次选中全部网页内容。可以使用“编辑”→“查找”选项，在复杂的网页中快速查找文字。

3. 保存网页

如果需要保存感兴趣的网页，可以选择“文件”→“另存为”选项，在出现的对话框中可以输入要保存的文件名，并选择保存位置和保存类型。有 4 种保存的类型可供选择。

- “网页，全部”。网页被保存成一个后缀为 HTML 的文件，同时网页中的图片等其他内容被保存在同名的一个目录下；
- “网页，仅 html”。只保存 HTML 文件，图片等内容被丢弃；
- “文本”。把网页中的文字保存下来，格式等其他信息不保存；
- “单一文件”。把网页上的所有内容保存在一个后缀为 MHT 的文件中。

IE 默认的保存方式是“网页，全部”。推荐使用 MHT 类型的文件保存网页，“单一文件”会给日后的整理和使用带来很多便利。

4. 使用收藏夹

收藏夹是一个非常有用的工具。Internet 上的网址浩如烟海，不可能记住每个访问过的网页。所以把自己感兴趣的网址放到收藏夹里，让 IE 来保存这些地址是一个比较明智的选择。

（1）打开收藏夹中的地址

收藏夹里的网址使用起来非常简单，只要打开“收藏”菜单，然后找到想要访问的网页名称，用鼠标选择即可。IE 将自动跳转到选中的网址。

（2）保存网址到收藏夹中

打开需要保存的页面，选择“收藏”→“添加到收藏夹”选项，然后在如图 9-20 左图所示的对话框中修改要保存的名称，单击“确定”按钮即可。

在保存网址到收藏夹时，单击窗口右侧“创建到”按钮，将出现图中对话框的下半部分，这时允许我们选择收藏夹中的一个目录保存当前网址，也允许使用“新建文件夹”按钮在收藏夹中创建新目录来保存网址。

注意：在收藏的网页越来越多时，这种简单的收藏方法将使得以后的查找和使用非常困难。所以建议不要随意更改保存的名称，而是采用默认的网页名称。同时应该养成在收

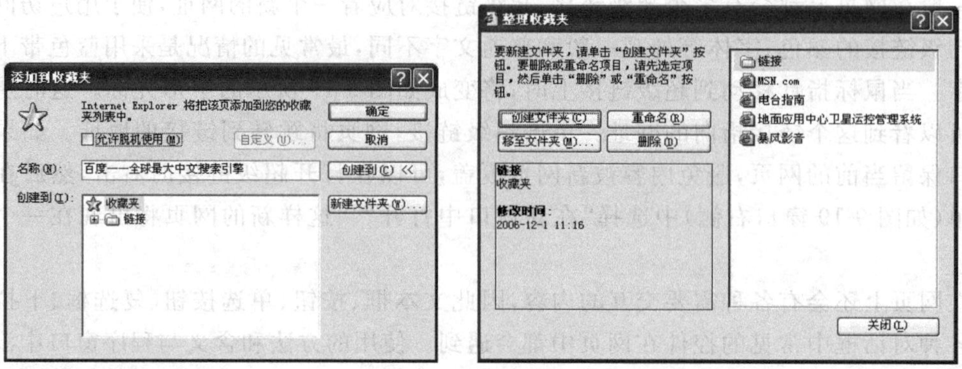

图　9-20

藏夹中建目录分类保存的习惯。

(3) 整理收藏夹

选择"收藏"→"整理收藏夹"选项，出现如图 9-20 右图所示的用于收藏夹整理的小工具，在这里可增加、删除收藏夹中的目录，删除或者移动网址，或者给网址重新命名，可以很方便地随时整理收藏夹中的内容。

5. 下载文件

使用 IE 除了可以浏览网页，还可以通过网页下载文件。单击下载文件的链接时，打开的不是新网页，而是如图 9-21 左图所示的文件下载对话框。一般选择"保存"选项，然后在出现的文件对话框中输入要保存的文件名，并选择文件保存的位置，单击"确定"按钮后，文件就会下载到指定位置了。在下载过程中将出现图 9-21 右图所示的对话框，它指示了文件大小、下载的进度、速度、估计时间等内容。

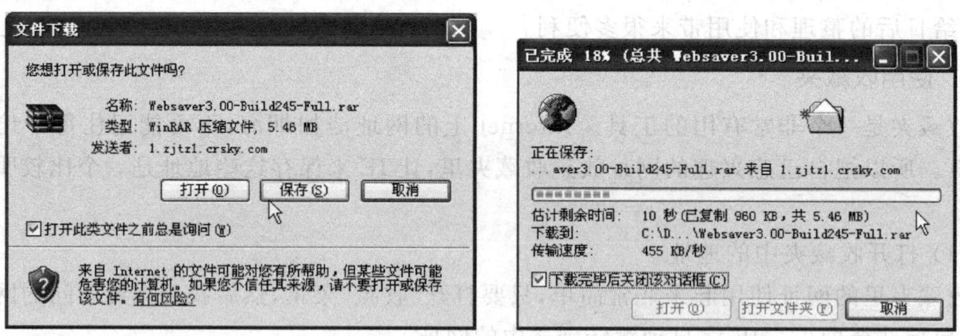

图　9-21

6. 浏览器栏

IE 也有和"我的电脑"类似的浏览器栏，默认浏览器栏是关闭的，可以通过选择"查看"→"浏览器栏"选项来选择显示的内容。和"我的电脑"的浏览器栏内容略有不同，IE 增加了"历史"选项，选择"历史"选项后将在浏览器栏内显示最近一段时间内浏览过的所有网址。另外"搜索"也不在是本机的文件搜索，而是通过搜索引擎对互联网上的网络资源进行搜索。

7. IE 7.0

IE 7.0 下，除了带来更好的安全性之外，软件界面也发生了一些革命性的变化。

➢ 首先简化了界面，提供了更大的可视面积。IE 7.0 自动隐藏了菜单栏，必须按一下 Alt 键菜单才会出现菜单栏；工具栏也被简化，地址栏、工具栏、搜索栏、多页面标签合理布局在两行的空间中。

➢ 其次增加了多标签的支持。这是 IE 7.0 最重要的革新。多标签允许 IE 在一个软件窗口中打开多个页面，如图 9-22 所示。

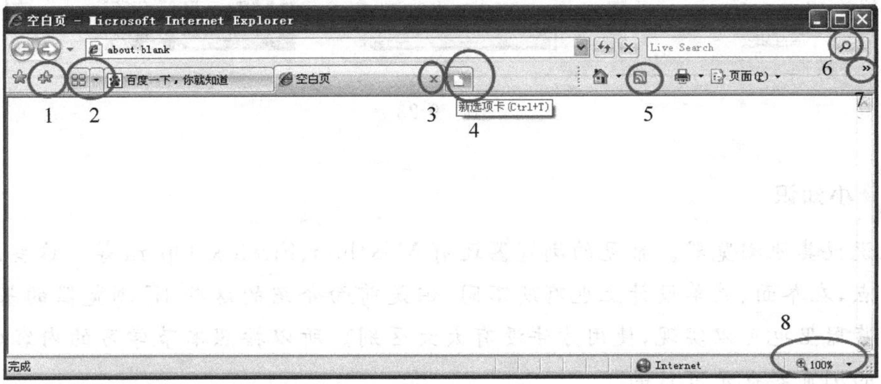

图 9-22

➢ 另外增加了页面缩放功能，在工具栏按钮的设置上也更加合理和人性化。

IE 7.0 下，"前进"、"后退"按钮放在了地址栏左侧，"刷新"、"停止"按钮和搜索工具条放在地址栏右侧。收藏夹按钮、标签、主页等按钮设计在工具栏第二排。图中标出了一些 IE 7.0 细致的特色。

① 收藏到收藏夹，一个按钮取代原有的菜单操作，更加简便；

② 用于多窗口选择的下拉菜单和多窗口平铺供用户选择的功能；

③ 只有活动标签才会出现的关闭标签小按钮；

④ 创建新标签按钮，只有鼠标经过时才变化；

⑤ 新增的对 RSS 的支持功能；

⑥ 搜索按钮，提供了在不同搜索引擎中执行搜索的选项；

⑦ 平时隐藏的工具菜单快捷方式；

⑧ 显示比例，可以在这里选择，也可以直接按 Ctrl 和＋或－来放缩页面。

其实多标签的功能在其他浏览器里已经应用很久了。和其他支持多页面的浏览器相比，IE 7.0 最大的优势是增加了一个类似缩略图的"快速导航"页面(图 9-23)，这个页面中显示了所有已经打开的选项卡缩略图。这个功能在多窗口浏览时非常有用，如果同时打开了几十个标签页面，那么这个操作将耗费较长时间才能完成。

浏览 Web 网页是当前网络应用最主要的形式之一，使用浏览器浏览网页是上网必会的一项基本技能。通过这一节的学习，希望能够帮助读者快速学习 IE 的基本操作、熟练掌握网页浏览的方法。当然，这一切必须在阅读的同时，结合实际操作来完成。

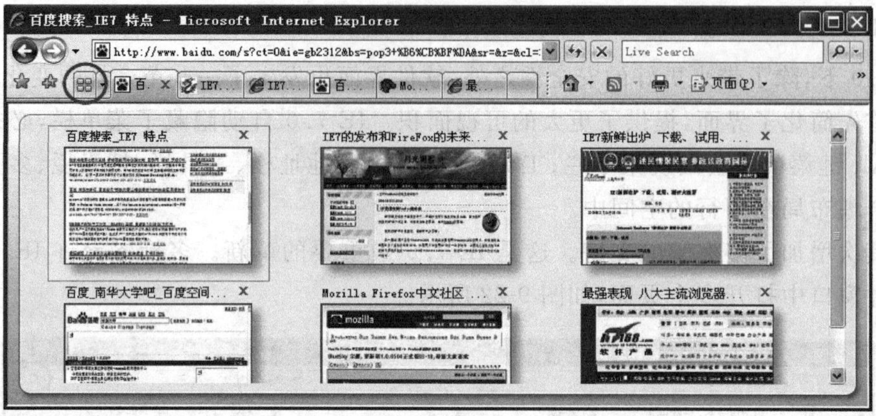

图 9-23

小知识

顺便说说其他浏览器。常见的浏览器还有Maxthon、Firefox、Opera等。这些浏览器虽然各有特点，在界面、菜单设计上也有所不同，但是前面介绍的这些IE浏览器的基本功能，在其他浏览器里也可以实现，使用方法没有太大区别。所以按照本节学习的内容尝试操作其他种类的浏览器也是可行的。

8. 学会使用搜索引擎

互联网上的网址不计其数，即使是常用的网址，我们也不可能都记得住，更不可能知道其他更多的内容分布在网络上哪个角落。好在已经有人解决了这个问题，"搜索引擎"就是这样一种工具。

可以毫不夸张地说，只要我们记住 www.baidu.com 和 www.google.com 这两个最常用的搜索引擎中的任何一个，就足以在网络中冲浪。只要在如图 9-19 所示的界面的文本框中输入任何想要查找的内容，搜索引擎都会为我们找到尽可能匹配的结果。当然，使用搜索引擎也有很多技巧，最基本的技巧就是尽可能把要搜索的内容拆分成多个关键词，不同关键词之间用空格隔开。例如，想要查找"IE 使用过程中的技巧"，那么可以输入查询条件"IE 使用技巧"，去掉不必要的虚词，这样就可以更准确地找到想要的结果。虽然输入一整句话，搜索引擎也可以尝试自动断句，但是难免会有出错的可能。

课堂练习

任务背景： 练习普通软件的安装方法，体会课堂上介绍的十大步骤。

任务目标： 通过练习 Acrobat Reader、WinRAR、Acronis True Image 三款软件的安装过程，掌握课堂讲解中介绍的普通软件安装方法。

任务要求： 尽量在不借助帮助文档的前提下完成软件的安装。

任务指导： 这些软件的安装过程不外乎课堂上讲解的十大步骤。因此即使从来没有接触过，也并不影响操作实践。如果遇到安装过程中不明白的选项，可以尝试使用IE，通过搜索引擎查找相关资料。

练习评价

项　目	标 准 描 述	评 定 分 值	得分
基本要求 60 分	安装 Acrobat Reader 软件	20	
	安装 Acronis True Image 软件	20	
	安装 WinRAR 软件	20	
拓展要求 40 分	安装 UltraEdit 软件	20	
	安装 360 安全卫士	20	
主观评价		总分	

本课小结

本课重点介绍了软件的安装过程。通过对多种软件安装过程的总结，提炼出了软件安装的十大步骤。由于软件安装程序的制作工具种类有限，因此不同软件的安装步骤很少超出这十个步骤，区别只是前后顺序、界面风格等的不同。在本课后半部分，介绍了 Windows 操作系统常用的 IE 和资源管理器两种系统工具的基本使用方法。

课外阅读

1. IE 8.0 新特性介绍

http://www.51nfs.com/General/V0/Topic.aspx?username=networkermax&topicid=2692

2. 汉化软件命名规则

http://www.hanzify.org/?Go=MoreInfo::ViewOne&ID=4

3. 常用软件的安装

http://www.pconline.com.cn/pcedu/teach/new/0701/944917.html

课后思考

(1) 资源管理器每次只能给一个文件改名。现在需要一次给很多个文件批量改名，该如何操作？(提示：需要借助第三方软件。)

(2) 如何将 IE 收藏夹中的内容转移到另外一台计算机上？(提示：收藏夹中的网址是以文件方式存放在硬盘上的。)

(3) 如何规划软件安装目录，让普通软件和绿色软件融洽相处，而且绿色软件在操作系统重新安装后仍然可以继续使用？

第 10 课　常用应用软件安装与使用（二）

课堂讲解

知识要点：这一课学习几款较常用的软件产品的简单使用方法，其中 WinRAR 和 360 安全卫士的基本操作是本课的重点。

学习指导：软件必须在使用中学习，才能牢固掌握操作方法。因此书本上的内容必须在课后练习和日常使用中反复应用。

学习要求：掌握浏览 PDF 文件的基本方法；熟练掌握记事本软件的使用；掌握 UltraEdit 软件的基本使用方法；熟练掌握 WinRAR 软件压缩解压缩的方法；了解 360 安全卫士的常用功能和用法，掌握几种基本诊断工具的使用方法。

10.1　PDF 文件浏览器 Acrobat Reader

PDF（可移植文档格式）文件是目前网络上非常流行的电子文档格式，用途非常广泛。Acrobat Reader 是 PDF 格式的发明者 Adobe 公司发布的一款免费的 PDF 文件浏览器，也是 PDF 文件浏览的最佳选择。

小知识

Acrobat Reader 软件只是一款阅读软件，如果要制作 PDF 文件，则需要使用其他软件。最常用的是 Acrobat 软件，这是一款商业软件，也是由 Adobe 公司发布的。还可以选择一些第三方免费或者共享的小工具，如 PdfFactory 等。这些工具将在计算机中安装生成 PDF 文件的虚拟打印机，可以简单地将现有的其他格式文档通过打印的方式转换为 PDF 文件。

（1）打开 PDF 文件

安装 Acrobat Reader 软件后，安装程序会自动建立 PDF 文件和 Reader 软件的关联。因此只要在资源管理器中找到要浏览的 PDF 文件，双击就可以在如图 10-1 左图所示的界面中打开该文件。

（2）更改显示比例

Acrobat Reader 软件最主要的功能之一就是以各种方式或比例浏览 PDF 文件。打开“视图”菜单，如图 10-1 右图所示，可以看到有 4 大类可选内容。

- **全屏功能**　自动隐藏菜单、工具栏等，可以获得最大的可用屏幕，按 Esc 键可以从全屏状态返回正常状态。
- **按比例调整文档显示效果的功能**　每次选择“放大”、“缩小”选项将按照固定的比率放大或者缩小页面；也可以选择“缩放到……”，然后在对话框中手动输入一个合适的比例；另外还有“适合窗口”、“适合宽度”等多种选项可供选择。
- **屏幕显示方式**　通过“单页”、“连续”等一组菜单用于设定一屏显示内容的多少和连续显示的方式。

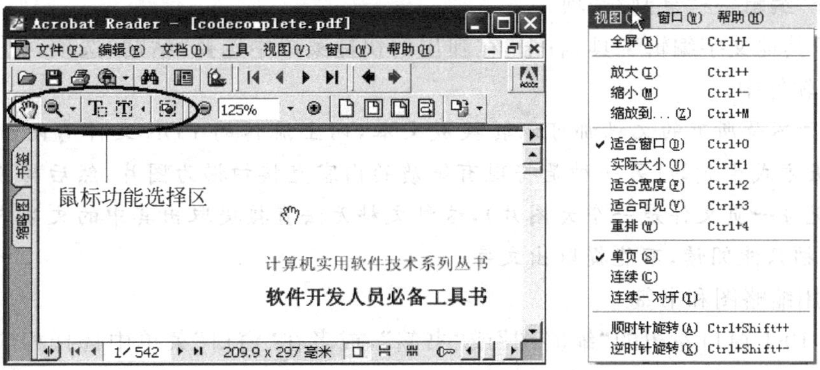

图 10-1

➢ **旋转功能** 可以每次将页面顺时针或逆时针旋转 90°。

提示：*初学者可以打开一个文件后，通过逐个尝试，体会不同菜单项之间的区别。这些改变显示比例的操作也可以通过工具栏中相应的按钮更方便地进行。*

(3) 鼠标功能的切换

注意图 10-1 左图中标记出的鼠标功能选择区，选择不同的功能按钮，鼠标光标形状会发生相应的变化(表 10-1)，代表其功能也发生了变化。

表 10-1 不同功能状态下的鼠标光标形状

工具栏按钮						
对应鼠标光标						

➢ 手形图标是启动 Acrobat Reader 之后的默认选择，这时当鼠标指针移动到文档上方时，会变成手的形状，按住鼠标左键拖动，可以将文档上下左右移动。

➢ “放大”或者“缩小”按钮(注意图中放大镜旁边向下的小箭头)，选择后单击将会放大或者缩小文档显示比例。

➢ “文本选择工具”和“栏选择工具”都可以从 PDF 文档中选中文字，这样就可以使用剪贴板把选中的内容复制到其他软件中。这两个工具不同之处在于前者是选中整行的文字，而后者只选中某个矩形区域内的文字，因此后者更适合于在包含表格的文件里提取表格某一列的内容。

➢ “图形选择工具”，单击这个按钮，然后用鼠标在文档中选择一块区域复制到其他软件中，通过这种方式可以从 PDF 文档中截取各种图片。

(4) 转换或者复制文本

如果要把整篇 PDF 文件转换成文字，可以选择“文件”→“导出文件到文本”选项来完成。

少量复制文本或者图片，可以使用“文本选择工具”或“栏选择工具”从文档中直接选择并复制，操作方法如下：

① 单击工具栏中的 或 图标。

② 用鼠标选择需要复制的文字。

③ 选择“编辑”→“复制”选项。

④ 打开其他文字编辑工具，右击，在弹出的快捷菜单中选择“粘贴”选项，把选中的文本粘贴到其他软件中。

注意：并不是所有的文档都可以转换成文本，网上流传的 PDF 文件有两种，一种是文字、图片排版方式生成的；另一种是将现有纸质的内容直接扫描为图片，然后转换成 PDF 文档（也就是说每一页文件是一个大图片），这种文档无法直接提取出其中的文字内容。另外，有的加密文档只能阅读，不能提取出文字。

(5) 使用缩略图和书签

双击图 10-1 窗口左边的“缩略图”或“书签”，或者在“窗口”菜单中选择相应的菜单项，或者使用状态栏上的“隐藏/打开导航栏”按钮，或者单击工具栏中的▣按钮，将打开窗口左侧的导航栏。使用导航栏可以方便快速地跳转到文档的某个位置。选择导航栏左侧的“缩略图”标签，将打开页面的缩略图，此时导航栏中是每一页内容的快照（图 10-2 左图）；如果选择“书签”标签，那么导航栏中是文档定义好的一些用于快速跳转的位置（图 10-2 中图）。

图 10-2

10.2 文本编辑器“记事本”和 UltraEdit

记事本和 UltraEdit 是两款常用的文本处理软件。其中，记事本（Notepad）是 Windows 操作系统自带的软件，编辑查看文本文件时非常方便快捷，但是功能简单，只有最基本的文字编辑功能。可以在选择“开始”→“所有程序”→“附件”选项中找到记事本，或者直接双击文本类型的文件，系统也将自动调用记事本打开该文件（图 10-2 右图）。

UltraEdit 是一款功能强大的编辑软件，它除了可以编辑文本文件，还可以编辑二进制文件；强大的搜索替换功能和各种代码的彩色显示功能，得到了很多程序员的青睐。UltraEdit 虽然有很多高级的功能，但是使用却一点也不复杂。所以也非常适合替代记事本作为普通计算机使用者日常的必备工具。

1. 记事本

记事本是一个非常简单的软件。启动之后界面如图 10-2 右图所示。记事本主要有以下功能。

- 打开 TXT 文件。在资源管理器中双击一个 TXT 文本文件，将默认调用记事本打开。

➢ 编辑文字。打开记事本，可以在窗口中输入需要的内容。可以使用剪贴板的复制、粘贴、剪切功能，在软件内部或者与其他软件之间交换文本内容，也可以使用查找、替换功能对文档进行操作。

➢ 屏幕格式控制。记事本的格式控制只有两个内容，“自动换行”和“字体设置”。“自动换行”是指当文本一行的内容超过屏幕宽度时，是保持内容的长度，使用滚动条浏览超出屏幕宽度的内容，还是自动按照屏幕宽度换行显示。“字体设置”可以选择屏幕显示的字体外观。这两个格式设置项都只改变屏幕显示的结果，设置不会被保存到文档中。

提示：Windows 操作系统中，TXT 文件、INI 文件、INF 文件等文件类型都已经默认关联到记事本，双击这些类型的文档将会自动将记事本打开。

一个记事本程序只能同时编辑一个文档，但是可以同时启动多个记事本程序。

2. UltraEdit

UltraEdit 是一款功能强大的编辑软件。软件的界面如图 10-3 所示，其中上图是文本文件的编辑界面，下图是二进制（十六进制）文件的编辑界面。

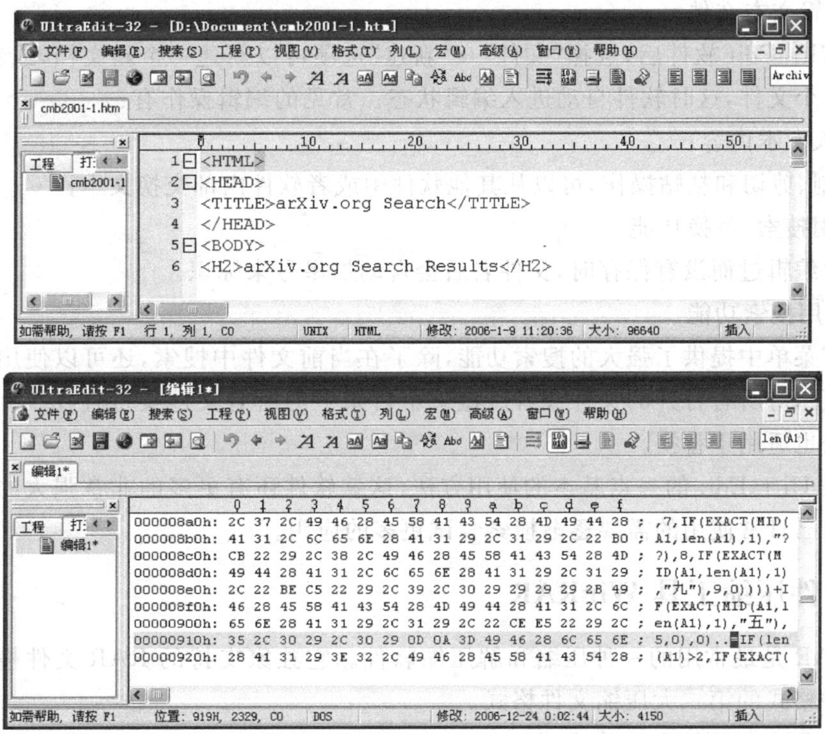

图 10-3

图中工具栏下方是标签页，每个标签页代表一个已经打开的文件。标签页的作用有点类似 Windows XP 的任务栏，通过单击标签页可以在不同的打开文件之间快速切换。最下方的状态栏中显示了当前光标的位置、大小、修改日期等内容。窗口的主体部分，在文本编辑状态下左侧是已打开文件的列表，右侧是编辑文件的主体区域。在十六进制编辑模式下（图 10-3 下图），编辑区里分成了三栏，最左边一栏用来显示当前行的开始地址；中间一栏是

16个十六进制数构成的行；最右边是和中间一栏显示内容对应的文本内容，其中的非文本字符的内容一律用“.”来表示。

文件打开后，如果是非文本文件，会自动采用十六进制模式显示。可以选择“编辑”→“十六进制编辑”选项在文本和十六进制编辑之间切换。对于文本文件，还可以选择“编辑”→“切换换行”选项用来控制对于内容比较长的行，是否在显示时自动进行换行。

UltraEdit的工具条内容非常多，可以选择“高级”→“配置”选项，打开“配置”对话框，选择“工具栏/菜单”选项卡，对“自定义工具栏”功能进行修改，选择最常用的工具按钮放入工具栏。还可以在“配置”对话框中进行其他内容的详细设置。

(1) 启动 UltraEdit

可以通过开始菜单启动 UltraEdit，或者使用右键菜单。

如果 UltraEdit 安装成功，那么在资源管理器中右击要打开的文件，在弹出的快捷菜单中将出现 UltraEdit-32 菜单项。选择后就会用 UltraEdit 来打开该文件。

提示：这个方法对于查看未知内容和类型的文件非常有用，软件会自动判断应该以文本模式还是十六进制模式打开文件。

(2) 编辑文本文件

启动 UltraEdit 软件后，选择“文件”→“新建”选项可以新建一个新文档，或者通过右键菜单打开一个文件，这时软件自动进入编辑状态。常见的编辑操作有：

- 输入文本内容；
- 复制、剪切和粘贴操作，可以从其他软件中或者软件内部交换文本；
- 使用搜索、替换功能。

当文件编辑过而没有保存时，文件名后会自动加星号来标识。

(3) 使用搜索功能

“搜索”菜单中提供了强大的搜索功能，除了在当前文件中搜索，还可以使用“在文件中查找”菜单项，对所有打开的文件或者磁盘某个目录下的所有文件实行查找。相应的，查找的操作方法也适用于替换。

这只是 UltraEdit 的一点基本的使用方法，这款软件还有更多的非常强大的功能，读者可以结合自己日常使用的需要逐渐摸索尝试更多的应用。

10.3 文件压缩工具 WinRAR

WinRAR 是最常用的一种压缩和解压缩软件。它独家支持的 RAR 文件格式，是仅次于 ZIP 文件格式的第二大压缩文件格式。

WinRAR 有如下两种工作方式。

- 第一种工作方式是整合在资源管理器中，通过右键菜单的方式调用。如果 WinRAR 成功安装，那么在资源管理器的右键菜单中将出现关于 WinRAR 的选项，如图 10-4 所示。通过这些菜单项，不需要启动 WinRAR 软件窗口也可以完成文件压缩和解压缩。
- 第二种工作方式是启动软件，在软件窗口模式下使用。

相比之下第一种工作方式最常用，也较简单易学。

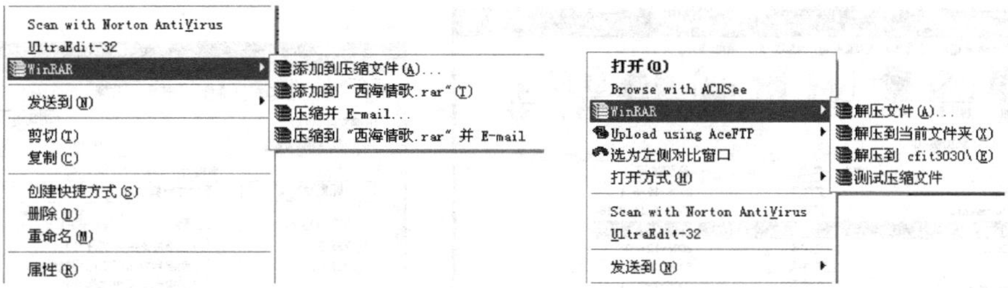

图 10-4

(1) 最简单的压缩文件方法

在资源管理器中右击要压缩的文件或目录(可以是单个文件,也可以是借助 Ctrl、Shift 键选中的多个文件,选择方法参考第 9 课资源管理器的使用),将出现如图 10-4 左图所示的菜单内容。选择"添加到 xxxx. rar"选项,将在文件同一个目录下生成使用默认文件名 xxxx. rar 的文件。这是压缩文件最便捷最常用的方法。

提示:默认文件名有两种,当选择单个文件或者目录时,默认文件名与被压缩的文件、目录同名;如果选择多个文件或目录,默认文件名为上一级目录的名称。

(2) 解压缩文件

选中一个压缩文件,右键菜单中将有 3 个解压缩的可选项(图 10-4 右图)。

- **解压文件** 将弹出解压缩对话框,可以在对话框中选择解压缩后文件的存放位置;
- **解压到当前文件夹** 将会把所有压缩包中的文件和目录放在当前目录下;
- **解压缩到 xxxx** 这个选项将会在当前目录下创建一个以压缩文件的名字命名的目录,然后把所有文件放到这个目录中去,这是实际使用中最常用的选择。

提示:在通常的使用中,默认的选项已经基本能够满足需要,所以"添加到 xxxx. rar"和"解压缩到 xxxx\"这两个菜单项最常用。通常都使用默认的压缩文件名或者解压缩目录名,然后再对结果进行重命名或者移动。

(3) 启动 WinRAR 界面

在开始菜单中找到 WinRAR,选择后出现 WinRAR 软件的主界面;在资源管理器中双击一个压缩文件,也可以启动相同的软件界面。两种方式不同之处在于打开后的软件窗口中,前者显示的是默认目录下的文件和目录,后者显示的是压缩文件中的内容。

小知识 WinRAR 软件界面

WinRAR 窗口界面和资源管理器非常类似,如图 10-5 左图所示,其主体部分是一系列文件列表。可以通过鼠标操作或者在地址栏中输入磁盘目录名来跳转到需要的目录下。窗口中有两个特殊的地方:一是地址栏左侧的"向上"按钮与众不同;二是文件列表最顶端的".."目录,实际代表的是上一级目录,如果双击这个目录,将产生与单击"向上"按钮同样的效果,都会退回到上一级目录。这个文件窗口中 Shift 与 Ctrl 键在选择文件中的使用方法,以及文件的查看、排序方式,地址栏的使用方法都和在资源管理器中相同。

(4) 建立复杂压缩文件

这里的复杂是指更多的压缩可选参数。在(1)中的压缩文件是使用默认的参数产生的,

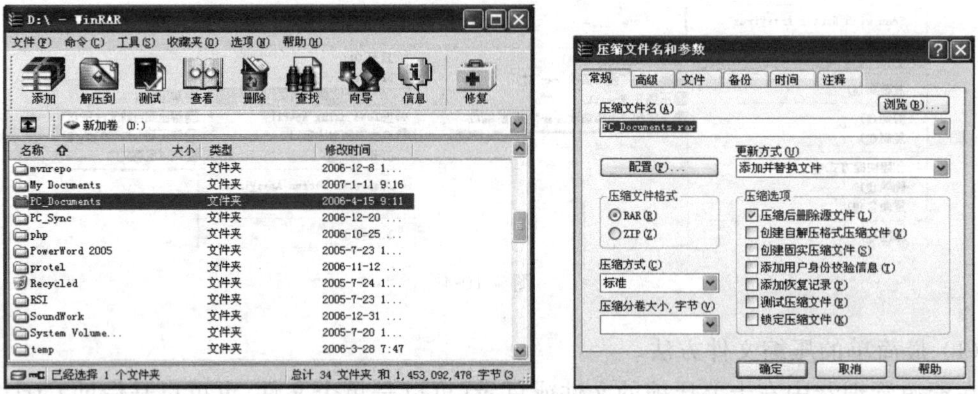

图 10-5

而 WinRAR 还提供了更多可选择的压缩方式。

启动 WinRAR 软件窗口后，在文件列表中找到需要压缩的文件，选中后单击工具栏中的“添加”按钮，将出现如图 10-5 右图所示的对话框。或者按照(1)的方法，在资源管理器中右击选中的待压缩文件，在右键菜单中选择“添加到压缩文件”（图 10-4 左图），也可以打开相同的对话框。这个对话框共有 6 个选项卡近百个选项，限于篇幅只介绍最常用的几个。

- **压缩文件名** 对话框中已经有一个默认的压缩后的文件名称，这个文件名可以自己修改；压缩后的文件默认放在当前目录下，也可以使用“浏览”按钮在文件对话框中选择存放位置。如果这个文件已经存在，则会追加内容到已有的压缩文件里。
- **压缩文件格式** 有 RAR 和 ZIP 两种可选，一般用默认的 RAR，除非考虑压缩文件要在没有安装 WinRAR 的计算机上使用，才会考虑使用 ZIP 格式（Windows XP 内置支持 ZIP 格式，打开 ZIP 文件不需要额外的软件）。
- **压缩方式** 从最快到最好 5 档，速度越快压缩率越低，压缩率越高速度越慢。默认是“标准”方式，兼顾了速度和压缩率。另外还有一个“存储”项，只是把很多文件打包保存在一个大的文件中，不进行压缩操作，速度当然最快。可以根据自己的需要选择一种压缩方式。
- **压缩分卷** 用来限定每个压缩后文件的大小，如果压缩后大小超过这个值，会自动开始一个新文件接着保存。例如，某个文件，直接压缩后产生的压缩文件大小为 50MB，如果限定每个文件大小为 10MB，那么就会产生一系列 10MB 大小的文件，文件名称类似“xxxx. part1. rar”、“xxxx. part2. rar”等。在需要将压缩后的文件使用软盘、U 盘、光盘存储或者作为邮件附件发送时，这个选项可以保证压缩后的文件大小不会超过这些介质的容量限制。WinRAR 也内置了几种常用的文件分卷大小可供选择。
- **自解压选项** 如果要在没有 WinRAR 的机器上使用 RAR 文件，可以选中“创建自解压格式压缩文件”复选框，生成的文件将是一个可执行文件，可以在其他计算机上运行并自动解压缩。

- **设置密码**　在“高级”选项卡中，可以选择“设置密码”用来保护保密的内容不被其他人看到。如果选择“加密文件名”，那么打开压缩文件时就要求输入密码；如果不选择“加密文件名”，那么打开压缩文件，就可以看到里面的文件名，只有解压缩文件时才询问密码。
- **注释信息**　在“注释”选项卡中可以输入压缩文件的注释信息，避免时间长了自己也忘记压缩文件中的内容。

选择好这些参数后，单击“确定”按钮，将完成文件压缩过程。

(5) 修改压缩文件

在资源管理器中双击一个压缩文件，将在 WinRAR 窗口中打开这个压缩文件。这时窗口中将显示这个压缩文件内的目录和文件。这时单击“添加”按钮可以选择一些内容添加到被打开的压缩文件；“删除”按钮可以从压缩文件中删除一部分内容；也可以修改压缩包内的文件、目录名称，操作方法和在资源管理器中给普通文件重命名的方法完全一样。

小知识　其他常用辅助功能

打开一个压缩文件，可以使用“信息”按钮来查看这个压缩文件的信息，包括版本、文件数、大小、压缩率等内容；可以使用“测试”按钮来检查压缩文件的好坏；“查找”按钮允许在压缩文件中寻找一个文件或者查找文本文件中的内容。

WinRAR 还有更多的高级操作和选项。作为电脑初学者，暂不需要一一了解。如果需要使用，可以参考相关的帮助文件和网络教程。鉴于目前网络上传播的大部分软件和资料，都使用压缩工具进行了处理，所以熟练掌握压缩文件的使用是一项必需的技能。

10.4　360 安全卫士

360 安全卫士是一款免费软件，发布最初是为了应对当前流行的“恶意软件”，后来功能逐渐增强，成为一款检测、维护操作系统安全的强大工具。

启动 360 安全卫士，软件开始自动为操作系统做例行的“体检”。经过一两分钟后，停留在如图 10-6 所示的“基本状态”页面，这个页面内显示了最新的“体检指数”和“体检报告”，列出了操作系统中的一些不安全选项。

整个软件采用了两级导航栏结构，第一级是工具栏中的按钮，如“常用”、“杀毒”、“高级”等，分别代表一类功能；单击这些按钮进入此类功能，选择工具栏下方的选项卡，可以进入具体的功能页面。

360 安全卫士的功能随着版本升级越来越庞杂，其中比较常用的有如下功能。

- **“常用”→“基本状态”**　界面中除去广告和各种链接外，只剩下“体检报告”提供了比较有用的信息。对于其中的红色警告信息，应该对照实际情况逐一进行处理。
- **“常用”→“查杀流行木马”和“清理恶评插件”**　提供木马和插件的扫描功能。扫描后还会对结果进行安全性的评估。
- **“常用”→“修复系统漏洞”**　这是操作系统自带的 Windows Update 的最好替代品，用来修复操作系统和应用软件安全漏洞。详见第 20 课。

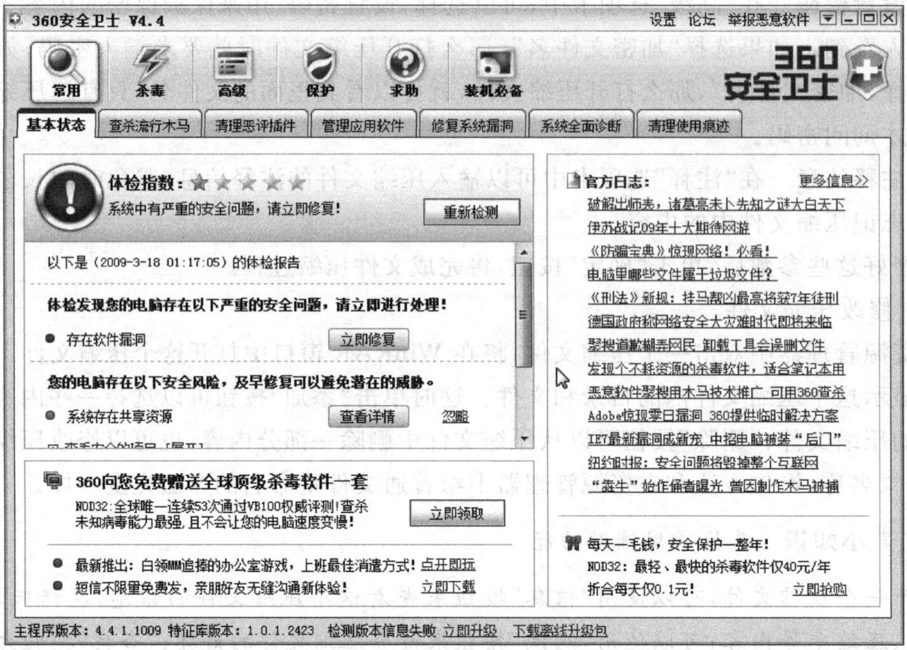

图 10-6

- **“常用”→“系统全面诊断”** 选择此项功能，将对系统进行一次全面检查，并对检查内容进行安全性评估。
- **“高级”→“启动项状态”和“系统服务状态”** 用来修改系统启动时自动加载的启动内容和服务内容。详见第 21 课。
- **“高级”→“系统进程状态”** 可以用来查看系统中的进程，可以用来管理正在运行的进程。详见第 21 课。
- **“保护”功能** 提供了几项对操作系统的实时监测功能，建议将其全部打开，这样可以有效地保护操作系统不受侵犯。

更多更高级的功能本书不再赘述，建议同学们对照实际操作予以掌握。360 安全卫士的功能比较全面，操作很简捷，即使没有用过这款软件的同学也可以在没有任何文档的情况下快速轻松地掌握基本使用方法。

课堂练习

任务背景： 本课介绍的几款应用软件是在计算机使用过程中频率比较高的软件，有必要通过练习熟练掌握其基本用法。

任务目标： 练习 Acrobat Reader、WinRAR、UltraEdit、360 安全卫士 4 款软件的基本使用方法。

任务要求： 熟练浏览 PDF 文档，掌握 UltraEdit 的基本操作方法，熟练掌握文件的压缩和解压方法，熟悉 360 安全卫士的主要功能。

任务指导： 这几款软件在第 9 课练习中已经安装，如果计算机中没有，需要预先安装好。

练习评价

项　目	标 准 描 述	评 定 分 值	得分
基本要求 60 分	打开 PDF 文件	5	
	以各种显示比例浏览 PDF 文件	10	
	从 PDF 文件中粘贴出一段文本	15	
	使用 UltraEdit 打开二进制文件	5	
	在资源管理器界面下压缩解压文件	10	
	启动 360 安全卫士并对计算机进行“体检”	5	
	练习使用 360 卫士的“系统全面诊断”功能	10	
拓展要求 40 分	创建带有密码保护的压缩文件	10	
	在一个已有的压缩文件中添加、删除文件	10	
	使用 360 安全卫士扫描插件和木马	10	
	使用 360 安全卫士配置启动项和服务项	10	
主观评价		总分	

本课小结

本课简要介绍了 Acrobat Reader、UltraEdit、WinRAR、360 安全卫士等几款使用频率比较高的工具软件。这几款软件都是同类软件中的佼佼者，其功能会在计算机使用过程中经常用到，在本书的教学中也有较多涉及。对每种软件，本课只结合课程需要，介绍了最常用的几种基本功能；而实际上，这几款软件功能都比较强大，更多的高级功能留待在后续课程的学习和日常使用中发掘。

课外阅读

1. UltraEdit 教程

http://bbs.cad.vc/thread.php? fid=12

2. 360 安全卫士新手指南

http://www.360.cn/about/guide.html

3. 软件百科

http://baike.360.cn/wiki/

课后思考

（1）同样内容的文本文件，保存在硬盘上却并不完全相同。在 UltraEdit 中输入一段文本，然后用软件的相应功能，分别把它们转换为 Unicode、UTF-8、ASCII 等编码，然后在十六进制下比较它们的实际区别；分别把文件转换为 DOS 文本和 UNIX 文本，比较这两种文件的十六进制有什么不同。

（2）如果 Acrobat Reader 中的文字不能被复制（例如，由扫描图片生成的文件、文件有密码保护等原因），有什么办法可以提取其中的文字信息？（提示：调研 OCR 软件。）

第 3 章

建设和使用计算机网络

知识要点

- 制作网线
- 组建局域网
- 建设无线局域网
- 连接互联网
- 多机共享宽带连接
- 设置共享资源
- 访问共享资源
- 网络测试与故障诊断

第 11 课 制作网线

课堂讲解

知识要点： 本课介绍采用 RJ-45 的双绞线电缆的制作方法，这是网络中常用的一种线缆，因此经常需要动手制作。本课重点知识在于 T568 标准的两种线序以及网线制作工具的使用方法。

学习指导： 网线制作的核心内容是芯线的排列顺序，必须牢记在心；对于工具的使用，则只需要结合实践环节的学习，练习几次自然熟能生巧。

学习要求： 牢记交叉网线和平行网线两种线缆的制作方法，掌握网线夹和网线测试仪的使用方法。

11.1 双绞线与 RJ-45 网络接口

采用 RJ-45 接口的双绞线是现代计算机网络中应用非常广泛的基础构件。如图 11-1 所示，左图为制作好的网线；中图为未使用的 RJ-45 插头，俗称水晶头；右图为水晶头的局部放大图，可以看到向下插入的叉形铜片，在网线制作过程中，铜片将被插入导线绝缘皮内，这是 RJ-45 插头的最主要部件。

网络使用的双绞线由 8 根细芯两两绞合而成，如图 11-2 所示。这种设计是一种降低干扰的措施，其目的是为了在网络传输过程中，避免受到外界信号的影响，同时减少对外部的电磁辐射。

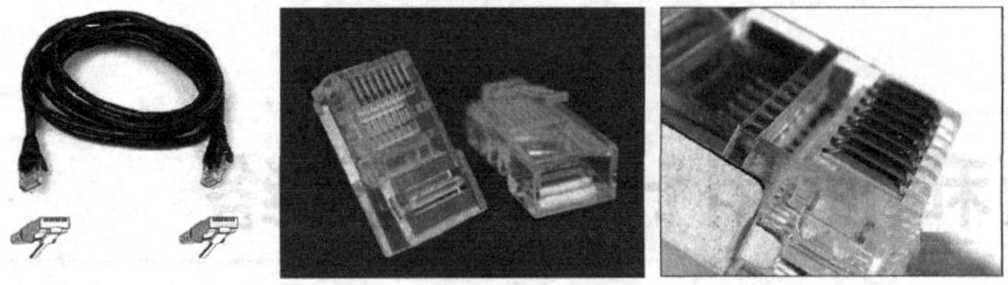

图 11-1

图 11-2

双绞线按照芯材的质量和绞合的程度，可以分为三类线、五类线、超五类线、六类线等类型。三类线通常为扁平的电缆，速度较慢，只能用于十兆网，这种线现在较少见；五类线一般为圆线，可以支持百兆网；超五类线为目前最常见的电缆，可以在百兆网中稳定使用；六类线多用于千兆网的建设。

双绞线中，4 根彩色的芯线为橙、绿、蓝、棕，白色芯线和它们分别绞合在一起成为花色芯线，即白橙、白绿、白蓝、白棕。在 RJ-45 接头的制作过程中，它们按照特定的顺序依次排列，这种排列顺序遵循特定的国际标准，不能被随便改动。否则，轻则使得网速变慢、稳定性变差，重则造成网络不通。

图 11-3

在双绞线制作过程中，8 根芯线按照特定的顺序排列，如图 11-3 所示，按照图中的方向，这 8 根网线分别标记为1～8。普通 10/100Mbps 网络的网线制作遵循一种称为 T568 的网线标准。在 T568 标准中，这 8 根网线有两种排列方式，分别称为 T568A 和 T568B，如图 11-4 所示。这两种排列方式有不同的用途。通常情况下，相同设备接口之间的连接使用交叉网线（网线两端分别为 T568A 和 T568B），不同设备接口之间用平行网线（两端都是 T568B）。

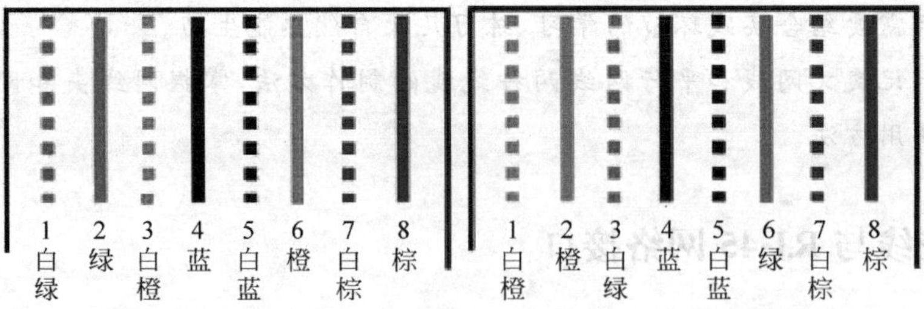

图 11-4

11.2 制作和测试双绞线的工具

1. 夹线钳

仔细观察水晶头的形状和已经做好的网线实物，结合图 11-1 右图，不难发现水晶头的基本原理是头部的 8 个叉形小金属片向下插入芯线中，形成连接。同时这 8 个小金属片也可以和插座内的金属触片接触。

为了让水晶头中的金属片能够正确地插入芯线中，就需要用到特殊工具——网线夹线钳。钳子的形状如图 11-5 所示，这是一种集剪断、剥皮、夹线于一体的多功能夹线钳。

2. 网线测试仪

网线制作好后，需要进行测试后才能投入使用。测试网线通断与否一般采用测线仪。图 11-6 所示的是最常用的一种网络测线仪，可以简单测试网线是否接通。

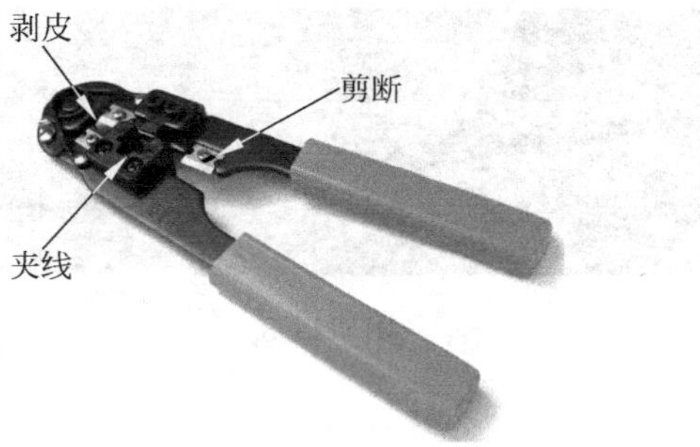

图 11-5

图 11-6

图 11-6 中的网络测线仪由两部分组成，体积较大的一端是主机，另一端是远程子机。主机和子机上都有一排 8 个指示灯，分别用来显示 8 根线是否正常接通。另外，主机上还有电源开关。

测试仪的使用非常简单，方法如下。

① 把网线两端分别插入主机和子机的网线接口。

② 打开主机电源开关。

③ 正常情况下，主机上的 8 个指示灯会依次亮起，同时子机上相应的指示灯也会有反应：

- 两侧相同序号的灯同时点亮证明对应的这根芯线工作正常。
- 两侧同时点亮的灯的序号不同，则这根芯线可能错位。当然，如果是交叉网线，那么两侧 1 和 3、2 和 6 分别交换位置是正常的，否则就应该检查是否在某一头把这根芯线错位了。
- 如果按次序轮到某一个灯时，两侧都没有亮，表示这根芯线没有接通，可能存在接触不良或者插入不到位的问题。

11.3 制作双绞线

步骤 1 准备线缆

按照需要的长度截取网线。一般来说每根网线视距离远近不同，需要预留 1～3m 的冗余量。

步骤 2 剥去线缆头部塑料壳

把电缆的一端伸入夹线钳的“剥皮”位置，如图 11-7 所示。在夹线钳的另一侧有金属挡板，如果已经熟练掌握制作技术，那么挡板的这个位置完全符合需要；然而对于初学者，最好还是把导线从挡板侧面穿出，伸出 1～3cm。

稍微用力把钳子适当压紧，然后旋转导线。抽出导线，旋转导线外部的塑料封皮，将其取下，如图 11-8 所示。

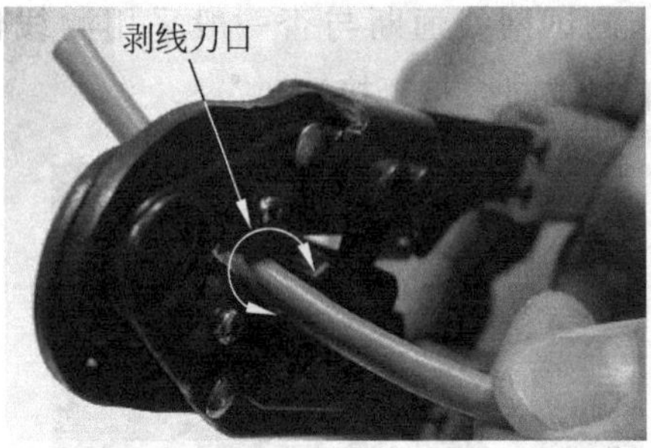

图　11-7

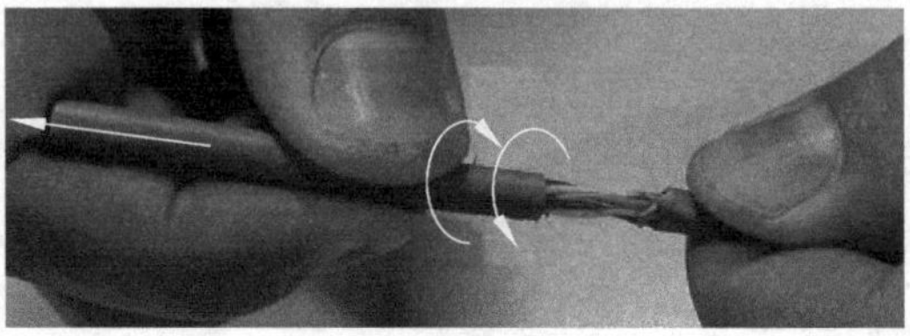

图　11-8

步骤 3　芯线排序

分开 4 对导线，如图 11-9 所示，并将其按照图 11-4 所示的 T568B 标准序号进行排序。无论哪种用途的网线，第一端都按照 T568B 标准制作。

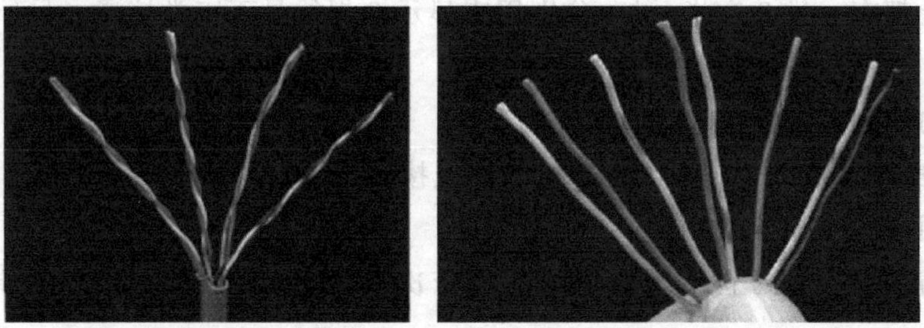

图　11-9

把排好顺序的芯线捋齐，拉平，如图 11-10 所示。在此过程中不要把顺序弄乱。

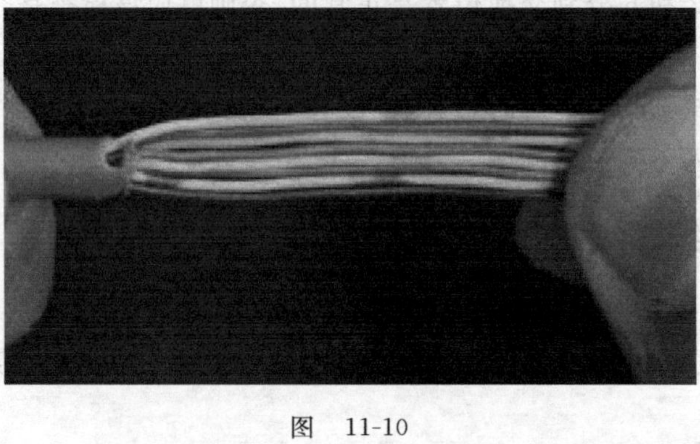

图　11-10

步骤 4　芯线插入水晶头

用夹线钳的剪断功能，剪去多余的芯线，留下大约 1cm，如图 11-11 所示。如果长度不好估计，可以比照水晶头 4/5 的长度剪切。

图　11-11

剪好后的网线如图 11-12 左图所示，把该网线缓缓插入水晶头内。插入时，注意水晶头的上下方向不要颠倒了。水晶头内有导线槽，每个槽中应该只有一根导线。插到底之后，网线的塑料外壳也应该深入到如图 11-12 右图中箭头所指的水晶头正面的长方形凹陷位置。这样做好后网线外皮也会被夹在水晶头内，可以起到抗拉伸的作用。

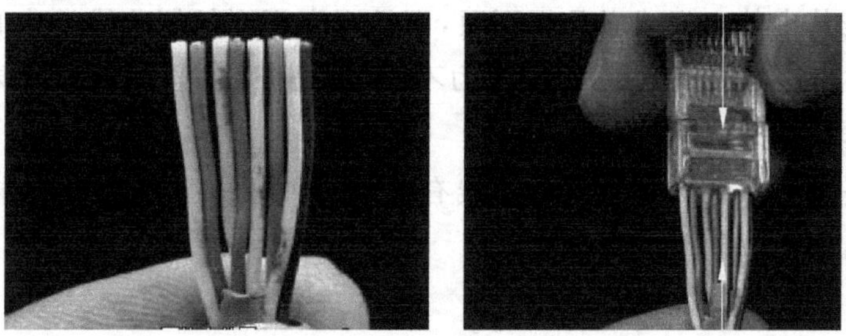

图　11-12

分别从水晶头背面和顶部检查是否插入到位。从顶部应该看到 8 个黄铜色的金属端点全部贴在塑料壳上，从背面不应该看到导线有弯曲打折和没有到位的情况。

步骤 5　压制网线

把水晶头和导线一起缓缓放入夹线钳的压线槽内，如图 11-13 所示，注意这个过程中不要让导线在水晶头内移动，以免前功尽弃。

双手用力，夹紧压线钳，如图 11-14 所示，完成网线一端的制作。

图　11-13

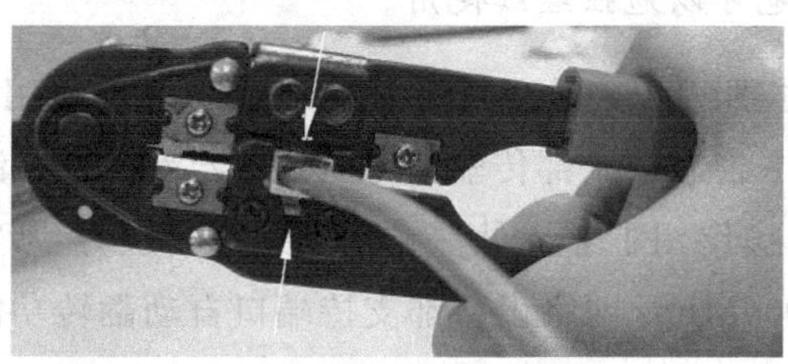

图　11-14

步骤 6　制作网线另外一端

接下来需要制作网线的另外一端。另一端导线的排列顺序需要按照网线的不同用途来选择。如果需要制作交换机到交换机，或者双机互连的交叉网线，就需要按照 T568A 标准来制作。如果是计算机到交换机的普通网线，则需要按照 T568B 标准来制作。

提示：目前越来越多的交换机和网卡都提供了自适应功能，已经可以使用普通平行网线而不再需要使用交叉网线。因此两端都按照 T568B 标准制作的网线未来会更具有通用性。

步骤 7　测试网线

接下来需要对这根网线进行测试。把网线两端插入测试仪的接口中，按照 11.2 节介绍的网线测试仪的使用方法进行检查。如果测试出现问题，则可能需要返工。

- 如果出现不正常的交叉错位，通过观察水晶头的透明位置，可以判断出哪一头有问题，然后需要剪断水晶头重新制作；如果不能判断出哪一头有问题，只能选择一头进行尝试，看看重新制作后会不会恢复正常，此时要标记好线的两头，避免新旧混淆。
- 如果只是其中某一根或者几根不通，而且观察不到任何芯线卷曲的情况，这时可以用夹线钳再用力夹紧试试，有时用力不够容易出现这样的问题；如果还是不能解决，也只能选择一头剪断后重新尝试。
- 如果是序号为 1、2、3、6 之外的芯线有问题，可以通过阅读下面的拓展内容，然后根据使用场合判断是否重新返工。

到此为止，一根网线已经制作成功了。

知识拓展　4 芯网线与 8 芯网线

在一根网线里，插入水晶头的共有 8 根芯线。而实际使用中，并不是 8 根芯线都被使用。如果是 10Mbps 网络，那么只有 1、2、3、6 这 4 根芯线被使用；如果是 100Mbps 网络，那么这 4 根芯线用来传输数据，另外的 4 根芯线用来传输抗干扰信号。因此网上有人发表只用 4 根芯线就能使用的“发明”。这其实不是什么发明。这种只有 4 根芯线接通的网线，对于 10Mbps 网完全够用；对于 100Mbps 网，也可以勉强使用，只是在速度和传输距离上会受到外界干扰信号强弱的限制。制作网线时如果是其他 4 根芯线不通，那么对于要求不高的场合也可以勉强继续使用。

按照 T568 标准制作的交叉网线只能适用于 10/100Mbps 网络。1000Mbps 网络需要使用 8 根芯线全部传输信号，因此交叉网线的制作也稍微复杂，网线一端需要按照 T568B 标准制作，网线另外一端 8 根芯线次序为“绿白、绿、橙白、棕白、棕、橙、蓝、蓝白”。而 1000Mbps 网络设备都支持端口自动翻转功能，因此使用平行直通网线也可以正常工作。所以建议 1000Mbps 网络的所有网线都使用平行直通网线（也就是两端次序相同，都用 T568B 标准制作的网线），这样可以避免使用线序较复杂的交叉网线带来的混乱。

课堂练习

任务背景： 课堂中已经学习了双绞线的知识和制作工具的使用方法，需要在实践中掌握和巩固。

任务目标： 制作百兆网使用的平行线和交叉线各1根。

任务要求： 线缆外表美观，制作好的网线能通过网线测试仪和实际计算机上网的双重测试。

任务指导： 网线的制作是一个模仿性很强的操作过程，这个过程已经经过无数人的总结和认可，被确定为一套标准的操作流程，所以同学们不要试图修改或者偷懒。进行实践是掌握这套方法的最佳途径。练习时，同学们可以先用网线的一头，练习制作三五次，然后开始正式的制作过程。为了节约水晶头，可以多次重复步骤1～4，在正式制作中再练习步骤5～7。在没有经验的情况下，芯线剥皮的长度最好比对水晶头的大小选择合适的值，太长和太短都会影响网线的使用。

练习评价

项　目	标准描述	评定分值	得分
基本要求60分	制作交叉网线，通过测试	25	
	制作平行网线，通过测试	25	
	从水晶头末端看网线末端整齐一致	10	
拓展要求40分	网线塑料外皮压入水晶头中不松动	15	
	加入保护水晶头的塑料套	25	
主观评价		总分	

本课小结

本课介绍了日常联网时最常见的RJ-45网络接口的网线连接规则，讲解了平行线和交叉线两种网线的制作方法，并且在课堂练习的实际操作中介绍了网线的制作技巧。网线制作技术将在日后的实际应用中被广泛使用，需要大家多练习多动脑。

课外阅读

1. 千兆网线的制作方法

参考网上相关的资料，了解千兆网线的详细制作规则。

2. 为什么要使用双绞线

在搜索引擎中检索“双绞线的抗干扰原理”，阅读有关的资料。

3. 了解主流网络设备中的"端口自动翻转"功能

在搜索引擎中检索"端口自动翻转",阅读相关内容,并总结该功能对制作网线过程带来的影响。

课后思考

(1) 既然 RJ-45 网线在百兆网中使用时,实际只用到 4 根芯线,那么是否可以只接这 4 根芯线,而不接其他芯线?

(2) 其他芯线还有什么用途? 能否用来传输信号? 1 根网线是不是可以同时连接交换机和两台计算机? 怎样实现?

第 12 课 组建简单局域网

课堂讲解

知识要点: 简单局域网用于多台计算机之间的互联,通常用于家庭内部、学生宿舍、办公室、小型网吧等对网络要求不高的场合。这一课主要介绍简单局域网的硬件构建和软件测试,其中网络的规划是难点,而网络的软件配置是基础性的操作,需要重点把握。

学习指导: 简单局域网的建设需要经历规划、硬件实施、软件配置三个基本步骤。规划阶段,需要阅读书中关于规划需要考虑的问题,充分考虑使用环境;硬件实施阶段,主要了解简单局域网的硬件构成;软件配置阶段,需要对照课本反复学习,加深记忆。

学习要求: 熟悉局域网的硬件组成,了解网络拓扑的概念,掌握组建小型局域网硬件的基本方法,掌握网络设置的基本操作技术。

12.1 局域网的硬件组成

小型局域网采用一种叫做"星形拓扑"的网络组织结构,所有的计算机通过网线连接到中心交换机上,通过交换机来实现互联互通。网络整体结构好像一个"*"号,所以叫做星形拓扑。

(1) 网线

通常的 8 芯双绞线就可以满足简单局域网的需求。目前的网络设备大多支持 100Mbps 以上的网络,因此建议选择五类线以上的网线。

网线两端采用 RJ-45 接口,俗称水晶头。组成局域网的网线要求使用直通网线,也就是网线两端采用完全相同的 T568B 顺序连接。

(2) 网卡

入网的计算机必备一块网卡。最近几年购买的计算机大多数已经在主板上集成了一块100/1000Mbps网卡,否则需要给计算机单独配置一块PCI接口或者PCI-E接口的网卡,如图12-1左图所示。

图 12-1

(3) 交换机

交换机是简单局域网的核心部件,如图12-1右图所示。它通常有多个RJ-45接口,可以连接多台计算机,具有在接口之间相互转发数据的功能。过去也有用HUB组网,现在HUB已经被淘汰了。

普通交换机一般有5口、8口和16口不等,价格在百元以内。

交换机需要另外的稳压电源供电。

小知识

HUB和交换机最大的区别是HUB内部只有一个通道,同时只能转发一组数据。例如,A、B、C三个人同时联网,那么A和B之间交换数据时,C就只能等待;而交换机可以同时在任意两个接口之间传输数据,因此A和B交换数据,不影响C和D同时交换数据,也不影响A和C之间的联系。

12.2 局域网硬件连接

准备工作如下。

- 和入网计算机数量相同的网线;
- 至少两倍网线数量的水晶头(需要考虑网线制作失败造成的损耗);
- 8口或5口交换机一台,交换机配套电源一套;
- 每台入网的计算机均配备有RJ-45接口的网卡;
- 用于固定网线的钢钉、胶带若干。

步骤1 规划网络线路,确定交换机位置

在简单局域网中,规划网络的内容有两条。

(1) 选定交换机的位置

交换机的位置首先必须考虑室内计算机的布局,适宜放在计算机比较集中的区域,应该与大部分计算机距离适中。这样一方面是考虑网络性能的影响,但更主要的方面是选定一个适中的位置,可以节约网线的用量。

通常交换机适合放置在相对比较偏僻的位置,例如,家具背后、墙角等,这样可以避免意外挪动或碰撞造成网络中断。但是同时还要考虑两个原则,首先必须方便使用,这个位置应该能够容易地进行网线的插、拔等操作;其次必须可见,这是因为使用过程中,当网络出现故障时,需要根据交换机的指示灯判断网络的连接状态。

(2) 确定每台计算机的电缆走线

在选定交换机的位置后,应该为每台计算机的电缆选好走线位置。只要满足通常室内连线的惯例即可:方便布线、不会妨碍行人、高压低压分离等。

步骤 2　制作网线

选定交换机位置后,根据每台计算机的布线走向,估算出每条网线的长度(可以直接用网线比对,不必用尺子详细丈量),通常要预留 1～2m 的冗余长度。

制作网线两端的水晶头。通常有两种做法,一种是先做好水晶头,再布线;另一种是先布好线,再制作水晶头,这种做法可以避免做好的水晶头在布线过程中,穿越一些缝隙时被损坏。操作时可以根据具体情况任选一种。

制作好的网线需要逐一测试,确保质量可靠。

步骤 3　安放交换机

通常交换机有两种放置方式,第一种是平放在地面、桌面、窗台等位置;第二种是悬挂在墙上。可以根据具体情况选择一种。如果选择悬挂式,则需要在墙上安装好固定用的金属卡扣。

步骤 4　连接网线

按照规划中的走线位置放置好网线。通常按照从交换机开始的方式进行布线,这样可以在另一端留下尽可能多的冗余长度。

布好线后,将网线两端分别插入交换机和计算机。

步骤 5　简单测试网络

分别打开计算机和交换机的电源,通过网卡和交换机的指示灯状态可以简单地判断网线是否连接成功,交换机和网卡是否工作正常。

一般来说交换机会提供三个指示灯。

- Link 表示连接是否正常,应该是稳定地长亮状态。
- Active 表示是否正在收发数据包,应该处于不停地闪烁状态。
- 10/100Mbps 表示网卡工作速率,一般绿色是 100Mbps,橙色或红色是 10Mbps。

有些网卡会有选择地提供两个或者三个指示灯,具体灯的位置和含义可以参考网卡说明书。

12.3　局域网软件配置

连接好硬件的局域网还是不能被直接使用,必须经过软件方面的配置,才能被操作系统识别和使用。

步骤 1　安装或确认网卡驱动程序

驱动程序是网卡能否正常工作的决定性因素。因此第一步先要确认所有入网计算机的网卡驱动程序都已经正确安装。

依次打开“控制面板”→“系统”→“硬件”→“设备管理器”，在弹出的“设备管理器”窗口中，选择“网络适配器”选项，查看网卡是否已经正确列在其中。如图 12-2 左图所示，Intel(R) PRO/100 网卡已经成功安装。

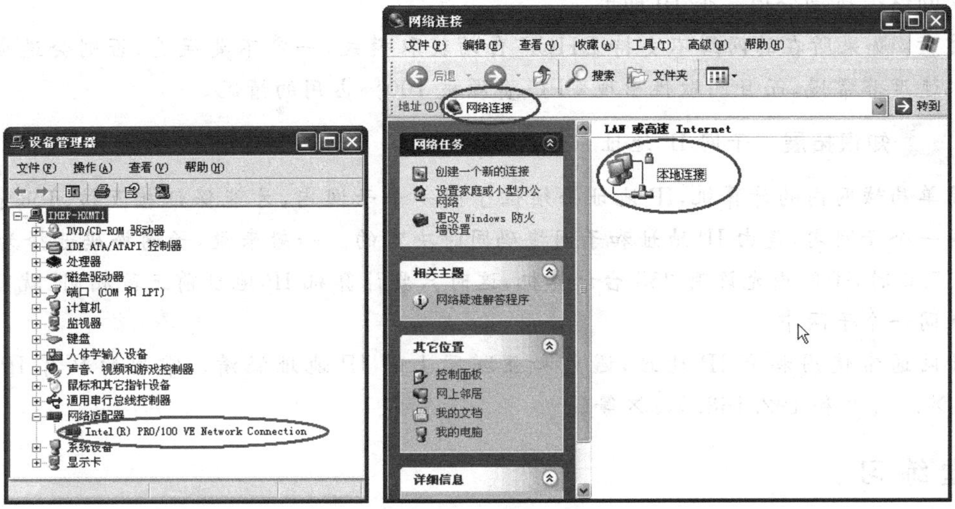

图 12-2

如果网卡尚未成功安装，那么需要参考第 7 课的内容，在操作系统中正确安装网卡驱动程序。

步骤 2 配置网络参数

需要配置的参数主要包括 IP 地址信息和 DNS 信息两大项。

① 打开“控制面板”→“网络连接”，在弹出的窗口中可以找到“本地连接”图标，如图 12-2 右图所示。

② 在“本地连接”图标上右击，选择“属性”选项，将出现如图 12-3 左图所示的属性对话框。

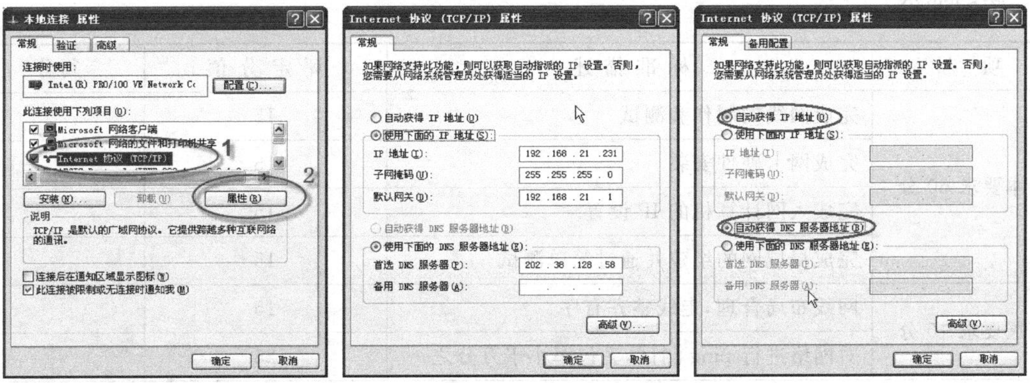

图 12-3

③ 在图 12-3 左图中标出的位置选择“Internet 协议(TCP/IP)”，单击“属性”按钮，接下来需要在“Internet 协议(TCP/IP)属性”对话框(图 12-3 中图)中设置相关的网络参数。

④ IP地址通常有固定IP和DHCP自动获取两种联网方式。固定IP方式需要设置的内容主要包括IP地址、子网掩码、默认网关，具体参数可以咨询运营商或者网络管理员；自动获取方式只需要简单选择“自动获得IP地址”（图12-3右图）即可，这样计算机每次开机时将从网络上自动分得一个IP地址。

注意：如果所在的网络不支持DHCP自动获取模式，一定不要误选，否则会造成计算机开机速度非常慢，而且间歇性出现CPU资源被100%占用的情况。

知识拓展 子网IP地址

简单局域网内的计算机，IP地址必须位于同一个子网内，才能保证相互访问正常。是否在同一个子网内，是由IP地址和子网掩码同时决定的。一般来说，子网掩码选择为255.255.255.0时，子网内允许有255台计算机，这时只要计算机IP地址前三段相同，就可以认为是在同一个子网中。

子网通常使用私有IP地址，避免和互联网上的IP地址混淆。常用的私有IP地址有10.×.×.×和192.168.×.×等。

课堂练习

任务背景：课堂学习中学习了计算机局域网的相关知识。组建局域网不能只凭书本概念，需要经过动手实践，才能真正掌握各个操作步骤中的关键环节。

任务目标：组建使用交换机连接至少两台计算机的一个简单局域网。

任务要求：完成计算机网卡的安装，完成局域网的硬件连接和软件设置，使局域网内的计算机可以互相访问。

任务指导：建议学生首先完成网卡硬件和驱动程序的安装，然后制作和测试网线，测试通过后再用于网络连接；软件设置前先为入网计算机分配IP地址，然后进行设置。由于局域网内没有IP地址服务器(DHCP)，所以无法使用自动获取IP地址服务。

练习评价

项　目	标准描述	评定分值	得分
基本要求60分	完成网线的制作和测试	15	
	完成网卡硬件安装	15	
	完成入网计算机的IP设置	15	
	完成局域网的组建并通过简单测试	15	
拓展要求40分	网线布局合理，走线整齐有序	15	
	对网络进行ping测试，丢包率小于万分之一	25	
主观评价		总分	

本课小结

这一课首先介绍了局域网的硬件组成，其次讲解了组建简单局域网的方法，包括硬件连接和软件配置两大部分内容。通过组网的实践练习，使学生进一步熟悉局域网的概念和基本组成，掌握组建局域网的方法。

课外阅读

1. 名词解释——网络拓扑

http://baike.baidu.com/view/265341.htm

2. 局域网专题知识

http://www.enet.com.cn/eschool/includes/zhuanti/zt/lan/27.shtml

3. 名词解释——交换机

http://baike.baidu.com/view/1077.htm

课后思考

(1) 如果网络中计算机数量比较多，单台交换机的端口不够用，如何连接更多的交换机？

(2) 同一块网卡能不能同时使用两个以上 IP 地址？在配置网络参数时应该如何设置？

第 13 课 建设无线局域网

课堂讲解

知识要点： 这一课介绍如何组建简单的无线局域网，其中无线路由器常用功能的设置方法是本课的学习重点。

学习指导： 无线路由器的设置需要一些关于路由器、无线网络的基础知识，因此课前最好先学习相关知识，以免遇到具体的概念术语时无法理解。

学习要求： 掌握无线路由器的一些最基本功能的设置方法，掌握计算机使用无线网络的方法。

13.1 无线网络简介

无线网络的出现由来已久，但是应用于普通计算机，却只是在最近几年。无线网络得以迅速普及，主要归功于 Intel 推出的“移动计算”概念。随着迅驰系列笔记本电脑硬件平台的强力推广，作为迅驰体系标配的部件之一，无线网卡成为每台笔记本电脑必备的部件，由此带来了无线网络的普及。随之而来的“无线城市”建设，更使无线网络为大众所熟悉。

通常意义上的无线网络，是指采用 WiFi 技术构建的无线网络。这种无线网络基于 802.11 系列无线互联协议，关于这方面的内容，在第 3 课已经做过介绍。目前实际使用中，最常用的是工作在 2.4GHz 频段的 802.11b 和 802.11g 两种标准，前者最大速率为 11Mbps，后者为 54Mbps。WiFi 无线网络的最大工作距离约为 100m，实际使用中受障碍物的影响比较大。

无线网络的硬件分为两大组成部分，一部分是作为中心部件的无线 AP，也就是无线交换节点，有时也用带有交换功能的无线路由器代替。所有的计算机通过 AP 交换数据，其作用和有线局域网中的交换机作用类似。另一部分是入网的计算机所配备的无线网卡。

13.2 建设无线局域网

1. 规划网络

无线网络不用考虑每台入网计算机的布线问题，因此比有线局域网简单。无线网络规划主要考虑信号的覆盖问题。一般来说，穿透两道钢筋混凝土的墙壁后，无线信号就已经相当微弱了。例如，图 13-1 所示的房屋结构，综合考虑每个房间的信号覆盖情况，把无线 AP 节点选择在接近中心位置的会议室里。如果其他条件许可，也可以选择安装在过道中，这样其他房间的覆盖效果会更好一些。

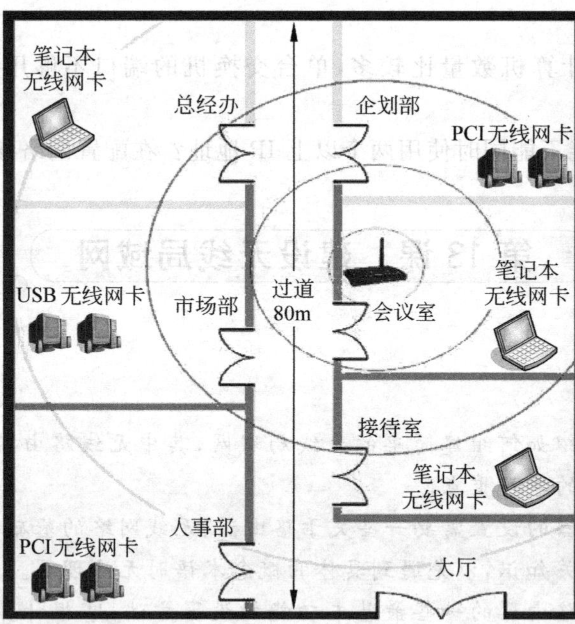

图 13-1

2. 选择无线路由器

考虑综合性价比、功能扩展等方面的因素，可以选择普通的宽带无线路由器作为无线局域网的中心节点，取代只具有单一功能的无线 AP。这类低端无线网络产品常见的品牌有 D-Link、TP-Link 等。本例选择 TP-Link WR514G 作为样本进行讲解。这款产品主要具有以下功能。

- 3 个百兆 RJ-45 局域网接口，1 个 RJ-45 外网接口。
- 路由器功能，例如地址过滤、NAT、防火墙等。
- DHCP 服务器、DNS 服务器。

➢ IP 地址与 MAC 绑定。
➢ 无线桥接。
➢ 802.11g 无线网络(54Mbps)。

其他品牌的无线路由器功能与此基本类似。

3. 最简单的无线局域网

使用选定的无线路由器,连接好路由器电源,就可以在计算机上找到一个名为 TP-Link 的无线网络。这个无线网络使用路由器默认的网络参数,只要设置上网计算机的 IP 地址为自动获取,就可以使用这个无线局域网了。

但是,这个无线局域网只有最简单的互联功能,不具备安全性——任何人都可以连接到这个网络中。如果要更全面的功能,还需要对无线路由器进行一些设置。

4. 无线路由器设置

步骤 1 登录无线路由器,设置用户名、密码

① 使用一根网线连接计算机网卡和路由器的 LAN 口,设置计算机的 IP 地址为自动分配 DHCP。

② 打开 IE 浏览器,连接网址 http://192.168.30.1。

③ 出现如图 13-2 左图所示的登录界面后,输入默认用户名和密码(本例中为 admin:admin)。

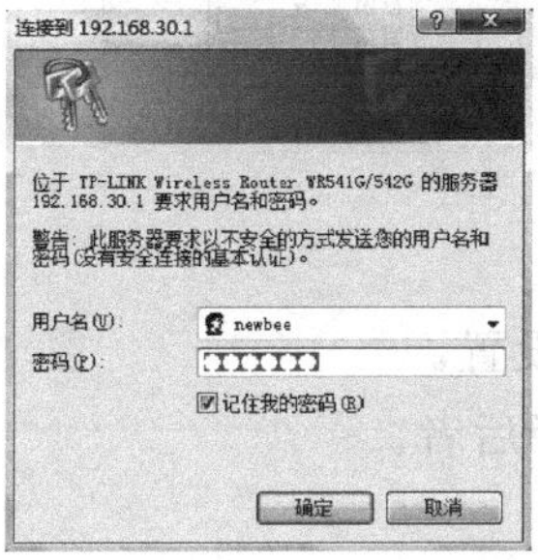

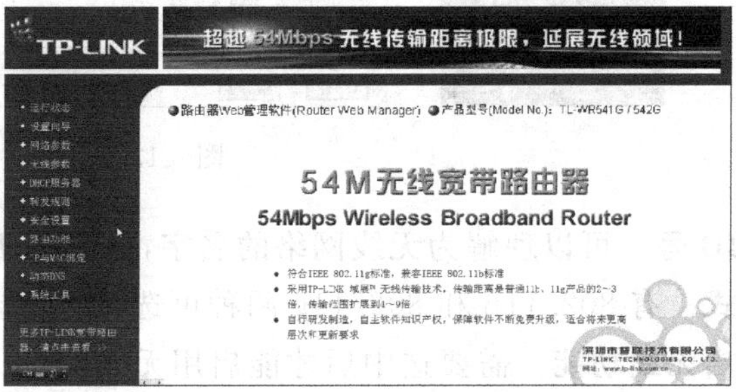

图 13-2

④ 登录成功后将出现如图 13-2 右图所示的界面,窗口左侧是功能导航栏,右侧是设置内容。

⑤ 在窗口左侧导航栏中选择“系统工具”→“修改登录口令”选项,在弹出的如图 13-3 所示的界面中设置新的用户名和密码。

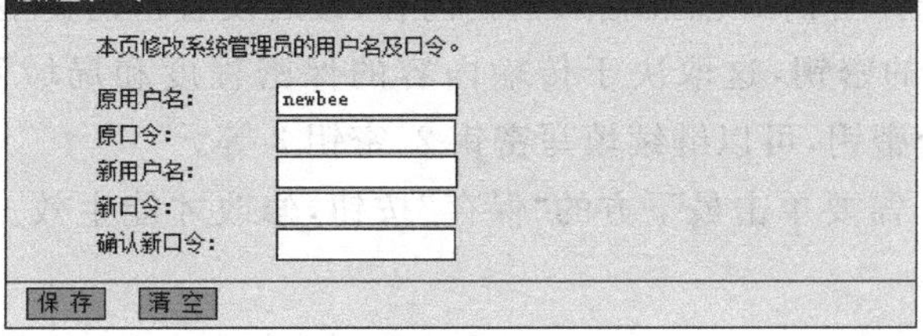

图 13-3

注意：这一步输入的连接网址、用户名、密码都是路由器的默认值，不同品牌产品默认的参数可能不一样，建议参考路由器的说明书。

步骤 2　开启无线功能，设定 SSID

如图 13-4 左图所示，在左侧导航栏中选择"无线参数"→"基本设置"选项，在如图 13-4 右图所示的界面中设置一些网络参数。

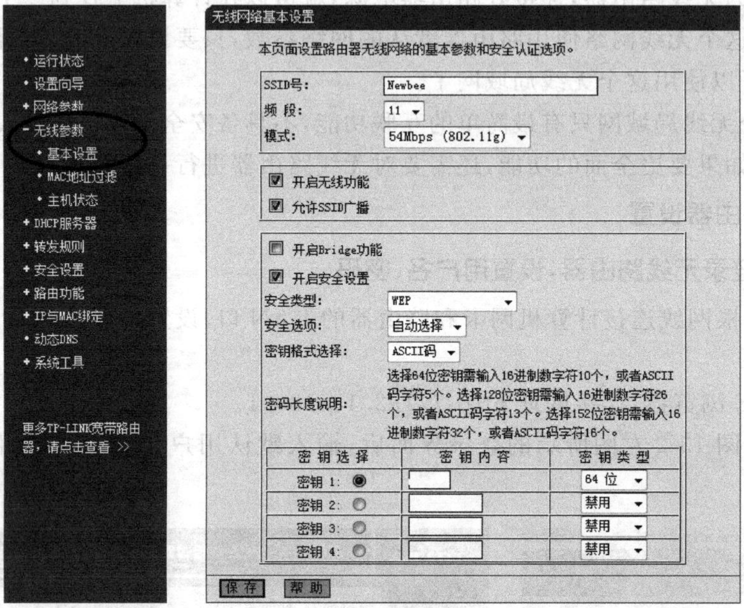

图　13-4

- **SSID 号**　可以理解为无线网络的名字，可以随便设置。
- **模式**　有 802.11b 和 802.11g 两种可选，建议选择后者。
- **开启无线功能**　需要选中后才能启用无线网络。
- **允许 SSID 广播**　可以理解为无线网络的名字，正常的局域网都应该允许。
- **开启安全设置**　如果是在小环境内使用，可以不进行安全设置，这时任何人都可以使用无线网络，很多图书馆、咖啡厅都采用这种方式；如果不想其他人使用，则需要做一些安全设定，避免未知人员上网。
- **安全类型、安全选项**　可以选择默认值。
- **密钥格式选择**　有 ASCII 和十六进制两个选项，一般为了方便，建议使用 ASCII。
- **密钥选择**　选择密钥 1，然后输入密钥内容，最后设置密钥类型为 64 位（也可以选择 128 位或更长的密钥，这取决于传输内容的保密程度和局域网所处的无线环境）。如果需要多个密钥，可以继续填写密钥 2、密钥 3 等。

修改以上配置后，需要单击最下方的"保存"按钮，修改才能生效。修改后，软件会提示需要重新启动路由器。

步骤 3　LAN 口设定

LAN 口是指路由器内部的局域网接口，包括路由器上的三个有线 LAN 口和更多无线

LAN 连接。

选择“网络参数”→“LAN 口设置”选项，如图 13-5 所示，在弹出的“LAN 口设置”对话框中只有两条内容需要修改：“IP 地址”和“子网掩码”。这个 IP 地址是路由器在局域网中的 IP 地址。这款路由器默认地址是 192.168.0.1，为了使用方便，在这一步把它改为 192.168.30.1。子网掩码可以保持默认值不修改。保存之后，提示路由器需要重启，这一步暂时不重启。

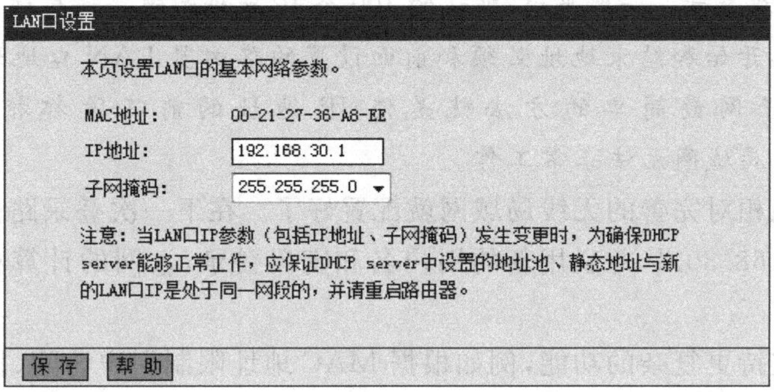

图　13-5

提示：一般路由器都充当局域网的网关，因此这个 LAN 地址也就是局域网的网关地址。这里之所以修改为 192.168.30.1，是因为 192.168.0.1 这个地址被很多软件作为默认地址。如果在计算机上还使用了其他的网络软件（例如第 19 课将要介绍的共享宽带连接的设置），这两者就可能产生冲突，因此最好一开始就把它改成其他地址。当然不一定要选 30，也可以选择 1～254 的任何数字。

步骤 4　DHCP 设定

在图 13-4 左侧窗口中选择“DHCP 服务器”→“DHCP 服务”选项，在右侧窗口出现如图 13-6 所示的界面。这个界面中，需要修改以下几项内容。

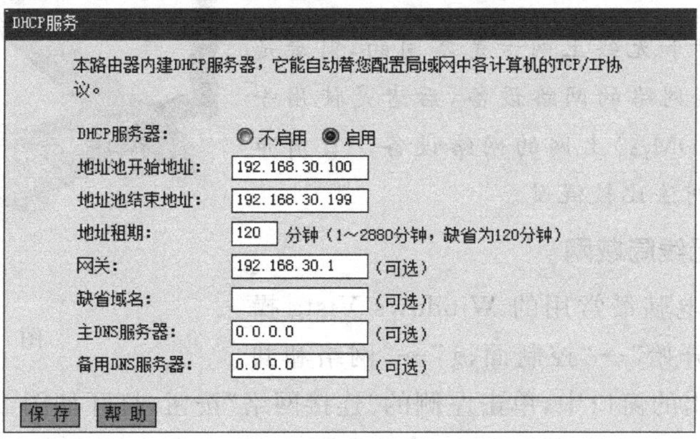

图　13-6

- **DHCP 服务器**　选择启用，这样连入无线局域网的计算机就可以自动获得 IP 地址，不需要一一配置。

➢ **地址池开始地址** 输入 192.168.30.100。

➢ **地址池结束地址** 输入 192.168.30.199。

➢ **网关** 输入 192.168.30.1。

保存结果之后，路由器需要重新启动。

提示：100 和 199 这两个数字具有很大的随意性。理论上，只要是以 192.168.30 开头的地址都可以用来填写，但是开始地址要小于结束地址，且保证开始地址与结束地址的差要大于联入局域网的计算机数量。一般来说，默认的 100 个 IP 地址足够普通局域网使用了。

这里的地址池开始和结束地址必须和前面设置的路由器 LAN 口地址在同一个子网内（保证在同一个子网最简单的方法就是使 IP 地址的前三段都相同，本例中都是 192.168.30），否则局域网无法正常工作。

现在一个功能相对完善的无线局域网就配置好了。在下一次登录路由器时就要使用新地址 http://192.168.30.1，并且用新的用户名和密码登录，入网的计算机需要使用步骤 2 中设置的密钥。

路由器还能支持更复杂的功能，例如根据 MAC 地址限制用户访问、提高某些用户的联网权限、设定防火墙、连接外网等。需要这些功能的同学可以参考路由器说明书和相关的网络教程进行配置。

13.3 使用无线局域网

步骤 1 安装无线网卡

计算机访问无线网络必须有无线网卡设备。对于笔记本电脑来说，无线网卡已经是标准配置，而台式机一般用无线网络的比较少，如果需要使用，则必须加装无线网卡。

市场中供台式机使用的无线网卡主要以 PCI 接口为主，外观如图 13-7 所示。可以参照第 5 课组装计算机和第 7 课安装硬件驱动程序的方法，为台式计算机加装无线网卡。

提示：无线网卡和无线上网卡是不同的，前者是指访问 802.11 无线网络的网络设备，后者是使用手机信号（GPRS 或 CDMA）上网的网络设备。目前市场中这两类产品的叫法比较混乱。

图 13-7

步骤 2 连接无线局域网

以目前笔记本电脑最常用的 Windows Vista 操作系统为例，选择“开始”→“控制面板”→“网络和共享中心”选项，在弹出的窗口中，单击左侧的“连接网络”按钮，打开如图 13-8 所示的界面。

在图 13-8 中按照名称找到自己的局域网，选中后，单击右下角“连接”按钮即可。如果要结束联网，可以选中已经连接的网络，单击“断开”按钮。

默认无线连接都使用 DHCP 自动获取 IP 地址，不需要手工设置 IP 地址和子网掩码。其他的设置和第 12 课组建有线局域网的配置类似。

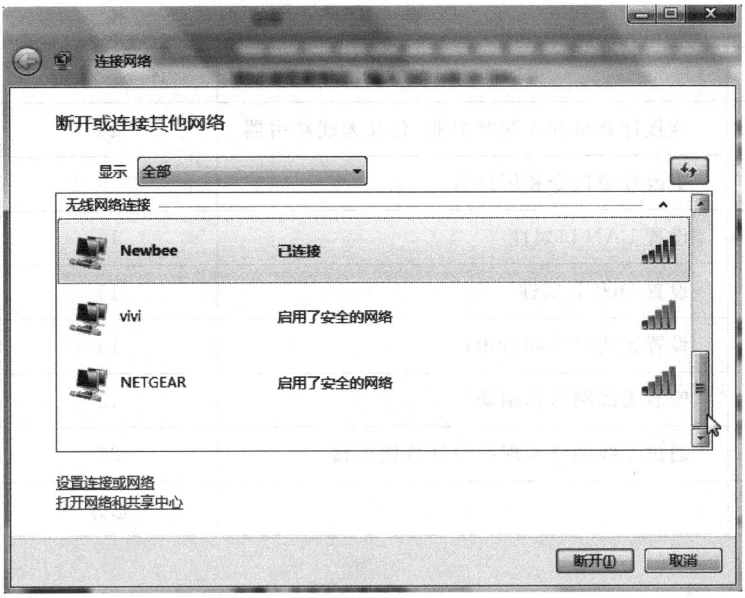

图 13-8

13.4 外网的连接

本文选择的这款无线路由器提供了一个 RJ-45 外网接口用于连接外部网络，它具有多种连接外网的方式，例如，PPPoE 拨号、802.11x、固定宽带上网等。

如果要连接外网，可以部分参考第 19 课的相关内容。在路由器上，还需要设置以下内容：

- **WAN 口设置** 在"网络参数"→"WAN 口设置"中，需要设置上网的类型、IP 或帐号密码、拨号方式等参数；
- **DHCP 服务** 需要填写使用 DHCP 时发布的 DNS 服务器地址和网关地址（参照图 13-6）。

具体设置方法可以参考路由器说明书。

课堂练习

任务背景： 使用无线路由器是组建无线网络最常用的方法。因此有必要在课堂学习的基础上，通过实践掌握无线局域网的组建方法和无线路由器的配置方法。

任务目标： 使用无线路由器组建简单的无线局域网。

任务要求： 要求组建的无线局域网具有密码，能够动态分配 IP 地址。

任务指导： 首先配置无线路由器，这需要使用计算机的无线网卡；然后为台式机加装无线网卡，并连接上网。最好为无线网络取一个特殊的名字，这样可以在实习教室众多的信号中准确地找到自己配置的无线网络。

练习评价

项　目	标准描述	评定分值	得分
基本要求 60 分	连接计算机和无线路由器，登录无线路由器	10	
	更改登录口令和用户名	5	
	设置 LAN 口属性	15	
	设置 DHCP 属性	15	
	设置无线口令和 SSID	15	
拓展要求 40 分	安装无线网卡和驱动	15	
	通过无线网络实现两台计算机连接	25	
主观评价		总分	

本课小结

在这一课的学习中，介绍了关于组建无线局域网的内容。在第 12 课学习组建简单的有线网络的基础上，通过用无线信号替代线缆，从而构造简单的无线局域网。当然，实际应用中，这样的替换会稍微复杂一些，这主要是考虑到安全方面的因素，所以无线路由器的配置方法是这一课需要重点学习的内容。使用计算机无线网络是常用的一项基本操作技能，应该通过实际操作熟练掌握。

课外阅读

1. 无线路由器资料

http://baike.baidu.com/view/334021.htm

2. 清华大学无线网络构建解决方案

http://info.edu.hc360.com/HTML/001/002/004/25608.htm

3. 企业组网方案全攻略

http://tech.sina.com.cn/roll/2007-11-29/1052503600.shtml

课后思考

（1）如何使用无线路由器实现 ADSL 拨号连接？

（2）除了使用无线口令，有没有其他能够限制计算机使用网络的方法？（提示：使用无线路由器的防火墙功能，MAC 地址是每台计算机唯一的标识。）

第 14 课 规划和组建复杂局域网

课堂讲解

知识要点：本课通过对案例的分析阐述构造比较复杂的局域网的组建方法。重点在于根据计算机布局情况规划网络拓扑、根据网络规划选择交换机的方法和技巧。

学习指导：这一课没有实践环节，课堂教学的知识点融合在对案例的分析和解决的过程中，因此需要学员认真阅读每个案例。最好的学习方法是先根据案例的情况介绍，结合本课第一节介绍的有关内容，先做出自己的解决方案，然后和教材中的解决方案进行对比，发现差异并找出考虑不周之处。

学习要求：了解较复杂局域网的特殊硬件要求和网络约束条件，掌握根据网络规模和性能要求选择不同类型交换机的基本原则，掌握根据计算机布局情况规划网络的方法。

14.1 网络规划与设备选型

第 13 课介绍的简单局域网，使用单台交换机设备和单一星形拓扑结构，能够满足少数计算机组成局域网的需求。一般单台交换机最多可以支持 24 个端口，因此这种简单局域网能够容纳的计算机数量不会多于这个数量。当入网的计算机达到几十台甚至上百台时，就必须重新考虑网络的规划问题。

网络的规划问题并不单纯是一个理论的问题，它不仅和具体的设备选择有密切关系，还取决于组网的计算机的分布情况等客观因素。一般来说，需要综合考虑以下几个方面的问题。

(1) 网络拓扑

如果有很多台计算机，一台交换机是不够用的，因此需要考虑多台交换机的协同工作。这些交换机之间的连接可以分为以下两种方式。

- 层叠式，这种连接方法如图 14-1 所示，多台交换机依次连接。
- 级联式，如图 14-2 所示，这种连接方式增加了一级交换机，专门用于连接其他交换机。这样虽然提高了网络的速度，但是也增加了成本开支。

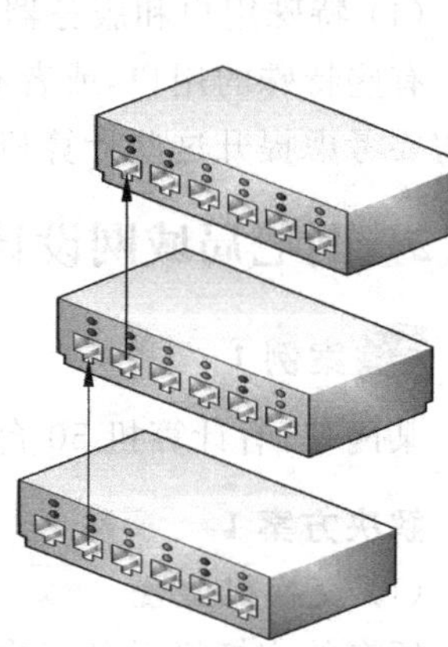

图 14-1

(2) 交换机

无论是级联式还是层叠式，每台交换机都需要和另外一台交换机连接。从连接的方法上区分，交换机有以下三大类。

- 第一类交换机所有的端口都是相同的。这种交换机通常用于简单局域网内的互联，如果用在这种复杂局域

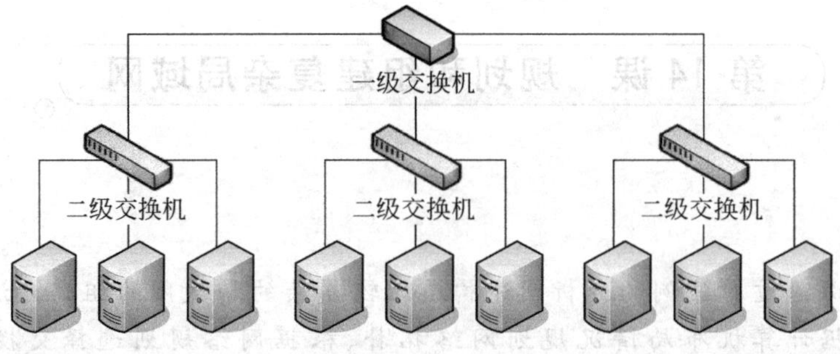

图 14-2

网内，也勉强可以使用，但是速度会受到一定影响。

- 第二类交换机增加了一至两个级联口，这种级联口拥有更优先的级别，而且有比其他端口高一个档次的连接速度。例如某品牌26口交换机，就是采用24个普通10/100Mbps端口和2个10/100/1000Mbps高速级联端口。这种交换机价格稍贵，但是用在复杂局域网内的速度明显高于普通交换机。
- 第三类交换机在背部有专门的级联接口，使用专用电缆连接，这是速度最快、效率最高的连接方法。

如果从管理方式的角度来划分，还可以分为网管型交换机和非网管型交换机，后者比前者功能简单，价格便宜。网管型交换机最大的好处就是可以对用户作各种限制，避免个别用户的错误操作影响到整个网络的运行。一般网吧中没有必要使用网管型交换机，而办公室和学生宿舍等应用场合，由于无法对用户的计算机一一进行管理，因此有必要使用网管型交换机加强网络管理。

(3) 入网计算机的分布情况

如果入网的计算机都在一个相对集中的空间内，那么可以考虑把所有的网络设备也都集中放置在一起，这样便于管理和维护；如果计算机分布在多个房间里，或者在多个楼层中，可以考虑把交换机分开放置在多个位置，这样可以有效减少网线长度，从而降低成本、提高网速，例如，可以选择在每个房间中放置一台交换机，或者在每个楼层放置一台交换机。

(4) 特殊用户和服务器

有些特殊的用户，或者有些公用的网络服务器，对网络速度或者稳定性有更高要求，这就需要考虑提升这些计算机的级别，把它们尽可能连接到高一级的交换机上去。

14.2 网吧局域网设计案例

案例 1

某网吧，有计算机50台，集中分布在网吧大厅内；有游戏服务器2台，位于设备间内。

解决方案 1

(1) 交换机位置

所有的交换机设备集中放置在设备间的机架上，其他计算机通过网络布线统一连接到设备间。

(2) 网络布局

采用层叠式网络拓扑，每台交换机和上一台交换机连接。

(3) 交换机选型

出于成本的考虑，选择最普通的 24 口交换机三台。

提示：多出近二十个端口，是为日后的扩容留下余地。也可以考虑选择两个 24 口和一个 16 口交换机。

(4) 网络施工

① 安装交换机。把交换机安装在设备机架上，或者平放在牢固的表面上，连接好交换机的电源。

② 连接交换机。制作两根短网线(长度大约 20cm)，把第一台交换机的任意一个端口和第二台交换机的任意一个端口连接，以同样的方式连接第二台和第三台交换机。

注意：虽然可以任意选择一个端口，但从方便维护的角度考虑，最好按照惯例把上一个交换机的 2 口和下一个交换机的 1 口连接在一起。

③ 连接服务器。把两台服务器连接到任意一个交换机上。

④ 布线。按照每台计算机到网络设备间的距离和线路的走向，考虑冗余长度后截取合适长度的网线。

制作网线两端的水晶头，并进行测试。

在每根做好的网线两头分别做好标记，以便日后维护。

统一进行布线操作，线路走向以整齐、不影响人员走动为首要宗旨，最好沿着墙角走线。如果室内有吊顶或者地板，优先考虑把网线放进去，否则最好另加电缆盒。

提示：做标记，可以使用专业的塑料标签，但这种标签一般按照每包 1000 个销售，小批量无法购买到。也可以采用“土”办法编号，例如用油性记号笔、不干胶贴纸、透明胶带加小纸条等，效果都还不错。总之，标签的作用是为了日后能够方便地区分每根网线的走向，便于维护，所以以清晰直观、结实耐久为原则。

⑤ 连接网线。把网线两头分别与交换机和计算机连接。连线最好有规律性，例如1 号机和第一台交换机的 3 口连接，10 号机与第一台交换机的 12 口连接，以此类推。这样当网络出现问题时便于快速地找到对应的网线。

注意：由于预留了二十多个端口，因此交换机上会有些端口为空。应该合理地把已有的计算机分布在三台交换机上，避免出现其中一台负荷很重，而另外一台几乎闲置的情况。

⑥ 测试网络。可以通过交换机和网卡的指示灯状态进行简单测试，也可以按照第 17 课介绍的网络测试方法进行测试。

解决方案 2

仍然采用层叠式，但不是用 24 口普通交换机，而是使用 3 台 24 口加 2 口的工作组级交换机产品。交换机之间通过千兆端口依次连接，服务器连接在剩余的两个千兆端口上。其余事项和方案一区别不大。这一方案在成本上略贵一些，但是速度却有明显提升。

14.3　办公室局域网设计案例

案例 2

某公司，分布于三层楼中，每层楼有 5～8 个办公室不等，每个办公室内平均有 3～

4 台计算机,有个别办公室超过 10 台计算机,每个楼层有 1～3 台服务器。

解决方案

(1) 网络布局

从布线方便和节约成本的角度考虑,将交换机就近分布在办公楼内的不同位置。

综合应用层叠式和级联式结构,在每个楼层内部采用级联式,设置一个一级交换机连接多个二级交换机;不同楼层间的一级交换机以层叠式连接在一起。

根据每个办公室内计算机的数量,相邻办公室之间可以合用一台交换机。

(2) 交换机选型

考虑到网络规模比较大,为了达到比较高的交换效率,所有的二级交换机都采用带有高速级联口的 26 口或 18 口 10/100Mbps 交换机(其中 2 个口为 10/100/1000Mbps),所有的一级交换机都采用 8 口的 1000Mbps 交换机;为了便于网络的管理,所有交换机都采用网管型交换机。

提示:考虑到连接互联网的需要,其中一台一级交换机还可以选择集成了路由功能的交换产品。

(3) 网络施工

① 确定交换机数量。根据各个办公室内计算机的数量和办公室的分布情况,选择相邻办公室合用一台 18 口或 26 口交换机(可以连接 16 台或者 24 台计算机)。由此计算出需要各种型号交换机的数量。

② 选定安装交换机的位置。一般选择安装在办公楼的吊顶内,如果条件不具备,也可以把二级交换机安装在办公室内比较牢固可靠的位置,一级交换机安装在楼道末端。

③ 连接服务器。把每个楼层的服务器连接在一级交换机上。

④ 布线,测试线路。14.2 小节相关内容类似,不再重复。

14.4 软件设置

如果计算机的数量在 254 台以内,可以不额外考虑软件设置的问题,第 13 课介绍的简单局域网的设置方法,也适用于复杂局域网。通常计算机可以选择 192.168.0.1～192.168.0.254的 IP 地址(第三段的 0 也可以统一换为 1～254 的任何数字,例如 100),子网掩码默认为 255.255.255.0。

如果计算机数量超过 254 台,那么就需要使用两段 IP 地址组成子网。这时可以选择 192.168.0.1～192.168.1.254 的地址,子网掩码为 255.255.254.0。

由于局域网内的计算机比较多,因此可以根据具体需要考虑,对大局域网做工作组的划分。依次选择“开始”→“控制面板”→“系统”选项,在打开的“系统属性”对话框中选择“计算机名”选项卡,弹出如图 14-3 左图所示的设置界面。单击“更改”按钮,打开如图 14-3 右图所示的“计算机名称更改”对话框。在这个对话框里,可以修改计算机名和所属的网络工作组。根据实际需要,可以把计算机划分到不同的工作组,例如,人力资源部、企划部等。这样相同工作组之间的连接更方便,计算机访问局域网资源的速度也会相应地提高。

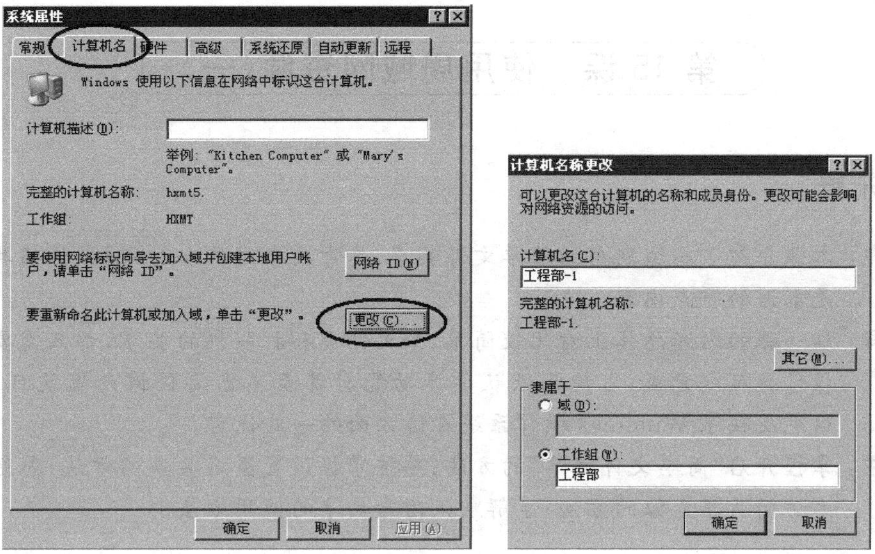

图　14-3

本课小结

本课课堂内容讲解中，首先介绍了复杂局域网特有的概念和知识，然后通过网吧局域网和办公楼局域网两个典型案例的分析，阐述了构造比较复杂的局域网的组建方法。通过这些案例的解析，向同学们展示组建这种类型和规模的局域网的分析思路和解决方法。根据教学设计，这一课没有实践环节的练习。

课外阅读

1. 关于IP地址和子网划分的知识

http://baike.baidu.com/view/1140894.htm

2. 名词解释——局域网

http://baike.baidu.com/view/788.htm

3. 交换机级联、堆叠、集群

http://publish.it168.com/2007/0610/20070610022601.shtml

课后思考

(1) 如果在网吧案例中，对网络的速度有比较高的要求，那么如何调整教材中的解决方案？试着给出全新的解决方案。

(2) 如果局域网中的计算机数量超过254台，需要修改子网掩码为255.255.254.0，相应的可以使用IP地址192.168.0.1～192.168.1.254。除了示例中的这一段IP地址，还有没有别的范围内的IP地址可以使用？

第 15 课　使用局域网资源(一)

课堂讲解

知识要点：本课介绍了局域网内的简单文件共享，其中共享文件和打印机、访问共享资源是本课的重点内容。

学习指导：这一课的内容总体上看比较简单，如文件夹和打印机的共享，都只需要简单的操作就可以完成，当使用默认共享功能时甚至不需要任何设置就可以使用。这也反映了 Windows 操作系统在这方面的一些优势。

学习要求：掌握开启"简单文件共享"的方法；熟练掌握设置匿名共享的方法；熟练掌握匿名访问共享资源的方法；了解默认磁盘共享的使用方法。

15.1　设置简单文件共享

局域网内的用户可以通过文件共享机制相互访问对方计算机上的文件资源。每个用户都可以设置共享内容，开放自己计算机上的指定内容供他人使用。

简单文件共享是文件共享机制中最简单方便的一种，首先是因为设置共享方便，几步操作就可以快速完成；其次是访问共享方便，局域网中任何计算机都可以匿名访问。

小知识

文件共享是建立在目录共享基础上的。所谓文件共享，其实质是文件目录共享。也就是说，无法做到单个孤立的文件共享，只能共享磁盘上的某个目录，这样目录中的所有文件和子目录都可以被访问。要共享某个文件，只能先建立一个只包含这个文件的目录，然后共享这个目录。

步骤 1　启用简单文件共享

以 Windows XP 为例，Windows XP 以后的操作系统的文件共享都是建立在权限管理机制上的，共享设置比较复杂。Windows XP 系统提供了文件权限设置的简化版本——简单文件共享。为了方便使用，需要先启用简单文件共享。

打开资源管理器，选择菜单项"工具"→"文件夹选项"，弹出如图 15-1 所示的对话框，在"查看"选项卡中选中"使用简单文件共享"复选框，单击"确定"按钮退出。这样简单文件共享机制就启动了。

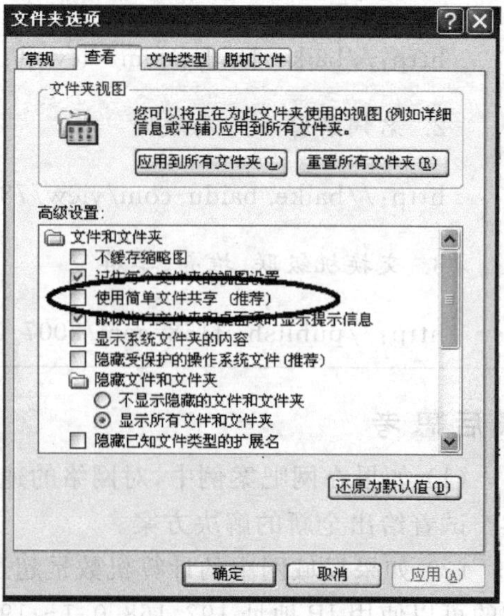

图　15-1

步骤 2　共享目录

① 打开资源管理器，找到要共享的目录。例如图 15-2 所示的 D:\temp 目录。

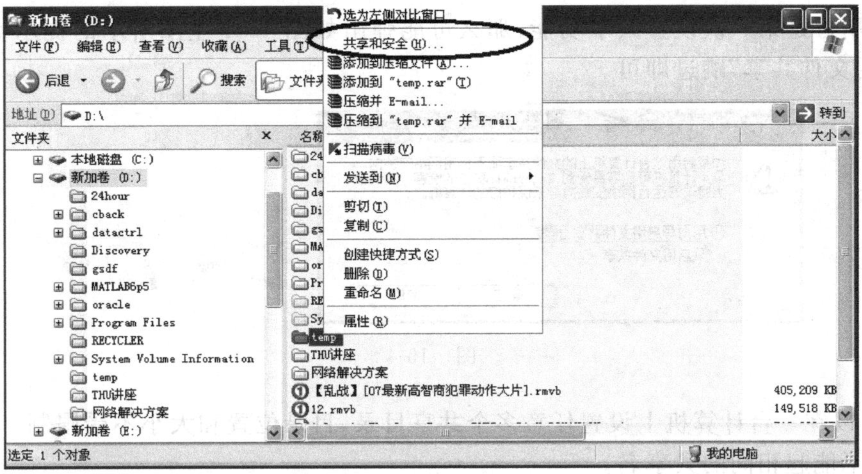

图　15-2

② 如图 15-2，在该目录上右击，在弹出的菜单中选择“共享和安全”选项，打开文件“共享”选项卡，如图 15-3 左图所示。

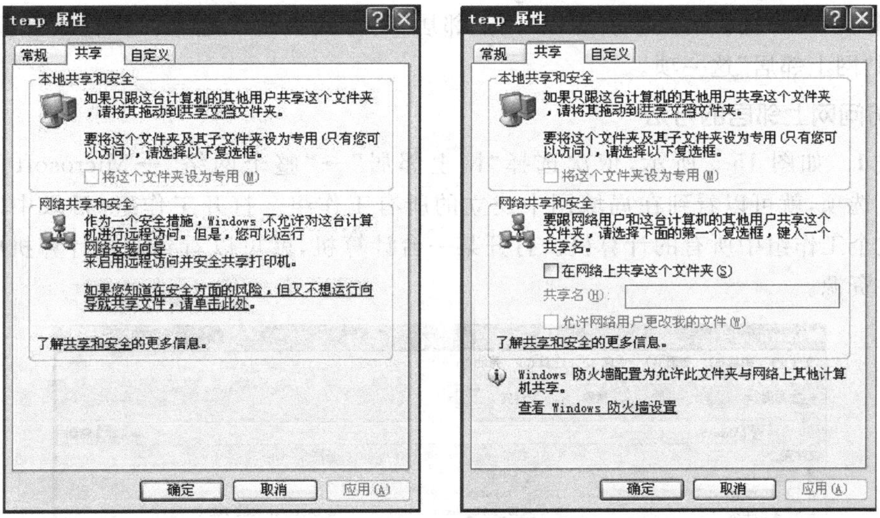

图　15-3

③ 在文件“共享”选项卡中，单击“如果您知道在安全方面的风险……”提示信息。

提示：*只有第一次在本机使用文件共享功能时，才会出现这个提示信息。以后将直接显示如图 15-3 右图所示的对话框。*

④ 在图 15-3 右图的文件“共享”选项卡中，选中“在网络上共享这个文件夹”复选框。默认的共享名为文件目录名，如果需要可以任意起一个其他的名字。

⑤ 默认的共享方式是“只读”，也就是其他人只能读取共享的内容而不能修改。也可以选中“允许网络用户更改我的文件”复选框，此时网络上的其他用户在这个文件夹中就可以

写入内容。

注意：慎用此选项，因为这种允许任意用户写入内容的设置可能被黑客或者病毒利用，带来系统安全隐患。

如果用户是第一次设置共享功能，那么可能弹出如图 15-4 左图所示的提示对话框，选择“只启用文件共享”跳过即可。

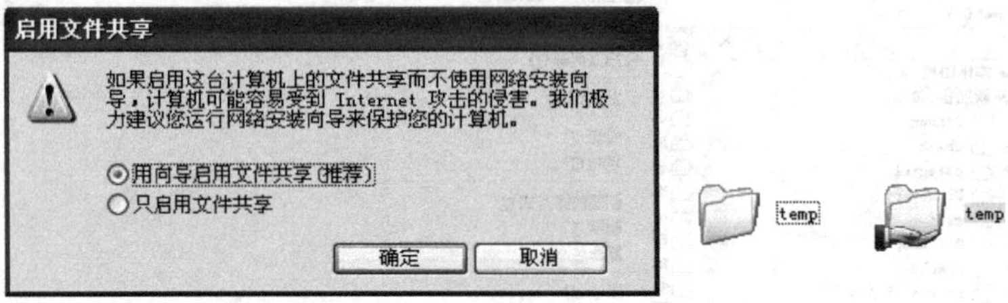

图 15-4

⑥ 可以在一台计算机上设置任意多个共享目录，目录位置和大小不受限制。但是两个共享目录不能起相同的共享名。

共享前后目录的外观会发生一点点变化，如图 15-4 右图所示，共享后的目录图标多了一个手形图案。

15.2 访问网上邻居

局域网内用户提供的共享资源以“网上邻居”的方式被组织起来。在资源管理器中，很容易找到“网上邻居”这一项。

1. 访问网上邻居的方法

方法 1 如图 15-5 所示，依次选择“网上邻居”→“整个网络”→Microsoft Windows Network 选项，就可以看到在局域网中建立的所有工作组。打开工作组，目录中以计算机名列出这个工作组中所有的计算机。打开某一台计算机，就可以看到这台计算机中共享的所有文件资源。

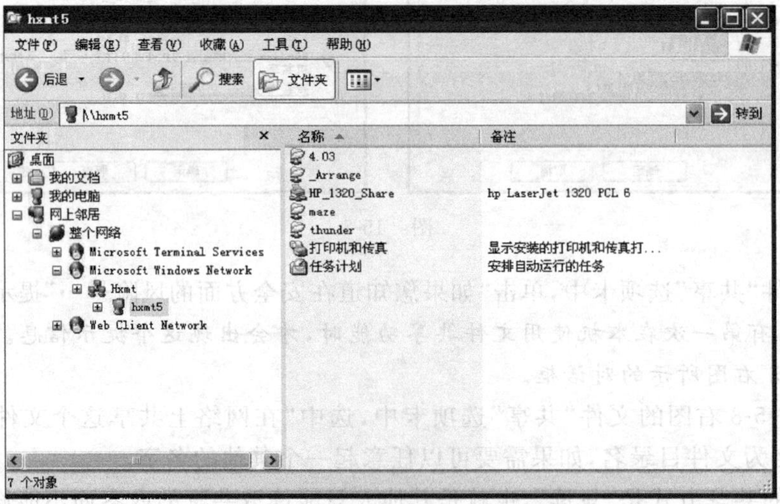

图 15-5

方法 2　如果已知某台计算机的 IP 地址或者计算机名，也可以在资源管理器地址栏中输入“\\IP 地址”或“\\计算机名”直接访问这台计算机。

2. 访问网上邻居时的故障处理

如果已知对方计算机确实联网正常而且已经共享文件，但是在“网上邻居”中看不到，那么可能是系统没有及时刷新信息。这种情况下，可以依次按照如下方法操作。

- 首先尝试在资源管理器的地址栏里输入对方计算机名，格式为两道斜线后面紧跟对方计算机名，即“\\计算机名”。
- 如果用计算机名不能访问，则需要查清对方的 IP 地址，然后用“\\IP 地址”的方法访问。
- 如果仍然不能访问，则需要安装 NetBIOS 协议，然后按照前两步的格式重新尝试。
- 另外一种不常出现的网络共享资源访问故障是用户禁用了访问和提供的共享功能。在如图 15-6 左图所示的对话框中，正常情况应该有一项“Microsoft 网络的文件和打印机共享”，而且前面的复选框已被选中。默认情况下，Windows XP 应该会安装这一项服务而且打开它，除非用户自己做了删除操作。如果没有这一项，可以按照下面添加协议的方法，添加这项服务(在第二步不选“协议”，选择“服务”即可)。

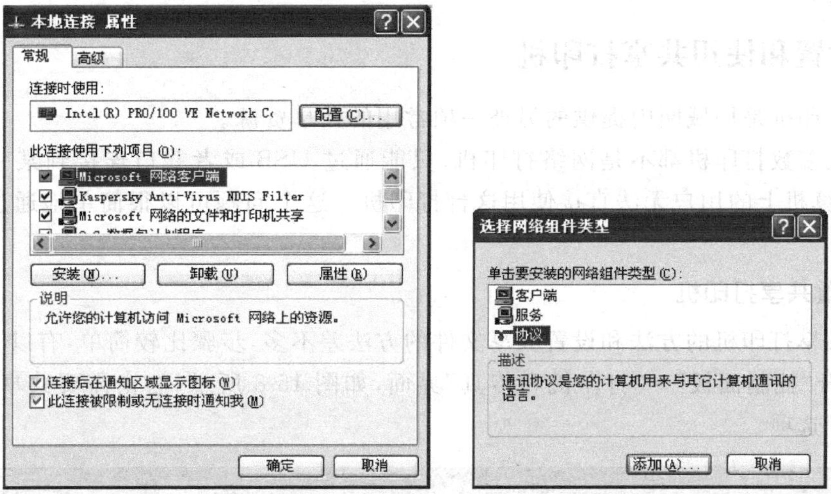

图　15-6

3. 安装 NetBIOS 协议

“网上邻居”有时不能正常刷新或拒绝访问，这是 Windows XP 经常出现的问题。解决这个问题可以通过添加 NetBIOS 协议来部分解决。这是一个有点过时的网络协议，但是用在网上邻居功能中，可以有效解决不同版本 Windows 系统之间的网络共享连接问题。

① 打开“控制面板”→“网络和 Internet 连接”→“网络连接”对话框，双击“本地连接”，打开“本地连接 属性”对话框，如图 15-6 左图所示。

② 单击“安装”按钮，在弹出的添加类型对话框中选择“协议”选项，然后单击“添加”按钮，如图 15-6 右图所示。

③ 选择 NWLink IPX/SPX/NetBIOS Compatible Transport Protocol 协议，然后单击

“确定”按钮，如图 15-7 所示。

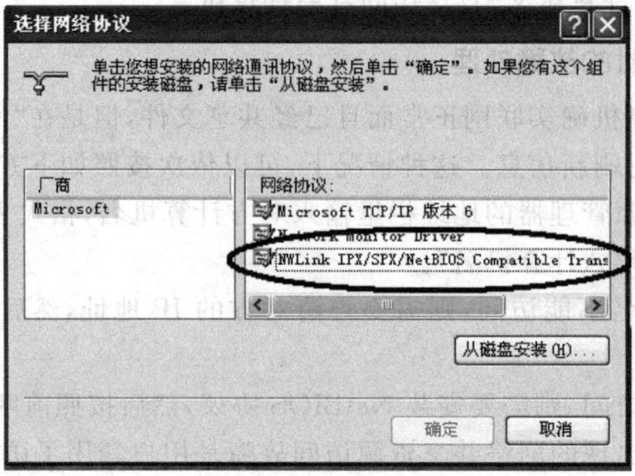

图 15-7

稍候片刻，两项以 NWLink 开头的网络协议将列在图 15-6 左图所示的对话框中。

添加 NetBIOS 协议后，网上邻居的访问速度会明显加快，而且很少出现找不到对方计算机的情况。

15.3 设置和使用共享打印机

共享打印机是局域网内提供的另外一项常用的共享资源。

目前大多数打印机都不是网络打印机，只能通过 USB 或者并口连接到某一台计算机上，其他计算机上的用户无法直接使用这台打印机。这个问题可以很简单地通过共享打印机来解决。

1. 设置共享打印机

设置共享打印机的方法和设置共享文件的方法差不多，步骤比较简单，有以下两步。

① 打开“控制面板”→“打印机和传真”界面，如图 15-8 所示，右击需要共享的打印机，选择“共享”选项。

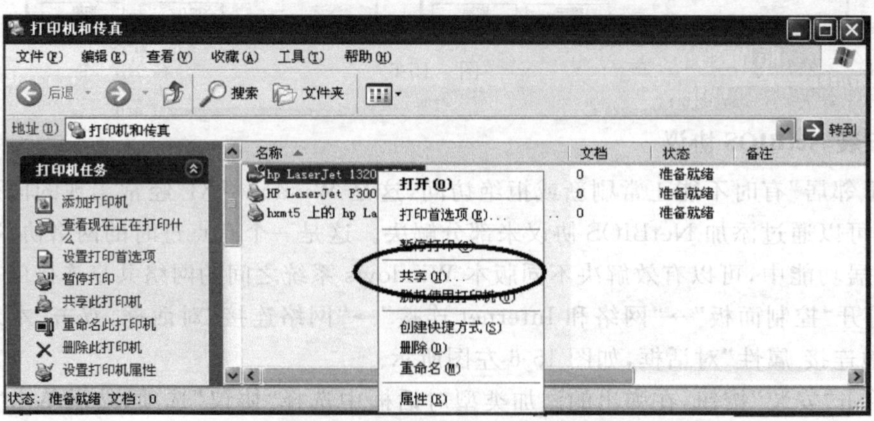

图 15-8

② 在“共享”选项卡中，选中“共享这台打印机”单选按钮，同时为打印机指定一个共享名，如图 15-9 所示。

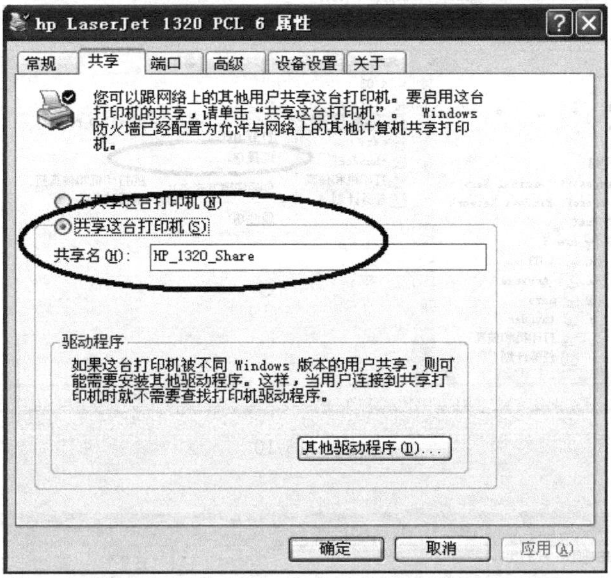

图 15-9

小知识

在图 15-9 所示中，有一个“其他驱动程序”按钮，单击这个按钮，可以在这台计算机上为其他版本的 Windows 操作系统准备打印机驱动程序。这样其他计算机连接这台共享打印机时，就可以自动安装驱动程序。如果不在这里添加其他驱动程序，那么使用其他 Windows 操作系统的用户使用共享打印机时就需要自己安装驱动程序。究竟是在提供共享的计算机上安装其他版本驱动程序，还是在使用共享的计算机上分别安装驱动程序，这取决于使用打印机的用户中，其他版本操作系统的用户有多少。哪一种方式更简便，对此没有硬性的规定。

2. 使用共享打印机

使用共享打印机和使用共享文件类似，操作也很简单，步骤如下。

① 在“网上邻居”中找到被共享的打印机。查找的方法和第二节查找共享文件的方法一样，可以沿着“工作组”→“计算机”的顺序依次浏览，也可以使用计算机名或者 IP 地址查找，如果找不到同样需要安装 NetBIOS 协议。

② 如图 15-10 所示，在“网上邻居”中，我们看到了刚才设置共享的打印机 HP_1320_Share。右击该打印机，选择“连接”选项。

③ 经过短暂的等待之后，打印机就自动添加完成了。

打开“控制面板”中的“打印机与传真”界面，可以看到添加好的打印机以“打印机型号 在提供共享计算机名”的格式列出，如图 15-11 所示的“hp LaserJet 1320 PCL 6 在hxmt5”，说明这是一款由 hxmt5 计算机提供的共享打印机。

注意：如果提供共享的计算机和使用共享的计算机操作系统版本不一致，而且提供共

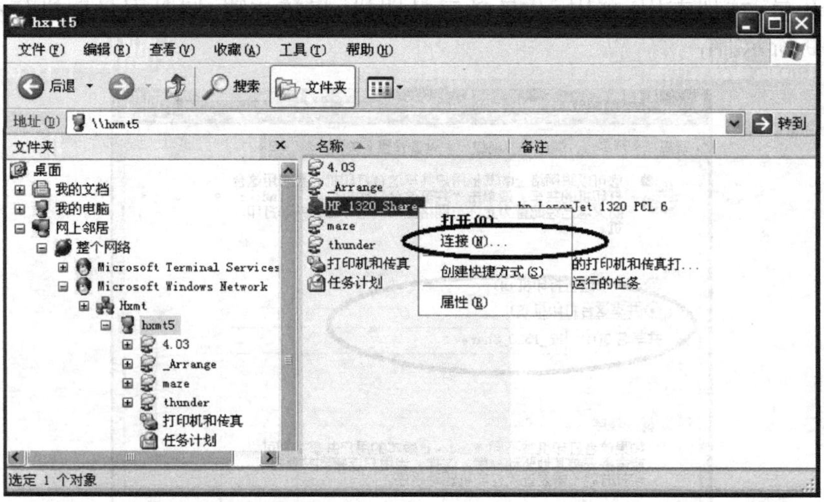

图　15-10

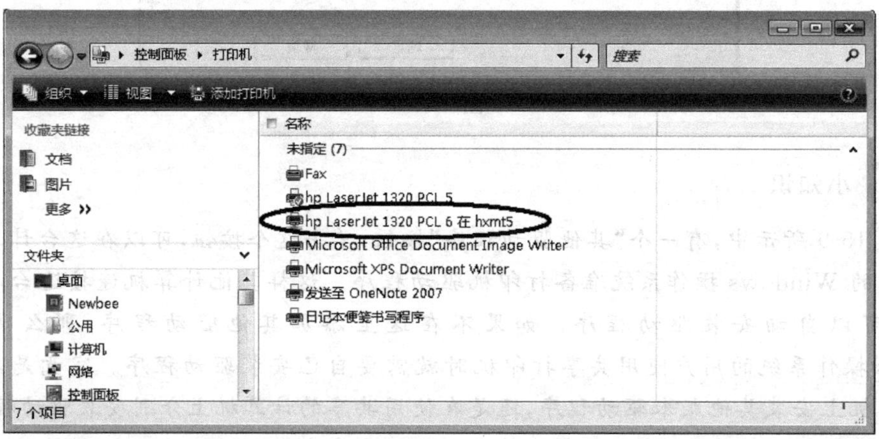

图　15-11

享的计算机上没有安装其他版本的驱动程序,那么就需要在添加打印机时安装打印机驱动程序。

3. 删除共享打印机

如果不需要继续使用这台共享打印机,只需在图 15-11 所示界面中右击该共享打印机,从右键菜单中选择“删除”选项即可。

15.4　使用默认磁盘共享

在 Windows XP/2000/2003 等操作系统中,所有的硬盘分区都处在默认共享的状态下。但是这些默认的资源平时被操作系统隐藏,无法直接看到。这是一种高权限的共享,访问者可以任意读写共享分区内的内容。这种权限最初是为网络中的管理员准备的,管理员可以远程访问每台计算机上的所有文件,从而给工作带来很多的便利。

对于普通用户,这种默认磁盘共享也是有好处的。例如,一些公司采用流动工位,员工没有固定的计算机，这就给使用者带来很多不便。如果使用默认磁盘共享，那么无论工位如何变化，员工都可以获得存放在其他计算机上的文件，而不必使用U盘来回复制文件。

注意：原版 Windows XP 的默认磁盘共享是打开的，不需要单独设置。但是互联网上流传的有些精简版、Ghost 版的 Windows XP 系统，已经被人为地关闭了默认共享。

1. 访问默认磁盘共享

访问默认磁盘共享的前提条件是目前使用的计算机(客户端)和被访问的计算机(服务器端)有一套相同的用户名和密码，而且现在用户正在用这个用户名登录客户端计算机。如果当前使用的用户名在被访问的计算机上没有，那么需要在被访问的计算机上创建这个用户名，并使用相同的密码。

访问默认磁盘共享的方式是在地址栏里输入"\\+被访问的计算机名或者 IP 地址+驱动器名+$"。例如输入\\hxmt5\D$或者\\192.168.0.5\d$，注意这里的$符号不能少，表示这是隐藏的默认共享。如图 15-12 所示的是成功访问之后的界面，窗口中列出了被访问计算机 D 盘上的所有目录。

图 15-12

知识拓展 关于默认共享

由于当前使用的用户名和密码与被访问计算机上的用户名和密码相同，因此在访问过程中不需要输入用户名和密码进行登录，所以使用非常方便，远程文件几乎可以和本地文件完全相同地使用。相比于 FTP 等文件共享方法，这一方法非常符合普通 Windows 用户的使用习惯。

使用隐藏的默认共享，要求该用户名在对方计算机上有管理员权限。目前 Windows XP 系统下除非特别限制，否则大多数用户都具有管理员权限，都可以正常使用；但是如果是 Windows Vista/2000/2003 等操作系统，则需要对操作系统进行一些设置，或者赋予用户适当的权限才能使用这一功能。

Windows 隐藏的默认共享具有的文件访问权限比较高，因此适合在安全的局域网络内使用。如果本地局域网络规模比较小，用户可控，而且与外部网络隔离比较好，那么可以考虑使用这一功能。但是对于规模很大、用户庞杂的局域网，这种共享方式具有相当高的危险性。尤其是当用户名和密码外泄，或者密码过于简单容易而被破解时，会给局域网内所有计算机带来毁灭性的灾难。所以启用默认共享要慎重，使用默认共享要适度。

2. 开启和关闭默认共享

如果局域网内网络环境不安全，或者用户计算机对保密性和安全性要求比较高，可以手工关闭默认共享，从而从根本上杜绝隐患。关闭方法如下。

① 选择“开始”→“运行”选项，输入 regedit，回车后，将启动注册表编辑器窗口，如图 15-13 所示。

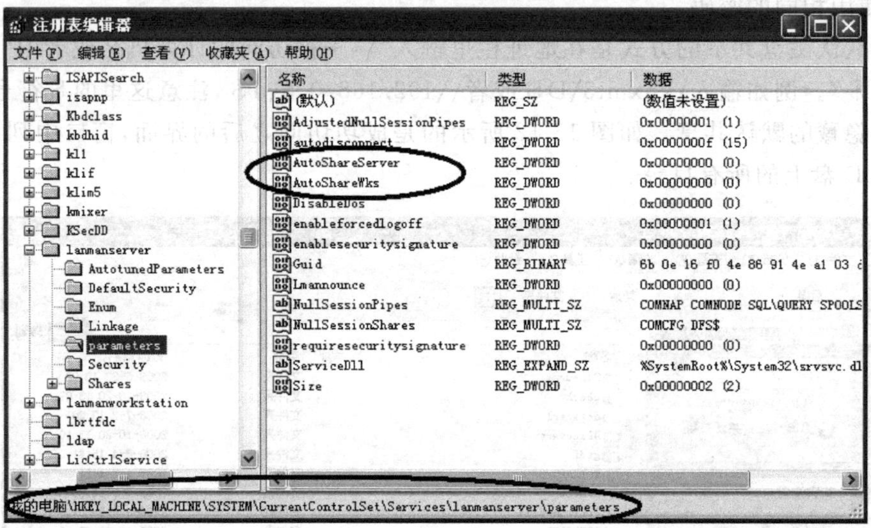

图 15-13

② 在“注册表编辑器”窗口中，查找注册表项：

HKEY_LOCAL_MACHINE \ SYSTEM \ CurrentControlSet \ Services \lanmanserver\ parameters

提示：注册表编辑器的使用方法和 Windows 资源管理器类似，窗口左侧是目录树，窗口右侧是当前目录下的内容。在注册表窗口左侧的树状结构中，依次选择上述路径，就可以逐级打开，找到指定数据项。

③ 在窗口左侧选中找到的注册表目录，在窗口右侧中查找 AutoShareServer、AutoShareWks 两个注册表项。如果存在，那么把它们的值改为 0；如果不存在，那么创建这两个项，并赋值为 0。

④ 修改完毕后，重新启动计算机，这样默认共享即被禁用。

如果需要打开默认共享，同样可以修改这两个注册表项，把它们的值改为 1 即可。

小知识 编辑注册表的方法

在注册表编辑器中，在窗口左侧中打开需要编辑的注册表目录。

➢ 修改注册表项：双击需要修改的项，然后在弹出的对话框中修改。

➢ 添加注册表项：在窗口右侧空白处右击打开右键菜单，选择"新建"选项，然后选择值的类型，例如本例中选择"Dword 值"。给新创建的项改好名字后，可以通过双击修改默认的取值。

3. 查看所有打开的共享

选择"开始"→"运行"选项，在文本框中输入 cmd，回车后打开命令执行窗口。

运行 net share，注意不要少了中间的空格。这个命令执行后将列出本机上提供的所有共享内容，包括自动隐藏的内容。

课堂练习

任务背景： 结合课堂学习的知识，练习设置和访问局域网内的共享资源。

任务目标： 在已经联网的几台计算机之间互相共享打印机，并通过共享相互传递文件。通过默认共享访问另外一台计算机的磁盘目录。

任务要求： 使用第 14 课组建的局域网完成共享设置、共享使用等实践任务。

任务指导： 建议由几名同学合作完成实践练习。要预先在每台计算机上设置一组相同的用户名和密码(每位同学使用不同的用户名)。每位同学只需要设置自己计算机中的共享资源，并成功访问其他计算机上的共享内容(包括默认共享驱动器)，就可以完成所有的实践科目。

练习评价

项　目	标准描述	评定分值	得分
基本要求 60 分	完成"简单文件共享"的开启	10	
	完成共享目录的设置，并被其他用户成功访问	15	
	设置共享打印机，并被其他用户成功使用(测试页)	10	
	成功访问局域网中所有其他计算机的匿名共享内容	10	
	成功访问局域网中其他计算机的默认共享目录	15	
拓展要求 40 分	练习开启和关闭默认磁盘共享	15	
	查看本机上的所有共享内容	10	
	安装 NetBIOS 协议	15	
主观评价		总分	

本课小结

本课在课堂讲解内容中，首先介绍了 Windows 下的匿名文件共享，包括共享的开启、访问等；其次介绍了打印机的共享和使用；最后还讨论了 Windows 下局域网中非常实用的默认磁盘共享的使用和管理。在实践环节，对这些课堂讲解的内容分别安排了练习。

课外阅读

1. Windows Vista/XP 局域网组网、共享完全攻略

http://os.yesky.com/windowsvista/412/3503912.shtml

2. 解决 Windows XP 网络邻居共享问题

http://it.sohu.com/2004/01/14/18/article218511846.shtml

3. Windows 中共享网络打印机的技巧

http://www.enet.com.cn/article/2005/0118/A20050118383338.shtml

课后思考

（1）默认共享对网络管理员和普通用户的访问权限设置是否一致？是否能够用默认共享修改对方计算机系统中的配置？

（2）如何利用 Windows 自带的程序完成对共享文件访问情况的监视？

第 16 课　使用局域网资源（二）

课堂讲解

知识要点： 本课介绍局域网内可控制访问权限的文件共享，设置共享文件夹的用户权限是本课的重点内容。

学习指导： 共享资源的权限设置实际上是 Windows NT 内核对文件权限管理的一部分功能。如果预先熟悉了 Windows XP 的磁盘文件访问权限的控制功能，那么掌握本课的内容就易如反掌。所以建议学员课前预习相关的内容。

学习要求： 掌握关闭“简单文件共享”的方法；熟练掌握设置用户共享权限的方法；熟练掌握访问带有权限的共享资源的方法。

16.1　设置共享资源的访问权限

案例 1

文件夹 temp，需要共享给 zhang 和 wang 两个用户使用。其中 zhang 用户可以修改文件夹的内容；而 wang 用户只能读取其中的内容，不允许他进行修改；其他用户不允许访问这些内容。

分析　对访问资源的权限管理需要用到 Windows XP 系统的权限管理机制，因此需要

关闭“简单文件共享”。关闭“简单文件共享”之后，已有的共享资源及其权限不会受到影响。

步骤1　关闭简单文件共享

如图16-1所示，在“资源管理器”窗口中选择“工具”→“文件夹选项”菜单选项，在弹出的“文件夹选项”对话框中选择“查看”选项卡，从中找到“使用简单文件共享”这一项，把前面的钩去掉，然后单击“确定”按钮退出。这样简单文件共享功能即被关闭，系统自动切换为带有权限设置的文件共享。

步骤2　打开共享设置对话框

右击需要共享的目录名，在弹出的菜单中选择“共享和安全”选项(图16-2)，然后在出现的共享设置对话框中选中“共享此文件夹”单选按钮(图16-3左图)。

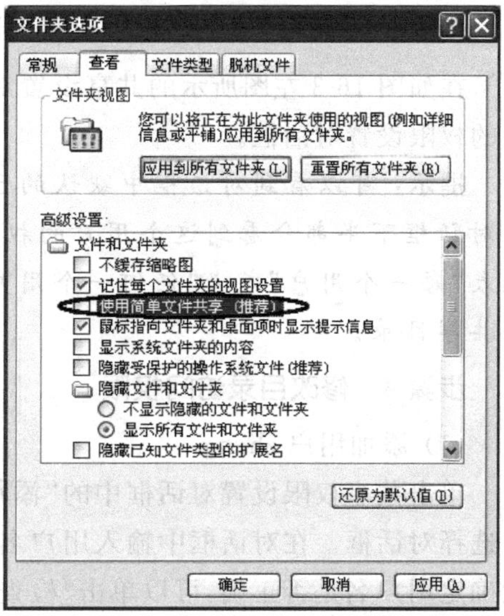

图　16-1

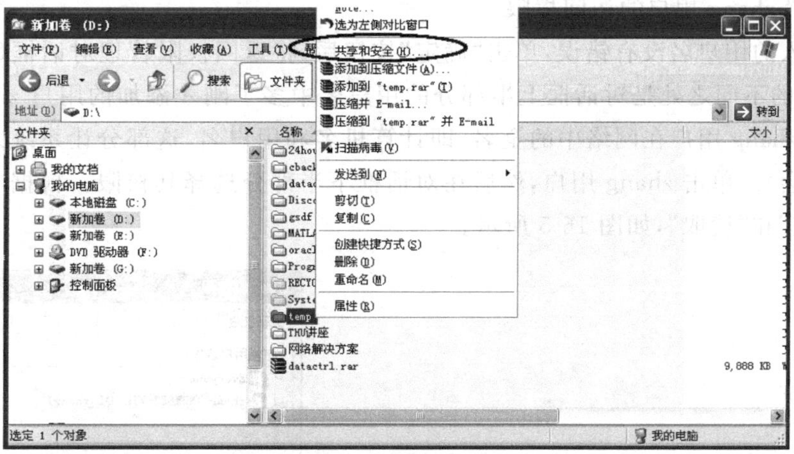

图　16-2

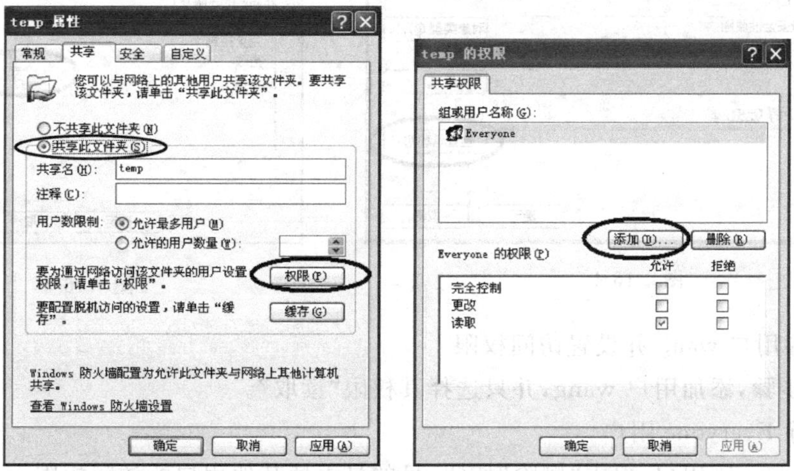

图　16-3

步骤 3　打开目录访问权限设置对话框

在如图 16-3 左图所示的共享设置对话框中单击“权限”按钮，将出现如图 16-3 右图所示的权限设置对话框。

提示：可以看到对话框中默认的已经有一个用户 Everyone，单击这个用户，就可以在对话框下半部分看到这个用户的权限为“允许读取”。Everyone 是一个特殊用户，它代表“每一个用户”或者“任何一个用户”，也就是说默认情况下所有用户都可以访问这个共享目录。

步骤 4　修改目录访问权限

(1) 添加用户 zhang

单击共享权限设置对话框中的“添加”按钮(图 16-3 右图)，将出现如图 16-4 所示的用户选择对话框。在对话框中输入用户名 zhang(假定系统中已经建立用户 zhang)。如果不能确定用户名是否正确，可以单击“检查名称”按钮；也可以省略这一步，直接单击“确定”按钮，让系统去检查。

(2) 配置 zhang 用户的访问权限

如果输入的用户名没有错误，单击“确定”按钮后，将返回权限管理对话框(图 16-5)，与图 16-3 右图的不同之处是对话框上半部分的用户名中多了刚才添加的用户 zhang(后面的一串字符是 zhang 用户在网络中的全名，即计算机名和用户名，这部分让系统来管理，我们可以不去理会)。单击 zhang 用户，然后在对话框下半部分选择其权限。根据本例需要，可以选择“更改”和“读取”，如图 16-5 所示。

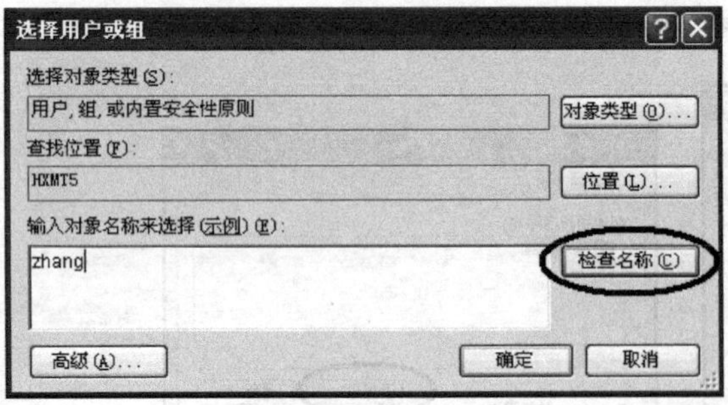

图　16-4

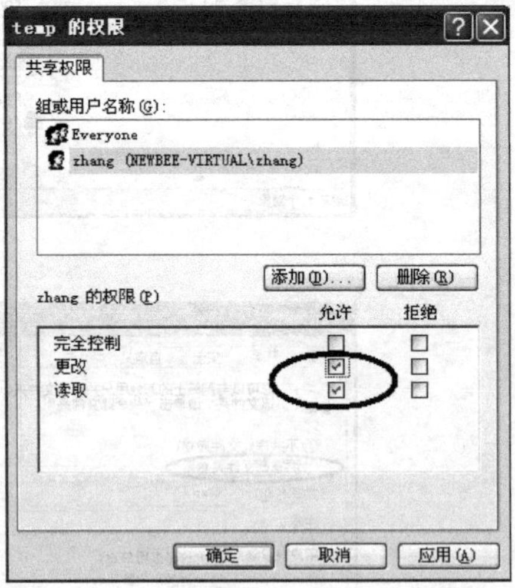

图　16-5

(3) 添加用户 wang 并设置访问权限

同样的步骤，添加用户 wang，并只选择其权限“读取”。

(4) 删除 Everyone 用户

选择 Everyone 用户，单击“删除”按钮，目的是去掉其他用户的访问权限。

16.2　访问有权限限制的共享资源

案例 2

已经有权限如案例 1 中设置的共享资源 temp，zhang 用户已经从另外一台计算机登录，他需要访问 temp 下的内容。

分析　我们已经设置 zhang 用户具有访问该共享目录的权限。因此 zhang 用户在“网上邻居”中按照第 15 课介绍的普通的访问网上邻居的方法，找到共享目录 temp，即可直接访问。Windows 会自动验明访问者 zhang 的身份，并检查权限设置，不需要做任何其他操作。

案例 3

已经有如案例 1 中设置的共享资源 temp，zhang 用户使用其他的用户名，例如，public 从另外一台计算机登录，他需要访问 temp 下的内容。

分析　这时被访问的计算机会认为这是未授权用户 public 在访问共享目录，因此这样的访问自然会遭到拒绝。这时 zhang 用户需要让被访问的计算机知道他就是用户 zhang，他有权限访问这个目录。

方法 1　如果被访问的计算机中没有其他共享资源，而且关闭了匿名访问权限，那么当用户访问到共享资源时，会出现如图 16-6 所示的登录对话框。输入 zhang 用户的用户名和密码，即可访问共享目录。

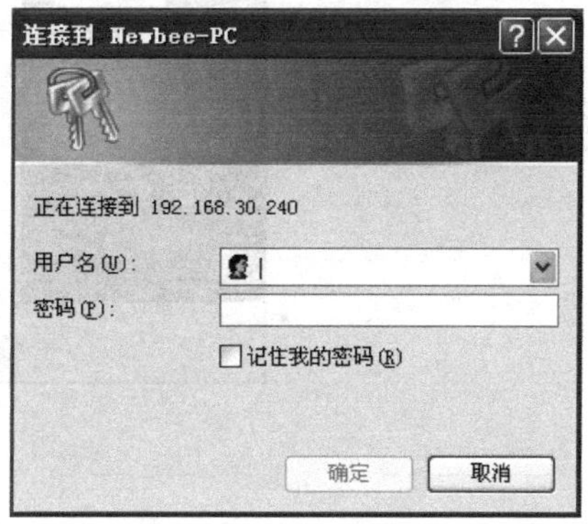

图　16-6

但是这种方法并不可靠，因为登录对话框是否会出现和被访问计算机的设置有关。在有的计算机上登录时对话框并不出现，取而代之的是拒绝访问的提示信息。

方法 2　利用 Windows 下把远程共享目录映射为本地驱动器的功能，在映射驱动器时设置用户名和密码。

① 在“网上邻居”窗口中找到共享目录，此时如果试图进入目录，会出现拒绝登录的信息。那么就需如图 16-7 所示那样，右击目录名，在菜单中选择“映射网络驱动器”选项。

② 接下来将出现如图 16-8 所示的对话框。在其中单击“使用其他用户名进行连接”超链接。

③ 在出现的对话框中，输入用户名 zhang 和密码，如图 16-9 所示。单击“确定”按钮后就可以在映射后的驱动器 Z:中读写远程目录中的文件。

这种方法通用性比较好，在不同版本的 Windows 操作系统下都可以使用。但是也会带来问题，那就是如果远程共享目录出现问题，删除这个映射就会比较困难；另外，重启计算机后映射仍然有效，这就带来了安全隐患。所以使用完后，应该及时断开映射的驱动器。

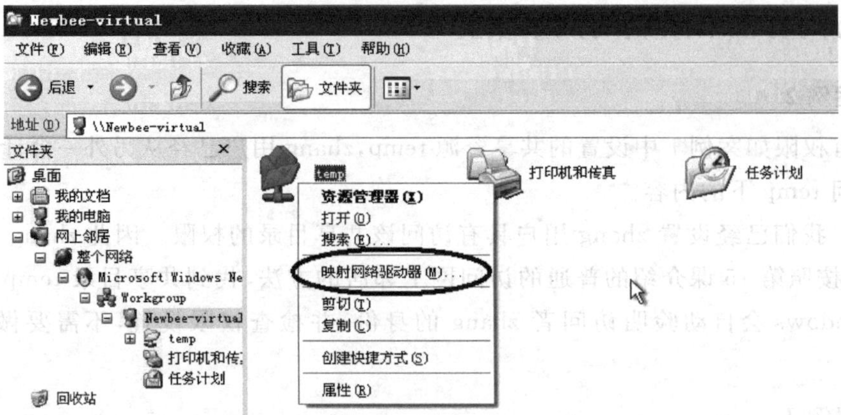

图 16-7

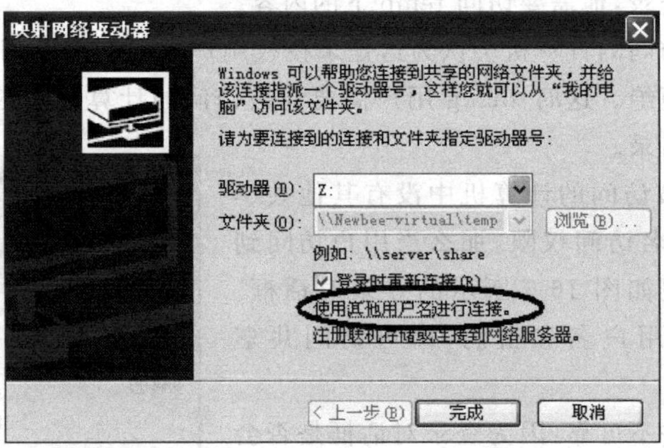

图 16-8

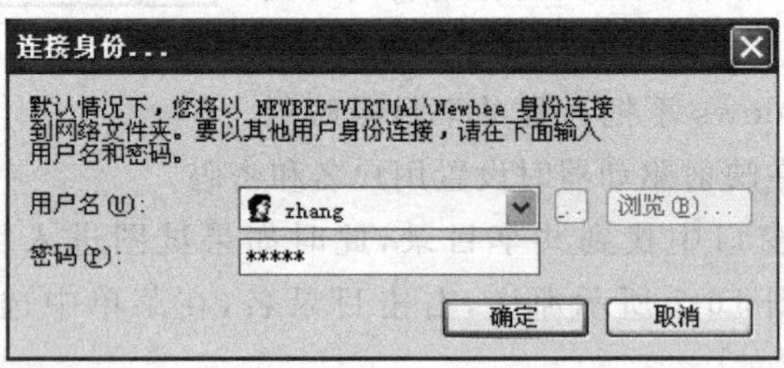

图 16-9

方法 3 这一方法使用了 Windows 操作系统中的一个命令行命令 net use。这个命令可以用来查看和管理系统中使用的远程共享连接。用到的命令语法有以下两个。

➢ net use 链接名/delete

➢ net use \\计算机名/user:用户名

使用前先打开命令行窗口。选择"开始"→"运行"选项，在"运行"对话框中输入 cmd，然后按回车键就可以打开命令行窗口。如果是 Windows Vista 系统，可以使用组合键"窗口键＋R"来打开运行对话框。

第一个命令用来删除一个已经存在的连接。即使是连接失败的连接,系统也会记录它的存在。而到同一台远程计算机,不允许建立两个相同的连接,所以要先删除原有的失败的连接。

第二个命令用来添加一个连接。"/user:"参数用来指定连接时使用的用户名,"\\"后面可以使用计算机名,也可以使用 IP 地址,后者的成功率更高一些。

这两个命令执行后的结果如下:

```
C:\>net use /delete *
您有以下的远程连接:
                                          \\192.168.30.253\temp
                                          \\192.168.30.253\IPC$
继续运行会取消连接。
是否继续此操作?<Y/N>[N]: y
命令成功完成。

C:\>net use \\192.168.30.235 /user:zhang
密码或用户名在 \192.168.30.235 无效。
输入'zhang'的密码来连接到'192.168.30.235':
命令成功完成。
```

第一个命令中,为了方便起见,这里用"*"来表示所有的连接,所以第一个命令删除了所有已经建立的远程共享连接。

第二个命令执行之后,会询问 zhang 用户在被访问计算机上的密码。

命令成功完成之后,再回到资源管理器中,单击被访问的目录,就可以顺利访问,而且是以用户 zhang 的权限访问的。

课堂练习

任务背景: 第 15 课介绍了简单的匿名共享资源的开启和访问。而实际使用过程中,往往还需要对访问者和访问权限进行管理。这就涉及更复杂的共享资源的管理和访问。练习中要求结合课堂学习的知识和案例的分析讲解,学习设置和访问局域网内带有权限的共享资源。

任务目标: 在已经联网的几台计算机之间通过共享相互传递文件。

任务要求: 使用第 14 课组建的局域网和第 15 课完成的共享设置、共享使用等实践任务,要求关闭"简单文件共享",而且设置不同用户对各项共享资源的不同访问权限。

任务指导: 建议由几名同学合作完成实践练习。要预先在每台计算机上设置一组相同的用户名和密码(每个学员使用不同的用户名)。每名学员只需要设置自己计算机中的共享资源和相应的权限(一般要求设置多项共享资源,并给不同用户不同的访问权限),并成功访问其他计算机上的共享内容,就可以完成所有的实践项目。

练习评价

项　目	标准描述	评定分值	得分
基本要求 60 分	关闭"简单文件共享"	10	
	完成共享目录的设置，用户 A 具有只读权限，设置后能够被用户 A 成功访问，而其他用户不能访问	20	
	完成共享目录的设置，用户 B 具有读写权限，设置后能够被用户 B 成功读写，而其他用户不能同时读写	20	
	成功访问局域网中所有其他计算机中本用户有权限访问的资源	10	
拓展要求 40 分	多人合作，集体完成多台计算机之间共享资源和相应权限的总示意图，图中标注每一个共享资源访问情况的测试结果	40	
主观评价		总分	

本课小结

本课课堂讲解内容中，结合多个实际案例介绍了 Windows 下文件共享的权限设置方法，包括共享的开启、授权和访问等环节的内容。在实践环节，对课堂讲解的内容分别安排了动手练习任务。

课外阅读

1. 在 Windows XP 中设置、查看、更改或删除文件和文件夹的特殊权限

http://support.microsoft.com/kb/308419/zh-cn

2. 授权 Windows 用户的共享文件权限

http://tech.163.com/06/0624/16/2KD7KT7100091VCV.html

3. 理解 Windows 文件和注册表权限

http://tech.ddvip.com/2008-12/122811158196438.html

课后思考

（1）是否可以对共享打印机设置访问权限？应如何操作？

（2）如果每一个用户都具有计算机管理员权限，那么就可以通过默认磁盘共享访问所有磁盘。这时设置访问权限是否还有意义？应该如何解决这一问题？

第 17 课 网络测试与故障诊断

课堂讲解

知识要点：本课针对局域网内经常出现的各种连接故障的诊断和处理办法进行介绍。常用网络命令功能及其用法是本课的重点内容。

学习指导：常用网络命令都在命令行窗口下执行，因此课前学生应该对 Windows 命令行窗口的用法有所了解。学习各种命令时，可以对照实际操作逐一练习，从而熟练掌握这些命令的常用方法和命令格式。

学习要求：熟练掌握常用网络命令的功能、用途和使用方法；掌握常见网络故障的诊断分析步骤和方法。

17.1 Windows 下的网络命令

Windows XP 操作系统提供了一些命令行状态下的网络命令，用于网络的诊断和操作。这些命令行命令继承了之前 Windows 系统网络命令的功能，又不断加入新的功能，而且还借鉴了其他操作系统的成功范例，因此使得命令行命令的使用变得非常复杂。鉴于此，本课只挑选了部分命令的常用功能来介绍。挑选的一个基本原则是：如果相同的功能在图形界面下已经有相应的工具，那么就不再介绍或者简要介绍；对于图形界面下无法实现或者较难实现的功能将详细介绍。

这一小节介绍的网络命令，都必须在命令行窗口下执行。启动命令行窗口的方法有以下几种。

- 在“开始”菜单中选择“运行”选项，然后在弹出的“运行”对话框中输入 cmd，按回车键后将打开命令行窗口。
- 使用“窗口键＋R”组合键打开“运行”对话框，然后运行 cmd。
- 在“开始”→“所有程序”→“附件”菜单中，选择“命令提示符”选项后打开命令行窗口。

提示：命令在命令行窗口下不区分大小写，因此 aAa 和 Aaa 是同一个命令。

1. ipconfig

ipconfig 的主要作用是显示当前计算机的 TCP/IP 配置信息，可以帮助用户检查网卡的配置情况。尤其对 DHCP(动态 IP 地址分配)的用户，使用这个命令可以查看分配得到的 IP 地址等信息。

(1) 命令使用方法

ipconfig 命令常见的可选用方法有以下几种。

- ipconfig：不使用任何参数，会显示 TCP/IP 配置的基本情况。这些基本内容都包含在/all 选项的输出结果中。

➢ ipconfig/all：显示所有的 TCP/IP 的细节信息。

➢ ipconfig/release 和/renew：在 DHCP 网络中，由动态分配得到的 IP 地址都有有效期限制。release 是指释放一个 IP 不再使用；renew 是更新一次动态分配的结果，从而延长使用期限。

(2) 命令执行结果

ipconfig 命令执行后的结果如下：

```
C:\>ipconfig/all

Windows IP Configuration

        Host Name............................: astro
        Primary Dns Suffix...................:
        Node Type............................: Unknown
        IP Routing Enabled...................: No
        WINS Proxy Enabled...................: Yes
        DNS Suffix Search List...............: domain

Ethernet adapter 本地连接:

        Media State..........................: Media disconnected
        Description..........................: Intel(R)PRO/100 VE Network Connection
        Physical Address.....................: 00-13-20-DB-BB-0A

Ethernet adapter 无线网络连接:

        Connection-specific DNS Suffix.......: domain
        Description..........................: TP-LINK 11G Wireless Adapter
        Physical Address.....................: 00-13-20-DA-B3-04
        DHCP Enabled.........................: Yes
        Autoconfiguration Enabled............: Yes
        IP Address...........................: 192.168.1.110
        Subnet Mask..........................: 255.255.255.0
        Default Gateway......................: 192.168.1.1
        DHCP Server..........................: 192.168.1.1
        DNS Servers..........................: 202.38.128.58
                                               192.168.1.1
        Lease Obtained.......................: 2007年3月29日 3:41:44
        Lease Expires........................: 2007年3月29日 5:41:44
```

(3) 命令解析

ipconfig/all 命令输出的结果可以分几个大段，首先是 Windows IP configuration，这一部分给出 Windows IP 网络的一些基本配置信息；其次是系统中每个网络连接(大多数情况下可以等效地认为是每个网卡)都分别有一段独立的内容，例如“Ethernet adapter 本地连接”、“Ethernet adapter 无线网络连接”等，分别对应一块网卡。对普通用户来说，比较有用的信息主要有以下几项。

- Host Name：本机的计算机名。
- Media State：在网络没有连接好时，这项会出现并显示 Media disconnected。
- Description：网络设备（网卡）的描述，说明这个设备的型号等内容。例如命令执行结果中的 TP-Link 11G Wireless Adapter 说明这个设备是 TP-Link 公司生产的无线网卡。
- Physical Address：网络设备的硬件地址（即 MAC 地址），全世界范围内每个网卡的 MAC 地址必然是唯一的。
- DHCP Enabled：是否使用动态分配 IP。
- IP Address：该网络设备当前使用的 IP 地址。
- Subnet Mask：子网掩码。
- Default Gateway：网关地址。
- DNS Servers：DNS（域名解析）服务器的网址。
- DHCP Server，Lease Obtained/Expires：和 IP 动态分配服务有关，分别是 DHCP 服务器的 IP 地址、上次获得 IP 的时间、IP 地址的有效时间。

(4) 样例分析

结合这些信息的解释，可以从命令执行结果中看到：

使用 TP-Link 无线网卡的"无线网络连接"成功连接，IP 地址为 192.168.1.110，网关为 192.168.1.1，DNS 服务器为 202.38.128.58，网卡的硬件地址（MAC）为 001320DAB304；使用 Intel Pro/100 VE 网卡的"本地连接"显示网线没有连接，所以只有 Description 和硬件地址两项内容。

2. ping

ping 命令是一个用来测试网络是否正常连通的命令。执行 ping 命令的计算机按照指定或者默认参数发出到对方主机的 ICMP（Internet 控制消息协议）数据包。数据包到达对方计算机后，对方计算机再在这个数据包中加入信息后传送回本机，从而获得网络连通与否的信息和一些网络的基本性能参数。包括 Windows 在内的大部分操作系统中都提供了这个命令，而且功能和使用方法也基本类似。

(1) 命令使用方法

ping 命令的基本格式为

```
ping<可选参数>目标 IP 地址或者域名
```

其中，可选参数可以没有，这时将使用默认参数。

常用的可选参数有"-t"参数。默认 ping 命令只执行 4 次，使用这个参数后，会一直执行，直到用户用 Ctrl+C 组合键中断为止。

(2) 命令执行结果

执行 ping 命令后，通常会显示如下几种输出结果：

```
C:\>ping www.baidu.com
                                   目标域名实际指向的主机名和 IP 地址
Pinging www.a.shifen.com [202.108.22.43] with 32 bytes of data:

Reply from 202.108.22.43: bytes=32 time=3ms TTL=50
Reply from 202.108.22.43: bytes=32 time=3ms TTL=50
Reply from 202.108.22.43: bytes=32 time=3ms TTL=50
Reply from 202.108.22.43: bytes=32 time=3ms TTL=50

Ping statistics for 202.108.22.43:
    Packets: Sent=4,Received=4,Lost=0 <0% loss>,
Approximate round trip times in milli-seconds:
    Minimum=3ms,Maximum=3ms,Average=3ms


C:\>ping 166.111.26.4

Pinging 166.111.26.4 with 32 bytes of data:
Request timed out.

C:\>ping 166.111.26.3

Pinging 166.111.26.3 with 32 bytes of data:

Destination host unreachable.
```

（3）命令解析

输出结果的第一行，提示正在进行 ping 操作，显示了目标 IP 地址和已经发送的数据包的长度。如果在命令参数中输入的是域名，而且 DNS 功能工作正常，ping 命令将首先把域名转换成 IP 地址。

如果网络连接正常，从第二行开始连续多行（默认为四行）输出格式类似的文字"Reply from xxx. xxx. xxx. xxx：bytes＝32 time＝xms TTL＝xx"，它的含义是："收到从 IP 地址 xxx. xxx. xxx. xxx 返回的数据包，数据包的信息是……"。后面的信息一般有三项：bytes 是返回的数据包的大小；time 是数据包传输所需的时间，一般都是若干毫秒；TTL 值代表了 ping 命令发出的数据包的生命周期，数据包在网络上传播时，每经过一个路由器转发这个值就减 1，减到 0 时数据包就被丢掉。

在正常返回结果的后半部分，给出了这一次 ping 执行过程中的一些统计信息，主要有"发出的数据包数（Sent）"、"接收到的数据包数（Received）"、"丢失的数据包数（Lost）"、"丢包率（Loss）"、"传输过程中消耗的最小时间（Minimum）、最大时间（Maximum）、平均时间（Average）"。

通常网络的连接状态用丢包率来衡量。正常情况下，局域网内计算机之间丢包率应该在 0.01％以下，互联网计算机之间应该在 1％以下。丢包率超过一定数量，说明网络硬件出现问题，会影响网络访问。

实际使用中如果 ping 的目标地址和用户的计算机无法正常连接，将会有以下两种返回结果。

➢ Destination host unreachable，说明目标地址与用户计算机和本地交换机都无法连通，可能是本机没有联网、网线出现问题等故障引起的。

- Request timed out 一般来说本地的局域网是连通的，可能是对方没有开机、防火墙屏蔽或者到对方计算机的网络路由中断了，因此发出的数据包在约定时间内没有返回。也可能是对方的计算机出于安全考虑，关闭了对 ICMP 信息的反馈，大多数防火墙都可以这样设置。

(4) 样例分析

在 ping 命令执行的例子中，首先尝试了 ping 百度的网址，在第一行得到命令中输入的域名 www.baidu.com 对应的 IP 地址为 202.108.22.43；其次从 4 次发送数据包的结果来看，收到了从对方计算机返回的信息，中途所需要的时间在 3ms 左右；从最后的统计信息看，累计发出 4 个包，全部收到回应，丢包率为 0。

接下来又 ping 了两个 IP 地址，对 166.111.26.4 这个 IP 地址，返回结果是连接超时，可能是对方计算机没有开机或者没有响应；对 166.111.26.3 这个 IP 地址的 ping 操作返回结果的含义是无法建立到对方计算机的链路，可能是网线没有插好或者网络中断。

3. tracert

在 IP 网络中，从某一台计算机出发，数据包需要经历多个网关的依次转发，才能到达网络上的另一台计算机。有时用户需要知道自己发出的数据包是通过怎样的途径传递给对方，从而为排除网络故障、提高网络性能提供基本的信息。因此 Windows 系统提供了一个察看数据包传输路径的命令：tracert。

(1) 命令使用方法

tracert 的命令格式和 ping 命令很相似。

```
tracert <可选参数>IP 地址或者域名
```

常用可选参数有"-d"参数，设定这个参数后，所有的网址都用 IP 地址显示，而不是转换成域名。这样可以加快 tracert 执行的速度。

(2) 命令执行结果

该命令执行后，会显示如下信息：

```
D:\>tracert www.baidu.com

Tracing route to www.a.shifen.com [202.108.22.5]
over a maximum of 30 hops:

  1     2ms     2ms     2ms
  2     2ms     2ms     2ms
  3     3ms     2ms     2ms  th003069.ip.tsinghua.edu.cn [59.66.3.69]
  4     3ms     2ms     3ms  th002025.ip.tsinghua.edu.cn [59.66.2.25]
  5     3ms     4ms     3ms  qhu0.cernet.net [202.112.38.69]
  6     3ms     3ms     3ms  202.112.53.178
  7     3ms     2ms     2ms  202.38.123.18
  8     3ms     3ms     3ms  202.38.123.10
  9    27ms    27ms    27ms  219.158.28.73
 10    33ms    33ms    33ms  202.96.12.153
 11    27ms    27ms    27ms  202.96.12.154
```

```
12    26ms    24ms    28ms  202.106.193.162
13    28ms    27ms    28ms  61.148.3.34
14    28ms    28ms    27ms  202.106.43.66
15    27ms    27ms    27ms  xd-22-5-a8.bta.net.cn [202.108.22.5]
Trace complete.
```

(3) 命令解析

从这些信息中我们可以看到，返回的结果以一个表格的形式提供给用户。这个表格有固定的五列内容，但是行数与连接的具体情况有关。每一行数据代表数据传输路径中的一个节点，也就是一个网关或者一个路由器的连接情况。第一列数据是从1开始的序列号；中间三列给出了从本机到该节点之间的网络传输时间（三次传输的时间）；最后一列是该网关或者路由器的IP地址和域名（如果无法从IP地址获得域名信息，将只列出IP地址）。一般来说，传输时延越短代表网络传输速度越快。如果到某个节点的时延突然比前一个节点增加很多，那么就说明这两个节点之间的网络传输有问题，可能是带宽不足或者网络拥塞，这里成为网络传输中的瓶颈。

使用tracert的另一种可能遇到的结果是显示连接超时（Request timed out）。出现超时有两种情况，一种情况是只在中间某个节点出现超时的情况，这有可能是该节点的设置问题，不是所有的路由器在工作时都会返回tracert需要的数据信息；另一种情况是从某个路由器之后，后面都显示超时，这有可能是到目的地的网络连接在这里中断，无法继续连接，也可能是这个路由器后面的防火墙自动屏蔽了tracert命令工作所需要的ICMP数据包。另外，如果对方是Windows操作系统，在tracert命令的最后一步也可能出现超时的情况。

tracert命令显示的每一个节点俗称为“一跳”，连接过程中经过几个节点，就称为经过几跳。

(4) 样例分析

在这个例子中，从本机到百度首页的服务器之间的数据包途经15个节点，经历了15次转发（经历15跳），与目的机IP的平均时延为27ms。在tracert显示的信息中，第一行应该是计算机所在的局域网的网关地址，最后一行应该是连接的目的地址。

4. nslookup

nslookup中的ns是name server的意思，顾名思义，这是一个用来在域名服务器上查询信息的工具。

通常连接网络可以使用域名或者IP地址，正常工作的网络软件会自动到DNS服务器上把域名转换为IP地址。如果我们想要根据某个域名查询它对应的IP地址，或者知道某个IP想要查询对应的域名，那么就需要使用nslookup命令到DNS服务器上去查询。

(1) 命令使用方法

nslookup既可以使用参数式的运行方式，也支持交互式的命令方式。在参数模式下，在命令后加上要查询的内容，可以查询IP地址或者域名。在交互式方式下，直接运行nslookup，即可进入交互状态。

(2) 命令执行结果

nslookup使用的一个样例如下：

```
C:\>nslookup www.baidu.com
Server: dns.ihep.ac.cn
Address: 202.38.128.58

Non-authoritative answer:
Name: www.a.shifen.com
Addresses: 202.108.22.43,202.108.22.5
Aliases: www.baidu.com

C:\WINDOWS>ns lookup 166.111.8.238
Server: dns.ihep.ac.cn
Address: 202.38.128.58

Name: bbs.tsinghua.edu.cn
Address: 166.111.8.238

C:\>nslookup
Default Server: dns.ihep.ac.cn
Address: 202.38.128.58

>_
```

交互状态下，执行完命令后光标停留在命令提示符“>”后面。输入要查询的域名或者IP地址，显示的查询结果与参数状态下的结果相同。查询完后，自动回到提示符状态，等待下一个查询。

(3) 命令解析

在命令返回的结果中，需要知道以下几个内容。

- Server：查询使用的 DNS 服务器域名
- Address：IP 地址
- Name：域名

(4) 样例分析

在上例中，第一个例子用参数模式查询域名 www.baidu.com，返回结果中首先告知查询所使用的 DNS 服务器的 IP 地址为 202.38.128.58，接下来告知查询的域名对应的 IP 地址为 202.108.22.43 和 202.108.22.5。一般情况下，一个域名对应一个 IP 地址，只有少数大型网站，一个域名才会对应多个 IP 地址，连接时对方服务器自行分配。

当使用 IP 地址 166.111.8.238 进行查询时，返回结果仍然首先是 DNS 服务器信息，然后是查询结果，对应这个 IP 地址的域名为 bbs.tsinghua.edu.cn。

在交互模式下，运行命令后进入命令提示符状态，等待用户输入查询内容。

5. arp

arp 协议是在一个局域网内用于完成 IP 地址和 MAC 地址之间映射的协议。在 Internet 上，路由器之间是通过 IP 地址来查询对方的计算机；而一旦到了局域网内部，不同计算机之间就需要使用 MAC 地址这一唯一标识，才能方便交换机分发不同目标计算机的数据包。

Windows XP 提供了 arp 命令，这个命令用于查询和更新本机保存的 arp 缓存。在 arp 缓存中，保存了和本机进行通信的局域网内其他计算机的 MAC 地址和 IP 地址的对应关系。可以通过 arp 命令查询这些数据，并能设定和删除静态的对应关系。

1）命令使用方法

arp 命令有以下三个常用的用法。

（1）arp -a 或者 arp -g

用来查询本机的 arp 缓存，这两个参数完全等价。如果命令后面不加其他内容，就列出缓存中的所有内容。如果后面加上 IP 地址，则只查询这个 IP 对应的 MAC 地址。如果缓存中有这条记录，则显示如下的查询结果：

```
C:\>arp -a 192.168.1.1

Interface: 192.168.1.110 --- 0x90003
  Internet Address        Physical Address        Type
  192.168.1.1             00-14-78-a4-c8-92       dynamic
```

其中，如果计算机中有多个网卡，Interface 代表这个 MAC 地址通信对应的那块网卡。Internet Address 和 Physical Address 分别代表 IP 地址和 MAC 地址，Type 表示这条缓存记录的类型，是动态获取（Dynamic）还是静态设定的（Static）。如果显示 No ARP Entries Found，这可能是对方计算机没有开机，也可能是本地缓存中没有记录，可以尝试 ping 这个 IP 地址之后再次查询。

（2）arp -s IP 地址　MAC 地址

用来静态指定一条 arp 记录。通常，arp 缓存中的内容是计算机在和某个 IP 地址通信过程中，通过本机主动查询或者对方主动发送的方式记录下来的。但是有时为了应对 arp 病毒（这是一种利用 arp 协议阻断网络通信的病毒，它的原理是发送错误的 arp 数据，导致计算机无法获得 IP 地址真实的 MAC 地址，无法建立通信），可以静态指定某些 IP 地址（尤其是网关）对应的 MAC 地址，从而保证网络畅通。在执行 arp -s 之后 arp 缓存的变化如下：

```
C:\>arp -s 192.1.1.1 00-14-78-a4-c8-93

C:\>arp -a

Interface: 192.168.1.110 --- 0x90003
  Internet Address       Physical Address       Type
  192.168.1.1            00-14-78-a4-c8-92      dynamic

Interface: 0.0.0.0 --- 0xa0002
  Internet Address       Physical Address       Type
  192.1.1.1              00-14-78-a4-c8-93      static
```

（3）arp -d IP 地址

用来删除 arp 缓存中的一条记录，被删除的可以是动态记录或是静态记录。IP 地址也可以用“＊”代替，这时将删除所有的 arp 缓存。

2）命令解析

arp 命令有两个主要的用途，其一是查询局域网内其他计算机的 MAC 地址，其二是对付 arp 病毒的欺骗。在局域网内，感染了 arp 病毒的计算机，经常发送假冒的 arp 数据包，造成局域网内所有计算机 arp 缓存中的数据错误，从而达到破坏网络正常连接的目的。对付 arp 病毒，通常需要先清除错误的数据，然后把网关的真实 MAC 地址和对应的 IP 绑定（即设定 arp 静态记录），保证进出网关的数据工作正常，最后才能进行各种补救措施。而对付 arp 病毒恰是 arp 命令的长处。

6. route

route 命令用来配置和显示本机的路由。每当一个数据包发送前，通过检索路由表，网络设备才能确定把数据包转发到哪里去。本地计算机的路由表，确定了如果计算机访问网络，应该通过什么途径把数据包发送出去。

(1) 命令使用方法

route 命令必须加参数才能被执行。通常 route 需要和子命令一起使用，必要时还要加入其他参数。本书只介绍 print 子命令，该命令用来显示本机的路由表。

route print 后面不加参数会列出完整的路由表，也可以加参数限制列出的内容，例如，route print 192＊就只显示符合条件的路由表内容。

(2) 命令执行结果

对联网的计算机来说，路由表的查看和修改是一项非常重要而且有用的操作，因此下面将详细分析 route print 命令执行后得到的结果。

```
C:\WINDOWS>route print
===========================================================================
Interface List
0x1........................MS TCP Loopback interface
0x2...00 13 20 db 30 80 ......Intel<R>PRO/100 VE Network Connection
===========================================================================
===========================================================================
Active Routes:
Network Destination        Netmask          Gateway       Interface  Metric
          0.0.0.0          0.0.0.0     192.168.21.2  192.168.21.231  20
        127.0.0.0        255.0.0.0        127.0.0.1       127.0.0.1  1
     192.168.21.0    255.255.255.0   192.168.21.231  192.168.21.231  20
   192.168.21.231  255.255.255.255        127.0.0.1       127.0.0.1  20
   192.168.21.255  255.255.255.255   192.168.21.231  192.168.21.231  20
        224.0.0.0        240.0.0.0   192.168.21.231  192.168.21.231  20
  255.255.255.255  255.255.255.255   192.168.21.231  192.168.21.231  1
Default Gateway:       192.168.21.1
===========================================================================
Persistent Routes:
  None
```

(3) 命令解析

如上例，输出结果包括三部分：上部分 Interface List 列出了本机的所有网卡接口(Interface)，可以简单理解为所有网卡的列表；中间部分是活动的路由(Active Routes)列表，显示正在使用的路由表内容；下部分是存在的永久静态路由(Persistent Routes)。静态路由和活动路由除了前者关机不丢失之外，在计算机中的其他作用相同。

静态路由和活动路由通常由5列数据组成，依次是目标地址(Network Destination)、掩码(Netmask)、网关(Gateway)、网卡接口(Interface)和路由长度(Metric)。每一行内容是路由表中的一条记录，给出目的地在一定范围(通过目标地址和掩码确定)的数据包通过哪个网卡，从哪个网关走出计算机。Metric 记录这个数据包通过多少次路由转发才能到达目的地。所以如果有相互冲突的路由，系统会优先选择路径短，也就是 Metric 小的途径。

(4) 样例分析

Interface 部分没有什么特殊，给出了网卡的描述信息。例如编号为 0x1 的网卡，注明是本机环回接口，也就是 127.0.0.1 对应的界面；0x2 表明是 Intel Pro 网卡，还给出了网卡的 MAC 地址、网卡端口属性等内容。

首先看 Active Routes 的第二行，目标网络是 127.0.0.0/255.0.0.0，包含了所有以 127 开头的 IP 地址。127 开头的 IP 地址用于计算机本机，所以这条路由的意思是所有发给计算机本机的数据包，都送到 127.0.0.1 这个 IP 地址上去。这个 IP 代表网卡的环路回送地址，可以看做是本机的内部 IP 地址。

第三行 192.168.21.0/255.255.255.0 代表本机所在的子网，子网的范围从网卡的 IP 地址信息和子网掩码信息中获得。这一行的意思是发往 192.168.21.1～192.168.21.254 这些 IP 地址的数据包，都通过 192.168.21.231 这个 IP 地址发送出去。192.168.21.231 这个 IP 地址是本机的 IP 地址，可以视为本机对外的地址。所有发往子网内的数据包，都使用 192.168.21.231 这个 IP 地址，通过使用这个 IP 的网卡接口直接发送出去，不需要再通过其他网关转发。

第四行 192.168.21.231/255.255.255.255 代表本机的外部 IP 地址，所有发往本机 0x2 网卡接口，目的 IP 为 192.168.21.231 的数据包，都送到 127.0.0.1 这个端口上去。有的读者一定感到奇怪，在第二行不是已经包括发往本机的数据包了吗，为什么还要单独加这一行呢。这个问题可以通过下面的例子理解。例如某个单位，内部电话网有若干部电话，电话号码都是 127xxx，对外有一个电话，号码是 19216801，所有打进打出的电话都需要通过这个外线电话号码。于是就有这样的电话转接策略：所有从内部打往 127xxx 的电话，是单位内部的通话，不需要通过外线号码，可以直接在内部转接；所有从内部打往 19216801 的号码，实际上也是打给本单位的电话，所以也要直接在单位内部转接，而不需要让它连接到电话局之后再转回来。

第五行 192.168.21.255/255.255.255.255 代表子网内的广播地址，主要用于子网内各种网络相关的通信控制。

第六行 224.0.0.0/240.0.0.0 是组播地址，这类地址有特殊的处理办法，不需要通过网关处理，所以可以直接发往本机的外部 IP 地址。

第七行 255.255.255.255/255.255.255.255 是整个网络范围内的广播地址，主要用于 IP 路由的寻址工作。

最后一行是默认网关(Default Gateway),这一行和第一行的作用是等价的。第一行0.0.0.0/0.0.0.0可以视为代表了所有的IP地址。也就是说,一个IP地址如果不符合其他的各种条件,就可以用这个默认网关192.168.21.1往外发送。

上面这些内容是每台计算机网络启动后必备的内容。不同计算机的区别只是子网的范围和本机的对外IP地址(不是127开头的IP地址)不同,以及子网的网关不同。

使用route add可以往路由表中增加新的设置。如果加上-p参数,将在静态路由表(Persistent Routes)中添加内容,否则静态路由表是空的。静态路由表中的内容除非手工删除,否则不会受到开机、重启计算机的影响。对于单网卡,单一上网方式的计算机,一般没有必要专门设置路由。但是如果计算机配置了双网卡,或者多种上网方式并用,就需要使用路由表来控制计算机数据流的走向。

17.2　网络故障诊断

1. 故障一

计算机无法连接网络,表现为所有网络应用程序都不能工作。

(1) 分析

在这种情况下,需要综合使用17.1节介绍的网络命令,对网络故障进行诊断。总的来说,先判断网卡状态和设置信息是否正确,后使用ping命令查看连接状态是否正常,如果不正常则使用tracert命令判断中断位置。判断动态分配地址和域名解析是否正常也很关键。在网络故障诊断过程中,本机地址(包括本机使用的IP地址和127.0.0.1两个地址)、网关地址、DNS地址是关键点。

(2) 诊断流程

图17-1所示的是通常情况下网络常见故障的诊断树,当网络故障发生时可以参考图中的流程,对故障进行诊断。诊断故障前,应该关闭本机防火墙,排除因为防火墙的屏蔽造成的故障。另外,考虑重启计算机后是否会正常,排除长时间使用计算机造成的硬件驱动异常的故障。如果执行这两步后网络故障仍然存在,则可以开始诊断过程。

下面将对图中各步骤进行说明。

- 步骤A:在ipconfig输出的结果中,每个网卡对应一段描述信息。查看用来联网的那块网卡的信息,检查这一段信息是否存在,如果存在,跳到步骤B;如果不存在,跳到步骤W。
- 步骤B:在该网卡的信息中,查看Media state这一项内容,如果显示为Media disconnected,那么可能和网线或者交换机有关,跳到步骤M;否则跳到步骤C。
- 步骤C:查看DHCP Enable项的内容,如果是Yes,跳到步骤D;如果是No,跳到步骤T。
- 步骤D:查看计算机IP地址是否正常。如果是169开头的IP地址,说明DHCP没有正常分配到IP地址,跳到步骤Y;如果是正常的IP地址,跳到步骤E。
- 步骤E:使用ipconfig/renew命令,然后再次用ipconfig命令查看IP地址。如果结果和上次相同,跳到步骤F;如果命令很长时间没有反应,或者结果变成了169开头的IP地址,那么跳到Y。

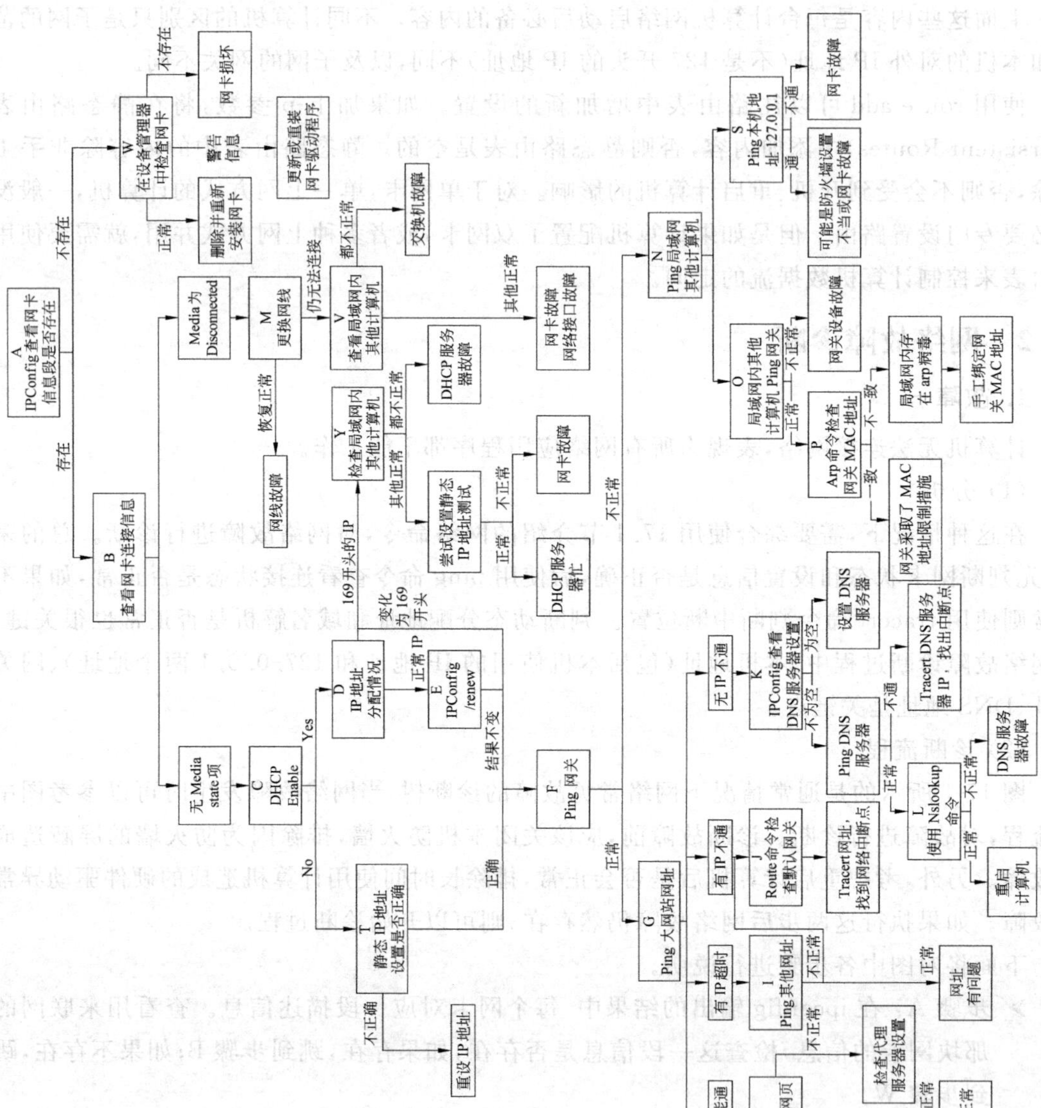
A
IPConfig查看网卡信息段是否存在
存在
不存在
B
查看网卡连接信息
W
在设备管理器中检查网卡
正常
警告信息
不存在
删除并重新安装网卡
更新或重装网卡驱动程序
网卡损坏
Media为Disconnected
M
更换网线
恢复正常
网线故障
仍无法连接
V
查看局域网内其他计算机
都不正常
交换机故障
其他正常
网卡故障
网络接口故障
无Media state项
C
DHCP Enable
Yes
No
D
IP地址分配情况
169开头的IP
Y
检查局域网内其他计算机
都不正常
DHCP服务器故障
其他正常
尝试设置静态IP地址测试
正常
不正常
DHCP服务器忙
网卡故障
正常IP
E
IPConfig /renew
变化为169开头
结果不变
F
Ping网关
T
静态IP地址设置是否正确
正确
不正确
重设IP地址
正常
不正常
N
Ping局域网其他计算机
S
Ping本机地址127.0.0.1
通
不通
网卡故障
可能是防火墙设置不当或网卡故障
O
局域网内其他计算机Ping网关
正常
不正常
网关设备故障
P
Arp命令检查网关MAC地址
一致
不一致
网关采取了MAC地址限制措施
局域网内存在arp病毒
手工绑定网关MAC地址
G
Ping大网站网址
有IP能通
有IP超时
有IP不通
无IP不通
H
IE浏览网页
正常
不正常
网络正常
检查代理服务器设置
网址有问题
I
Ping其他网址
J
Route命令检查默认网关
Tracert网址，找到网络中断点
K
IPConfig查看DNS服务器设置
为空
不为空
设置DNS服务器
Ping DNS服务器
不通
Tracert DNS服务器IP找出中断点
L
使用Nslookup命令
重启计算机
DNS服务器故障

图 17-1

➢ 步骤 F：使用 ping 命令，连接用 ipconfig 命令查看得到的网关地址。如果显示为正常返回信息，那么跳到步骤 G；如果显示 Request time out，跳到步骤 N。

➢ 步骤 G：使用 ping 命令尝试连接 www.baidu.com 或者其他大型门户网站，如果 ping 命令执行后，第一行内容显示了对方的 IP 地址，而且其余返回结果正常，那么跳到步骤 H；如果第一行能够显示出 IP 地址，但是结果是 Request time out，跳到步骤 I；如果第一行显示出 IP 地址，但是结果是 Destination host unreachable，跳到步骤 J；如果长时间没有反应，而且第一行内容中 IP 地址不能正常显示，跳到步骤 K。

➢ 步骤 H：打开 IE 浏览器，浏览 www.baidu.com 或者步骤 G 中 ping 过的网站，如果能够正常使用，那么网络没有问题；如果不能浏览，则应该查看 IE 浏览器的代理服务器设置项（在"工具"→"Internet 选项"选项中），看看是不是设置了代理服务器。取消代理服务器后，应该可以正常连接。如果取消代理服务器还不能正常连接，可以尝试重新启动计算机。

➢ 步骤 I：换几个网址使用 ping 命令，如果恢复正常，可能是该网址有问题；如果仍然重复错误 Request time out，那么跳到步骤 J。

➢ 步骤 J：首先使用 route print 命令检查默认路由是否和网关地址一致，如果不一致，一般重启计算机之后就可以解决。如果一致，则继续使用 tracert 命令连接步骤 G 中的网址，然后查看结果，第一行应该显示网关地址，查看从第二行开始的返回信息，直到出现 Request time out 为止。如果出现超时的这一跳的地址超过本地网络的范围，那么应该是网络运营商之间的连接出现了问题，应该和运营商协商解决。如果在本地网络的范围内，应该协助网管一同查找故障原因。如果从第二行开始就出现超时信息（也就是除了网关，其他跳都不能连接），则可能是本地网关对连接做了限制，例如，有些局域网实行 IP 地址和网卡 MAC 地址绑定的政策，这样未经网管注册的计算机都无法走出网关。

➢ 步骤 K：在 ipconfig /all 结果中查看 DNS 服务器地址，如果显示为空白，则是 DNS 服务器没有设置。如果已经设置，那么记录这个地址，然后 ping 这个 IP 地址。如果返回结果正常，那么跳到步骤 L。否则，应该是到 DNS 服务器的连接出现问题，tracert 这个 IP 地址，查看是哪一个环节出现了问题。一般 DNS 服务器都选择使用本地网络的服务器，因此网络故障应该发生在本地网络。选择邻近的其他计算机，如果这些计算机也不能 ping 通 DNS 服务器，那么显然是网络出现了问题。否则应该查找本机的原因，例如，重启计算机、尝试关闭防火墙，或者换用备用 DNS 服务器。

➢ 步骤 L：使用 nslookup 命令，转换几个常用的域名，看看 DNS 服务器是否工作正常。如果 nslookup 命令也无法正常工作，那么可能是 DNS 服务器发生故障。可以重启计算机试试，如果故障依旧，应该联系 DNS 服务器管理员。

➢ 步骤 M：更换一根网线，查看网络是否恢复正常。如果条件许可，用测线器检查网线是否正常。如果换上好网线之后仍然无法正常连接，那么跳到步骤 V。

➢ 步骤 N：ping 局域网内其他计算机。首先应该保证被 ping 的计算机返回信息是正常的，这一点可以通过局域网内其他网络正常的计算机得以验证。如果能够 ping 通局域网内的其他计算机，说明局域网连接是正常的，无法通过网关可能和 arp 病毒或者局域网管理策略有关，跳到步骤 O；如果不能 ping 通局域网内其他计算机，说明局域网连接不正常,跳到步骤 S。

- 步骤 O:通过局域网内其他计算机 ping 网关地址,如果正常跳到 P;否则说明网关出现了故障。
- 步骤 P:在本机和局域网内其他计算机上同时使用 arp 命令查看网关对应的 MAC 地址,如果两者一致,可能是网关对这台计算机进行了限制,或者局域网采用了 MAC 地址绑定的策略,这台计算机没有在网管处注册,因此不能连接到网关。如果两者不一致,则可能是 arp 病毒所致,可以使用 arp 命令设置正确的网关 MAC 地址。
- 步骤 S:ping 计算机本地环回 IP 地址 127.0.0.1,如果不能 ping 通,说明网卡已经不能正常工作。如果可以 ping 通,那么应该再次检查软件防火墙的设置。排除防火墙原因之后,可能是网卡硬件故障。
- 步骤 T:从 ipconfig 输出的结果中检查静态 IP 地址是否已经设置,设置是否正确,尤其是网关地址和子网掩码是否正确。如果正确,跳到步骤 F;否则就应该重新设置网络参数。
- 步骤 V:查看局域网内其他计算机,如果都中断连接,说明可能是交换机出现故障;如果其他计算机连接正常,就可能是本机使用的网络接线盒或者对应的交换机端口出现故障。
- 步骤 W:在设备管理器中查看网卡硬件,如果显示状态正常,那么可以尝试删除该硬件,然后重启之后重新安装;如果出现黄色感叹号或者问号警告信息,可以尝试更新或者重新安装网卡驱动程序;如果设备管理器中找不到网卡设备,应该检查网卡是否安装好。如果安装没有问题,那么可能是网卡已经被严重损坏。
- 步骤 Y:检查局域网内其他计算机能否正常分配到 IP 地址,如果其他计算机运行 ipconfig/renew 之后不正常,那么可能是 DHCP 服务器发生问题。否则尝试指定 IP 地址,按照从 F 开始的步骤进行测试,指定 IP 地址的参数取值可以参考局域网内其他正常使用的计算机。如果指定 IP 地址后连接正常,可以断定是 DHCP 服务器的问题,或是 DHCP 服务器太忙,或者 IP 地址已经被分配完,没有剩余 IP;如果连接仍然不正常,可能是网卡的故障。

2. 故障二

某个网络程序不能正常使用,但是其他软件能够访问网络。

(1) 分析

诊断顺序一般是先考虑软件设置问题,再考虑防火墙和网络环境,排除了远程访问服务器故障之后,最后检查软件工作状态。

(2) 诊断

造成这种故障的原因主要有以下几种。

- 不能上网的软件设置了代理服务器。这种情况以 IE 和 QQ 居多。免费使用的代理服务器一般不太稳定,过几天就失效的情况很常见。一旦失效,就会造成这些软件无法连接,而用户又往往由于疏忽忘记在使用完代理服务器后及时将其清除。
- 不能上网的软件被防火墙屏蔽。一般防火墙在第一次发现某个程序试图访问网络时,会主动要求用户作出判断。一旦误判,就会造成该软件此后无法连接网络。确诊的方法是临时关闭防火墙软件(包括系统自带的防火墙),如果故障消失,则可以确定是防火墙的问题。

- DNS服务器设置错误,或者DNS服务器停止工作。大多数软件需要使用域名解析功能。如果域名解析服务无法使用,就会造成这部分软件不能使用,而个别通过IP地址访问的软件却可以工作,因此给用户的错觉是部分软件不能上网。确诊的方法是使用nslookup命令,检查DNS功能是否正常。
- IE快照功能造成的错觉。当用户发现某个软件不能上网,习惯性的动作就是打开IE窗口,输入一个常用的网址,来判断网络是否连接正常。而不知IE默认有离线缓存文件,此时网络可能已经中断,用户看到的是保存在硬盘上的缓存网页。确诊的方法是使用IE的刷新页面功能,看看网页是否能够重新打开;也可以直接使用ping命令,看看网络究竟通不通。
- 本地网络的端口限制。有些局域网或者运营商,对使用网络者访问的端口进行了限制,有些不常用的端口不允许使用。结果导致某一款软件或者几款相似功能的软件无法正常使用。判断的方法是检查IE能否正常使用,ping命令是否连通,一般IE使用的80端口和ping命令不会受到限制;也可以查看相同局域网内的用户是否能正常使用该软件。
- 访问受限地址。有些网络地址已经被运营商或者网络安全管理部门屏蔽,因此试图访问这些地址的软件总是会失败。一般合法的软件或者合法的网址不会出现这样的情况。
- 软件本身错误,或者软件之间冲突。如果是一款新软件或者最近恰好安装了其他新软件,则应该重点考虑这种情况。如果排除了外部网络的问题和远程服务器的问题,那么可以卸载软件,重新安装试试。

本课小结

本课中,首先简要讲解了Windows系统自带的、常用的一些网络命令,介绍了它们的功能和使用方法,然后结合实际故障案例,介绍了这些网络命令的用途,以及如何综合使用这些网络命令诊断网络故障。

课外阅读

1. 网络故障手册

http://www.qqread.com/z/network/error/

2. Windows XP操作系统常遇网络故障分析

http://os.yesky.com/win/452/3383952.shtml

3. Windows 2000/XP常用的网络命令

http://tieba.baidu.com/f?kz=45646840

课后思考

(1) 如何在 Windows 防火墙中进行设置，使得局域网内计算机可以 ping 通或者不允许 ping 通本机？

(2) 如何用 ipconfig 命令修改本机 IP 地址的配置？

第 18 课 连接互联网(一)

课堂讲解

知识要点：本课介绍单台计算机如何连入互联网。如何使用“新建连接向导”，并利用该向导设置拨号上网是本课的重点内容。

学习指导：各种联网方式的设置大多都是基于“新建连接向导”的，因此熟练掌握该向导，了解向导各个步骤的选项和相应的含义非常重要。

学习要求：对各种接入方式只需要做常识性了解，但是随后介绍的几种常用接入方式应该重点掌握。

18.1 常见的互联网接入方式

计算机连接到网络的接入方式有很多种，不同的 ISP(Internet Service Provider，互联网服务提供商)、不同的基础设施条件、不同的收费费率都会影响接入方式。所以计算机接入互联网可以通过很多途径，各种连接方式各具优点，也都有各自的局限性。目前比较常见的网络连接方式有以下几种。

(1) 专线宽带接入

这种接入方法又叫以太网(Ethernet)接入，主要用在学校、企业和大型公司内部，一些新建的小区也采用了这种连接方式。采用这种连接方式的计算机需要具备网卡，网卡通过一根网线直接连接到安装于室内的固定接线盒上。用户只需要在本机按照运营商提供的 IP 地址等参数进行相应的设置，保存后每次开机即可直接使用网络。专线接入的带宽一般都在 10Mbps 以上，当然这是指内部局域网的带宽，连接局域网以外的出口带宽一般要小得多。连接电缆一般采用 RJ-45 接口的双绞线。

采取专线宽带接入的用户，首先在小范围内组成局域网(如果用户人数众多，小局域网可能再汇聚成大局域网)，然后通过同一个对外通道与外界相连。这类网络中局域网一般采用光纤或专线直接与网络运营商的主干网连接，因此出口速度稳定且有保障。但是由于是多用户共享出口带宽，所以同时使用的人数会直接影响到访问 Internet 的速度。因此一些占用大量带宽资源的软件可能会被禁用。

(2) 普通电话线接入

使用普通的电话线，和主机通过外置或者内置的 Modem 连接，用户通过计算机拨打 ISP 服务商的接入号码连接到网络，这是最传统的接入方式。理论上，电话线拨号上网可以达到 56Kbps 的传输速率，但实际使用中只能稳定在 30～40Kbps。由于电信运营商普遍采用了将网络使用费用直接计入电话费的便捷措施，所以使用电话线拨号上网不需要复杂的开户过程，只要有一根电话线，接上 Modem 就可以使用。这种上网方式使用灵活简便，非常适合对速度要求不大、偶尔使用网络的用户。因此虽然速度比较慢，但是仍然被广泛使用。

(3) ADSL 宽带接入

ADSL 是 Asymmetric Digital Subscriber Line(非对称数字用户线路)的缩写。这是一种通过现有的普通电话线为家庭、办公室提供宽带数据接入服务的技术。ADSL 技术的主要特点是可以充分利用现有的铜缆网络(电话线网络)，只要在线路两端加装 ADSL 设备即可为用户提供高带宽服务。理论上，ADSL 能够在现有的铜双绞线，即普通电话线上提供 8Mbps 的高速下行速率和 1Mbps 的上行速率，传输距离达 3～5km。但实际使用中，由于 ADSL 对距离和线路情况十分敏感，随着距离的增加和线路的恶化，速率会受到影响，加之运营商对自身设备承载能力的考虑，能够提供的接入速率一般在 512Kbps～2Mbps。严格来说，这种连接方式速度有限，不应该算是宽带的范畴。但是相对于之前的普通电话拨号上网，ADSL 速度提升不少，于是 ADSL 的普及就普遍被认为是宽带时代的到来。

传统的 ADSL 使用普通的电话线路传输信号，需要在电话线和计算机之间安装信号分离器和 ADSL Modem，用于信号分离和处理。ADSL Modem 分内置、外置等多种，目前市场中使用较广泛的产品一般以外置式为主。外置 Modem 和主机的连接方式又分为 USB、RJ-45 等不同接口。图 18-1 所示的是常见的几种 ADSL Modem，从左到右依次是内置 Modem，RJ-45 接口外置 Modem，USB 接口外置 Modem。

图 18-1

随着技术的进步，也出现了通过小区专线网络进行拨号连接的方式，往往也被称为 ADSL。使用这种技术用户不需要有 ADSL Modem，只需要把网线插入宽带接口(一般为 RJ-45 接口)，连接到小区内的局域网，就可以进行拨号连接。这种方式实际并不是严格意义上的 ADSL 技术，只是采用了和 ADSL 类似的 PPPoE 拨号方式，也收取了相同的费用。电信运营商为了简化收费，把这种拨号服务也叫做 ADSL 服务。

(4) WiFi 和 WiMax 无线上网

使用 WiFi 上网多见于笔记本电脑。计算机通过无线收发模块(无线网卡)和附近的接入点(无线路由器或者无线 AP)取得联系并传输数据。对用户来说，使用 WiFi 上网的操作方法和使用固定宽带类似，唯一不同之处在于信号传输的方法。使用 WiFi 上网的传输速率和信号强度有关，在信号稳定时理论上可以达到 11Mbps(801.11b)或54Mbps(802.11g)。由于 WiFi 上网必需信号支持，而 WiFi 信号的覆盖半径只有几百米，所以 WiFi 的应用范围比较窄，主要集中在车站、机场、图书馆、高校教室等公共场所。

WiMax 是一项新兴的宽带无线接入技术，能提供面向互联网的高速连接，数据传输距离最远可达 50km，最大传输速度 75Mbps，是构建无线城市的理想选择。目前，国内已经在多个城市建成了覆盖主城区的 WiMax 无线网络。而新的迅驰二代笔记本电脑平台中也已经加入了 WiMax 网卡的有关标准。

(5) GPRS 和 CDMA 无线拨号上网

与电话拨号上网类似，手机信号同样可以用来上网，GPRS 和 CDMA 就是中国移动和中国电信分别推出的手机无线上网服务。把手机作为一个 Modem 设备（或者通过一种专用的简化手机功能，内部只含一个 Modem 的无线上网卡），在手机信号覆盖的范围内拨打运营商提供的特殊号码，就可以实现计算机和网络的连接。基本原理和普通电话线接入类似，区别在于只是这里使用手机信号传输数据，省去了电话线。GPRS 上网的理论网速是 172.2Kbps，但是实际使用中只能达到 40Kbps 左右；CDMA 峰值速率为230.4Kbps，实际使用中能够达到 70～110Kbps。

(6) 802.1x 拨号上网

802.1x 拨号上网是一种基于 802.1x 身份认证技术的互联网接入方法。用户连接网络的方法与固定专线宽带类似，唯一的区别是固定宽带的用户连接网线后就可以上网，而 802.1x 这种方式联网后，需要使用专门的拨号软件进行连接，完成身份和密码的认证之后方可使用网络。由于 802.1x 网络管理软件的专用性，因此必须使用运营商指定的软件进行连接。这种连接方式在互联网管理、计费的便利方面有很大优势，因此，逐渐受到运营商的青睐，大有取代 PPPoE 的趋势。

18.2 单机连接互联网

在 18.1 节介绍的多种连接互联网的方法中，固定宽带连接是比较简单的一种，就如同连接局域网一样，只要插好网线，设定好 IP 地址、网关地址和 DNS 地址即可。如果 ISP 提供了 DHCP 的服务，那么联网就更简单了。这些相关的设置，已经在连接局域网的课时中有过介绍，这一课不再重复。相比之下，拨号上网稍微复杂一点，所以这一节重点介绍几种拨号上网的连接方法。

1. 普通电话线拨号上网

普通电话线拨号上网是使用最便捷的上网方式。不仅如此，这种方式也是连接和配置比较简单的上网方式。

电话线拨号上网依赖于硬件：调制解调器（Modem，俗称“猫”），普通电话线路。

步骤 1　确认 Modem 工作正常

一般笔记本电脑都内置了 Modem，而台式机更多采用外置 Modem，如图 18-2 所示。在设置拨号上网之前，需要先确认 Modem 已经和计算机连接并且工作正常。方法有以下需要两种。

(1) 外观检查

从线路连接查看 Modem 的连接状况。一般台式机外置 Modem 通过串口、USB 接口或 RJ-45 接口和计算机连接，查看连接是否牢固可靠。另外，Modem 工作需要的电源是否接好，电源指示灯是否点亮。图 18-2 是外置 Modem 的连接方法，如图中所示，Modem 上共连接三根线，分别是电源线、电话线和连接到主机的电缆。

(2) 软件检查

打开“设备管理器”窗口，选择“调制解调器”选项查看使用的设备型号是否正确，状态是否正常，如图 18-3 所示。如果不正常则需要重新安装驱动程序来解决问题。

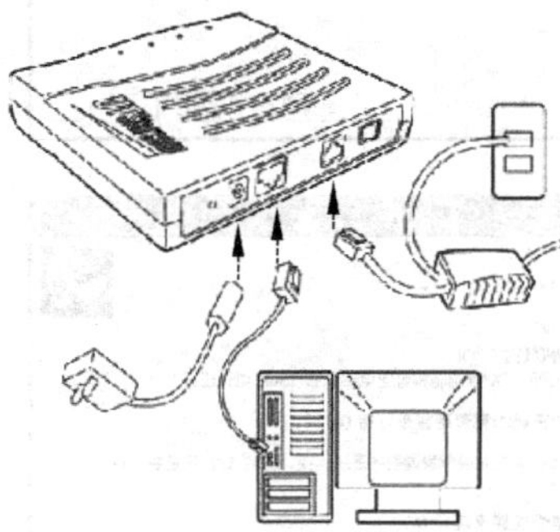

图　18-2

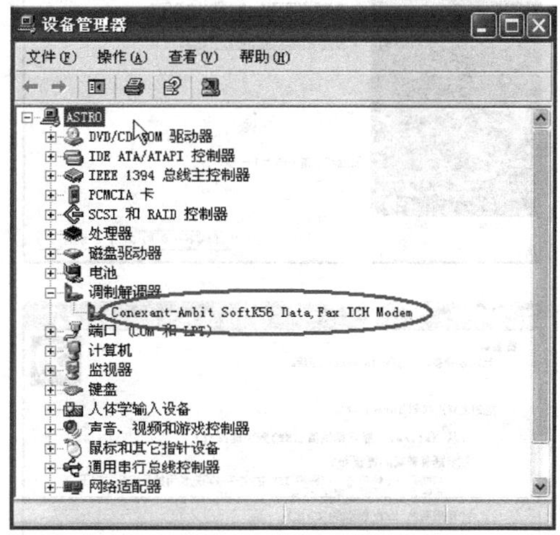

图　18-3

步骤 2　建立拨号连接

假定调制解调器硬件已经安装成功，下面需要进行的工作是创建一个拨号连接，设置接入号码、用户名、密码等参数。

(1) 启动“新建连接向导”

选择“控制面板”中的“网络连接”选项，在弹出的“网络连接”窗口中，单击窗口左侧任务栏中的“创建一个新的连接”(图 18-4 左图)，或者选择“文件”→“新建连接”选项(图 18-4 右图)，这时会启动“新建连接向导”对话框(图 18-5 左上图)。也可以通过选择“开始”→“附件”→“通讯”→“新建连接向导”选项启动该向导。

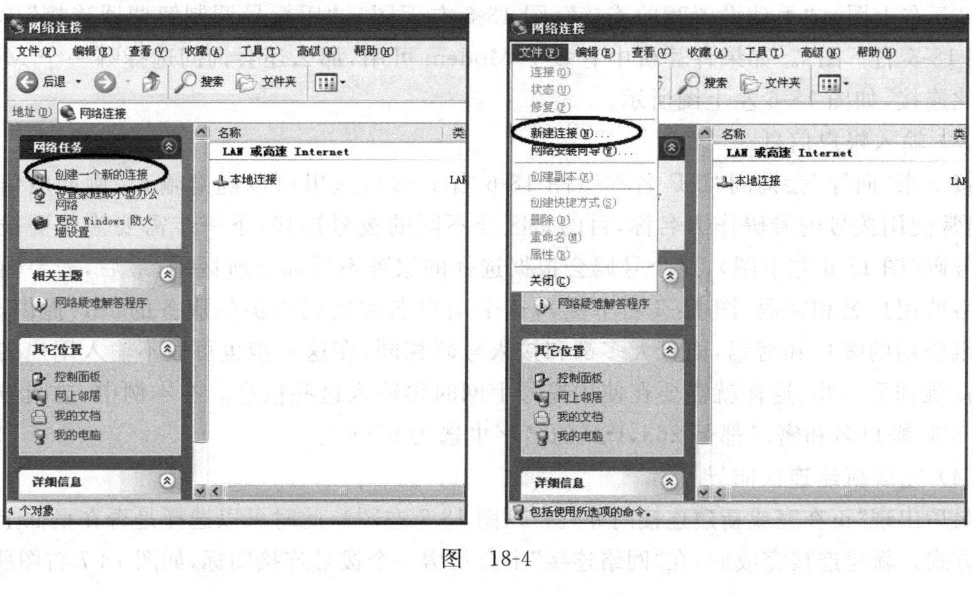

图　18-4

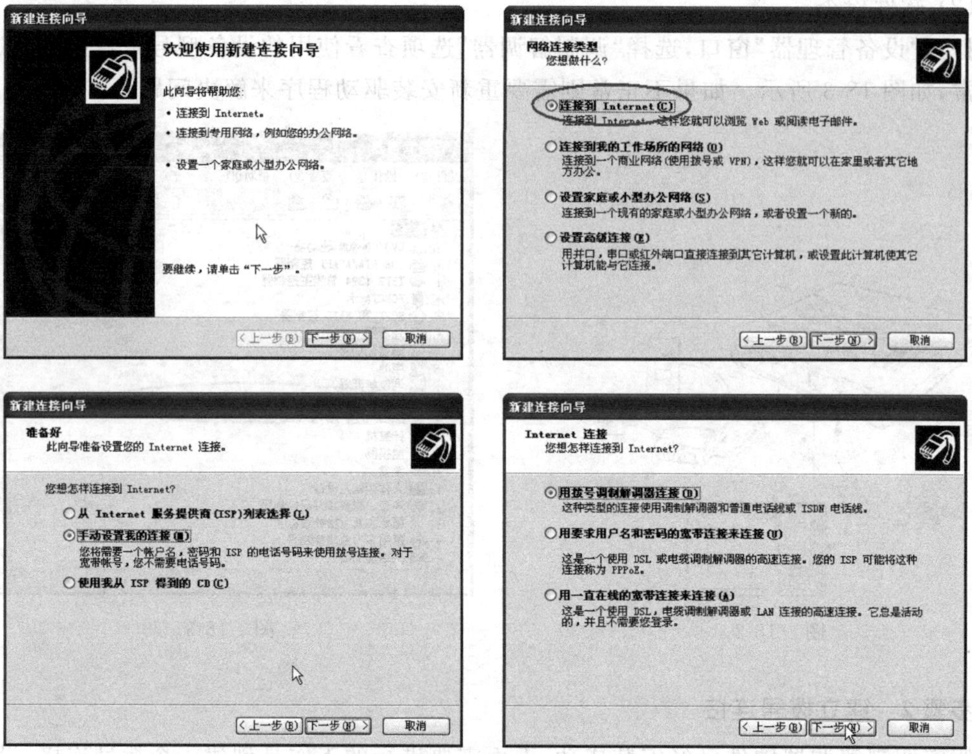

图 18-5

在第一次启动“新建连接向导”时，会出现关于用户所在位置的对话框，只要在相应位置输入所在城市的区号即可，这一步不是很重要。如果不是第一次启动该向导，那么可以直接单击“下一步”按钮跳过欢迎界面。

(2) 选择连接类型

单击“下一步”按钮跳过如图 18-5 左上图所示的欢迎界面，依次选中“连接到 Internet”(图 18-5 右上图)、“手动设置我的连接”(图 18-5 左下图)、“用拨号调制解调器连接”单选按钮(图 18-5 右下图)。如果计算机中有多个 Modem 可用，那么还会询问选择哪一个 Modem 用于此连接，如图 18-6 左上图所示。

(3) 输入帐户信息

接下来“向导”会询问“ISP 名称”(图 18-6 右上图)，这里可以随意输入，例如电信、163 等，通常使用拨号的号码作为名称，目的是区分不同的拨号连接；下一步需要输入要拨叫的接入号码(图 18-6 左下图)，这个号码会根据选择的服务不同而有所区别；最后，需要输入登录网络的用户名和密码(图 18-6 右下图)，这个用户名和密码由提供服务的 ISP 提供，通常是一组公用的帐户和密码，而且大多都和接入号码相同，在这一步也可以不输入用户名和密码直接跳到下一步，这样就需要在使用拨号上网时再输入这些信息。在本例中，拨叫号码选择 95963，帐户名和密码都是 263，ISP 的名字也选为 95963。

(4) 完成新建连接向导

最后出现“正在完成新建连接向导”窗口(图 18-7 左图)，此时可以选择是否在桌面上建立快捷方式。新建连接完成后，在“网络连接”中会新增一个拨号连接图标，如图 18-7 右图所示。

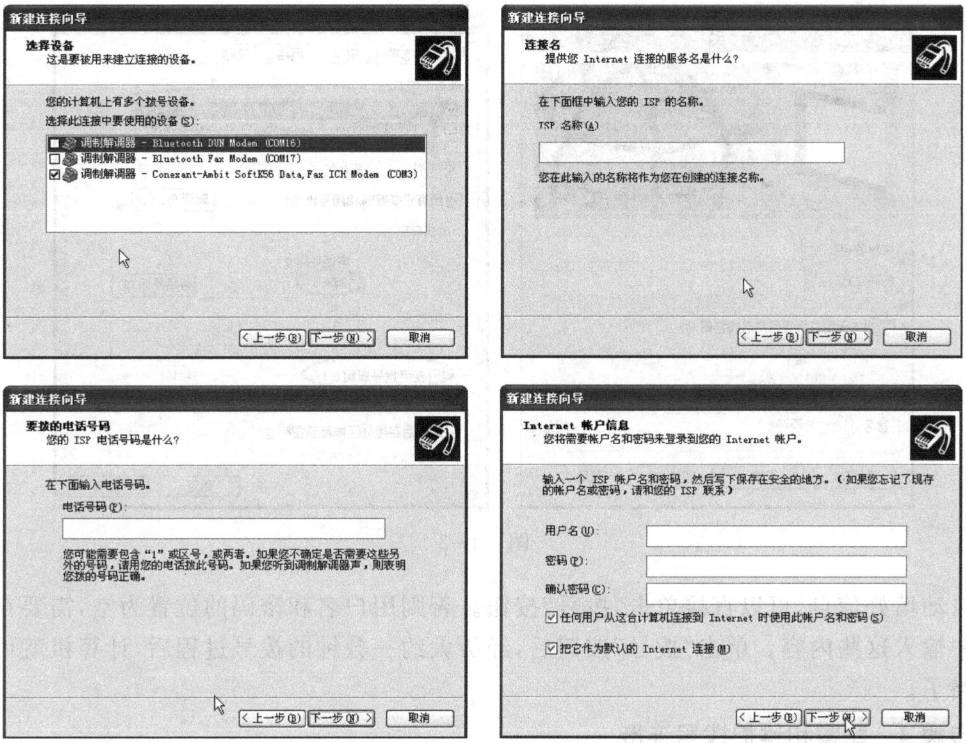

图　18-6

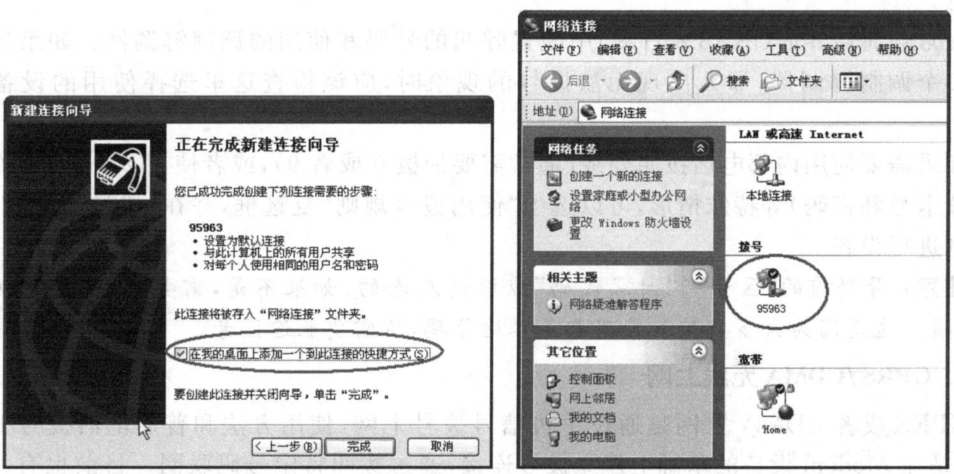

图　18-7

步骤 3　使用拨号连接

建立好拨号连接后，就不必每次都重新设置了。使用时只需要使用拨号连接拨号即可。

在“网络连接”中找到新增的拨号连接 95963，双击此连接，将会出现如图 18-8 左图所示的拨号连接界面。

如果在步骤 2 中建立连接时已经输入用户名和密码，那么如图 18-8 左图所示相应位置

图 18-8

已经自动填好信息，可以直接单击“拨号”按钮。否则用户名和密码的位置为空，需要在这个界面中输入这些内容。单击“拨号”按钮后，经历大约一分钟的拨号过程后，计算机就可以使用网络了。

步骤 4　配置和维护拨号连接

在拨号连接的界面(如图 18-8 左图所示)中单击“属性”按钮，可以配置该拨号连接的一些信息。

在常规属性界面(图 18-8 右图)中配置呼叫的号码和使用的调制解调器。如果计算机中有多个调制解调器，那么出现无法拨号的现象时，应该检查这里选择使用的设备是否正确。

如果需要使用内部电话拨叫外线(通常需要加拨 0 或者 9)，或者使用 201 电话(通常需要先拨卡号和密码)等特殊情形，可以选中“使用拨号规则”复选框，并在“拨号规则”对话框中分别进行设置。

注意：号码前的“区号”、“国家代码”应该是灰色的，如果不是，需要去掉“使用拨号规则”选项。这是因为大多数接入号码都是本地号码，不需要长途区号。

2. GPRS/CDMA 无线上网

GPRS 或者 CDMA 上网是通过手机信号拨号上网，使用方法和普通电话拨号上网类似，都是在 Modem 设备的基础上建立拨号连接，通过拨叫特定号码联网。目前也有一种专门的无线上网卡，其实质是一种功能作了简化，只含 Modem 的手机。

步骤 1　连接手机或上网卡

手机或者无线上网卡连接计算机后，通过安装硬件驱动，在计算机中会新增一只 Modem，通常这只 Modem 采用手机或者上网卡的品牌作为名称，如图 18-9 左图所示的 Motorola USB Modem。通过设备管理器可以查看这只 Modem 的连接是否正常。

步骤 2　建立拨号连接

按照普通电话拨号上网的步骤建立一个拨号连接。如果建立过程中有多个 Modem 供

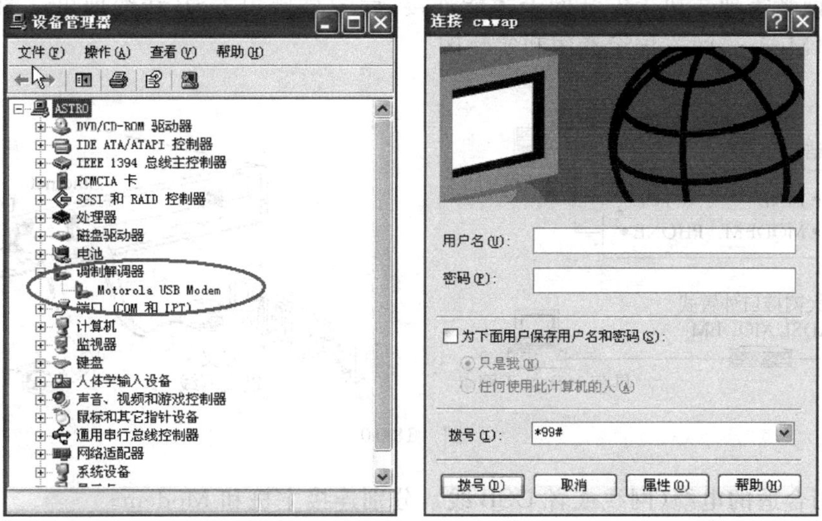

图　18-9

选择,则要选定连接手机后新增的这只 Modem(图 18-6 左上图);设定的拨叫号码和帐户信息视不同服务商而定,主要有以下两种。

- GPRS 无线上网,由中国移动提供服务,拨叫的号码为 *99# 或 *99***1,用户名和密码均为空。
- CDMA 无线上网,由中国电信提供服务,拨叫的号码为 #777,用户名和密码都为 card。

步骤 3　使用拨号连接

使用时,首先确定手机数据线连接正常,手机工作正常,然后打开建立好的拨号连接即可,如图 18-9 右图所示。

提示:也可以使用手机上网卡厂家或者移动公司提供的拨号软件,这些软件只是在建立连接的过程中提供了一些便利,在界面上更加美观而已,其使用方法与手动建立的连接没有太大区别。

3. ADSL 拨号上网

18.1 节讲过,ADSL 的连接方式有多种,从连接线路区分有电话线、专线宽带网线、光纤等线路,一般以接线盒的方式固定在墙壁上;从使用硬件角度区分,有使用 Modem 和不使用 Modem 两种,对于不使用 Modem 的专线连接方式,只需要按照接口类型选择一根长度合适的同类线缆,并在线缆的两端制作好插头(一般都是 RJ-45 接口的网线),把计算机和接线盒连接起来即可。下面的硬件连接步骤主要针对使用传统电话线和 ADSL Modem 的连接方式,这是大部分 ADSL 用户使用的连接方式。而软件设置部分,对于所有的连接方式都是通用的。

步骤 1　Modem 硬件连接

Modem 有内置和外置两种,内置比较简单,只需要把 Modem 插入机箱中的 PCI 插槽即可。外置 Modem 连接方法需要根据 Modem 提供的接口类型而定,一般有 RJ-45 接口和

USB 接口,前者需要主机上安装网卡才能连接,后者直接用 USB 线缆即可。图 18-10所示的是 ADSL Modem 的连接示意图和实物图。

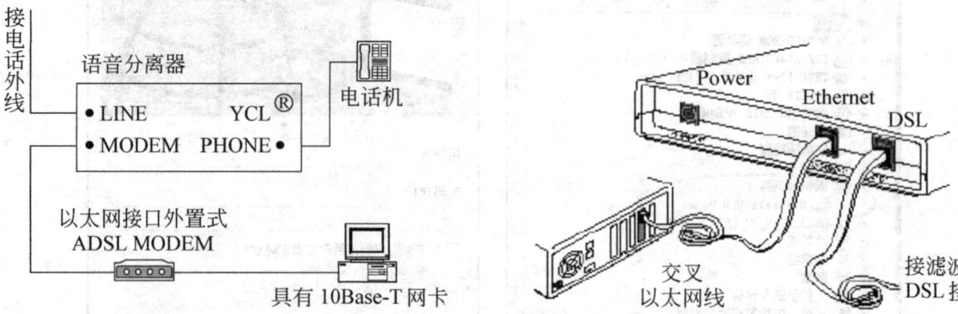

图 18-10

① 使用合适的电缆(网线或者 USB 线),分别连接主机和 Modem。

② 选择合适的位置放置 Modem,最好能方便地开关 Modem 的电源,而且能够看到指示灯。

③ 连接好 Modem 的稳压电源。

步骤 2 外部线路的连接

电话线路一般采用六芯或者两芯电缆线,采用 RJ-11 接口。普通电话只需要两根线就可以工作,因此无论是电缆还是 RJ-11 接口,只使用其中的两芯。图 18-11 所示的是 RJ-45 普通网线插头与 RJ-11 电话线插头,其中较窄的是 RJ-11 插头,电话线路只使用了中间的两个触点。

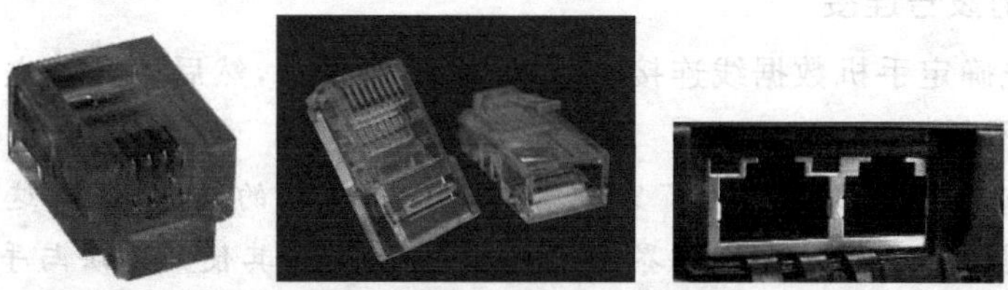

图 18-11

外部线路的连接首先需要解决线缆的布局问题,要保证连接的线路牢固可靠而且不妨碍他人,以免出现意外中断。其次需要考虑功能的扩展,在连接了 Modem 之后,是否还需要从 Modem 扩展出其他信号接口。例如,常见的 Modem 可以从输出接口再连接一部普通的电话机,从而使得电话和上网互不耽误;部分 Modem 可以直接连接音箱、耳机等音频设备;有些 Modem 提供了液晶来电显示盒的扩展接口。如果需要连接这些扩展设备,还需要考虑从 Modem 到扩展设备的连接线的类型、接头和走线问题。

ADSL 的连接有一些特殊:要求在入户线路和 ADSL Modem 之间加装一台信号分离器,也叫语音分离器。该分离器用来分离电话信号和数字网络信号,从而保证电话和网络可以同时工作而互不干扰。图 18-12 给出了语音分离器的连接示意图和实物图。从图中可知,语音分离器有一个入口 LINE,连接墙上的电话线接口;有两个出口 MODEM 和 PHONE,分别连接 ADSL Modem 和电话。

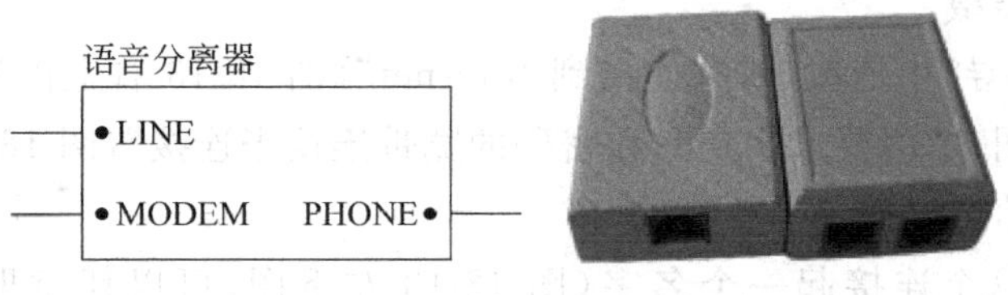

图　18-12

步骤 3　创建拨号连接

（1）启动“新建连接向导”

参照本节前面介绍的方法，打开如图 18-13 左上图所示的“新建连接向导”对话框。

图　18-13

(2) 选择连接类型

在“新建连接向导”中依次选择“连接到 Internet”(图 18-13 右上图),“手动设置我的连接”(图 18-13 左中图),“用要求用户名和密码的宽带连接来连接”(图 18-13 右中图)。

(3) 设定帐户信息

接下来需要为这个连接起一个名字(图 18-13 左下图,可以任意取名,例如图中使用 Home 作为名称);然后需要输入申请宽带时服务商提供的帐号和密码(图 18-13 右下图)。帐号和密码也可以不在这里设定,而在将来需要拨号时再输入。

(4) 完成“新建连接向导”

最后一步,可以选择“在我的桌面上添加一个到此连接的快捷方式”,如图 18-14 左图所示,单击“完成”按钮即完成操作。

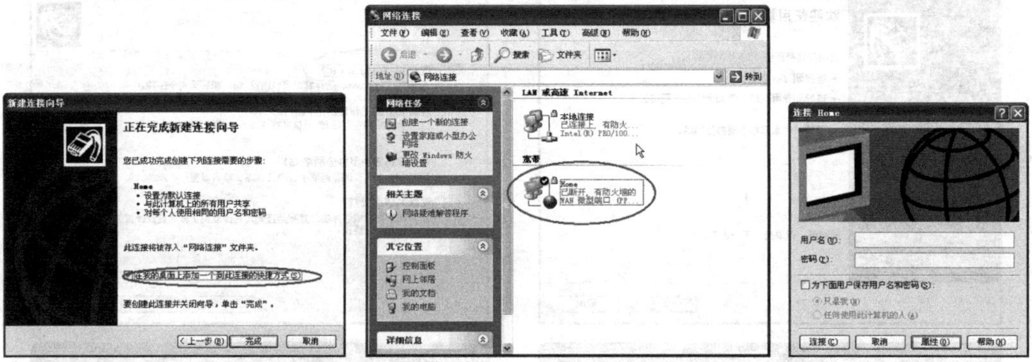

图 18-14

这时选择“控制面板”→“网络”选项,可以看到在“宽带”类别中新增加了一个名为 Home 的连接,如图 18-14 中图所示。

步骤 4　使用 ADSL 拨号连接

双击桌面上的快捷方式,或者选择“控制面板”→“网络”选项打开刚创建的连接,这时会出现如图 18-14 右图所示的拨号界面。如果建立连接时已经输入帐户密码,这时会显示在窗口相应的位置。否则界面中用户名和密码为空,需要用户输入。可以选择让软件记录帐号密码,这样就不需要每次输入用户名和密码。

单击“连接”按钮后,经过短暂的拨号过程就可以上网了。

知识拓展　使用 ADSL 拨号软件

现在互联网上有多款 ADSL 拨号软件,安装这些拨号软件之后,就不再需要上述步骤 3 和步骤 4 操作了,只要设置好用户名和密码,以后使用时启动软件就可以了。

知识拓展　关于 ADSL 语音分离器和滤波器

安装语音分离器时大多数用户会遇到问题。ADSL 要求在电话入户线连接到语音分离器 LINE 接口之前,不能有其他的分支设备,例如电话机、传真机等;否则会严重影响网络的正常工作,这一要求给很多用户带来困难。通常房屋在建设时就完成了电话的布线,采取的连接方式都是从入户线分出多个分支,分别连接到不同的房间。而实际使用时,只能通过某个房间里的分支线路连接ADSL语音分离器。这样在其他房间里如果有电话分机，就会给ADSL上网带来影响。可以通过改造现有电话线路，在入户总线分支之前加装语音分离器，但是这样比较麻烦。另外一个可行的解决方法是在每个电话机和电话线接口之间使用一种叫做ADSL滤波器的装置(图18-15左图)，可以有效地减少使用电话对ADSL的影响。如图18-15右图所示给出了使用这种滤波器之后的连接示意图。

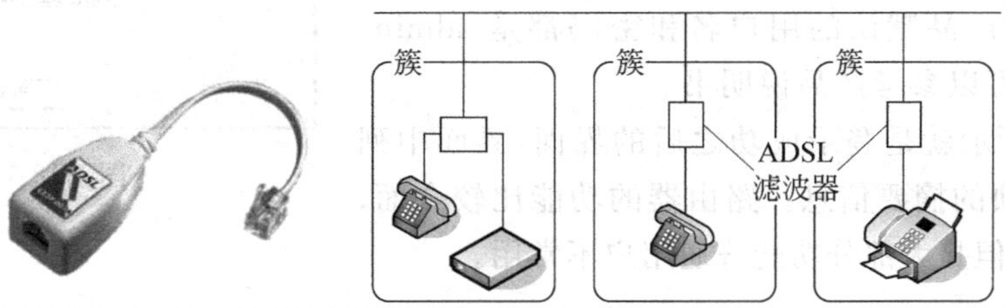

图 18-15

4. 使用ADSL路由器上网

从目前新增的ADSL用户情况来看，除非电信运营商指定使用；否则使用ADSL Modem产品的用户会越来越少，取而代之的是功能更加全面的ADSL路由器。相比之下，ADSL路由器的优势在于以下方面。

- 可以支持多台计算机同时上网。传统Modem只能连接一台计算机，如果要多台计算机上网就需要进行比较复杂的网络改造，而路由器本身就可以支持多台计算机共享宽带连接。
- 可以设置各种自动拨号功能，包括开机自动拨号、有连接时自动拨号、定时自动拨号，也可以设置多种自动断开功能。
- 使用更加方便，不再需要从计算机拨号，可以内部存储用户名和密码，直接用ADSL路由器登录。
- 本身具备多个局域网接口，可以当作一个小型的交换机使用。因此小型局域网用户可以不用另外购置一台交换机。
- ADSL路由器的价格已经降至和Modem产品所差无几的水平。

ADSL路由器使用之前要先进行设置。这里以比较常见的TP-Link TD-8820产品为例，介绍ADSL路由器的设置方法。不同品牌路由器产品的连接方式和设置步骤略有区别，但是总体来说，不外乎以下几个步骤。

步骤1 设置网卡IP

目前，主流的ADSL路由器产品一般都采用Web管理界面，因此，需要先设置计算机连接路由器的Web页面。

首先设置用来连接路由器的那块网卡的IP地址，使它与路由器默认的IP地址在同一个子网内。路由器默认的IP地址因厂家而异，TD-8820这款产品默认IP为192.168.1.1，因此，需要设置网卡IP地址为192.168.1.*(*可以从2～254中取)，子网掩码为255.255.255.0。设置IP地址的方法可以参考第12课局域网设置中的相关内容，这里不再重复。

步骤 2　登录路由器管理界面

打开 IE 窗口，在地址栏里输入路由器默认地址 192.168.1.1，首先出现的是登录对话框，如图 18-16 所示。

在对话框中输入用户名和密码。如果没有手动修改过，那么这款产品默认的用户名和密码都是 admin。其他型号产品可以参考产品说明书。

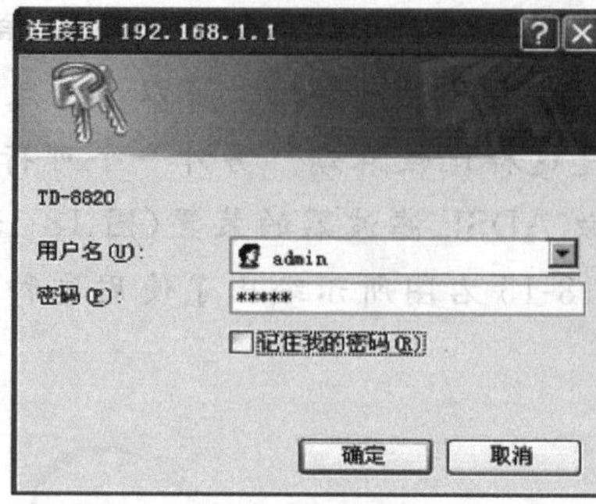

图　18-16

图 18-17 所示就是登录成功之后的界面，界面中列出了各种设置项的摘要信息。路由器的功能比较全面，所以参数很多，但是大部分功能普通用户不常用。

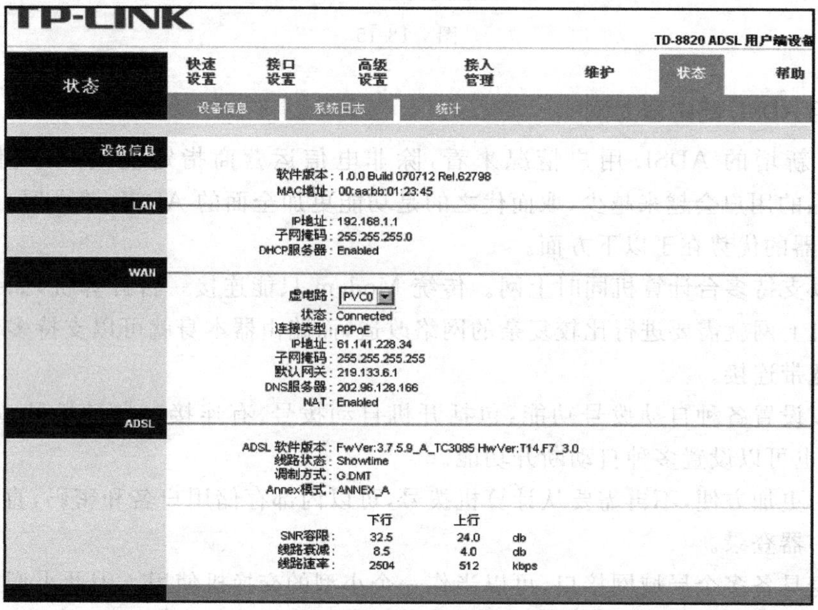

图　18-17

步骤 3　设置路由器接口参数

这款路由器提供了快速设置向导，可以快速完成常规参数的设置。考虑到其他路由器可能没有提供这样的向导，所以这里不使用快速设置向导的功能，而是根据具体参数的分类一一详解。

首先进行接口设置。单击菜单栏中的“接口设置”，出现的界面比较庞杂，主要需要设置以下几项参数。

- 虚电路 PVCs 类型、VPI、VCI，这些和 ADSL 运行情况有关，一般使用默认值，如果默认值不能工作，可以联系电信运营商进行咨询。
- 封装，使用 PPPoE，这是大多数 ADSL 的封装方式。
- 拨号用户名和密码，根据情况进行设置。
- 连接方式，一般至少提供三种。自动连接是在路由器开机后自动连接；按需连接是在收到计算机发来的连接信息后自动开始连接，并且在连接信息停止后的指定时间内断开连接；手动连接在每次使用前，都需要登录路由器的这个管理界面手动启动连接。包月用户一般可以使用第一种，比较方便；计时用户建议选择第二种方式，可以避免忘记关闭路由器造成的经济损失。

其他设置项比较少用，维持默认值即可。

其他品牌的路由器，可能在信息组织分类和界面设置上各有不同，需要找到上述几项信息分别设置。

步骤 4　设置其他高级设置项

ADSL 路由器还有很多其他的功能，其中一类是路由器的功能，包括数据过滤、防火墙、数据分配、带宽优化等；另一类是交换机的功能，包括 IP 地址绑定、VLan 子网分割；第三类是 DHCP 服务器的功能，可以免去接入的计算机设置网卡 IP 地址的麻烦，如果连接多台计算机，可以统一设置为自动获取 IP，然后让路由器为它们分配 IP 地址，相应的有设置功能；此外，日志、修改密码等辅助功能也是其具有的。这些功能，可以根据需要进行设置。如果只是简单使用，这些辅助选项不进行设置而直接取默认值也是可以正常使用的。

步骤 5　使用 ADSL 路由器

硬件连接 ADSL 路由器的方法和连接 Modem 的方法完全相同。如果设置为自动拨号，那么打开路由器的电源，就会自动连接到互联网；如果设置为按需拨号，那么一旦使用计算机网络软件，路由器就会自动拨号连接，完全不必在计算机中再使用拨号软件。因此使用起来非常简单。

课堂练习

任务背景：结合课堂学习的知识和案例的分析讲解，通过实践学习单机访问互联网的方法。

任务目标：使用普通拨号连接和 ADSL 连接分别完成互联网接入；使用 ADSL 路由器完成互联网的接入。

任务要求：计算机拨号过程正常，拨号后连接互联网资源，访问网页正常。

任务指导：需要预先了解拨号连接和 ADSL 连接的用户名和密码。

练习评价

项　目	标准描述	评定分值	得分
基本要求 60 分	使用普通电话线拨号上网	25	
	使用 ADSL 拨号上网	35	
拓展要求 40 分	使用 ADSL 路由器拨号上网	15	
	使用 GPRS/CDMA 拨号上网	25	
主观评价		总分	

本课小结

本课主要介绍了计算机连接互联网的几种常用方法。在开始的内容里，首先列举了常见的几种互联网接入方法，重点介绍了它们的不同点和各自的优缺点。然后选择了几种常用的入网方式，例如普通电话线、GPRS、ADSL 等，分别予以详细介绍。在实践环节，选择了普通电话线拨号上网、ADSL 拨号上网、ADSL 路由器上网三种典型的常用上网方式进行实际操作的练习。

课外阅读

1. 图解宽带路由器共享上网设置过程

http://publish.it168.com/2005/1010/20051010004301.shtml

2. 多功能宽带路由器导购

http://www.it.com.cn/f/network/076/11/429126.htm

3. WiMax 面面观

http://www.cww.net.cn/WiMax/

课后思考

设计一个使用 ADSL 路由器的快速设置向导，完成几个关键参数的设置，其余均保留默认值。

第 19 课　连接互联网（二）

课堂讲解

知识要点： 本课介绍多台计算机通过组建简单局域网，共享宽带连接连入互联网的方法。本课重点讲解宽带连接的共享方法，如何建立宽带连接在第 18 课已经详细介绍。

学习指导： 共享宽带连接的前提是单机能够连入互联网，所以建议学生课前复习相关的内容。

学习要求： 熟练掌握两种共享宽带连接的方法，了解其优缺点和适用范围。

目前大多数城市的 ADSL 或者专线宽带上网都采用包月的付费方式，因此，如果多台计算机可以共享宽带上网，将会大大降低家庭网络费用的支出。当然，这样的方案也适用于学生宿舍、网吧等场合。电信运营商都会采取措施限制多台计算机同时使用同一条线路，因此必须采取一定技术手段才能实现局域网内多台计算机共享宽带连接，同时达到访问互联网的目的。

19.1　通过服务器共享宽带连接

首先考虑单机上网的方式，回顾第 18 课的内容，单机可以通过专线宽带网络或者 ADSL Modem 拨号连接互联网。在这种连接方式中，唯一的互联网出口只可以供一台计算机使用。服务器共享的基本思路是仍然只有一台计算机直接连接外部网络，而其他计算机都通过这台唯一能够联网的计算机与外界连接。这台主控计算机，通常也叫做“服务器”，它通过第 18 课介绍的单机上网方式连接到互联网，然后其他的计算机通过内部网络与它联网，并通过它共享宽带上网。

如图 19-1 所示，是一个典型的 ADSL 宽带共享方案，专线宽带或者其他宽带的共享方案与之类似，只需要把图中 ADSL Modem 以上的部分做相应的替换。

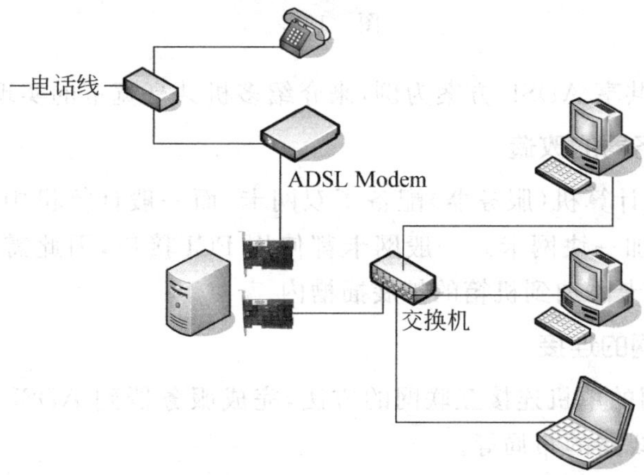

图　19-1

在主控计算机上，使用 Windows XP 等操作系统自带的 Windows 连接共享(ICS)功能，设置之后，操作系统可以自动完成内部网络和 Internet 之间的数据转发。

图 19-1 的解决方案有一个美中不足之处，就是必须有一台计算机有双网卡，实际上一块网卡可以省去，如图 19-2 所示，只要把 ADSL Modem 连接到交换机上即可。但是这种连接方式有时会遇到麻烦，ICS 会自动把网卡的 IP 地址设置为 192.168.0.1，而有些 ADSL Modem 的默认的 IP 地址恰好也是 192.168.0.1，这就需要先用计算机连接 ADSL Modem，手动修改 Modem 默认的 IP 地址为其他地址，连接和设置的方法可以参考 Modem 的说明书手册。软件方面的设置没有变化，只要开启系统的连接共享功能即可。

单网卡连接方案与双网卡连接方案相比，除了在硬件构成上少一块网卡以外，在适用范围上也有所区别。首先，双网卡的方案，外网和内网分离，因此适用于所有类型的上网方式。无论采用何种方法连接到 Internet，都只需要对图 19-1 中服务器连接 ADSL 这一小块做改动，而内部子网不受任何影响。单网卡的方案只能适用于 ADSL，如果换了其他的上网方式，在服务器端的软硬件都必须有所变化。其次，一般在采用服务器方式连接外网的场合，这台服务器就不仅仅是用作单一的用途。例如应用于网吧，那么这台服务器还兼作计费、文件存储、游戏服务等用途。如果其中有数据流量特别大的服务，那么单网卡方案中的数据传输效率就会受到影响。

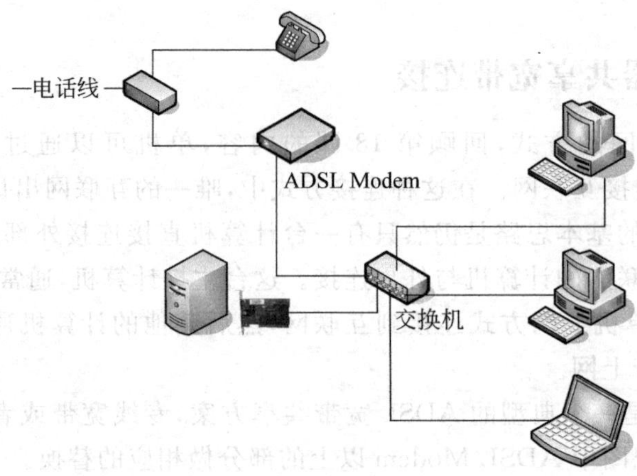

图 19-2

以下将以双网卡共享 ADSL 方案为例,来介绍多机共享宽带的实现方法。

步骤 1　完成服务器的改造

图 19-1 中的主控计算机(服务器)配备了双网卡,而一般计算机中只有单网卡,因此需要给服务器另外再增加一块网卡。一般网卡都使用 PCI 接口,因此需要打开机箱,按照第 5 课介绍的方法,把网卡添加到机箱的扩展插槽内。

步骤 2　完成外网的连接

按照第 18 课介绍的单机连接互联网的方法,完成服务器到 ADSL 的连接,包括 ADSL Modem 的连接、电话线路的布局等。

步骤 3　完成内网的连接

按照第 12 课局域网组建的方法,完成内部多台计算机之间通过交换机组建局域网的硬件连接,包括交换机安装、网络布线等。其中服务器也作为内部局域网的一员,连接到交换机上。

步骤 4　服务器的软件设置

1) 安装网卡驱动

服务器上新添加的网卡必须在安装驱动程序之后才能使用。按照第 7 课介绍的驱动程序添加方法,给新网卡安装驱动程序。

2) 设置 ADSL 连接

按照第 18 课介绍的建立 ADSL 连接的方法,在主控计算机上新建一个用于连接 ADSL 的连接。连接建立之后,主控计算机应该能够正常使用互联网。

3) 共享 Internet 连接

打开"网络连接"窗口,应该可以看到两个"本地连接"和一个"ADSL 连接"。

(1) 如果在"网络连接"窗口中,只能看到一个"本地连接",那么就需要再添加一个。否则跳过这一步。

① 依次选择"开始"→"所有程序"→"附件"→"通讯"→"新建网络连接"选项启动"新建连接向导"对话框。

② 在“新建连接向导”对话框中，依次选中“连接到 Internet”、“手动设置我的连接”、“用一直在线的宽带连接来连接”单选按钮。

③ 完成后，在“网络连接”窗口中应该能够看到“本地连接 2”。

(2) 确认“本地连接”和“本地连接 2”分别对应的网卡和网络。

可以分别打开这两个连接的“属性”对话框，在如图 19-3 所示的“连接时使用”这一项内容中，列出了该连接对应的网卡。

另一个简单的区分方法是拔掉分别连接这两块网卡的两条网线中的一条，这时在“网络连接”对话框中，其中一个“本地连接”的图标会发生变化(会增加一个红叉，表示连接中断)。

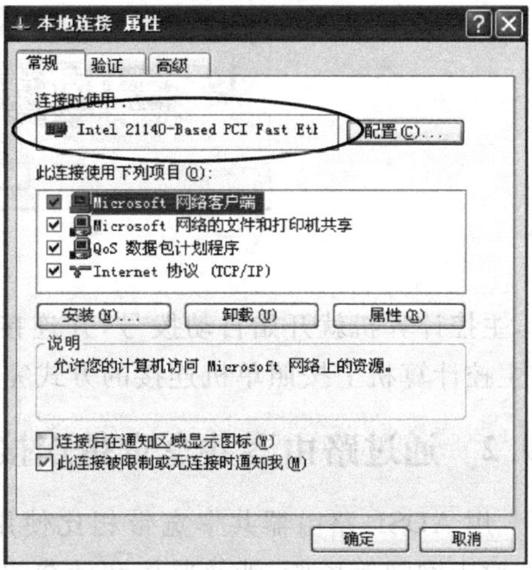

图　19-3

根据上述结果，确定哪个“本地连接”对应外网，哪个“本地连接”对应内部局域网。本例假定“本地连接 2”对应内部局域网，“本地连接”对应外网(连接 ADSL Modem)。

(3) 右击 ADSL 连接图标，在右键快捷菜单中选择“属性”选项打开 ADSL 连接的属性对话框(图 19-4 左图)，在“高级”选项卡中，选中“允许其他网络用户通过此计算机的 Internet 连接来连接”复选框，并在“请选一个专用网络连接”下拉列表中选择“本地连接 2”(即连接到内部局域网的那个本地连接)，如图 19-4 右图所示。

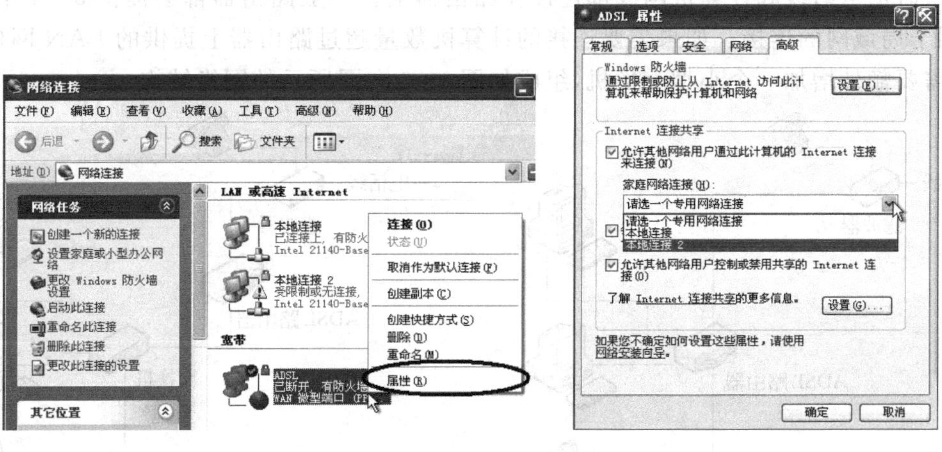

图　19-4

(4) 接下来会询问是否确认这样的选择，如图 19-5 所示。单击“确定”按钮后，即可完成 ADSL 连接的共享。

步骤 5　设置局域网中其他计算机

局域网内的其他计算机设置比较简单，只需要将网卡配置为“自动获取 IP 地址”即可，不需要额外的设置。

至此，双网卡方案的共享 ADSL 连接方案已经完成软硬件配置。每次有用户试图上网

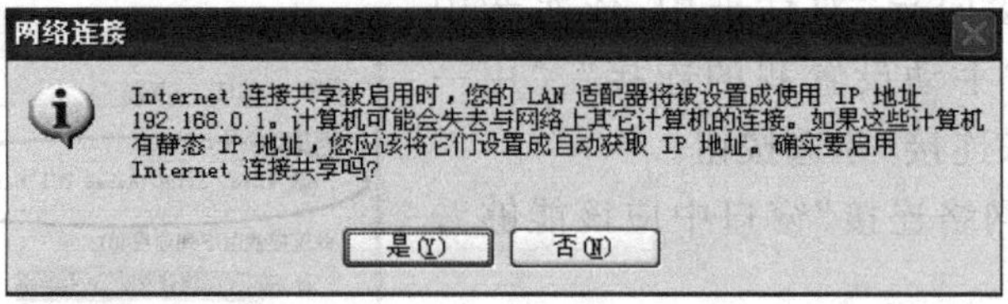

图 19-5

时，主控计算机就开始自动拨号，并连接到 Internet。如果是其他种类的宽带连接，只需要在主控计算机上按照单机连接的方式完成宽带连接，然后共享这个宽带连接即可。

19.2 通过路由器共享宽带连接

用 ADSL 路由器共享宽带相比使用服务器的方案，在技术上比较容易实现。一般来说，对于网吧等场所，涉及监控和计费的问题，则必须使用服务器方案；另外，在这些应用中，一般都已经有用作其他用途的服务器，因此稍加改造，就可以共享连接。而使用路由器的共享方案成本很低，使用简便，非常适合家庭、小型企业内部使用。

可用于宽带共享的路由器有多种，需要根据联网方式加以选择。一般有直接连接电话线的 ADSL 宽带路由器（已经集成了 ADSL Modem）、连接专线端口的宽带路由器等。连接专线端口的宽带路由器需要咨询厂家这种宽带路由器是否支持 PPPoE 拨号功能。

步骤 1 硬件连接

图 19-6 左图是最简单的使用 ADSL 宽带路由器共享连接的硬件图，可以看到连接非常简单，只需把电话线和计算机网线都连接在路由器上。一般路由器都会提供 3～4 个 LAN 网口用于局域网的连接。如果需要连接的计算机数量超过路由器上提供的 LAN 网口的数量，就需要额外增加一个小型交换机，组成如图 19-6 右图所示的网络结构。

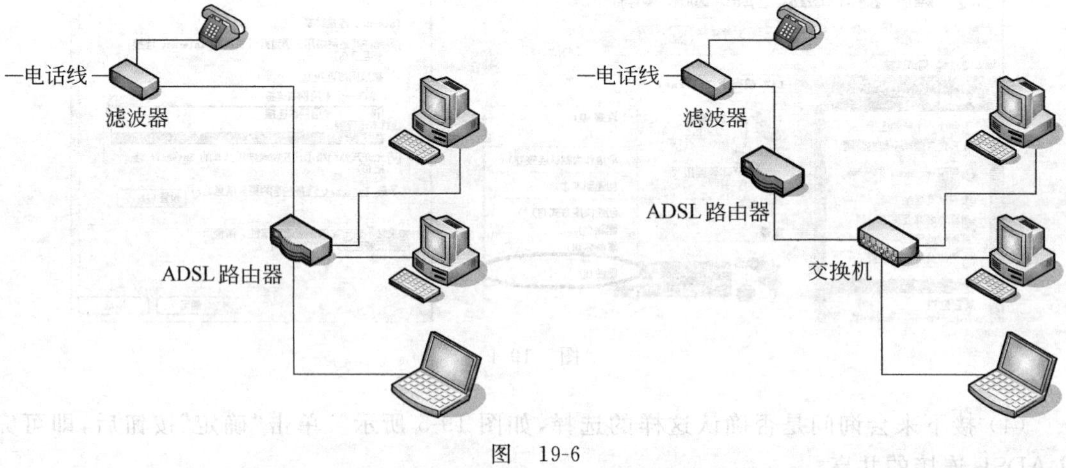

图 19-6

注意： 在这种连接方式下，如果交换机上有一个标记为 UP-Link 的接口，那么一定要把连接路由器的线的一端连接在 UP-Link 接口上，另一端连接在路由器的 LAN 端口上；如果交换机上没有这个口，那么说明是新型的自适应交换机，那就只需要连接到任意一个口就可以了。

如果需要联网的计算机比较多，可以采用如图 19-7 所示的网络拓扑型结构，以路由器为核心，每个 LAN 接口带动一个交换机，连接若干台计算机。

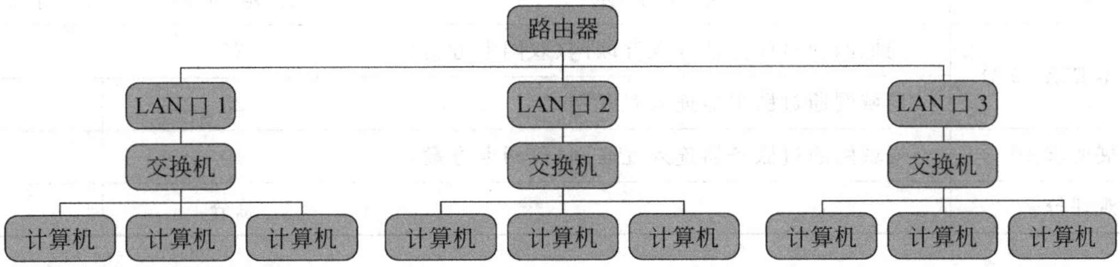

图　19-7

步骤 2　路由器设置

路由器共享方案的关键步骤在于路由器的配置。路由器配置的基本方法和 18 课使用路由器连接 ADSL 相似，重复的步骤这里不再详细讲解，读者可以参考 18 课相关的内容。

(1) 连接管理界面

目前大多数路由器提供基于 Web 的管理界面，只需要先设置计算机和路由器在同一个子网内，然后输入路由器的默认 IP 地址就可以用浏览器登录。

(2) 路由器连接 ADSL 设置

路由器连接 ADSL 设置也叫做路由器的 WAN 口设置，主要包括宽带类型(通常为 PPPoE)、VPI 和 VCI 的值、封装类型(通常为 LLC)、ADSL 登录帐号密码、拨号连接方式(自动、手动、按需等)，这些是 ADSL 宽带网络工作的参数，如果不清楚可以向 ISP 询问(图 18-17)。

(3) 配置 LAN 口数据

LAN 口用于局域网连接，通常不需要任何配置就可以正常工作。如果需要配置，可以选择启用 DHCP，设置其他计算机通过 DHCP 分配得到的 IP 地址、路由器默认 IP 地址。一般如果修改设置，应该让默认地址和 DHCP 分配的地址在同一个子网范围内，而且相互不重叠。

步骤 3　计算机的设置

路由器的选用简化了计算机端的设置，所有连入网络的计算机都只需要设置自动获取 IP 地址，不需要任何其他的网络设置。

课堂练习

任务背景：第 18 课介绍了单机连入互联网的方法，之前的课程中还介绍过简单局域网的组建，在此基础上，本课介绍了两种共享宽带连接的方法。

任务目标：将已经联网的几台计算机通过共享宽带连接的方法连入互联网。

任务要求：分别使用两种共享宽带连接的方法完成任务，要求每台计算机均能正常访问网络。

任务指导：使用前几节课组建的局域网完成实践任务。

练习评价

项　目	标准描述	评定分值	得分
基本要求 60 分	局域网通过服务器连入互联网（双网卡方案）	25	
	局域网通过路由器连入互联网	35	
拓展要求 40 分	局域网通过服务器连入互联网（单网卡方案）	40	
主观评价		总分	

本课小结

本课介绍了组成简单局域网的多台计算机，通过共享宽带连接的方式同时接入互联网的方法。共享宽带连接有通过主控服务器连接和通过路由器连接两种方法，结合实践环节的练习，本课对这两种方法分别进行了详细的讲解。

课外阅读

1. 如何利用 Windows XP 系统共享宽带网

http://tech.sina.com.cn/c/2002-01-09/8326.html

2. HomeShare 宽带共享软件

http://www.onlinedown.net/soft/33096.htm

3. 十大宽带共享组网方式

http://myhard.yesky.com/235/2080235.shtml

课后思考

主控服务器连接方案中，如果被设置为主控服务器的计算机没有开机，那么整个局域网内的计算机都将无法上网。实际上在单网卡方案中，主控服务器和普通计算机之间只是简单的软件设置不同。那么是否有解决方案，使首先开机的计算机做主控服务器，其他计算机都通过它上网？应该如何协调它们之间的运作？

第 4 章

管理和维护计算机系统

知识要点

- 管理 Windows 操作系统
- 维护计算机系统
- 计算机数据备份和恢复
- BIOS 设置

第 20 课 管理 Windows 操作系统(一)

课堂讲解

知识要点: 本课介绍 Windows XP 操作系统的日常管理,主要包括用户和用户权限的管理、Windows 防火墙的配置、更新操作系统、更改屏幕显示效果、修改虚拟内存设置等内容。

学习指导: 这些管理任务在 Windows XP 操作系统使用中都是很常见的操作。有些任务看似很麻烦,但是在结合课件和课堂练习,通过实践过程学习之后,就会发现实际并不复杂。所以书本和操作相结合非常重要。

学习要求: 熟练掌握各项管理任务的操作步骤和配置方法。

20.1 管理计算机用户

计算机中用户的管理是计算机管理的一项最基本的任务。创建、删除、修改密码是最常用的管理功能,是每个普通用户都应该掌握的基本操作技能。

Windows XP 操作系统(也包括后来的 Windows Vista 操作系统)继承了传统 Windows NT 操作系统内核下严格的用户权限管理功能,但是为了满足普通用户的使用需求,对操作步骤做了较大的简化。在默认的状态下,Windows XP 操作系统的用户只区分为管理员权限的用户和受限用户两大类,前者可以进行所有的操作,后者只能使用计算机,不能修改系统(包括安装卸载软件、增删系统文件等)。安装过程中创建的用户(图 7-15)都是具有管理员权限的用户。

Windows XP 操作系统和 Windows Vista 操作系统都支持 Windows NT 操作系统基于用户组和用户的双重权限管理机制,可以进行复杂的用户权限管理,控制每个用户可以进行的操作内容。这部分内容比较复杂，超出了本书的知识范围，这一课只作抛砖引玉的简要介绍。

1. 通过控制面板“用户帐户”配置项管理用户

控制面板中有“用户帐户”配置项，打开后会出现如图 20-1 左图所示的用户帐户管理界面。窗口上方是可以进行的用户管理操作，包括更改帐户、创建一个新帐户、更改用户登录或注销的方式三种操作类型。下方是用户的列表，包括用户图标（同时显示在用户登录界面上）、用户名、用户属性三部分信息。

图 20-1

案例 1

创建具有管理员权限的用户 zhang，并为其设置密码；创建受限用户“李”；停用系统默认用户 guest。

步骤 1　打开用户帐户管理界面

打开“控制面板”中“用户帐户”配置项，进入如图 20-1 右图所示的“用户帐户”管理界面。

步骤 2　添加用户 zhang

创建新用户的操作比较简单，步骤如下。

① 单击用户帐户管理界面中的“创建一个新帐户”链接，进入“新帐户向导”界面。

② 输入新帐户用户名 zhang，单击“下一步”按钮。

③ 选择帐户类别为“计算机管理员”，单击“创建用户”按钮，即可成功添加一个新的用户。

添加成功后，在如图 20-1 左图所示的界面下方，将出现以 zhang 命名的新用户。

步骤 3　配置用户 zhang

① 在如图 20-1 左图所示的界面中选择“更改帐户”选项，然后选择用户 zhang，或者在如图 20-1 左图所示的界面的下方直接单击用户名 zhang，出现如图 20-1 右图所示的“用户帐户”配置界面。

② 在如图 20-1 右图所示的界面中单击“创建密码”选项，进入“创建密码”界面。这个界面中有 3 个输入框，第一个和第二个要求重复输入两次密码，第三个要求输入一个密码提

示，用来提醒用户自己使用了哪个密码。输入完成后单击“创建密码”按钮。

③ 在如图20-1右图所示的界面中单击“更改图片”选项，就可以修改用户登录时用户名旁边的小图标。在出现的界面中选择一个图片，或者通过单击“浏览图片”按钮选择计算机中的一个图片文件做图标。

可以进行配置的内容还包括“更改名称”、“更改帐户类型”(管理员或者受限)、“删除帐户”等，界面和操作都非常简单。

步骤4 新建和配置用户“李”

该操作步骤与步骤2、3基本相同，区别在于用户名，首先，需要打开中文输入法，输入汉字“李”；其次，用户帐户类型需要选择“受限”用户。

步骤5 停用来宾用户 guest

来宾用户 guest 提供给其他任何用户，使其能够访问本机。在局域网共享时，这是非常有效的管理方法。但是 guest 帐户也会给系统带来安全隐患，因此可以停用它。

在如图20-1左图所示的界面下方单击 guest 用户，可以进入用户配置界面。guest 用户的配置内容只有“更改图片”和“停用来宾帐户”两个选项。选择“停用来宾帐户”选项即可。

如果来宾帐户已停用，需要使用来宾帐户，可以直接在如图20-1左图所示的界面中单击 guest 帐户图标启用该帐户即可。

2. 配置用户登录方式

在如图20-1左图所示中选择“更改用户登录或注销的方式”选项，有以下两个选项可供选择。

- “使用欢迎屏幕”是 Windows XP 系统的默认选项。登录系统前，将出现包括所有用户的图标和用户名的欢迎界面，用户在这个界面上单击用户名进行登录操作。如果不选中此选项，将会恢复传统的 Windows 系统登录方式——要求用户在一个对话框中输入用户名和密码。后者相对安全一些，因为其他人既不知道用户名，也不知道密码，两者都猜对的概率大大降低。
- “使用快速用户切换”。默认也是选中。选中这项功能后，可以在不注销当前用户，保留正在运行的程序的情况下，登录到另外一个帐户中，或者允许另一个用户登录使用计算机。如果不选中，则必须注销当前用户才能允许其他用户登录。

知识拓展 使用用户管理工具管理用户

Windows XP 系统中保留了从 Windows NT 系统继承下来的用户管理工具。在控制面板中选择“管理工具”→“计算机管理”选项，打开如图20-2所示的对话框。在对话框中展开左边的树型结构，在“系统工具”中找到“本地用户和组”选项，其中又分为“用户”选项和“组”选项。“用户”选项列出了计算机中的所有用户，包括在平时的使用中被系统隐藏起来的系统内置帐户。在右侧窗口空白处右击，可以新建用户。在用户名上右击，可以更改密码和帐户属性。“组”选项中，列出了系统中的所有用户组。可以通过右键菜单新建用户组。不同用户组有不同的权限，可以根据需要把用户加入到不同的组中。更多的操作细节，可以参考相关的帮助文件。关于 Windows NT 系统用户管理的更高级知识请参考相关资料。

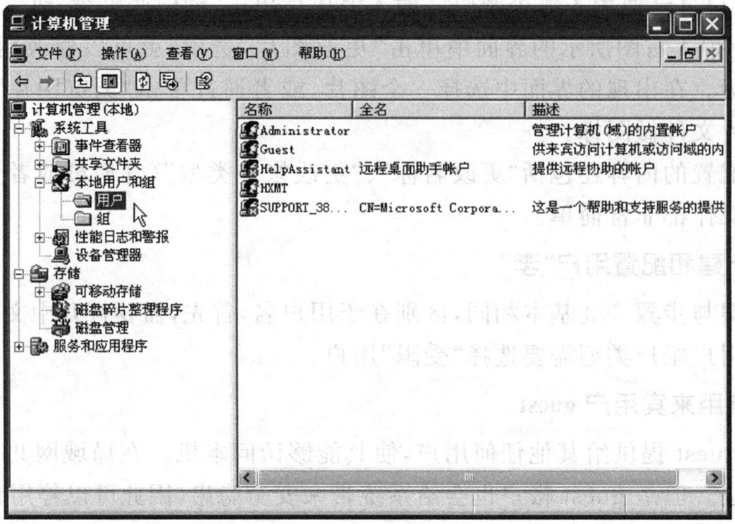

图 20-2

20.2 用户权限的管理

用户帐户管理的真正目的在于通过用户的划分，实现权限管理机制。只有赋予不同用户不同的权限，限制普通用户的权限，取消非授权用户的使用权限，才能真正起到设置帐户的作用。

Windows XP 系统权限管理的基础是文件权限的管理，而文件权限的实现，又与硬盘分区使用的文件系统有关。常见的文件系统有 FAT 32 和 NTFS 两种格式，只有 NTFS 格式能够保证文件权限的完全实现，所以它也是 Windows Vista 操作系统首选的文件系统。而 FAT 32 文件系统不具备安全机制，因此可以设法绕开操作系统的限制而访问到不允许访问的文件。

1. 简单的权限管理

在默认模式下，Windows XP 系统允许对每个用户的“我的文档”目录设置权限。在设置权限之前，这些目录对其他具有管理员权限的用户是开放的，其他用户打开资源管理器，就可以在“我的电脑”中看到和 C、D 等硬盘分区并列的“xxx 的文档”，这里 xxx 是系统中另外一个用户的用户名。也就是说，默认的每个用户的“我的文档”目录是不同用户共享的。

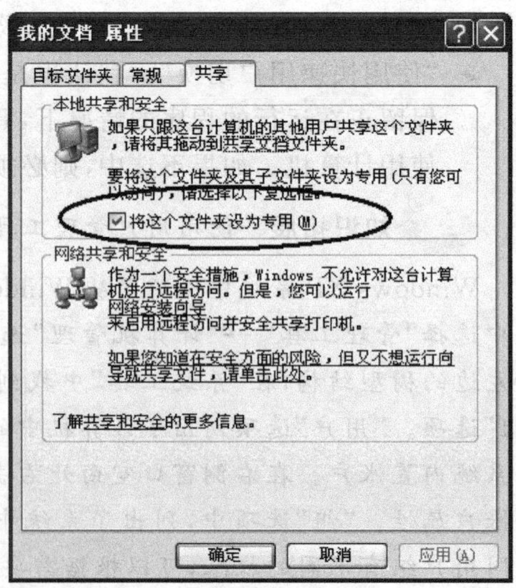

图 20-3

Windows XP 系统允许用户对自己的“我的文档”目录进行权限设置，阻止他人的访问。如果系统处在“简单文件共享”模式下（参考第15课相关内容），只需在“我的文档”图标上右击，在弹出的快捷菜单中选择“属性”选项，并选择“共享”选项卡，在图 20-3 所示的界面中，选中“将这个文件夹设为专用”复选框，这样其他用户就不能再访问该用户的“我的文档”这个专属目录的内容了。

2. 高级文件权限设置

简单文件共享只能控制计算机中的其他用户全部允许或不允许访问某个目录，如果想要某个特定的用户能够访问特定的目录，那就需要用到高级的文件权限管理功能。

打开权限控制功能的方法很简单，在“文件夹选项”对话框中(打开方法参考 15.1 小节)，切换到“查看”选项卡，找到“使用简单文件共享”复选框(图 20-4 左图)，默认这一项被选中，现在需要取消这一项内容(参考第 15 课相关内容)。

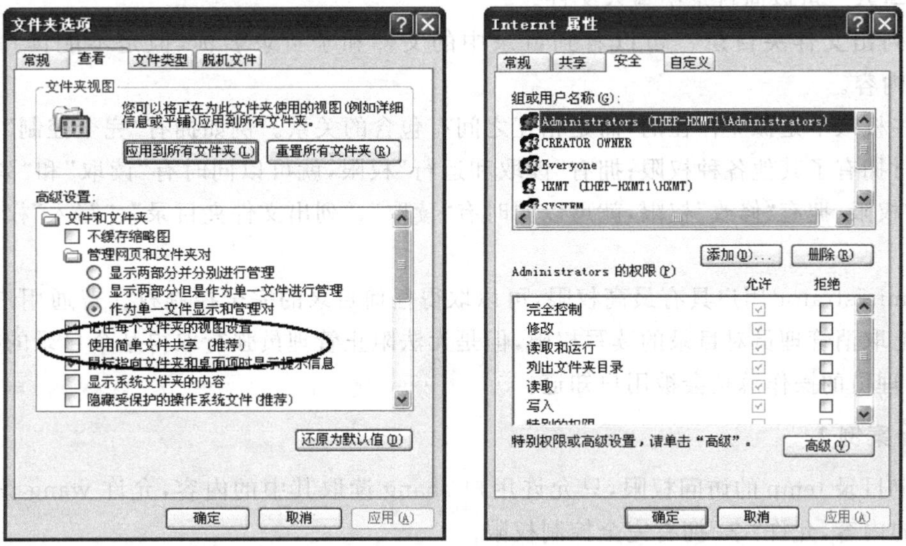

图　20-4

进行如上修改后，再查看文件夹的属性，会看到其中多了一个“安全”选项卡，如图 20-4 右图所示。这个选项卡界面分上下两部分内容，上面一部分是本机所有的用户组或用户的名字，下面一部分是被选中的用户或用户组对这个文件夹所具有的权限。选中一个用户，对话框的下方将列出这个用户的权限。如果要允许该用户拥有某项权限，就选中该权限后面“允许”这一列中的复选框；如果不允许该用户拥有某项权限，则可以选中“拒绝”复选框；如果两项都没有选，则遵循系统默认的权限。

知识拓展　系统中的默认用户和权限

在文件权限设置对话框中，可以看到已经有一些由操作系统管理的用户和用户组。

- **Administrator**　这是系统管理员用户，这个用户只能在安全模式下登录系统，但是拥有系统最高的权限。在默认情况下，管理员对目录拥有除“特别的权限”之外的所有权限。
- **CREATOR OWNER**　目录的建立者和所有者。对目录拥有“特别的权限”。
- **SYSTEM**　系统的权限。对目录拥有除“特别的权限”之外的所有权限。
- **Users**　用户组，包含所有的普通用户，权限内容可以设置。
- **Everyone**　代表所有用户，给它的权限对所有用户均适用。

这些系统管理的用户和用户组所拥有的权限应该由系统自动管理,一般情况下除了Users组的权限之外不允许用户自己改动,以免造成安全隐患。

默认的权限如下。

- **完全控制** 对这个目录拥有最高权限,除了可以读写之外,还可以配置它的各种权限。
- **读取** 只能读取目录中的内容。
- **修改** 可以修改目录的内容。
- **读取和运行** 除了可以读取目录中的内容之外,还可以运行其中的可执行文件。
- **写入** 可以向目录中写入文件。
- **列出文件夹目录** 可以看到目录中的文件和子目录名称,但是不能读写文件的内容。

这些权限不是孤立存在的,而是相互之间有包含的关系。例如拥有"完全控制"权限,那么就同时拥有了其他各种权限;拥有"读取和运行"权限,就可以同时有"读取"和"列出文件夹目录"权限;拥有"修改"权限,就可以同时有"读取"、"列出文件夹目录"、"写入"权限,依此类推。

Administrator用户具有最高权限,可以取得任何目录的完全控制权。普通用户虽然可以表面上取消管理员对目录的读写权限,但是无法阻止管理员强行取得某个目录的控制权。当然,管理员的操作总是会被用户知道。

案例 2

设定目录temp的访问权限,只允许用户zhang读取其中的内容,允许wang读取和写入其中的内容,允许"李"拥有完全控制权限。

步骤 1 取消简单文件共享

详细步骤参考第15课(图20-4左图)。

步骤 2 打开目录权限设置页面

① 在资源管理器中找到需要设定权限的目录temp。
② 在目录名上右击,选择"共享和安全"选项或者"属性"选项。
③ 在打开的"属性"对话框中选择"安全"选项卡,如图20-4右图所示。

步骤 3 设定用户zhang的权限

在如图20-4右图所示界面的上半部分中,选择用户zhang,在下半部分出现的权限列表"允许"这一列中选择"读取"和"列出文件夹目录"两项,取消其他的选项。

步骤 4 设定用户wang的权限

在如图20-4右图所示界面的上半部分中,选择用户wang,在下半部分出现的权限列表"允许"这一列中选择"修改"选项。这时"读取"等选项都会被自动选中。

步骤 5 设定用户"李"的权限

在如图20-4右图所示界面的上半部分中,选择用户"李",在下半部分出现的权限列表"允许"这一列中选择"完全控制"选项。这时随后的多个选项均被自动选中。

步骤 6　取消其他用户的访问权限

在如图 20-4 右图所示界面的上半部分中，选择系统中的其他用户（不包括 Administrator、CREATOR OWNER、SYSTEM 等由系统管理的用户），在下半部分出现的权限列表“允许”这一列中取消所有的选择；如果存在 Everyone 用户，需要取消它的所有允许访问权限；选择 Users 用户组，取消它的所有允许访问权限，或者也可以删除这些权限被取消的用户、用户组。

20.3　配置 Windows 防火墙

如果不使用第三方的防火墙软件，那么可以配置使用 Windows XP 系统自带的防火墙。直接从“控制面板”里打开“Windows 防火墙”选项，或者选择“控制面板”→“安全中心”→“Windows 防火墙”选项，将出现如图 20-5 左图所示的“防火墙配置”对话框。

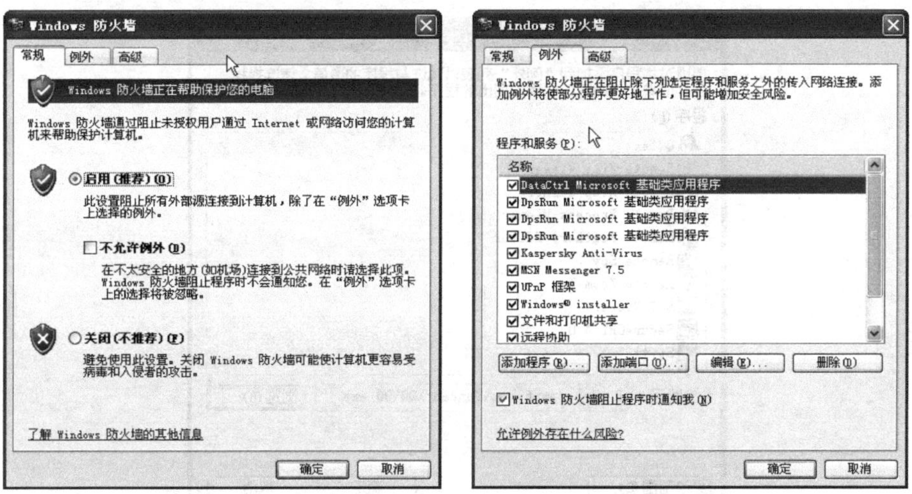

图　20-5

“防火墙配置”对话框有三个选项卡。“常规”选项卡中，可以选择是否启用防火墙。“例外”选项卡中，可以设置一些因特殊需要而穿过防火墙的规则。例外规则主要有两种：一种是软件程序的例外，即允许设定的程序访问网络不受限制；另一种是端口的例外，即连接特定端口的数据不受防火墙约束。在对话框中已经列举了一些默认的程序和端口，可以从中选择是否启用某项设置。

案例 3

为计算机开启 Windows XP 系统自带的防火墙功能，并且对防火墙作如下设置。

- 允许 QQ 程序无任何限制地访问网络。
- 允许 FTP 软件 FlashFXP 无限制地访问 192.168.0.0～255.255.0.0 范围内的网络。
- 允许局域网 192.168.1.0～255.255.255.0 范围内的计算机和本机 3389 端口连接，这是 Windows XP 系统远程桌面使用的端口。
- 允许任何计算机和本机的 80 端口连接，这是本机开设的 Web 服务的端口。

分析 对前两个要求,需要通过"例外"→"添加程序"功能来实现;对后两个要求,可以通过"添加端口"功能来实现。对于局域网范围的限制,可以通过添加程序或者添加端口时对适用范围的选择来实现。

步骤1 开启 Windows XP 系统防火墙

打开 Windows XP 系统防火墙配置对话框,选择"常规"→"启用"选项,如图 20-5 左图所示。

步骤2 添加 QQ 程序无限制访问网络

① 打开"例外"选项卡,如图 20-5 右图所示。

② 单击"添加程序"按钮,在如图 20-6 所示的界面中,查找程序列表中是否有 QQ 这一项。如果没有,可以单击"浏览"按钮,从硬盘上找到 QQ 软件的可执行程序。选定后,QQ 程序的路径 D:\Program Files\Tencent\QQ\QQ. exe 出现在对话框中。

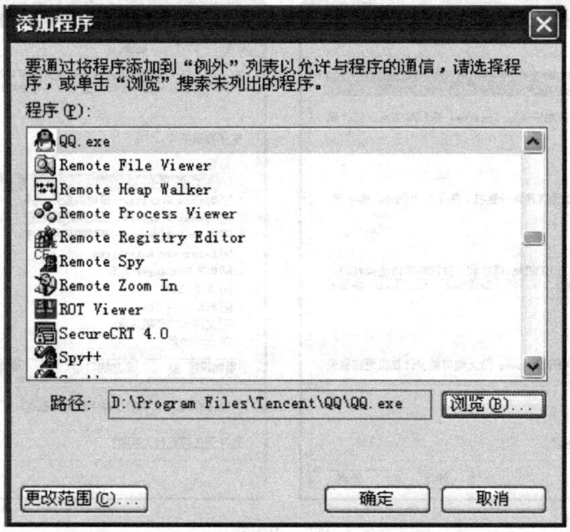

图 20-6

③ 单击"更改范围"按钮,在如图 20-7 左图所示的界面中选择"任何计算机"单选按钮。

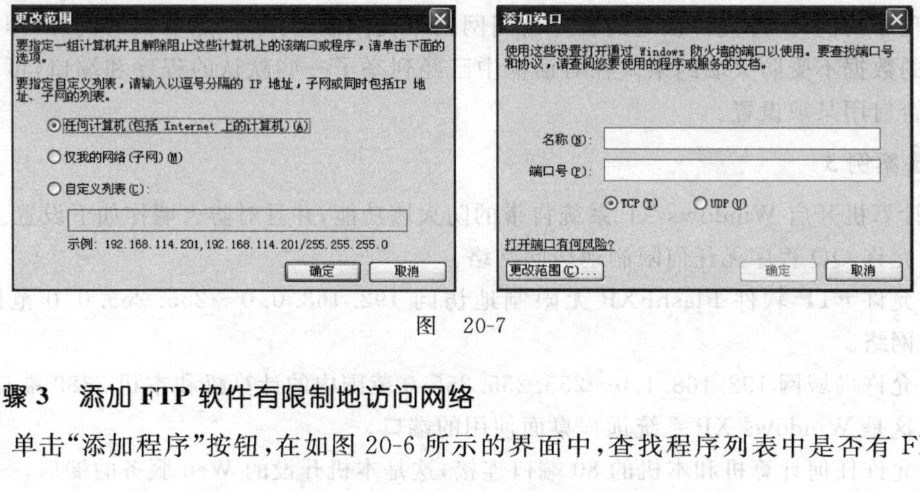

图 20-7

步骤3 添加 FTP 软件有限制地访问网络

① 单击"添加程序"按钮,在如图 20-6 所示的界面中,查找程序列表中是否有 FlashGet

这一项。如果没有，可以单击“浏览”按钮，从硬盘上找到 FlashGet 软件的可执行程序。

② 单击“更改范围”按钮，在如图 20-7 左图所示的界面中选择“自定义列表”选项，输入 192.168.0.0/255.255.0.0。

步骤 4 添加 80 端口对外开放

① 单击“添加端口”按钮，在如图 20-7 右图所示的界面中，输入端口名称 Web（这个名字可以随意取）。

② 输入端口号 80，选择协议 TCP。

③ 单击“更改范围”按钮，选择“任何计算机”选项。

步骤 5 添加 3389 端口对子网内开放

① 单击“添加端口”按钮，在如图 20-7 右图所示的界面中，输入端口名称“远程桌面”。

② 输入端口号 3389，选择协议 TCP。

③ 单击“更改范围”按钮，选择“仅我的网络（子网）”选项。

20.4 更新操作系统

从 2002 年“冲击波”病毒的出现开始，更新操作系统成了每个计算机用户必不可少的操作内容。平均每个月都会有超过 10 个比较重要的系统补丁发布，平均每年还会有一次比较大的系统更新。

更新操作系统可以通过 Windows XP 系统自带的系统更新工具自动完成或手动完成，也可以使用第三方工具实现手动更新。推荐使用第三方工具，这样可以只选择安装重要的安全补丁，而避免在系统中安装很多无关紧要的补丁，造成操作系统过度臃肿。

推荐使用 360 安全卫士管理操作系统更新，它可以检测操作系统漏洞、有选择地升级操作系统。此外，它还保存了用来升级的补丁文件，这样如果有多台计算机需要打补丁或者计算机重新安装操作系统后，就可以不必重复下载补丁文件了。

1. 配置 Windows XP 系统自动更新

自动更新的配置比较简单。运行“控制面板”中的“自动更新”条目，或者选择“控制面板”→“安全中心”→“自动更新”选项，都可以打开如图 20-8 所示的“自动更新”对话框。

自动更新有四种工作模式：自动下载和安装、自动下载用户选择安装、通知用户下载和安装、关闭自动更新。前三种工作模式都可以视为打开了自动更新，只是自动化的程度不同；最后一种模式将关闭自动更新，不使用自动功能。

- 自动下载和安装模式：可以配置系统在指定的时间开始更新，一般应该选择在计算机可能开机，但是不影响工作的时候进行。
- 自动下载用户选择安装模式：下载补丁的过程会由软件在后台自动完成，下载完毕后会提示有更新内容需要安装，用户可以选择是否进行安装。
- 通知用户下载和安装模式：在检测到新补丁后给用户提示，由用户选择下载和安装的内容。
- 关闭自动更新模式：将不会有任何提示，完全需要用户手动查看、下载和安装更新补丁。

推荐使用第三种“有可用下载时通知我，但是不要自动下载和安装更新”模式，这样可以

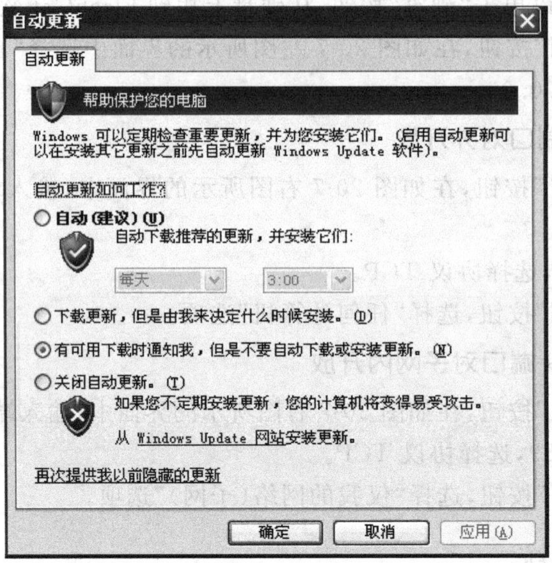

图 20-8

给用户更多的选择权限；对于不经常上网或者网速比较慢的用户，也可以避免自动下载补丁占用太多网络带宽，同时保留了通知功能，也可以在一定程度上保证系统安全。

2. 使用 Windows Update

选择“开始”→Windows Update 选项，会打开一个 IE 浏览器窗口，并自动连接到 Windows Update 网站。如果是第一次连接，需要从这个网站上下载并安装一个插件。

安装插件后，可以看到如图 20-9 所示的界面。从中单击“快速”按钮，可以获取高优先级安全更新。从出现的列表中选择需要安装的更新（一般建议选择全部列表），然后单击“开始”按钮，系统就会开始下载和安装。也可以单击“自定义”按钮，从全部更新中选择安装。

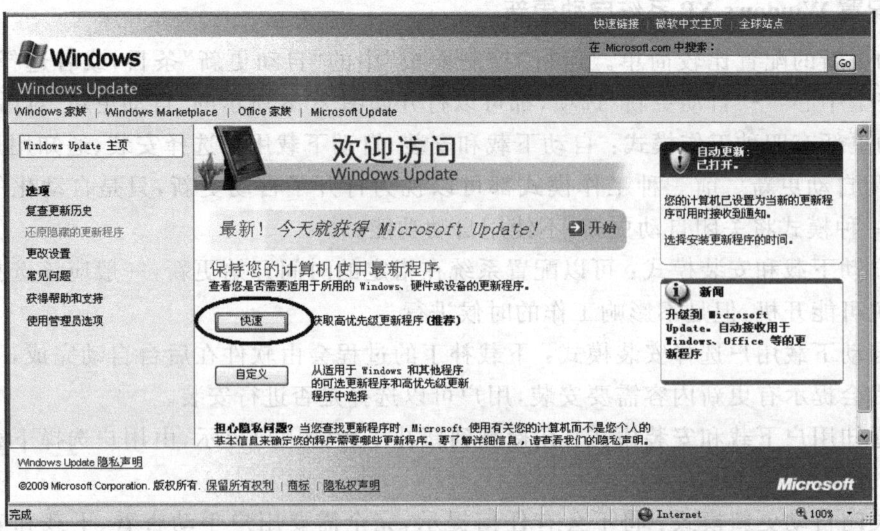

图 20-9

最新的 Windows Update 已经升级为 Microsoft Update，可以提供除了操作系统之外更多的微软产品的升级服务。升级为 Microsoft Update 需要在如图 20-9 中所示的界面右侧单击“链接下载新的软件”。对于 Windows XP 操作系统，Windows 强制要求在使用 Windows Update 更新系统之前先安装“Windows 正版验证工具”。

3. 使用 360 安全卫士更新操作系统

360 安全卫士提供了系统漏洞检测和补丁升级的功能。如果打开了 360 安全卫士的自动提醒功能，当软件检测到新的系统补丁时，会自动在屏幕右下角提示需要进行升级。

步骤 1　打开 360 安全卫士的修复系统漏洞界面

打开 360 安全卫士软件，进入“常用”工具集，选择“修复系统漏洞”选项卡，如图 20-10 所示。

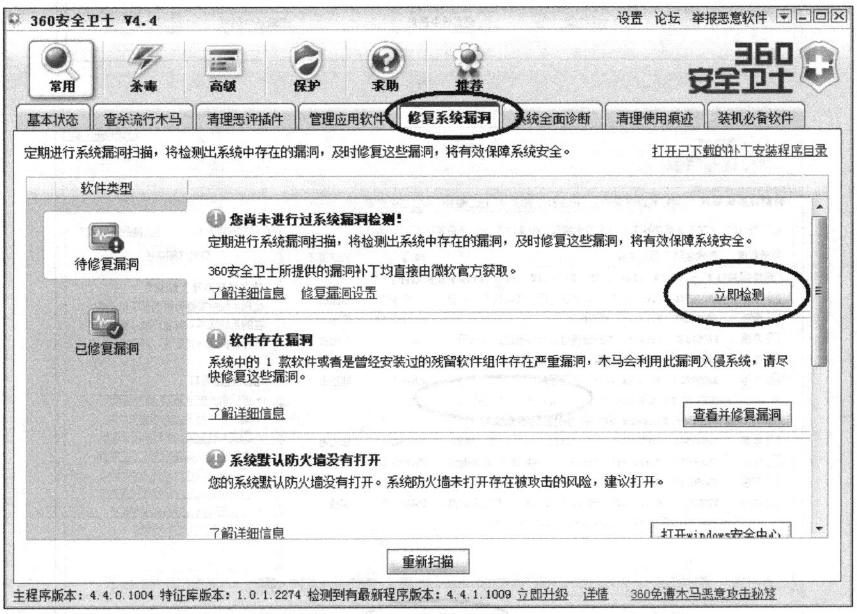

图　20-10

步骤 2　开始检测系统补丁安装情况

在图 20-10 关于系统漏洞项目中单击“立即检测”按钮，软件开始检测操作系统中的补丁安装情况，如图 20-11 所示。几分钟后，在如图 20-12 所示的漏洞修复界面中，列出了需要安装的重要系统补丁。

漏洞修复界面分上下两部分，上面是 Windows XP 系统需要安装的安全补丁，下面是 Office 系列软件的安全补丁。单击图 20-12 中圈记的“点击查看全部”按钮，将会列出所有需要安装的补丁。

步骤 3　开始下载并安装系统补丁

在图 20-12 中单击“点击查看全部”链接，将列出所有系统补丁。在默认情况下所有的系统补丁都会被选中，不建议修改这些设置。

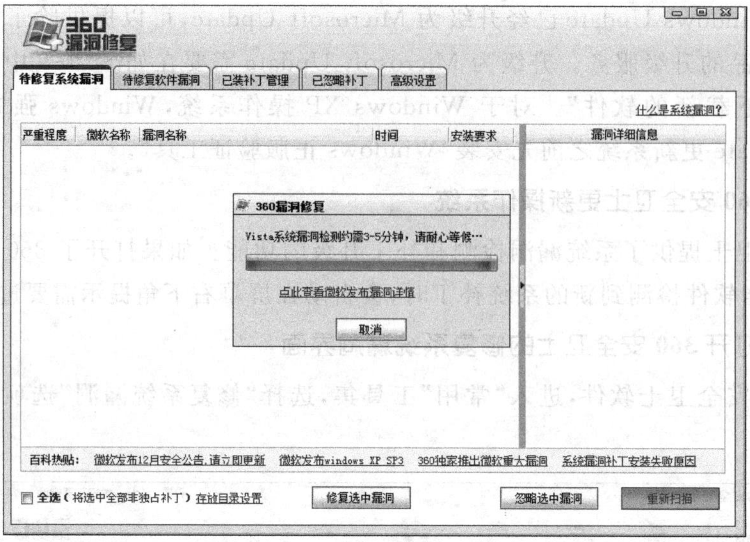

图　20-11

图　20-12

单击“修复选中漏洞”按钮，软件将开始依次下载选中的补丁程序，如图 20-13 所示。在所有补丁程序下载安装完成后，还会自动开始这些补丁程序的安装过程。

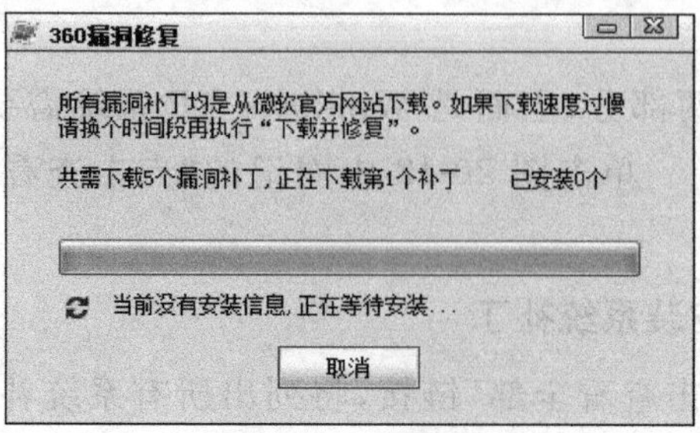

图　20-13

补丁程序下载和安装完成后，会出现如图 20-14所示的汇总报告，报告中列出了补丁程序下载和安装的情况。

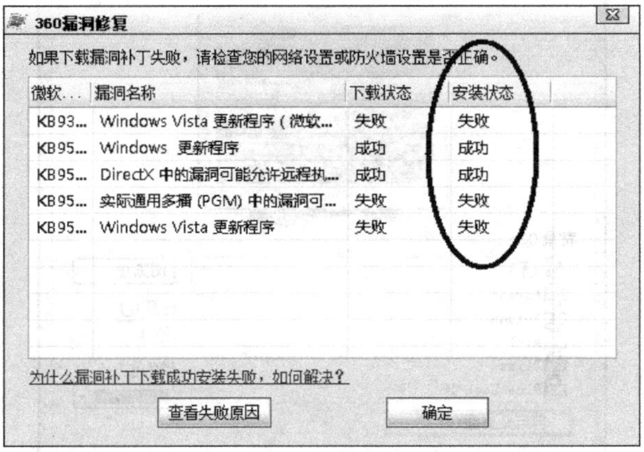

图 20-14

步骤 4 重新启动计算机

安装完补丁程序后，软件可能提示需要重新启动计算机。

知识拓展 使用 360 安全卫士代替 Windows Update 的好处

除了补丁程序检测、下载和安装速度比较快，可以为用户筛选出重要的安全补丁之外，使用 360 安全卫士软件的另外一个好处是所有安装过的补丁程序都保存在 360 安全卫士这款软件的目录中（一般位于 C:\Program Files\360safe\hotfix 目录中），如果还有其他计算机需要打补丁，或者重新安装操作系统，这时可以直接复制这些补丁程序进行安装，不需要再联网下载，从而节省时间和网络流量。

如果打开了 360 安全卫士的自动提醒功能，那么每当新的补丁发布时，屏幕右下角会弹出提示信息，提醒用户及时安装补丁，更新操作系统。

20.5 改变屏幕的显示效果

1. 改换屏幕壁纸

壁纸是指计算机启动后，没有打开其他窗口时，显示在屏幕上的背景图案。这是一幅普通的图片，可以根据用户的喜好更换为任何图片，具体步骤如下。

步骤 1 打开“显示 属性”对话框

在屏幕空白处右击，从弹出的快捷菜单中选择“属性”选项，或者选择“控制面板”→“显示”选项，都可以打开“显示 属性”对话框。选择“桌面”选项卡，显示如图 20-15 所示的界面。

步骤 2 选择壁纸图片

从图 20-15 所示界面列出的背景图片中选择一个图片作为壁纸。如果系统自带的图片中没有满意的图片，还可以单击“浏览”按钮，从硬盘上找到一个合适的图片，图片的预览效果将在界面上半部分的“显示器”中显示。也可以选择“无”选项，从而取消壁纸。

图 20-15

步骤 3 设定壁纸效果

如果图片的像素高于屏幕分辨率，那么可以不考虑显示效果；如果图片像素低，图片会小于屏幕，这时需要选择显示效果，有位于屏幕中央（居中）、图片重复铺满整个屏幕（平铺）、图片放大到屏幕大小（拉伸）等几种效果。通常选择“拉伸”选项。

步骤 4 设定其他桌面选项

这个界面中还包括两个功能，一个是屏幕“颜色”，用于设置桌面没有壁纸时显示在屏幕上的背景颜色；另一个是“自定义桌面”按钮，这里可以选择是否在桌面上显示“我的文档”、“我的电脑”、“网上邻居”等系统默认的桌面项目。

2. 更改主题效果

主题是一组已经定义好的显示风格，包括各种窗口元素的外观、色彩之间的搭配等内容。通常主题效果都由专业的美工人员设计，因此，使用后可以改善计算机的显示效果，使屏幕更加美观。

Windows XP 操作系统自带两个主题：Windows XP 操作系统就是常见的 Windows XP 系统外观，也是 Windows XP 系统的默认主题；“Windows 经典”是传统的 Windows 98/2000 操作系统的外观。在网上有很多可供下载的主题，从质朴到艳丽各种风格都有。

步骤 1 打开“显示 属性”对话框

依照前面介绍的方法，打开“显示 属性”对话框。选择“主题”选项卡，显示如图 20-16 左图所示的界面。

步骤 2 选择一个主题

从“主题”下拉列表中选择一个主题，相应的显示效果可以在屏幕下方预览。也可以单击“浏览”按钮，然后从硬盘上打开下载得到的主题（通常以. theme 命名）。

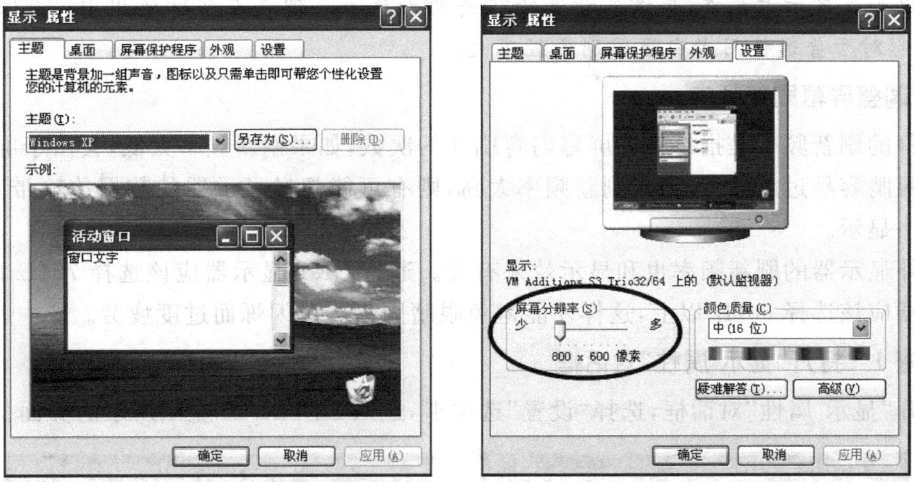

图 20-16

选定主题后，单击“确定”按钮即可生效。

3. 调整屏幕色彩和分辨率

屏幕分辨率是指屏幕上长宽两个方向分别能够显示的像素数，它决定了屏幕显示的精细程度。这个数值由操作系统通过显示卡的输出进行控制，而实际显示效果还取决于显示器的支持能力。

步骤 1　打开“显示 属性”对话框

打开“显示 属性”对话框，选择“设置”选项卡，显示如图 20-16 右图所示的界面。

步骤 2　调整屏幕分辨率

在如图 20-16 右图所示界面的左侧部分找到“屏幕分辨率”选项，用鼠标拖动滑块，可以选择合适的屏幕分辨率。通常长宽比例为 4∶3 的显示器常用分辨率有 800×600 像素、1024×768 像素、1280×1024 像素等，16∶9 的宽屏显示器常用的分辨率有 1280×768 像素、1440×900 像素等。

小知识

液晶显示器都有一个推荐的分辨率，只有在这个分辨率下工作图像质量才是最好的；否则图像会轻则模糊，重则扭曲变形。所以必须调节显示卡的输出分辨率，使其与液晶显示器的推荐分辨率一致。CRT 显示器(显像管显示器)没有推荐分辨率，只有能够达到的最大分辨率。超过这个分辨率，会由于数据传输带宽的缘故，不能正确显示图像。通常 CRT 显示器的最大分辨率都比较大，肉眼能够接受的分辨率都会小于这个值。

步骤 3　调整颜色质量

在如图 20-16 右图所示界面的右侧找到“颜色质量”下拉列表，选择不同的色彩质量。为了保证窗口界面的美观，至少应该选择“中(16 位)”。一般来说，如果显示卡性能较好，并且显存比较大(至少 64MB 或 128MB 以上)时，可以选择 32 位色彩。

提示： 选择的显示卡颜色数越多，对显示卡的性能要求就越高，显示的色彩效果就越好。所以如果显示卡允许，应该尽量选择较高的颜色数。但是在实际使用中，24 位色彩和 32 位色彩对于普通使用者肉眼区别已经不大。

4. 调整屏幕刷新频率

屏幕的刷新频率是指每秒钟屏幕内容刷新的次数，如果刷新频率太低，会由于屏幕的闪烁而使眼睛容易过度疲劳；如果刷新频率太高，则有可能超过显示器的数据传输带宽，造成图像无法显示。

此外显示器的刷新频率也和显示效果有关。通常 CRT 显示器应该选择 75Hz 以上，液晶显示器应该选择 60Hz 以上，这样才能避免眼睛因为屏幕闪烁而过度疲劳。

步骤 1　打开“显示 属性”对话框

打开“显示 属性”对话框，选择“设置”选项卡，进入如图 20-17 左图所示的界面。

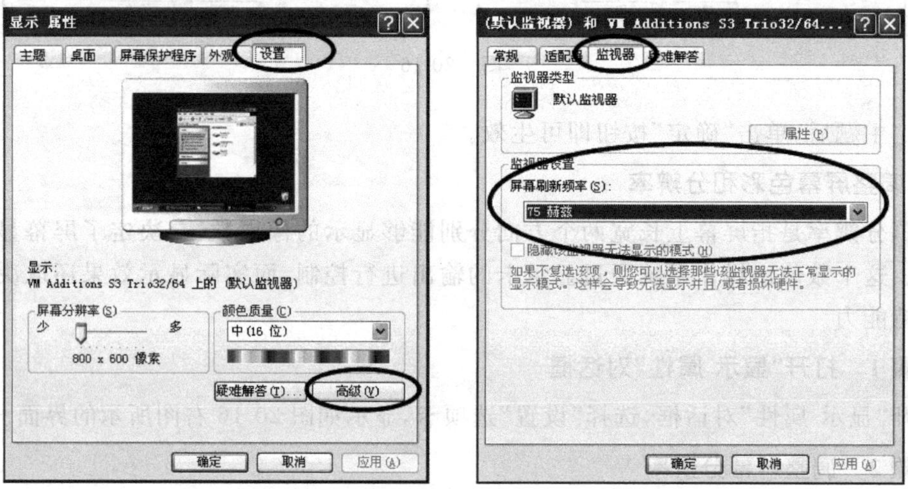

图　20-17

步骤 2　调整刷新频率

在如图 20-17 左图所示中单击“高级”按钮，在出现的对话框中选择“监视器”选项卡，进入如图 20-17 右图所示的界面。可以在“屏幕刷新频率”下拉列表中进行修改。

步骤 3　确认修改结果

修改完刷新频率，单击“确定”按钮后，如果显示器能够支持在当前分辨率、色彩质量和刷新频率下工作，那么屏幕会显示如图 20-18 所示的提示对话框。在确认屏幕显示正常的情况下，可以单击“是”按钮，这样刚才的修改结果就会被保留。如果屏幕显示异常或者无法显示，则需要按下 Esc 键，或者等待 15s，系统会自动将设置内容改回修改前的值。

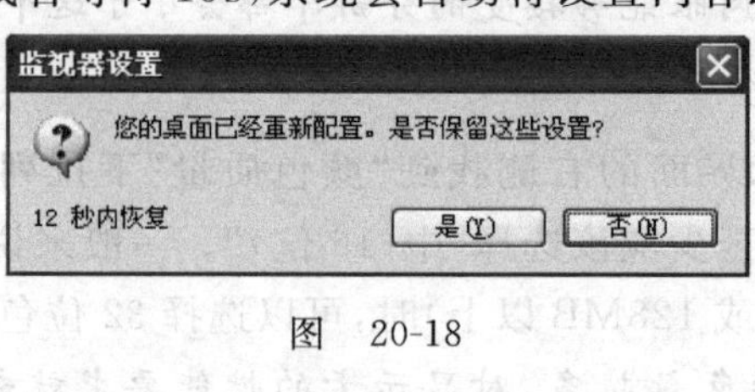

图　20-18

20.6 修改虚拟内存设置

虚拟内存是Windows XP操作系统中采用的由来已久的一项技术，它的初衷是在内存昂贵的年代缓解计算机内存不足的问题。现在计算机内存虽然很便宜，单机可以配置很大的内存，但是应用程序对内存的需求增加更快，内存往往不够用。这时，就需要使用虚拟内存，把内存中不常用的那一部分保存到硬盘中去，为正在使用的软件腾出足够多的内存。

通常情况下，计算机会自动分配虚拟内存，虚拟内存的默认最大值是计算机内存的1.5倍，位于C盘根目录下的pagefile.sys文件中。有时出于磁盘空间、磁盘效率等方面的考虑，需要修改关于虚拟内存的默认设置。

案例4

计算机已经有2GB内存，系统已经默认在C盘分配约1.5GB磁盘空间做虚拟内存。现在由于C盘空间和虚拟内存空间都不够用，因此，希望添加更多虚拟内存，而且把虚拟内存转移到磁盘其他分区中去。

分析 计算机内存较小时，一般应该设置2～2.5倍内存容量的虚拟内存；内存较大时，至少应该设置1.5～2倍内存容量的虚拟内存。因此本例中，应该至少设定3GB虚拟内存，同时应该设定虚拟内存上限，选为4GB。

为了提高磁盘读取效率，虚拟内存最好在磁盘上连续分布，所以如果只有一块硬盘，那么应该把虚拟内存集中存放在某个剩余空间比较大的分区中；如果同时有多块硬盘，可以尝试把虚拟内存分别设置在不同硬盘上，可以并发读写提高速度。

本例中，D盘和E盘分别位于两块不同的硬盘上，因此把虚拟内存同时放在这两个分区中，可以提高存取效率。但是如果D盘和E盘在同一个硬盘上，那么这样做反而会影响读写效率和磁盘寿命，因此不建议将虚拟内存拆分在同一个硬盘的不同分区上，而应该集中存放。

步骤1 打开虚拟内存管理界面

选择"控制面板"→"系统"选项，打开"系统属性"对话框，如图20-19左图所示，选择"高

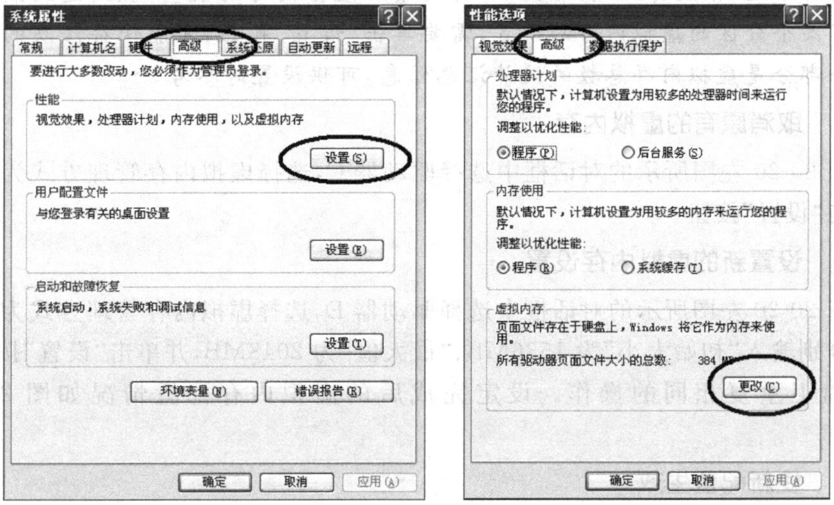

图 20-19

级”选项卡，这个选项卡由上至下分为三个部分，每个部分分别有一个“设置”按钮。单击“性能”部分的“设置”按钮，从而打开“性能选项”对话框，如图 20-19 右图所示。在这个对话框中再次选择“高级”选项卡，这个页面也被分为三个部分，找到其中的“虚拟内存”部分，单击“更改”按钮，从而打开如图 20-20 左图所示的“虚拟内存”管理对话框。

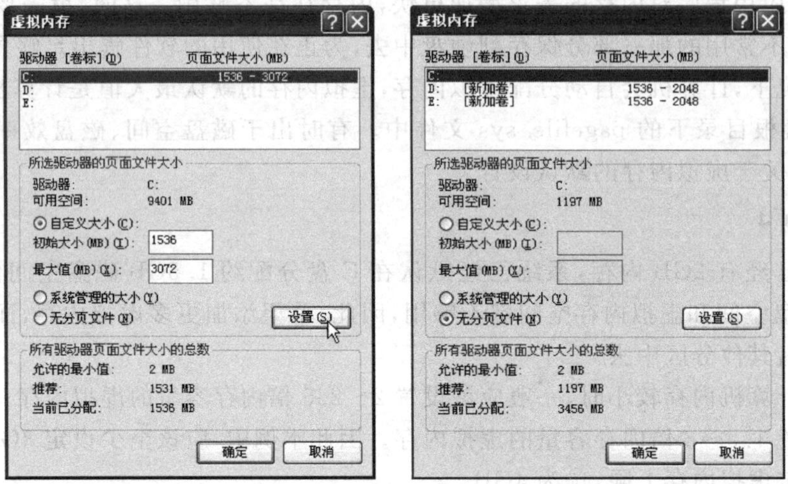

图 20-20

小知识　虚拟内存管理对话框

虚拟内存管理对话框分为三个部分，最上方列出了本机所有的硬盘分区和每个分区上分别设置的虚拟内存文件的大小。选择其中的一个分区，这时对话框中间部分将显示对应的详细信息；对话框中间部分是被选中分区的详细配置信息，首先是磁盘剩余空间的大小，其次可以选择虚拟内存管理的方式，有用户自己管理（自定义大小）、让系统管理（系统管理的大小）和关闭这个分区上的虚拟内存（无分页文件）三个选项，其中自定义大小时，可以设定这个磁盘分区上的虚拟内存文件最初的大小和允许的最大值，在计算机使用过程中，如果遇到虚拟内存不足，系统将从“初始大小”自动增加虚拟内存的数量，直到达到最大值为止；如果修改了某个分区的虚拟内存的设置，需要单击“设置”按钮，才能保存修改的结果；对话框最下面一部分是虚拟内存总数的统计汇总信息，可供设置时参考。

步骤 2　取消原有的虚拟内存

在如图 20-20 左图所示的对话框中选择驱动器 C，选择虚拟内存管理方式为“无分页文件”，并单击“设置”按钮。

步骤 3　设置新的虚拟内存设置

在如图 20-20 左图所示的对话框中选择驱动器 D，选择虚拟内存管理方式为“自定义大小”，然后分别输入“初始大小”为 1536MB、“最大值”为 2048MB，并单击“设置”按钮。

在 E 盘上重复相同的操作。设定完成后的虚拟内存配置情况如图 20-19 右图所示。

步骤 4　使新配置生效

新配置必须重启计算机之后才能生效。单击“确定”按钮关闭对话框之后，重新启动计算机。

步骤5 删除旧文件

重新启动计算机之后，在C盘根目录下找到文件pagefile. sys，删除这个文件。这是一个"系统＋隐藏＋只读"属性的文件，需要先修改属性才能删除。

课堂练习

任务背景： 在课堂讲解中学习了多项Windows XP操作系统的日常管理任务，有必要在实践中学习和练习这些管理操作。

任务目标： 完成各项管理操作。

任务要求： 达到管理任务预期的目标，系统通过各项操作之后出现能够观察到或者能够用软件查看到的变化。

任务指导： 大部分管理功能都是从"控制面板"开始，因此熟悉控制面板中的各种配置项和它们的作用，对本课的学习是比较有帮助的。建议结合操作系统的帮助功能，课前先熟悉控制面板的内容。

练习评价

项　目	标准描述	评定分值	得分
基本要求60分	添加新用户zhang	5	
	设置用户zhang为普通用户(非管理员用户)	5	
	为用户zhang设置密码并用用户zhang登录系统	5	
	用用户zhang登录系统后修改用户zhang的密码	5	
	删除用户zhang	5	
	开启并按照书中案例配置Windows XP系统防火墙	10	
	配置Windows XP系统自动更新	5	
	更换壁纸	5	
	调整频率分辨率和刷新频率	5	
	按照书中案例修改虚拟内存设置	10	
拓展要求40分	配置目录D:\Temp，使用户A具有读写功能，用户B具有只读权限，用户C不能访问。分别用A、B、C用户登录系统，查看授权是否生效	20	
	下载并更改Windows XP系统主题效果	10	
	使用360安全卫士检查并更新系统补丁	10	
主观评价		总分	

本课小结

本课中，简要讲解了Windows XP系统的一些基本管理任务，介绍了它们的功能和操作方法。这些都是非常常用的管理功能，每个用户在使用中都会遇到，因此需要结合课件和实际操作予以学习和巩固。在更新版本的 Windows Vista 操作系统中，这些管理任务依然存在，而且除了界面更美观之外，操作方法基本相同。

课外阅读

1. 探究 Windows XP 系统防火墙

http://www.xici.net/b767406/d53059067.htm

2. NTFS 文件系统目录权限设置教程

http://tech.ddvip.com/2006-12/116523901913075.html

3. NTFS 文件访问权限属性

http://book.51cto.com/art/200709/56993.htm

课后思考

（1）如何修改、保存自己美化的主题？

（2）如果某用户对自己的目录设置了访问权限，那么被列为禁止访问的管理员是否能够访问这些目录？应该通过怎样的操作实现这个目的？该用户能否了解到这些操作的发生？

第 21 课　管理 Windows 操作系统（二）

课堂讲解

知识要点： 本课继续介绍 Windows XP 操作系统的日常管理，主要包括进程管理、系统启动项管理、系统服务管理和系统还原功能。

学习指导： 这些管理任务在 Windows XP 操作系统使用中属于比较高级的操作，但是却又是每个用户的日常使用和维护计算机必备的知识。这些操作内容虽然需要比较专业的知识，但是在工具软件的帮助下，通过课件学习和实践练习后，就会发现实际操作并不复杂。当然要熟练完成这些管理任务，还需要课后多学多记，逐步提高。

学习要求： 了解进程的概念和进程管理的用途，熟练掌握进程管理的方法；掌握系统启动项和服务程序的管理方法，能够用 360 安全卫士软件熟练完成管理任务；掌握系统还原的基本使用方法。

21.1　进程和进程管理

1. 什么是进程

进程可以简单理解为一个正在运行的程序。程序本身是固定的代码，但是一旦执行，就成为一个动态运行的进程。通常一个软件运行后，会启动一个或多个相互配合的进程，来共同完成软件的功能。

操作系统中，每个进程都有一个进程号(PID)，这是进程的唯一代号。

2. Windows 任务管理器

(1) 启动

按 Ctrl＋Alt＋Delete 组合键，就会出现“Windows 任务管理器”窗口。

(2) 任务管理

默认的界面如图 21-1 左图所示，窗口中列出所有用户启动的应用程序。通过下方的“结束任务”按钮，用户可以强行结束某个程序，也可以用“新任务”按钮启动一个新的程序。

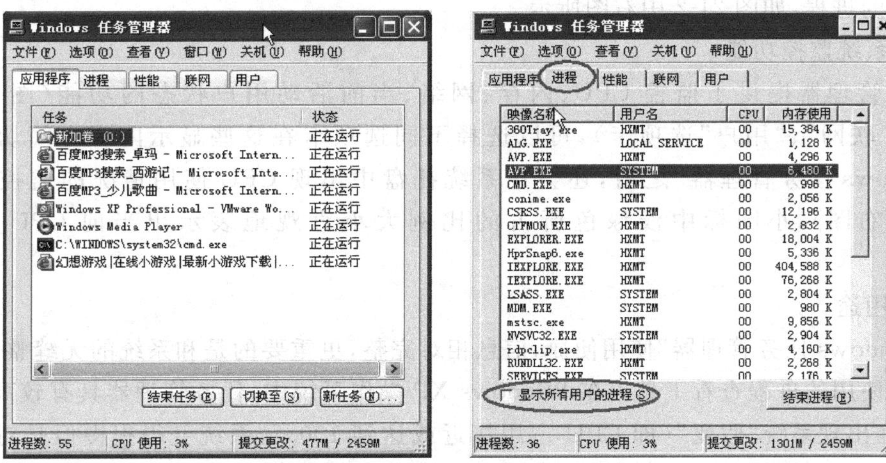

图　21-1

(3) 进程管理

切换到“进程”选项卡(图 21-1 右图)，窗口中会列出当前用户在使用的所有进程。如果选中左下角的“显示所有用户的进程”复选框，将会列出所有用户(包括操作系统本身)在使用的进程。可以看到，系统中运行的进程数量(图 21-1 右图)远远比启动的程序数量(图 21-1 左图)多得多。这主要是由于操作系统自身启动了不少在后台运行的进程。这些后台程序没有程序窗口，平时用户觉察不到它们的存在。

选中一个进程，单击右下角的“结束进程”按钮，可以强行关闭正在运行的进程。只有少数系统进程无法使用这种方式结束。

(4) 配置进程管理

默认情况下，任务管理器显示进程名、用户名、占用 CPU 和内存情况等数据，当然也可以通过配置让任务管理器显示更多的信息。选择“查看”→“选择列”选项，在弹出的对话框中可以看到更多的可选信息，如图 21-2 左图所示，可以根据需要灵活定制。

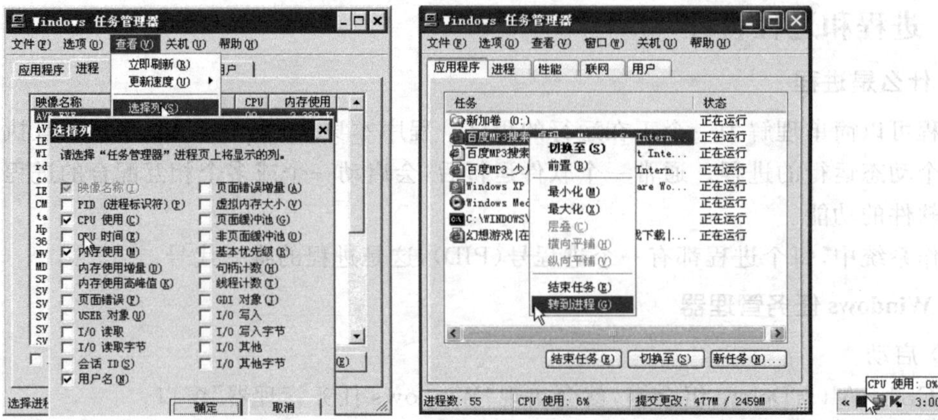

图 21-2

(5) 程序与进程切换显示

在“应用程序”选项卡下选中某个程序，在右键菜单中选择“转到进程”选项，可以查看该程序对应的进程，如图 21-2 中右图所示。

(6) 系统监控功能

任务管理器提供了监控 CPU、内存、网络、当前活动用户状态的功能(图 21-1 中“性能”、“联网”、“用户”选项卡)，可以选择不同选项卡在这些显示内容之间切换。启动“Windows 任务管理器”之后，还会在系统托盘中出现 CPU 使用情况的监控小图标(图 21-2 右图)，小图标中浅绿色所占的比例大小直观地表示出当前 CPU 的使用情况。

(7) 用途

“Windows 任务管理器”使用便捷，信息相对完整，更重要的是和系统的无缝整合，使其成为最常使用的进程查看工具。在 Windows XP 操作系统中，任务管理器具有较高的优先级，尤其在出现系统“假死”(即 CPU 占用接近或达到 100%，系统变得很慢但是对各种操作仍有缓慢响应)的情况时，别的各种工具软件都无法启动，而 Ctrl＋Alt＋Delete 组合键却依然可以成功打开任务管理器。这时可以通过任务管理器终止有问题的进程来恢复系统正常状态。

3. 管理进程的命令行工具

在 Windows XP 的命令行界面下，也有相应的进程查看工具。需要使用的命令有以下几种。

(1) tasklist

tasklist 是最常用的命令行命令。不加任何参数时，tasklist 将列出系统中所有进程名称、进程号、会话名、内存使用等信息，输出结果如图 21-3 所示，功能基本和任务管理器类似。另外 tasklist 还可以通过命令参数设定过滤条件，对查看的结果进行过滤；可以设定输出格式；还可以远程连接到别的计算机上查看对方的进程。

(2) tskill

tskill 用于结束进程，后面可以直接加上进程号或者进程名称。

```
C:\>tasklist

图像名                          PID 会话名              会话#       内存使用
========================= ====== ================ ======== ============
System Idle Process              0 RDP-Tcp#7               0         28 K
System                           4 RDP-Tcp#7               0        240 K
SMSS.EXE                       668 RDP-Tcp#7               0        380 K
CSRSS.EXE                      736 RDP-Tcp#7               0     12,020 K
WINLOGON.EXE                   768 RDP-Tcp#7               0      4,088 K
SERVICES.EXE                   812 RDP-Tcp#7               0      2,180 K
LSASS.EXE                      824 RDP-Tcp#7               0      2,820 K
SVCHOST.EXE                   1000 RDP-Tcp#7               0      3,260 K
SVCHOST.EXE                   1096 RDP-Tcp#7               0      2,144 K
SVCHOST.EXE                   1196 RDP-Tcp#7               0     23,004 K
```

图　21-3

(3) taskkill

taskkill 用于结束进程。和任务管理器、tskill 相比，taskkill 能力更强，可以结束它们无法结束的进程。taskkill 还可以设定过滤条件，一次批量结束多个进程。

taskkill 常用的一些命令参数如下。

- "/pid 进程号"，按照进程号结束进程；
- "/IM 进程名称"，可以按照进程的名称结束进程，可以支持通配符；
- "/F"，强制结束进程，如果任务管理器无法结束某个进程，可以使用 taskkill 命令，加上/F 参数强行终止。

(4) ntsd

ntsd 命令是一个非常复杂而且专业的系统调试工具，对其功能不详细介绍，只介绍它的以下用法。

ntsd -c q -p 进程号。

ntsd -c q -pn 进程名称。

这个命令级别很高，除了 System、SMSS、CSRSS 等少数系统关键进程之外，其余的进程都可以用这个命令结束。

4. 其他进程管理工具软件

能够进行进程管理的软件很多，例如常用的 360 安全卫士、超级兔子、瑞星卡卡等，另外还有其他一些工具软件，如 Process Explorer、IceSword、进程杀手等工具，也都有类似的功能。

(1) 360 安全卫士

360 安全卫士中集成了进程管理功能，可以在该软件"工具"类选项中使用"系统进程状态"来打开进程管理功能。与 Windows 自带的任务管理器相比，360 安全卫士最大的优点是带有动态更新的知识库，而且提供了关于进程更多的详细信息。当鼠标选中某个进程时，该进程的详细信息会弹出显示（图 21-4 左图），而且和该进程有关的 DLL 动态库也将显示在窗口下半部分；另外软件会根据自己的知识库，判定了这些进程的安全级别。对于"安全"的进程，基本上可以不予理会。而被诊断为"未知"和"危险"的进程，则需要特别留意。

(2) 超级兔子任务管理器

这是超级兔子软件中的一个组件。它能够提供关于系统中进程的比较详细的信息，例如调用的 DLL 信息、创建的线程、创建的窗口等（图 21-4 右图），与 360 安全卫士的进程管理功能基本类似。

图 21-4

5. 管理系统中的进程

案例 1

启动一个记事本程序（“开始”→“附件”→“记事本”）。通过进程管理软件找到记事本程序对应的进程号 PID，并强行结束这个进程。

分析 要查看系统中正在运行的进程是比较容易的，Windows XP 自带有任务管理器，在命令行状态下有专用的命令，另外还有各种系统维护工具，都有类似的功能。它们各有特点，可以配合使用。

方法 1 使用 Windows 任务管理器

(1) 启动 Windows 任务管理器。

使用 Ctrl＋Alt＋Delete 组合键打开 Windows 任务管理器。

(2) 查找进程。

在任务管理界面（图 21-1 左图）中，找到“记事本”，右击后，从弹出的菜单中选择“转到进程”选项，可以看到记事本软件对应的进程 notepad. exe。

如果已经知道记事本程序的名字 notepad. exe，也可以在图 21-1 右图的进程管理界面中，单击“映像名称”按钮，这时所有的进程将按照程序名排序。然后按照字母顺序从中找到这个程序。

(3) 结束进程。

在如图 21-1 右图所示的界面中选中 notepad. exe，然后单击“结束进程”按钮，再次按照名称排序，确认进程已经被中止。

方法 2 使用命令行命令

(1) 查看记事本软件进程号。

在命令行状态下直接运行 tasklist 命令，从输出结果中找到 notepad. exe 对应的 PID。例如本例中，进程 notepad 对应的 PID 为 1234。

(2) 结束进程。

使用 tskill、taskkill、ntsd 三个工具中的任何一个来结束记事本进程。这三个工具需要执行的命令如下：

```
tskill  1234 或 tskill notepad
taskkill  /PID 1234 或 taskkill  /IM notepad.exe
ntsd -c q -p 1234 或 ntsd -c q -pn notepad.exe
```

21.2 使用系统还原

系统还原是微软从 Windows Me 版本开始引入的一项系统备份和恢复机制。其基本工作原理是扫描并记录操作系统负责维护的几个目录下的文件的更新情况，在系统发生更改，例如安装新软件、新驱动时，自动生成系统还原点。当系统出现软件故障，例如软件冲突等原因引起操作系统不能正常工作时，可以通过系统还原把操作系统的工作状态恢复到之前的某个还原点。

小知识

网络上流传的一些所谓的“系统优化攻略”中，认为系统还原功能会浪费系统内存，并消耗大量磁盘空间，因此建议大家关闭系统还原。实际上，这是对系统还原功能的一些误读和曲解。系统还原只在系统发生重大更改时，或者用户设定的某个固定时间点启动，其他时间系统还原功能并不运行，不会占用系统内存。系统还原确实要使用最小 200MB，最大 12%分区容量的磁盘空间，作为一项系统的应急恢复功能，在平时很难体会到它的用处，只有在系统出现问题时，才会体现出它的价值。

系统还原产生的还原点有三种：每天在系统空闲时扫描产生的系统检查点；安装新软件、新驱动时自动产生的安装还原点；用户自行创建的手动还原点。系统还原会扫描 Windows、Program Files、Document and Setting 等目录下的更新情况和注册表、系统配置文件的变化，但是不会改动用户的文档、资料和数据。系统还原的数据保存在每个磁盘的 System Volume Information 目录下，这个目录具有系统和隐藏双重属性，如果不在资源管理器中进行配置，是无法浏览到这个目录的。这个目录下有若干以“RP+数字”命名的子目录，每个子目录对应一个还原点，如图 21-5 左图所示。

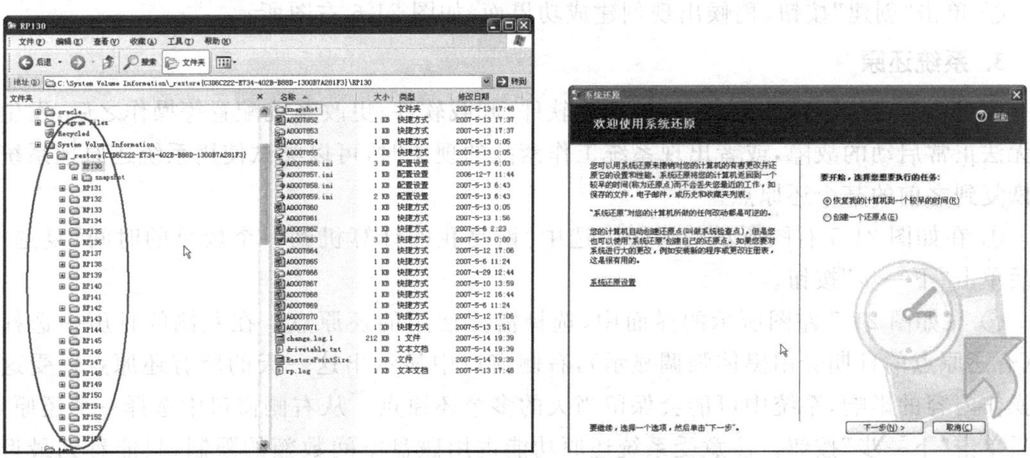

图 21-5

1. 启动系统还原

启动系统还原的方法很简单，选择“开始”→“程序”→“附件”→“系统工具”→“系统还原”选项，即可看到如图 21-5 右图所示的界面。这时有三种操作可供选择：创建一个手动还原点、恢复到之前的某个系统还原点、设置系统还原。

2. 创建一个手动还原点

通常在对系统进行手动更改，例如替换系统程序、修改注册表、手工修改系统配置文件等操作之前，为了将来可能因为这些操作而出现问题时能够恢复到修改前的状态，所以手工创立一个还原点，用来记录当前时刻的系统状态。其他系统操作，例如安装程序、添加硬件等，操作系统会自动创建还原点，不需要手动创建。

创建手动还原点的操作非常简单。

① 在图 21-5 右图中选中“创建一个还原点”复选框，单击“下一步”按钮。

② 在如图 21-6 左图所示的对话框中，输入还原点的描述，也就是要给该还原点起个名字，以便于日后能够和其他还原点区分开。

图 21-6

③ 单击“创建”按钮，稍候出现创建成功界面，如图 21-6 右图所示。

3. 系统还原

在对系统进行了修改之后，例如安装软件、卸载软件、更改系统配置等操作之后，发生系统无法正常启动的故障，或者出现系统工作紊乱的现象时，可以尝试使用系统还原把系统状态恢复到之前的某个还原点。

① 在如图 21-5 右图所示的界面中选中“恢复我的计算机到一个较早的时间”复选框，然后单击“下一步”按钮。

② 在如图 21-7 左图所示的界面中，选择需要使用的还原点。在左侧的日历中选择日期（有还原点的日期会用黑体强调显示），右侧窗口中显示出这一天的所有还原点。受这一天操作内容的影响，系统中可能会保留当天的多个还原点。从右侧窗口中选择一个还原点，然后单击“下一步”按钮。注意受系统还原功能占用磁盘空间数额的限制，只能看到最近的若干个还原点，较早的还原点已经被自动删除。

③ 确认还原点的选择。在如图 21-7 右图所示的警告画面中，提示操作者关闭其他的程序。因为在单击“下一步”按钮之后，系统将自动关闭所有窗口，并进行系统还原，然后重

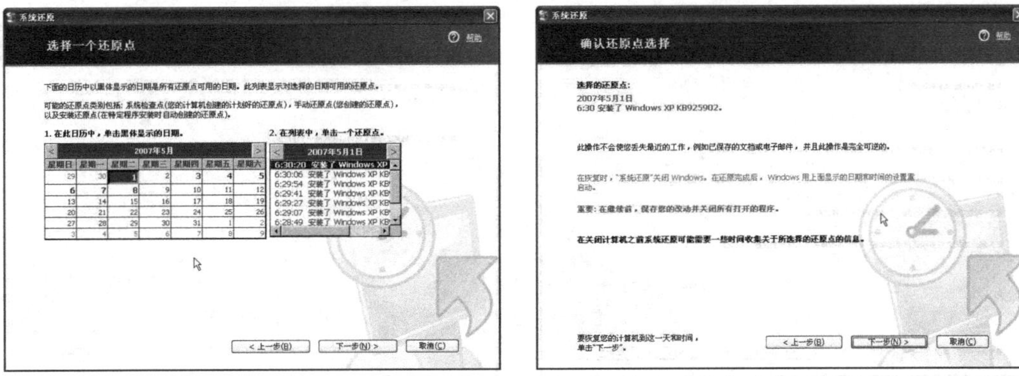

图 21-7

启计算机，所以如果有其他尚未保存的软件窗口，一定要预先关闭。

④ 恢复完成。重启计算机后，将出现如图 21-8 左图所示的“恢复完成”提示界面。

图 21-8

4. 撤销还原

对系统的还原操作是完全可逆的，如果对刚才进行的系统还原结果不满意，完全可以再次启动系统还原功能，选择另外的还原点，或者撤销刚才的还原操作，回到还原前的状态。

① 如果刚才进行过还原操作，那么在欢迎界面中会增加一条“撤销我上次的恢复”(图 21-8 右图)，选择此功能。

② 在图 21-9 左图的“确认还原撤销”界面中进行确认，这时系统将重新启动并撤销刚才的还原操作的影响，恢复到还原操作之前的状态。

③ 重启计算机，将出现如图 21-9 右图所示的“撤销完成”提示界面。

5. 配置系统还原

在如图 21-5 右图所示界面的左侧单击“系统还原设置”链接，将打开如图 21-10 左图所示的对话框。在这个对话框里可以对系统还原进行设置。

如果要彻底关闭系统还原，可以选择对话框中的“在所有驱动器上关闭系统还原”，然后单击“应用”按钮。这样系统还原功能将被禁用，而且硬盘上所有的还原点都会被删除。但是不推荐彻底关闭系统还原的做法。通常为了节约磁盘空间，可以保留操作系统所在分区

图　21-9

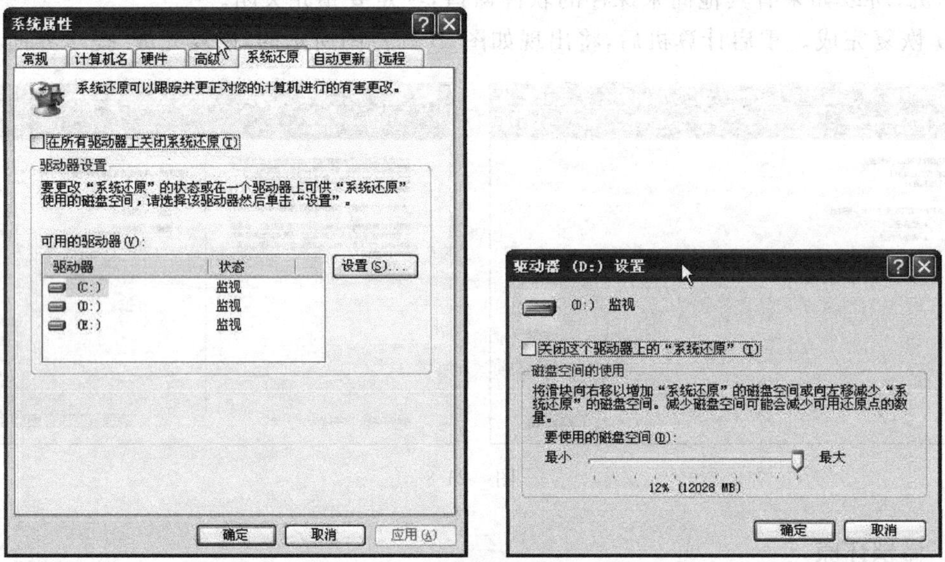

图　21-10

上系统还原功能，而将非操作系统分区的还原功能关闭。

案例 2

按照需要，关闭非系统盘 E 上的系统还原功能，限定 C 盘的系统还原功能占用空间最大为 1GB，设定 D 盘的系统还原功能占用空间最大为 500MB。

分析　如果是非系统盘，可以选择"关闭这个驱动器上的'系统还原'"选项，从而有选择地关闭非系统盘上的系统还原。一般来说，对于和系统无关的分区可以关闭系统还原，避免硬盘空间不必要的浪费；而对于和系统有关的分区（如系统分区、安装有应用程序的分区），如果强行关闭了系统还原，可能造成整个系统还原功能失去应有的作用。

现在软件一般比较大，因此应该适当增加系统还原功能允许使用的磁盘空间。

步骤 1　关闭 E 盘上的系统还原功能

在图 21-10 左图的配置对话框中选择 E 盘，单击"设置"按钮，在弹出的对话框中

(图 21-10 右图)选择"关闭这个驱动器上的'系统还原'"选项,单击"确定"按钮后,在如图 21-10左图所示的对话框中 E 盘的状态将由"监视"变成"已关闭"。

步骤 2　修改 C 盘上的系统还原设置

在如图 21-10 左图所示的配置对话框中选择 C 盘,单击"设置"按钮,在弹出的对话框中(图 21-10 右图),拖动对话框下部的"要使用的磁盘空间"滑块,这时滑块下方的数字也将同步变化。调节大小到 1024MB 左右。

步骤 3　修改 D 盘上的系统还原设置

用步骤 2 同样的方法,设定 D 驱动器上使用的磁盘空间为 512MB。

21.3　系统服务与启动项的设置

众所周知,Windows XP 在启动时会自动运行一系列可执行程序,称为系统启动加载项。这些加载项,有些是系统必需的,有些是系统可选的,更多的是用户安装的程序提供的。除了软件正常的需要之外,还有一些病毒、木马、恶意软件等也利用这个功能让自己在开机后就运行;另一方面,每个程序加载项都会占用一定的内存,如果加载内容过多,就会造成系统内存的浪费。因此,学会管理计算机的启动加载项是非常必要的。

启动加载项可能存在的位置很多,一一查找是件很困难的事。即使找到了加载项,判断它是不是正常程序,则是更困难的问题。幸好有专门的软件可以做这件事。

服务类程序是一类特殊的程序,它们在操作系统后台运行,可以被其他软件程序访问和调用。在操作系统中,存在一大批服务程序,大部分是操作系统自带,少量为用户软件所安装。在 Windows XP 系统中,对所有 Windows 自带的服务项目的启动类型会有一个默认的设置,有一批可能会用到的服务被设置为自动启动状态。然而,默认的考虑兼顾了种种复杂的应用情况,所以针对普通的用户,这些默认的选项未必适合具体的情况,也未必是最优的选择。出于优化操作系统的目的,有时需要对默认的服务类型做一些调整。具体的系统服务的功能说明和调整的建议可以参考网上的有关资料。但是,切忌在不明白原理的状态下盲目调整系统服务的选项。Windows XP 系统服务之间的关联性很强,一些基础性的服务一旦被停止,可能造成系统启动不正常,或者出现启动后某些功能无法使用的局面。而对于应用软件安装的服务,则相对来说管理和配置会灵活得多,只要是用户认为没有用处的服务,都可以关掉。

(1) services. msc

这是 Windows XP 操作系统提供的系统服务管理工具,选择"开始"→"运行"选项,在"运行"对话框中输入 services. msc 命令,即可看到如图 21-11 左图所示的界面。当然,也可以通过"控制面板"→"管理工具"→"服务"选项来运行该工具。

窗口中列出了系统中存在的服务的名称、描述信息、当前状态等内容。如果选择窗口最下方的"扩展"选项,那么还会在左侧部分显示完整的服务描述信息。双击某个服务,可以进入服务属性对话框(图 21-11 右图),在这个对话框中,可以查看服务相关的应用程序,可以启动或者终止服务的运行,也可以选择服务的启动类型(手动、自动或禁用)。这个工具美中不足之处在于无法区分操作系统自带的服务和应用程序安装的服务,所有的服务都混在一起,给用户带来较大的困扰。

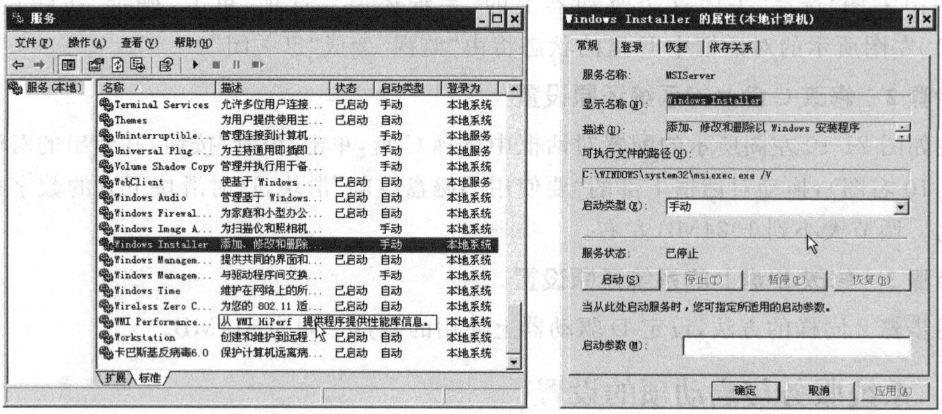

图 21-11

(2) MSconfig

这是 Windows XP 系统自带的启动项配置工具,在“开始”→“运行”对话框中输入命令 MSconfig,即可启动该软件。软件启动后界面如图 21-12 所示,比较重要和常用的功能就是“启动”和“服务”两项设置功能。“服务”选项卡(图 21-12 左图)可以查看和修改系统中自动加载的服务;“启动”选项卡(图 21-12 右图)用来配置启动加载项的内容。

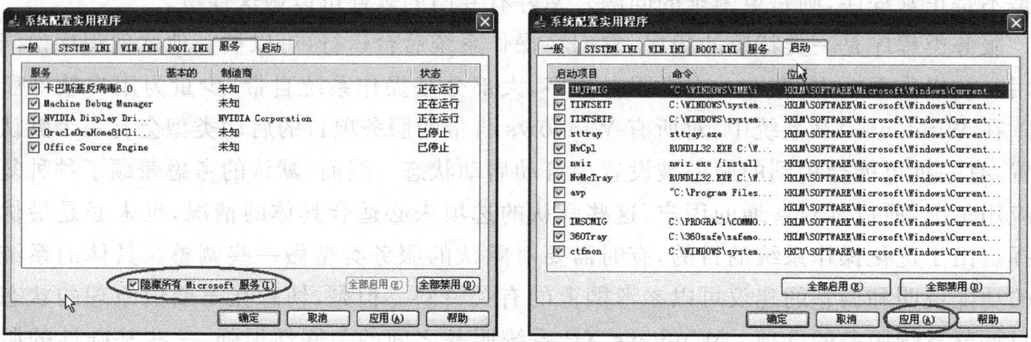

图 21-12

进入“服务”选项卡,对话框中列出所有系统中已经有的服务,根据状态,有“正在运行”的服务,也有“已停止”的服务,正常情况下大约有八九十项。这其中大部分是操作系统自带的服务。所以选中对话框下方的“隐藏所有 Microsoft 服务”,这时大部分条目马上不见了,只剩下有限的几个服务名称。选中服务名前方的复选框,把希望下次继续运行的服务选中,希望停止的服务不要选(初始状态是所有的条目都选中,所以实际操作相当于把其中一些条目前的对钩去掉)。然后单击“应用”按钮,修改就会生效了。有些改动必须重启计算机之后才能发挥功效。

进入“启动”选项卡,列表中显示的是所有的启动加载项,在名称之后还列出了命令内容和写在注册表中的位置。同样,选中需要保留的启动项,不要选希望停止的启动项,然后单击“应用”按钮即可。

(3) 360 安全卫士

虽然使用 MSconfig 可以查看和修改系统启动加载项的内容,但是对于系统了解不深的用户，还是很难从 MSconfig 输出的信息中判断程序或者服务的具体作用。而使用 360 安全卫士，则可以较好地解决这个问题。

提示：除了 MSconfig、360 安全卫士之外，能够修改系统服务和启动加载项的软件还有很多，例如 Windows 优化大师、超级兔子、瑞星卡卡等工具软件，它们的功能与此基本类似。使用哪一款软件，完全在于每个人自己的习惯。但是有几个选择的标准：是否带有比较全面的知识库；是否能够进行智能诊断，并给出建议；是否能够经常发布新版本，或者能够在线升级知识库。不满足这几条的软件不建议使用。

启动 360 安全卫士，切换到“工具”→“系统服务状态”界面(图 21-13 左图)，列出的内容和 MSconfig 有些类似，但是增加了对这些服务的描述信息，同时还判断出该服务是否安全。选中某个条目，就会弹出关于该条目的详细信息，并提供停止或者暂停的选项。同样也提供了“隐藏系统服务”选项。

图　21-13

在“工具”→“启动项状态”界面中(图 21-13 右图)，列出了当前系统中的自动启动项，并且给出启动内容的描述信息、启用或禁用的状态、对应的命令。如果选择一个条目，还会出现如图中的小窗口，列出关于这个条目的详细信息。如果想要彻底删除某个启动项，只需要单击该条目，在出现的“详细信息”窗口中单击“删除此项”按钮即可；如果无法确定某个条目是否有用，只是想暂停它，那么可以选中条目前方的复选框，然后单击“禁用选中项”按钮即可；类似的方法，也可以把某个禁用的条目重新开启。

提示：360 安全卫士自带了丰富的知识库，所有描述信息和安全级别的判断都是来自于这个知识库。一般来说，如果某个条目被判断为安全，那么应该没有太大问题；反之如果被判断为“未知”，那么可能是该条目还没有被收录在知识库里，因此并不意味着该条目一定有问题；但是如果某个条目被判断为“危险”，很有可能是病毒或者木马入侵，应该马上采取措施，避免问题恶化。

课堂练习

任务背景：在课堂讲解中学习了 Windows XP 操作系统的一些管理任务，有必要在实践中学习和练习这些管理操作。

任务目标：完成 Windows XP 系统的进程管理和启动、服务管理，完成系统还原操作。

任务要求：能够使用任务管理器中止进程；能够用系统还原生成还原点和还原系统；能够用360安全卫士完成进程管理、系统启动项、系统服务项等管理工作。

任务指导：360安全卫士是一款比较适合本课任务的软件（当然类似的其他软件如瑞星卡卡等，也具有类似的功能），除了系统还原之外的其他管理功能都可以通过它完成。这类软件有丰富的知识库，可以给读者必要的建议或者诊断以及提示信息。

练习评价

项　目	标 准 描 述	评 定 分 值	得分
基本要求60分	使用任务管理器中止进程	15	
	生成系统还原点	5	
	系统还原	5	
	使用MSconfig管理启动项	15	
	使用360安全卫士管理启动项和服务项	20	
拓展要求40分	按照案例配置系统还原	20	
	使用三个命令行工具中止进程	20	
主观评价		总分	

本课小结

本课中，简要讲解了Windows XP系统的一些高级管理任务，包括系统进程管理、系统还原、系统启动项、服务项管理等内容，简要介绍了它们的功能和操作方法。这些都是较常用的管理功能，每个用户使用中都会遇到，因此需要结合课件和实际操作予以学习和巩固。在更新版本的Vista操作系统中，这些管理任务依然存在，而且除了界面更美观之外，操作方法基本相同。

课外阅读

1. Windows进程知识库

http://www.dofile.com
http://www.acfile.com

2. 关于Windows服务设置详解

http://www.xici.net/b341078/d37078814.htm

3. Windows服务器系统的服务概述和网络端口要求

http://support.microsoft.com/kb/832017

4. 360安全卫士新手指南

http://www.360.cn/about/guide.html

课后思考

(1) 使用360安全卫士的全面诊断功能，详细阅读生成的报告内容。

(2) 在Windows XP的进程中，哪些不能用任务管理器关闭？哪些不能用几种命令行工具关闭？相比之下，哪一种方式功能更强大？

第22课　维护Windows操作系统

课堂讲解

知识要点：本课介绍了Windows XP操作系统的日常维护，主要包括系统维护所需要的两种特殊环境和几种简单的磁盘文件维护任务。

学习指导：两种特殊环境是系统维护和故障处理过程中必不可少的工具，因此需要简单掌握；几种磁盘文件维护任务可以在正常运行模式下运行，对系统运行的效率非常重要，实际应用中需要经常使用。

学习要求：掌握两种特殊环境的简单操作，了解它们的特点和用途。熟练使用几种磁盘文件维护工具。

22.1　安全模式

在计算机操作系统日常维护和故障处理过程中，经常需要用到安全模式，一些和系统运行密切相关的操作，必须在安全模式下才能完成。

(1) 安全模式与正常工作模式的区别

安全模式是Windows系统自身提供的一种用于系统故障诊断和处理的工作模式。和正常启动模式相比，安全模式有以下特点。

- 安全模式不加载所有用户后来安装的硬件驱动程序，只使用最基本的一套硬件驱动，例如主板基本组件、CPU、内存、硬盘、键盘、鼠标等，显卡只使用最基本的VGA模式(800×600pixes分辨率，256色或65 536色)，网卡根据用户需要选配。这套硬件驱动保证了系统可以在最简单可靠的模式下启动和运行。
- 安全模式不启动大部分系统服务。操作系统中的诸多服务项目中只启动几个最基本的服务，大部分服务都不启用。
- 安全模式下不启动各种自动启动的程序。
- 安全模式下操作系统只使用最基本的一组核心程序，打开最精简的一组系统文件。所以在正常模式下不能改动的一些系统文件，在安全模式下就可以进行操作。

- 安全模式下可以正常运行大部分已经安装的软件程序。但是少数和显卡、多媒体等关系密切的软件会不能运行。
- 安全模式下可以使用 Administrator 帐户登录系统。正常启动时，Administrator 帐户是不可见的，系统中可供登录的只有后来用户自定义的用户名。

安全模式启动时不改动以下内容。

- 操作系统中已经安装的各种软件。
- 操作系统正常模式下的各项配置信息。
- 计算机中的各种用户文件。

也就是说，操作系统进入安全模式后，不使用大部分原有的程序和配置内容，但是除非用户进行操作，否则不轻易改变这些内容。当操作系统再次恢复到正常模式后，这些软件程序和配置内容并不丢失。

(2) 安全模式的用途

安全模式主要用于以下几种情况。

- 硬件参数配置错误导致无法启动。最常见是显卡的刷新频率设置过高，或者显卡分辨率设置太高，导致系统无法显示。可以进入安全模式把这些参数改回来。
- 驱动程序错误或冲突导致操作系统无法正常启动。安全模式只加载最简单最基本的一组驱动程序，这组驱动程序出问题的几率很小，因此驱动程序出现问题时，至少系统可以启动并完成一些基本操作，这样便于找到和卸载出问题的驱动程序。
- 病毒和木马感染，正常模式无法清除。有些比较高级的病毒和木马把自己作为系统文件，在启动后加载。这样正常模式下就不能被清除。安全模式不加载大部分操作系统核心之外的文件，因此大多数病毒和木马程序也不会被启动。
- 系统文件错误或丢失。一些系统文件因为种种原因不慎出现问题，结果导致操作系统无法正常启动，只要这个文件不是操作系统最核心的文件之一，那么就可以进入安全模式，设法从安装光盘上恢复出问题的文件。
- 系统未正常启动或关闭。上一次系统未正常结束，再一次启动后，将自动停留在安全模式选择菜单，推荐用户进入安全模式诊断未正常启动或结束的原因。如果是用户自己强行关闭电源，那么可以选择继续正常模式启动。否则应该到安全模式下诊断一下。

(3) 进入安全模式

① 在计算机启动过程中，硬件检测完毕，操作系统开始启动的时候，按下 F8 键。如果把握不好时机，可以从开机开始不停地按 F8 键。

② 在如图 22-1 所示的操作系统选项中，选择“安全模式”选项。

③ 选择“安全模式”后，屏幕将以正在加载的文件列表形式显示系统启动的过程。

④ 在如图 22-2 左图所示的登录界面中以 Administrator 用户或其他具有管理员权限的用户身份进入系统。

⑤ 登录系统后，首先出现的是如图 22-3 所示的提示信息，提醒用户 Windows XP 正在安全模式下运行。单击“是”按钮就可以进入到安全模式的工作界面，如图 22-2 右图所示。屏幕四个角的汉字提示了当前处于安全模式下。

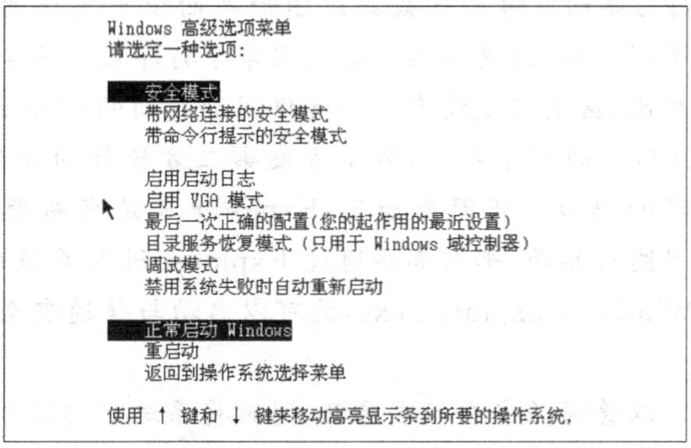

图　22-1

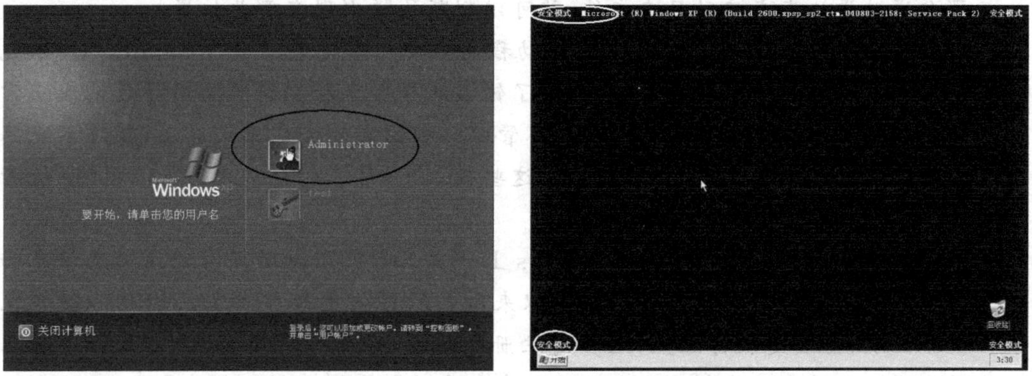

图　22-2

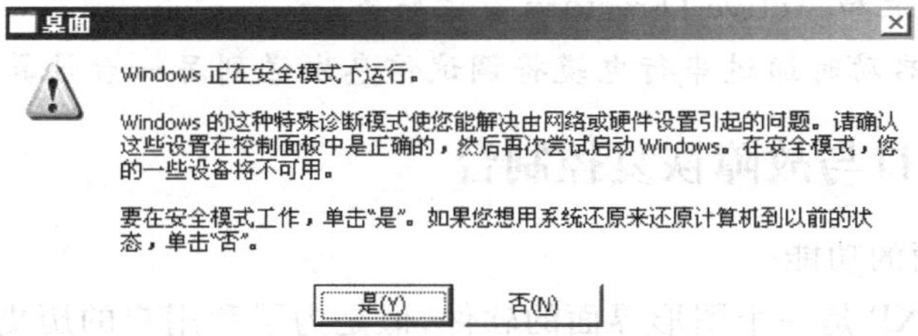

图　22-3

知识拓展　操作系统启动菜单中的其他启动模式

操作系统开始加载时按下 F8 键将出现启动选择界面。在这个界面中有多种启动方式可供使用，可以根据需要选择其一。

- **安全模式**　只使用最基本的内核文件和标准硬件驱动程序。如果采用安全模式也不能成功启动计算机，则可能需要使用恢复控制台功能来修复系统。
- **带网络连接的安全模式**　在普通安全模式的基础上增加了网络连接。这样可以方便上网检索资料辅助诊断和修复，或者在线更新系统和杀毒软件。
- **带命令行提示的安全模式**　在以安全模式登录之后，屏幕上显示命令窗口，而非

Windows XP 图形界面。命令行模式比图形界面使用更少的系统文件。有些故障可能无法启动图形界面，但是仍然可以使用命令行界面。命令行界面的安全模式和普通安全模式相比，区别只是没有启动提供图形界面的程序 Explorer。Explorer 是 Windows XP 最核心的程序之一，为了方便第三方软件的开发，Explorer 提供了很多可供编程开发的接口。正因为如此，Explorer 也是容易受到入侵的系统程序之一。如果不使用图形界面，那么那些通过 Explorer 进入系统的病毒就不会被启动。如果输入 C:\Windows\explorer.exe，就可以启动与普通安全模式下完全相同的图形界面。

- **启用启动日志**　以普通的安全模式启动，同时将系统启动过程中所有驱动程序和服务的加载情况记录到一个文本文件中。该文件称为 ntbtlog.txt，它位于系统目录中。启动日志对于确定系统启动问题的准确原因很有用。例如系统无法正常启动，那么通过设法查看启动日志文件，就可以判断故障出现在哪些位置。
- **启用 VGA 模式**　利用基本 VGA 驱动程序启动。当安装了使 Windows XP 不能正常启动的新显卡驱动程序，或者调整了错误的分辨率和刷新率从而导致无法正常显示时，这种模式非常实用。事实上，不管以哪种形式的安全模式启动，操作系统总是使用基本的视频驱动程序。因此，在这些模式下，屏幕的分辨率为 640×480 像素且不能改动，但可重新安装驱动程序。
- **最后一次正确的配置**　使用 Windows 上一次正常关闭时所保存的注册表信息和驱动程序来启动。最后一次成功启动以来所作的任何更改将丢失。因此一般只在配置不正确（主要是软件配置，尤其是注册表的改动）的情况下，才使用最后一次正确的配置。但是它不能解决由于驱动程序和系统文件损坏或丢失所导致的问题。
- **目录服务恢复模式**　这是针对服务器操作系统的，并只用于恢复域控制器上的 SYSVOL 目录和 Active Directory 目录服务。
- **调试模式**　启动时通过串行电缆将调试信息发送到另一台计算机。

22.2　命令行窗口与故障恢复控制台

(1) 命令行界面的功能

虽然 Windows XP 是一个图形界面的软件，但是为了和用户的历史习惯保持一致，还是保留了命令行界面。在命令行界面下有种类丰富的各种命令可以使用，主要包括以下几类。

- 图形界面程序命令。这类命令执行后将启动相应的图形界面软件。例如执行 C:\Program Files\Office12\word.exe，将启动 Word 文字处理软件。
- 与网络有关的命令。这类命令是纯粹的命令行界面下的命令，但是大部分命令的功能都已经被成熟的图形界面下的程序所取代。为了保持系统的继承性，还是保留了这部分命令。
- 与系统维护有关的命令。这类命令也是命令行界面下的命令，但是没有相同功能的图形界面程序。要完成这样的功能，必须在命令行界面下操作。

(2) 命令行界面的使用

打开命令行窗口比较简单，可以通过选择“开始”→“所有程序”→“附件”→“命令提示符”选项来打开命令行窗口，也可以在“开始”→“运行”对话框中输入命令 cmd 来达到同样的效果。

退出命令行窗口可以输入命令 exit,也可以直接关闭窗口,如果窗口中的程序正在运行,会出现确认对话框。

命令行窗口可以以一个小窗口的形式出现,也可以使用 Alt+Enter 组合键在全屏状态和窗口状态之间来回切换。

命令行命令有两种运行方式:参数式和交互式。

- 参数式的运行方式中,需要在命令后面按照一定格式跟随若干参数,命令和参数一起作为一个整体输入,回车后系统将立即执行并产生相应的操作,屏幕也会有对应的内容显示。
- 交互式方式中,不需要在命令后面提供参数,只需要输入命令即可进入一个交互环境。在这个环境中,用户可以按照屏幕提示输入相应的子命令或者需要的参数。软件停留在提示符界面下,等待用户进一步输入参数。

Windows XP 提供的网络命令中,大部分是以参数方式执行,少部分支持交互方式。也有一些命令,同时支持两种方式。

大多数命令行命令都会显示帮助信息。常见的获取帮助的方法是使用?或者 help 参数,例如输入命令 A -?(与命令 A -help 等价),或者在交互式命令的交互环境下直接输入?或 help,屏幕输出结果中可获得较详细的命令帮助信息。

(3) 故障恢复模式的功能

故障恢复控制台功能是 Windows XP 安装程序提供的一种系统救援模式,目的是在计算机不能正常启动或根本无法引导时对系统进行恢复操作。由于系统意外关闭或者其他原因造成重要系统文件丢失、系统核心文件或驱动损坏、注册表文件损坏等故障,都可能导致系统无法正常启动,甚至安全模式和其他启动选项方法都无效,这时可以考虑使用故障恢复控制台。故障恢复控制台必须拥有管理员帐号(Administrator)的密码。

故障恢复控制台下有部分命令提供了和 DOS 系统或者 Windows XP 命令行窗口下相同的功能,也有少部分是故障恢复控制台下独有的功能,例如 systemroot、map、listsvc 等,这些特有的命令大多与操作系统的维护和配置等有关。

最常见的两类需要使用故障恢复控制台的系统故障如下所示。

- 系统引导信息被覆盖。由于安装其他操作系统或者软件误操作,覆盖了硬盘上操作系统的引导信息,就会造成系统无法启动,这时就需要使用 fixboot 等命令进行修复。
- 启动文件损坏或丢失。操作系统启动必需的核心文件意外损坏或丢失,此时需要从安装光盘上提取需要的文件。但是安装光盘上的文件是以安装前的特殊压缩格式存在的,因此需要在故障恢复控制台下用 expand 命令将需要的文件转换为正常格式。

(4) 启动故障恢复控制台

启动故障恢复控制台可以使用 Windows XP 操作系统安装光盘,在光盘启动后进入。

① 在光驱中放入安装光盘,在 BIOS 中设定启动优先级,选择从光盘启动。

② 在计算机启动后,等待屏幕上出现一行提示 Press any key...时,按一下键盘。

③ 安装程序启动后,在出现提示信息时键入 R,进入故障恢复控制台模式。

④ 屏幕中列出硬盘上已经安装的操作系统，并要求用户使用数字进行选择，如图 22-4 左图所示。需要输入希望进入的那个系统的数字编号。如果只有一个操作系统，那么当然输入 1 就可以了。

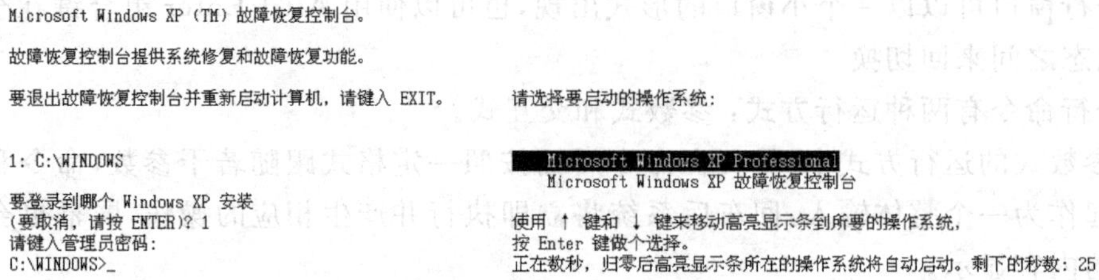

图　22-4

⑤ 选定一个操作系统后，会进一步要求用户输入 Administrator 帐户的密码，然后才能登录系统。

提示：在提示符下输入 help，将会获得所有命令的列表。在 help 后面加上某个命令，将会得到该命令的详细使用说明。

(5) 安装故障恢复控制台

通常故障恢复控制台可以通过安装光盘启动，但是每次使用很麻烦。因此也可以考虑把它安装到硬盘上，这样在启动时就多了“Microsoft Windows XP 故障恢复控制台”选项，如图 22-4 右图所示。安装的方法是运行安装光盘上的命令 winnt32。假定光盘是G 盘，那么就需要正常启动 Windows XP 系统后，在命令行状态下执行 G:\i386\winnt32. exe /cmdcons。对于没有配置光驱或者没有安装光盘的计算机，这种做法显然是比较明智的。

22.3　清理系统垃圾

Windows XP 操作系统本身，以及部分应用软件在运行过程中，都会产生一些用来保存中间结果和状态的临时文件。正常情况下，这些临时文件应该被创建者及时清除，但是由于程序错误、系统设定了较长的缓冲期、系统无法判断某些文件是否还有用等种种原因，其中一部分文件没有被及时清除，从而形成了磁盘上的“系统垃圾”。及时清理系统垃圾，可以有效减少系统盘的空间浪费，提高系统的运行效率。

(1) 磁盘清理工具

Windows XP 系统本身自带了一个垃圾文件清理的工具。选择“开始”→“程序”→“附件”→“系统工具”→“磁盘清理”选项，在出现的对话框中选择操作系统所在的分区，选择“磁盘清理”选项卡，就会出现如图 22-5 左图所示的界面。其中列出多项可供删除的文件，主要包括：

- **已下载的程序文件**　这主要指网页中内嵌的 ActiveX 或者 Java 小程序，浏览网页时它们会自动下载并执行。这些文件存放在系统目录(通常是 C:\Windows)下 Downloaded Program Files 文件夹中。通常可以直接删除，不必保留。
- **Internet 临时文件**　它是 IE 浏览网页过程中产生的缓存文件。通常位于“＜系统盘＞:\Documents and Setting\＜用户名＞\Local Settings\Temporary Internet Files”目录中。如果系统盘空间紧张，可以直接删除这些文件。

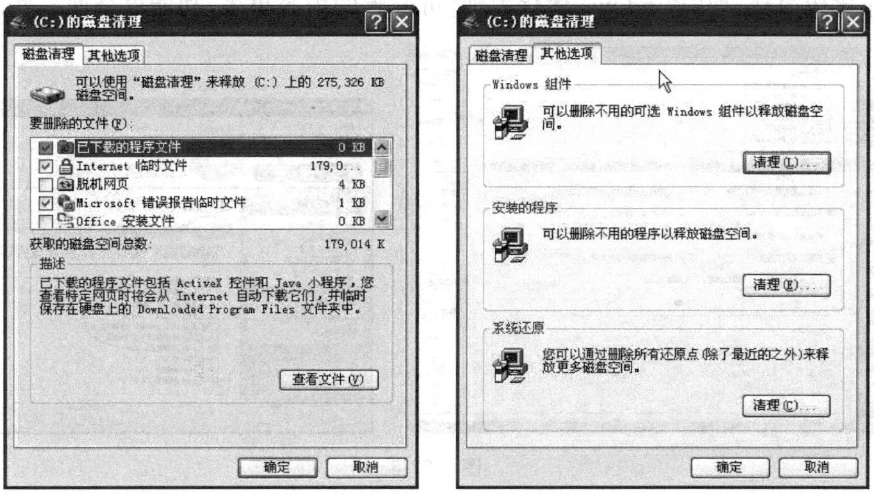

图　22-5

- **回收站**　Windows XP 系统中删除文件后会把文件放入回收站里保管起来(除非用 Shift＋Delete 组合键彻底删除)，时间久了回收站就会塞满垃圾文件。因此定期清理回收站是很重要的。出于谨慎的考虑，最好进入回收站再次确认这些文件后，再从回收站里删除。当然，如果确认这些文件没有用，也可以直接清空回收站。
- **临时文件**　应用软件运行过程中创建但是没有及时删除的中间文件，通常位于"<系统盘>:\Documents and Settings\<用户名>\Local Settings\Temp"目录下。磁盘清理工具会删除 7 天以前的临时文件。
- **Office 安装文件**　通常位于分区根目录的 MSOCache 目录下，是安装 Office 后，为了 Office 维护、修复的需要而保存的部分安装文件。如果有 Office 的安装光盘，就可以放心删除这些文件。

在如图 22-5 左图所示的列表框中，其显示了所有可删除的项目和所占磁盘空间大小；在列表框中单击某选项，对话框下方将显示对应内容的描述信息；选中列表框中所列的项目，然后单击"确定"按钮，选中的文件将被删除。通常，系统默认"Internet 临时文件"、"已下载的程序文件"、"Microsoft 错误报告临时文件"三项可以直接删除，其他的可供选择。而回收站、临时文件，建议到资源管理器中手动删除。

在运行"磁盘清理"工具开始时，如果选择非系统盘，那么可供清理的内容选项会减少很多。软件会建议用户对 50 天以上不使用的文件进行压缩，以节约空间。通常不建议这样做，因为压缩会增加磁盘负荷，并使文件读写效率下降。因此除非硬盘空间确实不够用，否则可以不考虑压缩功能。

(2) 使用工具软件

除了使用系统自带的磁盘清理工具，还可以使用其他工具软件，例如"Windows 优化大师"、"超级兔子清理王"等。图 22-6 左图是"Windows 优化大师"的磁盘清理工具选择界面，图 22-6 右图是"超级兔子清理王"(属于软件"超级兔子魔法设置"系列软件的一个组件)的系统清理界面。对比操作系统自带的清理软件，这两款软件都可以处理上述各种垃圾文件，而且还提供了预扫描功能，可以实现精确到逐个文件的确认功能。相比之下，"超级兔子清理王"操作比较简捷,而"Windows 优化大师"可配置的内容更多,功能更全面一些。

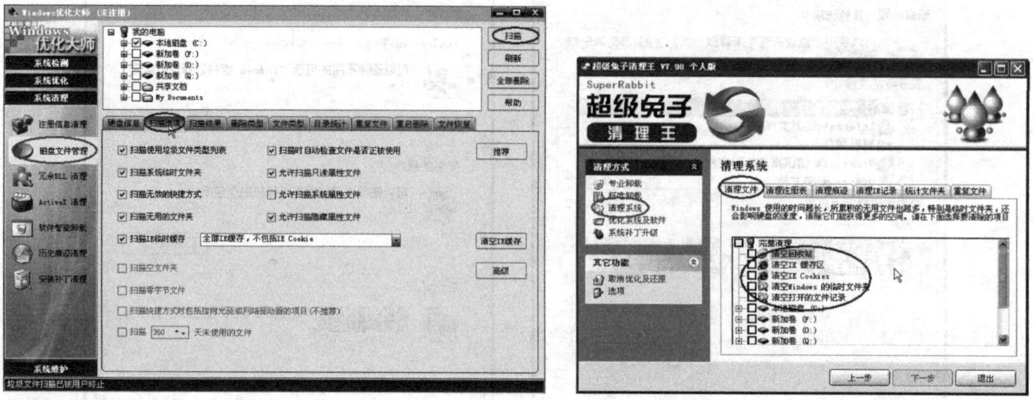

图 22-6

22.4 扫描磁盘

硬盘在使用过程中,程序错误或者读写过程被意外中止,都会造成磁盘文件系统的逻辑错误。扫描磁盘主要是针对这类逻辑错误,Windows XP 系统自带的磁盘扫描工具也主要用于发现这类逻辑错误。当然,它也具备简单的硬件错误发现功能,但是硬件问题一般交给功能更强大的专门的硬件扫描工具去完成。这一节重点介绍如何使用 Windows XP 系统自带的磁盘扫描工具发现和纠正硬盘逻辑错误。

步骤 1　启动磁盘扫描工具

打开资源管理器,右击需要检查的磁盘分区,在右键菜单中选择"属性"选项(图 22-7 左图),打开磁盘分区属性对话框。切换到"工具"选项卡,在如图 22-7 右图所示的对话框中单

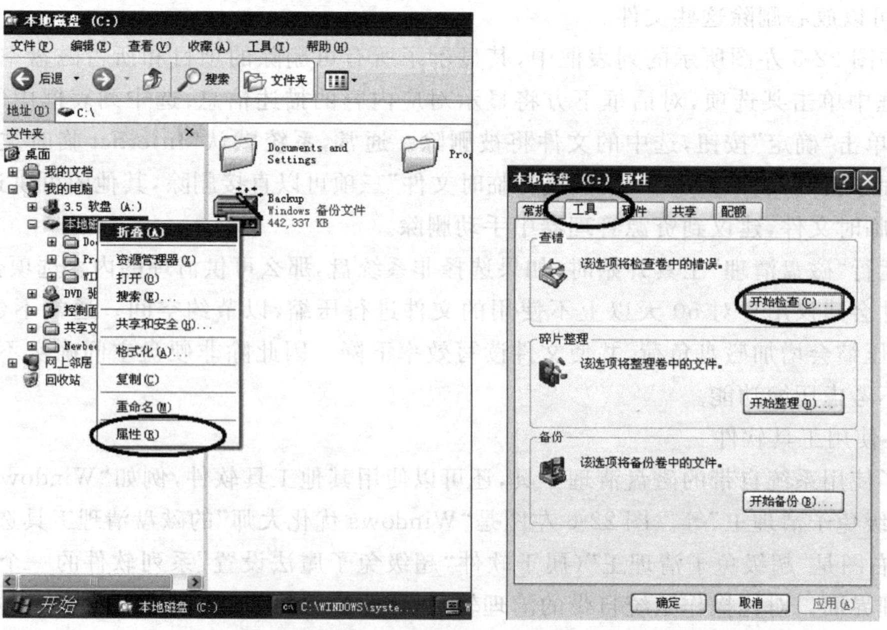

图 22-7

击“开始检查”按钮，就可以打开如图 22-8 所示的磁盘扫描工具。

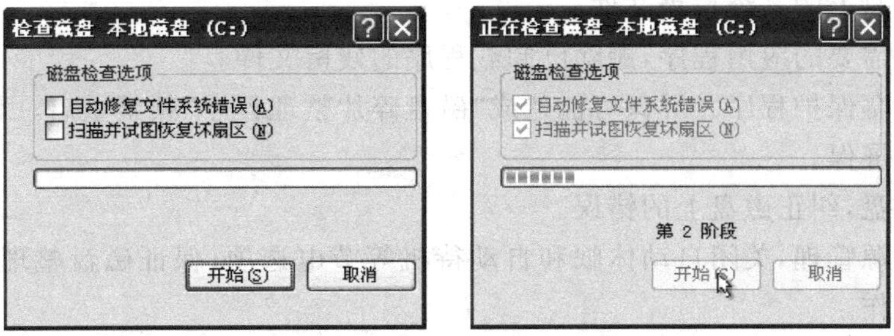

图　22-8

步骤 2　设置扫描选项

图 22-8 左图所示的磁盘扫描工具对话框中有“自动修复文件系统错误”和“扫描并试图恢复坏扇区”两个选项可供在扫描前选择。

- “自动修复文件系统错误”　选中后，如果扫描程序检查到错误，将自动处理；否则将询问用户如何处理。通常情况下自动处理功能已经够用，不需要再人工干预。所以建议选择此选项。
- “扫描并试图恢复坏扇区”　选中后，磁盘扫描工具会在扫描完逻辑错误后，开始对硬盘硬件错误进行扫描。由于扇区扫描将花费比较多的时间，因此除非硬盘出现读写错误需要硬件检查，否则不建议选择此选项。

步骤 3　开始磁盘扫描

选择必要的选项后，单击“开始”按钮，开始磁盘扫描过程。此时屏幕出现如图 22-8 右图所示的阶段提示和进度条。

22.5　整理磁盘碎片

磁盘碎片是硬盘在反复的文件写入和删除过程中，由于剩余空间的不连续造成的硬盘上文件存放不连续的问题。当硬盘使用一段时间后，磁盘碎片就会逐渐增加，这是硬盘使用无法回避的问题。一方面，磁盘碎片降低了文件的读取速度，磁头需要反复移动来寻找文件的下一部分内容；另一方面，一旦硬盘出现意外故障，或者用户不小心误操作删除文件、格式化硬盘，需要挽救硬盘数据时，文件是否连续分布对于修复工作来说就变得至关重要。

要解决磁盘碎片问题，一个简单的措施就是使用工具软件定期整理磁盘碎片。常用的磁盘碎片整理程序有 Windows XP 系统自带的磁盘碎片整理程序，还有第三方开发的软件，例如 PerfectDisk、Diskeeper 等。

1. 整理磁盘碎片前的准备工作

在整理磁盘碎片之前，建议首先进行一些准备工作，从而提高磁盘碎片整理的效率和效果。

- 保证磁盘的剩余空间，一定要保证硬盘至少有 10%的剩余空间，否则应该设法移走或删除一些文件。一般认为如果要比较高效地运行磁盘碎片整理程序，应该在硬盘分区中保留 15%以上的剩余空间。尽管只有不到 1%剩余空间时程序也能正常工作，但是整理的效率会变得很低。

➢ 清理磁盘上的系统垃圾文件。
➢ 卸载不需要的应用程序，删除已卸载程序的残留文件。
➢ 关闭屏幕保护程序。屏保可能造成“磁盘碎片整理程序”频繁重启，因此应该在整理前禁用屏保。
➢ 扫描磁盘，纠正磁盘上的错误。
➢ 调整电源管理，关闭自动休眠和自动待机等节电选项，保证磁盘整理过程中计算机稳定工作。
➢ 如果要整理系统盘，建议清空“预读取”文件夹，也就是“＜系统目录＞\Prefetch”（通常是 C:\Windows\Prefetch）目录。这个目录保存了系统频繁使用到的一些文件，以便于提高启动速度。但是由于时间长了，其中会出现一些可能有问题的文件，影响整个磁盘的整理工作。所以可以清空该文件夹，下一次启动时系统会自动在这个目录中重建需要的文件。

磁盘碎片整理程序不宜经常运行，根据硬盘使用情况，一般一周到两周运行一次比较合理。

注意：*在磁盘整理过程中，应该避免同时运行其他程序，否则可能造成死机，另外这种情况下与其他程序同时读写硬盘对硬盘伤害也比较大。*

2. 使用 Windows 系统自带的磁盘碎片整理程序

Windows 系统自带了一个磁盘碎片整理程序，通过它可以完成简单的磁盘碎片整理的任务。

步骤 1　启动磁盘碎片整理工具

在资源管理器中右击需要整理的磁盘分区盘符（“C：”、“D：”等），在右键菜单中选择“属性”选项（图 22-7 左图）弹出磁盘属性对话框，切换到“工具”选项卡（图 22-9 左图），单击“开始整理”按钮；在“开始”→“程序”→“附件”→“系统工具”菜单中也可以找到“磁盘碎片整理程序”。“磁盘碎片整理程序”界面如图 22-9 右图所示。

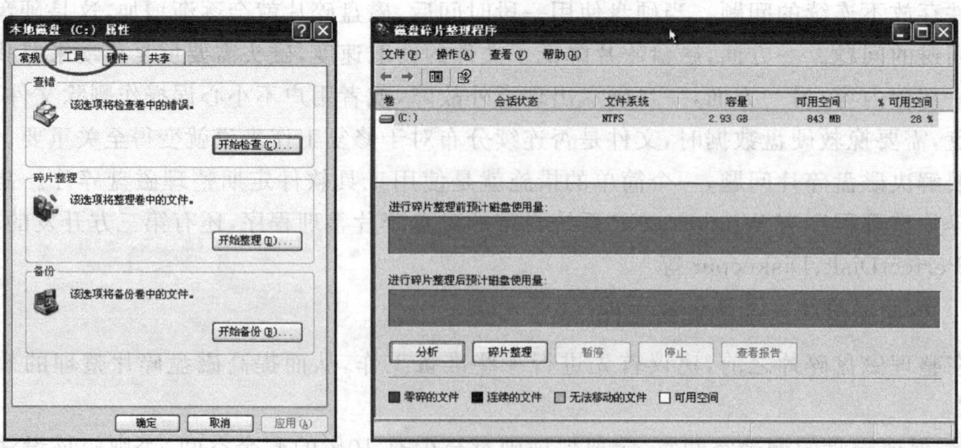

图　22-9

步骤 2　选择并分析一个需要整理的分区

如图 22-10 左图所示，选择一个分区，例如 C 盘，然后单击“分析”按钮对分区中的文件情况进行扫描。

图　22-10

分析完成后会出现如图 22-10 右图所示的分析报告，分析报告中列举了多项关于磁盘的统计信息。其中最重要的内容是位于报告顶端的“您应该对该卷进行碎片整理”建议。如果硬盘碎片问题不严重，这里会建议“不需要进行磁盘整理”。

步骤 3　整理磁盘碎片

如果步骤 2 结束后分析报告中建议进行磁盘碎片整理，那么可以在图 22-10 左图中单击“碎片整理”按钮开始对硬盘进行整理工作。

磁盘碎片整理所花费的时间视碎片的严重程度、硬盘大小、文件大小不同差别很大。一般在十几分钟到几个小时不等。所以建议在不使用电脑时开始磁盘整理，一方面节省用户的时间，另一方面也避免其他软件读写硬盘对磁盘整理的过程产生影响。

3. 第三方磁盘整理工具 PerfectDisk

PerfectDisk 是一款非常优秀的磁盘整理软件。相比 Windows 系统自带的整理工具，它的速度要快得多。另外，它独有的智能整理算法，可以对磁盘上文件的使用和更新情况进行分析，按照使用的频繁程度进行整理，从而提升磁盘读取的效率，最大限度减少磁盘碎片整理后在使用过程中再次出现碎片的可能性。

PerfectDisk 软件主界面如图 22-11 所示。整个界面分为左、中、右三个部分。左侧是功能导航栏，各种功能的操作按钮都集中在这里，导航栏的内容和菜单内容是一一对应的；右侧是随时更新的动态帮助；中间上半部分是磁盘分区列表，下半部分是扫描分析之后磁盘上数据的分布情况，不同颜色的小方块标示不同的文件使用情况：按照使用频率和用途分类，有很少使用(Rarely Modified)、偶尔使用(Occasionally Modified)、最近刚用过(Recently Modified)、目录区(Directory)、启动区(Boot)、其他类型(Excluded)、空闲区域(Free)七大类，通过这个图可以很容易地了解整个磁盘上文件碎片的分布情况。

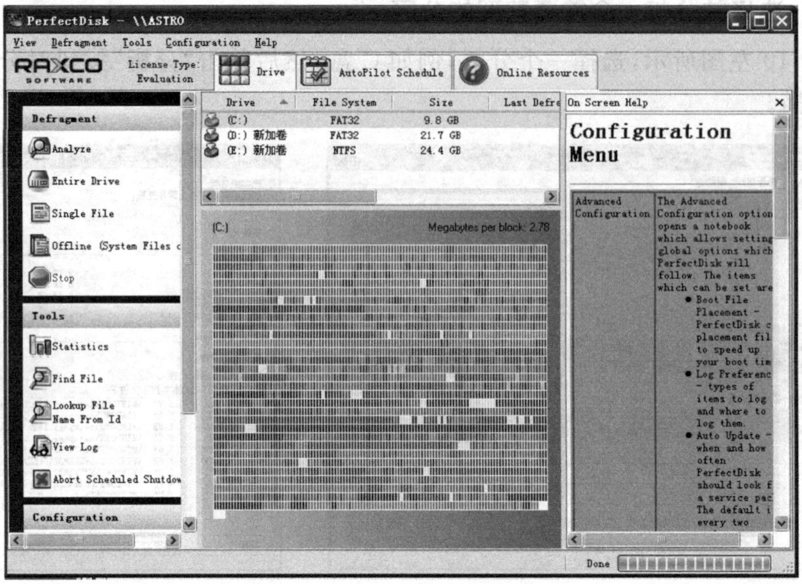

图 22-11

步骤 1　启动 PerfectDisk 软件

从开始菜单或桌面图标中找到软件 PerfectDisk，启动软件。经过短暂欢迎界面后，软件停留在如图 22-11 所示的主界面中。

步骤 2　选择并分析磁盘分区

在如图 22-11 所示的主界面中选择一个分区，然后单击“分析”(Analyze)选项进行磁盘分区分析。几分钟后，PerfectDisk 将给出一个详细分析报告(图 22-12)，这份报告有多个页面，内容比 Windows XP 系统自带的磁盘整理工具做出的报告丰富得多。根据分析结果，在“结果”(Results)选项卡中给出了分析结论，建议用户是否进行相应的整理工作。

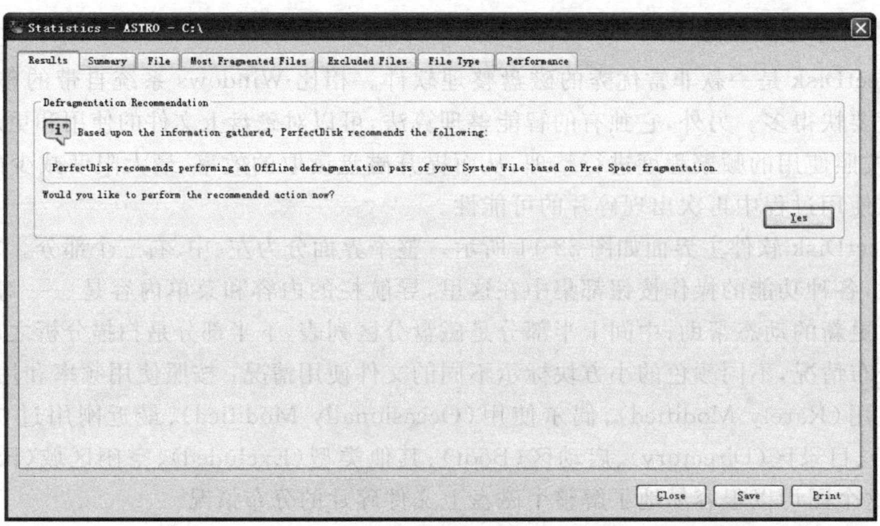

图 22-12

步骤 3　启动磁盘碎片整理

在如图 22-12 所示的分析报告“结果”(Results)选项卡中单击“是”(Yes)按钮，或者直接单击如图 22-11所示软件主界面左侧的“所有驱动器”(Entire Drive)，开始进行整理工作。

步骤 4　选择整理方式

整理开始后，出现如图 22-13 所示的整理方式选择界面。单击“更多选择”(More Options)按钮，会出现如图 22-13 所示对话框的下半部分，共有三种策略可供选择：“智能排列”(Use SMART Placement)、“同时整理文件和剩余空间碎片”(Consolidate Free Space)、“只清理文件碎片”(Defragment Only)。PerfectDisk 默认和推荐使用第一种，经过优化后的文件系统性能可以比优化前提高 20%以上，但是这种优化方式可能需要较多的时间。建议对系统盘使用“智能排列”，而对其他分区，使用“同时整理文件和剩余空间碎片”就可以了。

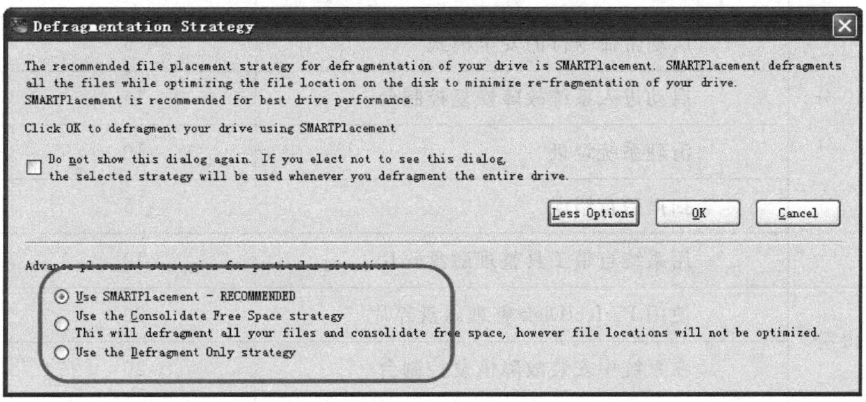

图　22-13

步骤 5　开始磁盘碎片整理

如图 22-13 所示，选择好整理模式后，单击 OK 按钮开始磁盘整理的过程。这时主界面窗口中最下方的状态栏上增加显示了正在移动的文件名称，右下角的小进度条显示了当前的整理进度。

注意：由于 PerfectDisk 整理磁盘的策略和 Windows XP 系统自带的工具有些不同，因此实际使用时，如果选择“智能排列”，而且是第一次使用，所花费的时间会稍微长一些。以后再次使用就会快多了。

PerfectDisk 的多种整理模式在同一磁盘中不要混合使用，最好也不要和其他磁盘整理工具混合使用，因为它们对文件的整理和排序策略各不相同，交叉混合使用会导致磁盘文件被反复移动，反而加重磁盘的负担。

课堂练习

任务背景：在课堂讲解中学习了多项 Windows XP 操作系统的特殊维护环境，有必要在实践中熟悉这些环境；磁盘文件的维护任务也需要通过实践熟练掌握。

任务目标：启动并练习两种特殊的系统维护环境；练习几种磁盘文件维护操作。

任务要求：能够启动两种特殊系统维护环境，并掌握基本使用方法。使用系统自带工具完成各项磁盘文件维护操作。

任务指导：两种特殊环境的使用，简单熟悉即可，重点在于如何启动到这些环境中；磁盘维护任务主要使用系统自带的工具，需要熟悉这些工具的启动方法和简单操作，不需要对工具本身内部的工作过程做过多了解。

练习评价

项　目	标准描述	评定分值	得分
基本要求 60 分	启动安全模式	10	
	启动命令行工具	5	
	启动带命令行的安全模式	5	
	启动进入系统故障恢复控制台	15	
	清理系统垃圾	10	
	扫描磁盘错误	5	
	用系统自带工具整理磁盘碎片	10	
拓展要求 40 分	使用 PerfectDisk 整理磁盘碎片	20	
	在系统中安装故障恢复控制台	20	
主观评价		总分	

本课小结

本课中，简要讲解了 Windows XP 系统维护的一些知识，首先介绍了系统维护和故障处理过程中常用的两种特殊运行模式：安全模式和故障恢复控制台模式，并且介绍了命令行工具。其次讲解了一些基本的磁盘文件维护任务，介绍了它们的功能和操作方法。在更新版本的 Windows Vista 操作系统中，这些维护任务依然存在，而且除了界面更美观之外，操作方法基本相同。

课外阅读

1. Windows XP 中的命令行命令

http://www.pccode.net/article/212/234/2008/2008053137905.html

2. 103 个 Windows XP 运行命令

http://tech.163.com/06/0428/10/2FPQ4E31000915A1.html

课后思考

(1) 针对不同用途的磁盘分区,例如系统分区、数据分区、备份分区等,分别适合选择 PerfectDisk 的哪种整理模式?

(2) 安全模式和故障恢复控制台模式相比较,有哪些共有的功能?又有哪些特有的功能?

第 23 课 计算机数据备份与恢复

课堂讲解

知识要点: 本课重点在于镜像恢复工具的使用,这也是本课难点所在。而注册表和文件的备份比较简单,因此不作为重点。

学习指导: 镜像恢复工具看似复杂,实际上操作一次之后就可以熟练掌握。因此课后练习环节非常重要。

学习要求: 熟练掌握至少一种文件备份工具;了解注册表的备份和恢复方法;熟练掌握至少一种镜像备份软件。

23.1 使用文件备份工具

最简单的文件备份工具是 Windows XP 的资源管理器,复制、粘贴的方法适用于小批量的文件备份。但是当文件较多、需要经常备份时,这种方法就显得不够稳定和快捷。因此可以选择一些工具软件。文件备份工具数量很多,而且使用方法基本雷同。这类软件大致分为三种。

- **简单复制** 实现从文件到文件的复制,备份后的结果是和原来目录结构相同的内容。
- **打包备份** 备份后,所有的备份内容被打包到一个大文件中。
- **同步备份** 这种备份方式不是简单的单向复制,而是对源和目的地两侧的文件进行比较,不同的内容经过用户选择和确认后,保持两个位置的内容相同。

本节以第一种为例,介绍一款免费软件"文件夹同步备份王"。这款软件启动后的界面如图 23-1 所示,默认停留在"文件夹同步备份"选项卡,在对话框中输入"原始文件夹"和"备份文件夹"的路径,单击"开始同步"按钮就可以把原始文件夹中的内容复制到备份文件夹。如果备份文件夹中已经有内容,软件会简单比较两个文件夹,删除备份文件夹中和原始文件夹不一致的内容,保留备份与原始内容完全相同。

软件还有"整盘同步备份"功能,可以把整个分区备份到一个目录下;也可以设置"例外文件夹",设定一些不需要备份的内容。

打包备份工具常用的有本课后面小节中介绍的 Windows XP 系统自带备份工具、Acronis True Image 等;同步备份可以选择 GoodSync,这是一款比较灵活易用的同步软件。

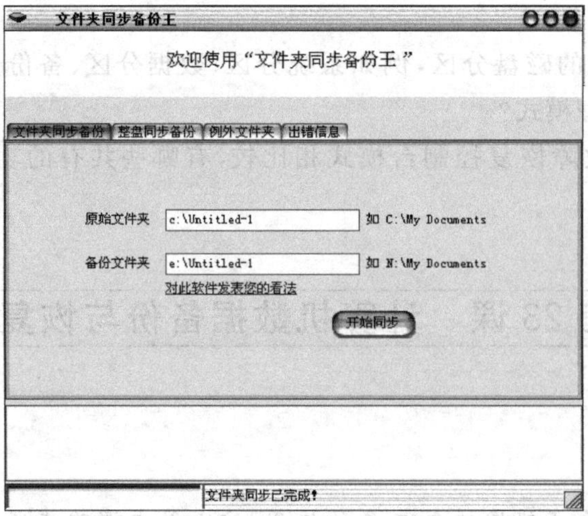

图 23-1

23.2 备份和恢复注册表文件

使用 Windows XP 操作系统的用户必然经常听说"注册表"这个概念。注册表是一个内容庞杂的数据库，它以若干树形结构记录了当前计算机中硬件配置信息、当前操作系统中软件信息、当前计算机的运行状态等内容。注册表是 Windows XP 操作系统中最核心的内容之一，系统的运行时刻离不开注册表中的信息。

注册表非常重要，但同时注册表也很容易发生故障。注册表既然保存了系统中的软件配置信息，那么这些软件就要求能够在注册表中加入自己的配置内容。注册表是以文件的形式保存在硬盘上，这样在频繁的写入过程中，文件难免会发生一些读写的意外，这时将会损坏注册表，轻则造成存储内容的丢失，重则使操作系统无法启动。所以，平时经常备份注册表文件是比较重要的。

任务 1　备份整个注册表

备份注册表可以通过 Windows XP 操作系统自带的备份工具。

步骤 1　启动备份工具

在"开始"菜单中，选择"所有程序"→"附件"→"系统工具"→"备份"选项，启动备份工具。第一次启动后的软件界面如图 23-2 左图所示。

步骤 2　切换软件工作模式

第一次启动备份工具，会进入"备份或还原向导"模式。这不是我们需要的工作模式。因此需要取消"总是以向导模式启动"选项，并单击图 23-2 左图中的"切换到高级模式"默认选项，单击"下一步"按钮，进入如图 23-2 右图所示的界面。

在图 23-2 右图中打开"备份"选项卡，如图 23-3 左图所示。

步骤 3　选择备份选项

Windows XP 备份工具还可以用来做文件备份。但是其文件备份功能较少被使用。在

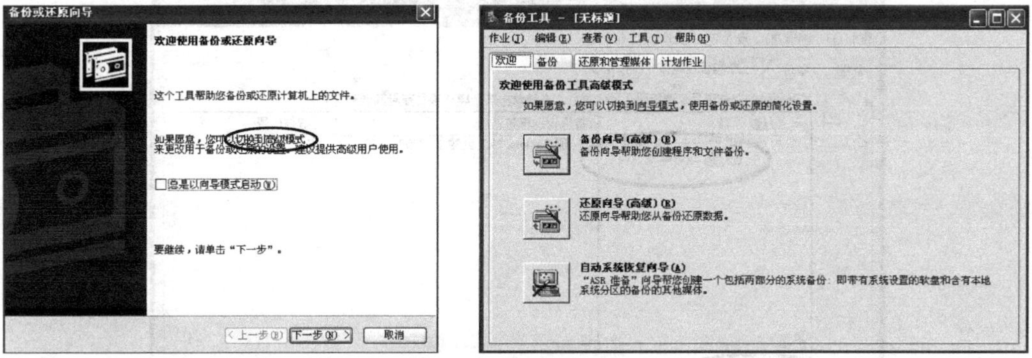

图 23-2

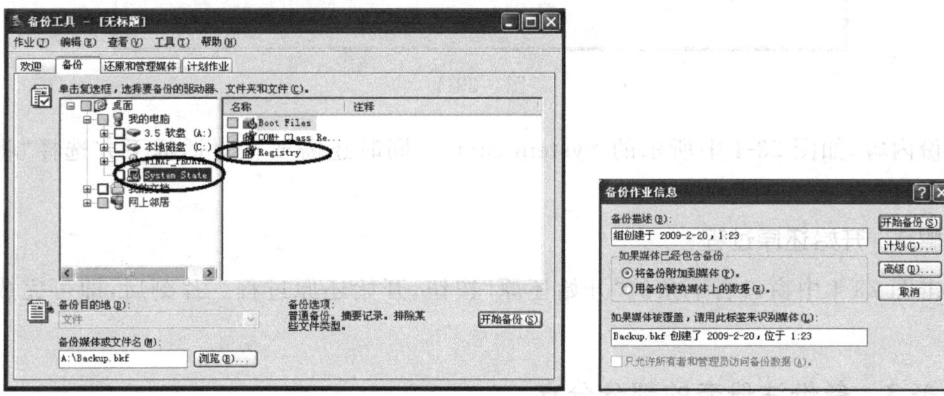

图 23-3

如图 23-3 左图所示界面左侧的树型目录中找到 System State 选项，右侧窗口列出了几个选项，选择其中的 Registry 选项。

在窗口下方的“备份媒体或文件名”选项中，输入备份后的文件名，也可以单击“浏览”按钮选择备份文件保存的目录。

步骤 4　开始备份

完成步骤 3 中的操作后，单击左下角“开始备份”按钮，会出现如图 23-3 右图所示的确认对话框。确认对话框中的信息用默认值即可。单击右侧“开始备份”按钮就可以启动备份过程。

任务 2　还原注册表备份

Windows XP 系统自带备份工具备份之后的结果只能使用同一个工具打开并还原。

步骤 1　启动还原工具

在“开始”菜单中，选择“所有程序”→“附件”→“系统工具”→“备份”选项，启动备份工具。切换到“还原和管理媒体”选项卡，进入如图 23-4 所示的界面。

步骤 2　选择还原选项

在窗口左侧的树型目录中，列出了已有的备份内容，从中按照时间和文件名找到需要还

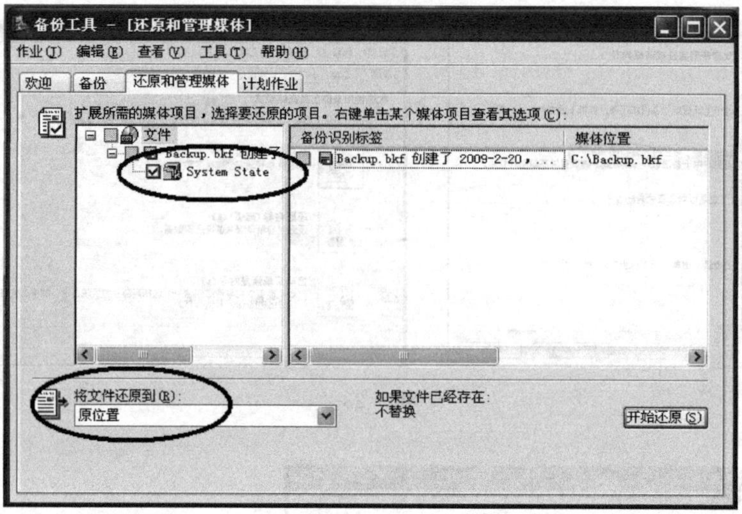

图 23-4

原的备份内容，如图 23-4 中所示的 System State。同时还需要在对话框下方选择“将文件还原到”选项为“原位置”。

步骤 3　开始还原过程

单击图 23-4 中窗口右下角的“开始还原”按钮，开始还原过程。片刻后，即可完成还原过程。

任务 3　备份注册表的部分分支

注册表是一个非常庞大的数据库，其中的内容是以树型结构存放的。有时为了系统维护的目的，需要保存注册表的某一个分支。这种部分保存注册表的操作可以通过注册表编辑器完成。

步骤 1　启动注册表编辑器

在“开始”菜单中选择“运行”选项，在出现的对话框中输入 regedit（图 23-5），然后按 Enter 键，就可以启动注册表编辑器（图 23-6）。

图 23-5

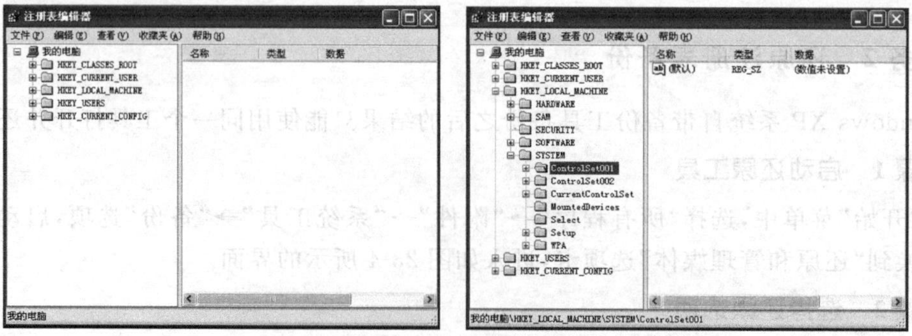

图 23-6

步骤 2　定位需要备份的分支

注册表中的信息是按照树型目录存放的，这一点和磁盘文件的存放有相似之处。注册表编辑器的使用方法也和资源管理器非常相似。从左侧窗口中开始，逐级查找需要备份的分支。在本例中，需要备份的目标为 HKEY_LOCAL_MACHINE\SYSTEM\ControlSet001。

提示：从左侧窗口中选中某一个分支，在注册表编辑器最下方的状态栏中将显示该分支的详细位置。

步骤 3　备份选中分支

找到需要备份的内容之后，选中该分支。然后选择"文件"→"导出"选项，如图 23-7 左图所示。随后会出现如图 23-7 右图所示的对话框，注意对话框下方的"导出范围"选项组，这里需要选择"所选分支"选项。检查对话框最下方显示的备份内容是否就是本例需要备份的内容。

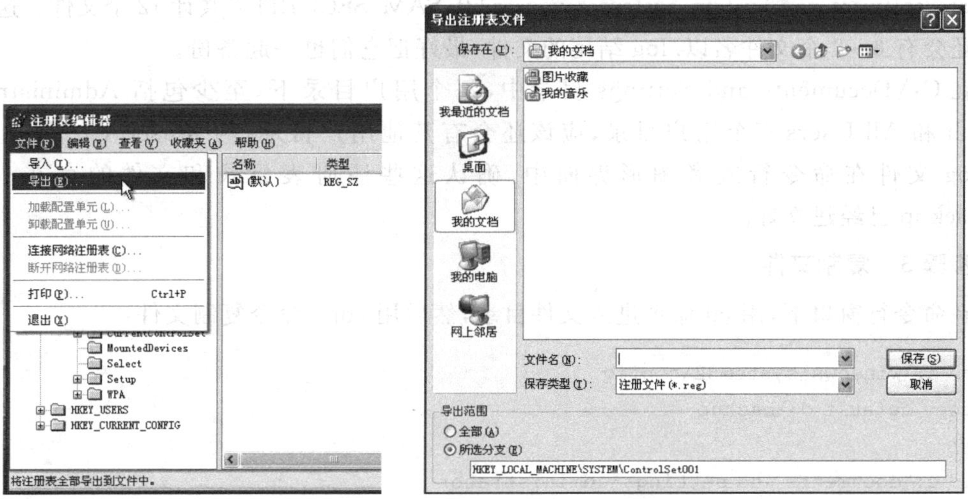

图　23-7

在对话框中选择需要保存的文件目录，输入文件名，然后单击"保存"按钮。

任务 4　恢复注册表中已备份的分支

恢复注册表中已经备份的分支，也叫做导入注册表备份文件。这项操作比较简单，在启动注册表编辑器之后，选择"文件"→"导入"选项，然后从对话框中选择曾经导出的备份文件即可。

任务 5　手工备份注册表文件

使用 Windows XP 系统自带的备份工具，备份结果只能在 Windows XP 操作系统下打开并还原，如果操作系统因为注册表故障无法启动，那么这样的备份等于没有；使用注册表编辑器虽然可以导出全部注册表信息，但是已经有用户通过实际测试，全部导出然后全部导入之后，有一些信息并不能完全还原。因此这一节再介绍一种备份注册表的方法：通过复制注册表文件备份注册表。

复制注册表文件，必须在独立于被备份的 Windows XP 系统的其他操作系统中，通常在 WinPE 环境中进行。这是因为注册表文件是非常重要的系统文件，操作系统正常运行过程中随时要从注册表中读写大量信息，因此 Windows XP 操作系统禁止用户访问正在使用的注册表文件。

步骤 1　启动 WinPE 环境

从网络上下载 WinPE 环境的光盘文件，将其刻录成可启动光盘，使用其启动计算机。

步骤 2　定位文件

一般 WinPE 环境启动后，提供了命令行操作界面。有些光盘集成了文件管理工具，可以在图形界面下操作。首先确定原操作系统所在盘的位置，本例中假设仍然位于C 盘。然后确定备份文件的存放位置，假设位于 D:\backup。需要备份的文件包括 C:\Window\system32\config 目录下的所有文件：AppEvent. Evt、SecEvent. Evt、SysEvent. Evt、default、default. sav、software、software. sav、system、system. sav、userdiff、SAM、SECURITY 共计 12 个文件。这个目录下还会有 6～7 个文件名以. log 结尾的文件，最好把它们也一起备份。

在 C:\Documents and Settings 目录中，每个用户目录下（至少包括 Administrator、Default 和 All Users 三个用户目录，应该还会有其他用户目录）的 ntuser. dat 和 ntuser. dat. log 文件在命令行或者图形界面中，确认这些注册表目录和文件的存在，确认 D:\backup 已经建立好。

步骤 3　复制文件

在命令行窗口下，用 cd 命令进入文件目录，然后用 copy 命令复制文件：

```
cd c:\windows\system32\config
copy default d:\backup
…

cd c:\documents and settings\administrator
copy ntuser.dat d:\backup
…
```

还原操作也很简单，只需要在 WinPE 环境下，把备份文件复制到原位置覆盖原文件即可。

23.3　镜像备份工具的使用方法

镜像备份工具，是指把硬盘或者硬盘分区作为一个整体来备份。通常备份后生成一个镜像文件，可以使用这个镜像文件在任何一台计算机上重新完整地恢复原来的备份内容。镜像恢复工具也支持在两块硬盘，或者两个硬盘分区之间进行数据直接备份。在磁盘上文件量比较大时，使用这种备份方法效率和占用的空间数量明显优于文件备份的方法。以下是镜像备份两个常用的场合。

➢ 用来备份操作系统。重新安装操作系统需要不少的时间，使用镜像备份，可以把操作系统完整备份下来。下一次安装时，就可以用镜像文件快速恢复系统。通常可以在安装操作系统、激活系统、安装完硬件驱动程序之后，备份一个没有安装其他软件的“干净”的操作系统。如果硬盘空间允许，还可以备份一个已经安装了常用软件的操作系统。

➢ 用来做磁盘迁移。如果计算机升级硬盘，或者用户更换计算机，那么大量文件的传输是个比较棘手的问题。使用镜像备份的方法，可以将硬盘中的内容完整复制到新硬盘中。

注意：这种方法备份的操作系统只能在本机上使用，在其他计算机上一般无法正常使用。

实际上，现在品牌计算机具备的系统一键快速还原技术，就是使用镜像备份工具完成的。

常用的镜像备份工具有 Symantec 公司的 Ghost 软件和 Acronis 公司的 True Image 软件。这两款软件各有特点：Ghost 软件非常小巧，DOS 版本不到 1MB 大小，一张软盘就可以装下，而 True Image 软件则有近百兆；Ghost 软件不能在 Windows 下备份系统分区，而 True Image 则可以直接备份系统分区而不用退出 Windows XP 系统；Ghost 软件配合使用其他的外挂软件，可以实现操作系统一键恢复功能，而 True Image 软件则可以直接实现这一目的；Ghost 软件的使用方法在网上有较多参考资料，比较容易学习，而 True Image 的学习资料比较少。

1. Ghost 软件

通常，Ghost 软件推荐使用 Ghost32 v11.0 版本和 Ghost 2003 版本，这两个版本可以较好地支持 NTFS 文件系统，前者可以在 Windows XP 下直接运行（除了 Vista 系统），后者需要在 DOS 环境下运行。

Ghost 软件启动后，跳过如图 23-8 左图所示的欢迎界面，所有的操作都从如图 23-8 右图所示的 Local 菜单开始。菜单项也比较好理解，例如如果选择 Disk→To Image 选项，那么连起来意思就是“硬盘”→“到镜像文件”，也就是把整个硬盘备份为一个镜像文件；再例如选择 Partition→From Image 选项，意思就是“分区”→“从镜像文件”，对应的功能是把镜像文件里的内容恢复到分区中；显然，选择 Disk→To Disk 选项就是从硬盘到硬盘的复制。

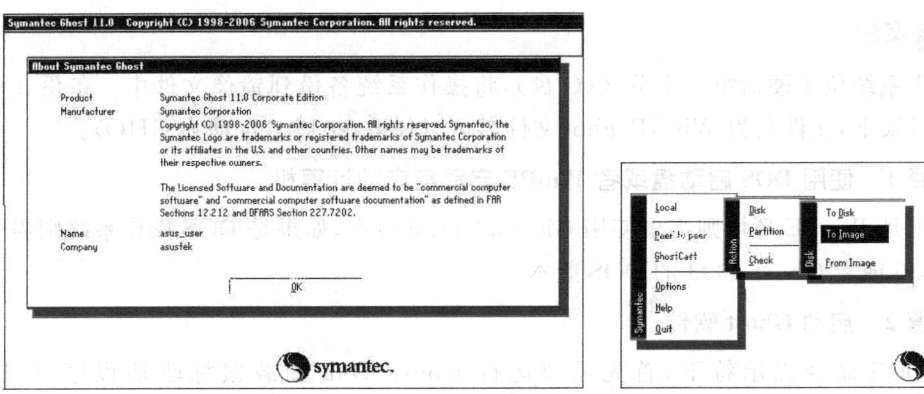

图　23-8

2. Acronis True Image

Acronis True Image 是 Acronis 系列磁盘工具软件中的一款，它可以轻松实现磁盘镜像备份，同时也兼有文件备份功能，可以不借助其他软件，在硬盘上建立一键恢复分区，可以把镜像文件挂载为系统的一个磁盘分区使用。软件启动后的界面如图 23-9 所示。

图　23-9

窗口左侧是导航栏，列出了几种 Tools 选项，和右侧主界面以及菜单内容重复，总地来说用处不大。右侧是主界面，可以从 Pick a Task 选项中选择一项需要完成的任务，也可以从 Pick a Tool 选项中选择一种工具。Acronis True Image 的功能比较强大，相应的可选参数项也就比较多，操作比 Ghost 软件要复杂。

任务 1　使用 Ghost 软件备份操作系统

案例

操作系统位于硬盘第一个分区(C 盘)，将操作系统备份到镜像文件中。备份文件置于 D 盘根目录下，文件名为 WinXP. gho(文件名可以任取，扩展名自动为 GHO)。

步骤 1　使用 DOS 启动盘或者 WinPE 启动盘启动计算机

如果是 WinPE 环境则需要使用 Ghost32 11.0 版本，如果是 DOS 操作系统则需要使用 Ghost 8.0 或者 Ghost 2003 的 DOS 版本。

步骤 2　启动 Ghost 软件

在 DOS 命令提示符下，首先需要运行 mouse. com 加载鼠标驱动程序，然后进入 ghost. exe文件所在的目录，运行 ghost 命令。

注意：如果没有 mouse. com 鼠标驱动程序，那么只能依靠键盘操作软件。这时需要用上下左右四个方向键、Tab 键、空格键相互配合完成操作。

在 WinPE 环境下，在命令提示符下，进入 ghost32. exe 文件所在的目录，运行 ghost32 命令。或者进入文件管理器，找到这个程序后双击运行。

步骤 3　选择备份分区功能

Ghost 软件启动后，依次选择 Local→Partition→To Image 选项，进入备份分区功能。

步骤 4　选择源分区

在如图 23-10 左图所示的对话框中，先选择需要备份的分区所在的硬盘（Local source drive）。如果有多个硬盘，一般可以根据容量大小进行区分。选中后，单击 OK 按钮。

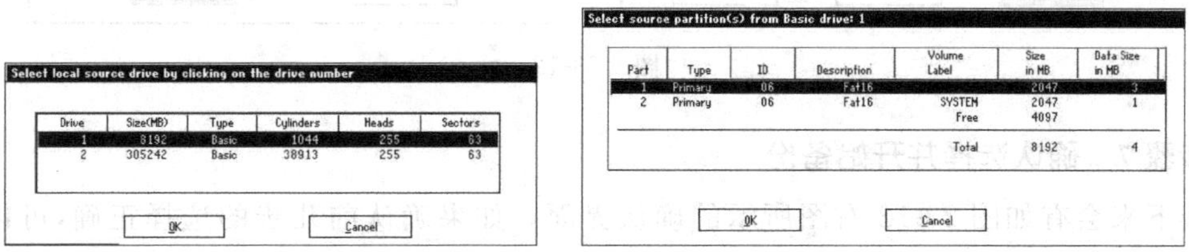

图　23-10

然后在如图 23-10 右图所示的对话框中选择需要备份的分区（source partition）。建议使用系统卷标（Volume Label）区分不同分区，以免错误操作。

步骤 5　选择目标文件

接下来会出现文件对话框（图 23-11），可以从中选择镜像文件存放的位置和文件名。不允许把镜像文件存放到被备份的分区中。

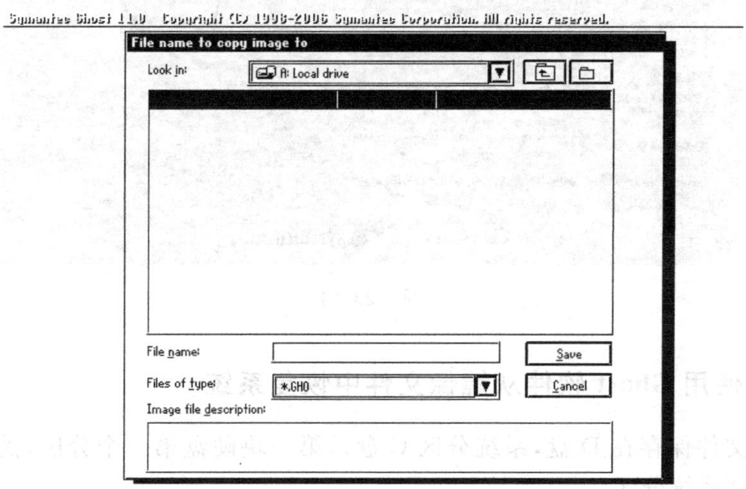

图　23-11

提示：如果选择 To Partition，那么这一步就不是选择文件，而是选择目标分区，方法和上一步一样，只是两个对话框的标题由 Source... 换成 Destination...。

注意：使用 Ghost 之前，最好先给需要备份的分区起一个特别的名字（通过右击分区名，在属性对话框中修改），这样在备份时就容易识别（如图 23-10 中的 Volume Label），以避免出现差错。

步骤 6　选择压缩率

Ghost 软件会对备份的内容进行压缩，从而节约磁盘空间，如图 23-12 左图所示。可以选择不压缩(No)、快速压缩(Fast)、高度压缩(High)。三个选项备份速度越来越慢,备份后文件越来越小。现在 CPU 的速度一般都比较快,所以可以选择高度压缩。

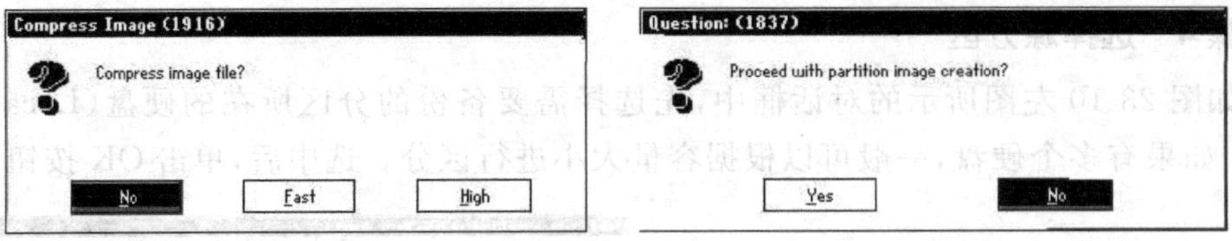

图 23-12

步骤 7 确认选择并开始备份

接下来会有如图 23-12 右图所示的确认界面。如果确认前几步的选择正确,可以单击 Yes 按钮开始备份。

开始备份后,出现如图 23-13 所示的界面,其中列出了备份的源、目标和备份进度。

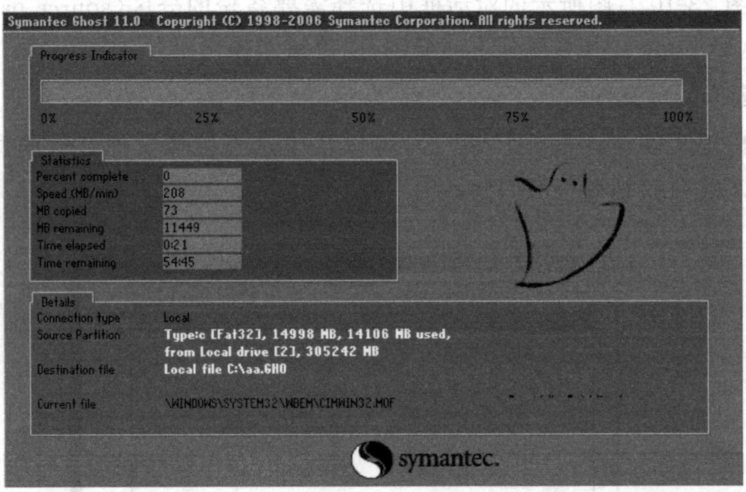

图 23-13

任务 2 使用 Ghost 软件从镜像文件中恢复系统

假设镜像文件保存在 D 盘,系统分区 C 盘是第一块硬盘第一个分区,需要把镜像文件中的数据恢复到系统分区。

步骤 1 启动 Ghost 软件

如前所述,在 DOS 环境下,运行鼠标驱动程序 mouse.com,运行软件程序 ghost.exe;或者在 WinPE 环境下运行程序 ghost32.exe。

步骤 2 选择恢复数据功能

依次选择 Local→Partition→From Image 选项,即选择"从镜像文件恢复数据到分区"功能。

步骤 3 选择源文件

在如图 23-11 所示的对话框中选择之前由 Ghost 软件备份产生的镜像文件。

步骤 4　选择目的分区

在类似图 23-10 所示的对话框里依次选择数据写入的磁盘和分区。这里选择第一块硬盘(Disk 0)的第一个分区。

注意：这一步中出现的对话框和图 23-10 所示的界面及操作完全相同，但是标题栏里的文字不是...source...，而是...destination...。

步骤 5　确认选择，开始恢复

在出现的确认对话框里单击 Yes 按钮，然后软件开始数据恢复过程。

任务 3　使用 Acronis True Image 软件备份系统分区

使用 Acronis True Image 软件可以直接在 Windows XP 环境下备份系统盘。当然，最好还是在 WinPE 环境下备份系统。在 Acronis True Image 软件安装过程中可以选择安装 BartPE 环境(WinPE 的一个版本)。

步骤 1　安装 Acronis True Image 软件

软件的安装过程非常简单，大部分步骤都在上一课"软件安装过程"的讲解中有过介绍。其中选择安装组建这一步，建议选择"自定义"(Custom)选项，然后取消默认的系统"恢复盘"(Rescue Disk)选项，增加 BartPE 选项。BartPE 将在计算机硬盘上安装 WinPE 环境，这样开机时就可以选择进入 WinPE，有利于日后的系统维护。

步骤 2　运行 Acronis True Image 软件

软件启动后，进入如图 23-9 所示的界面。

步骤 3　启动备份功能

① 在图 23-9 所示界面右侧的 Task 中选择 Backup。

② 单击 Next 按钮跳过欢迎界面，进入如图 23-14 左图所示的选项对话框。选择 The entire disk contents or individual partition(整个磁盘或者独立的分区)选项。

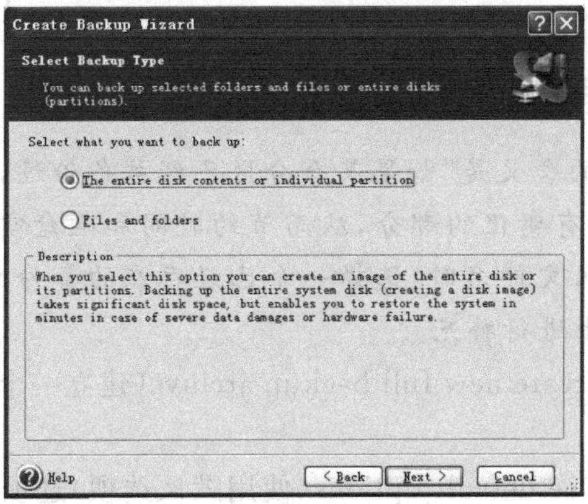

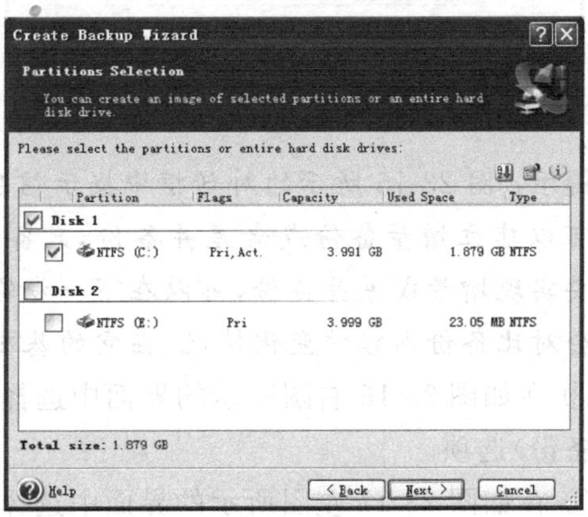

图　23-14

提示：另外一个选项 Files and folders 是用来备份文件或者目录，显然不满足这个任务的需要。但是如果只需要备份一些文件而非整个硬盘分区(即 23.1 小节中的需求)，就可以考虑使用这个选项。

步骤 4　选择备份参数

① 选择需要备份的硬盘或者硬盘分区，如图 23-14 右图所示，选中第一块硬盘的第一个分区（C 盘）。

② 跳过如图 23-15 所示的提示信息，进入镜像文件文件名和保存位置选择界面（图 23-16 左图），选择一个有足够空间的分区来保存镜像文件，输入一个文件名。

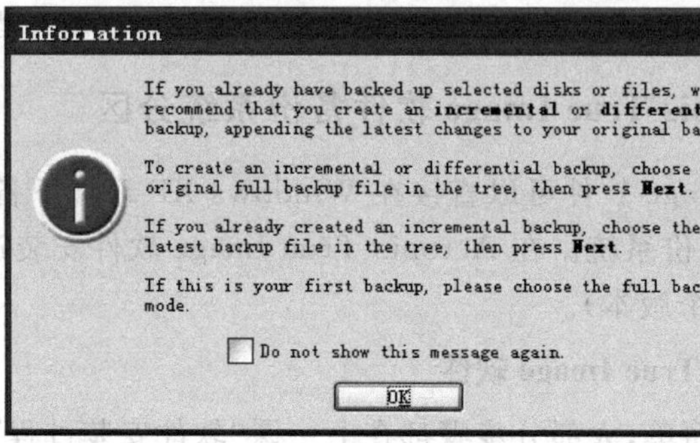

图　23-15

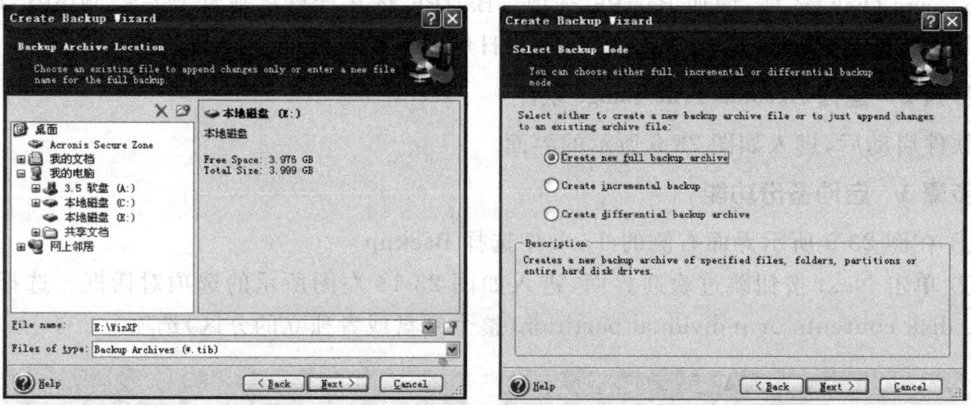

图　23-16

提示：图 23-15 所示的对话框中提示信息的含义是"如果某个分区已经被备份过，那么用户可以建立增量备份或者差异备份，只备份有变化的部分，从而节约时间和磁盘空间"。如果要实现增量或差异备份，可以在下一步输入文件名时，选择一个已经存在的备份文件，软件会对比备份内容的变化情况，在它的基础上进行补充。

③ 在如图 23-16 右图所示的界面中选择 Create new full backup archive（建立一个新的完整备份）选项。

④ 在如图 23-17 左图所示的界面中选择 Use default options（使用默认选项）选项。

⑤ 在如图 23-17 右图所示的界面中输入注释信息。为备份文件加入必要的时间、内容的注释，可以方便日后使用。

⑥ 在如图 23-18 左图所示的确认界面中，列出了此次备份需要进行的操作细节，确认无误后，单击 Proceed 按钮开始备份，如图 23-18 右图所示。

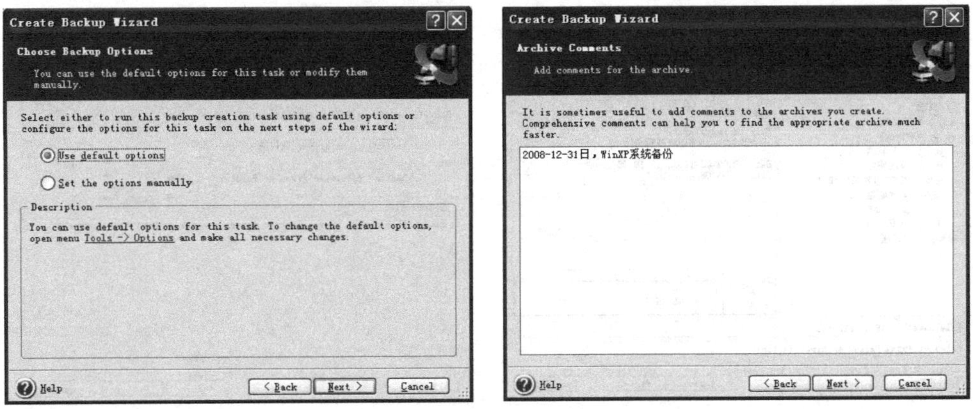

图 23-17

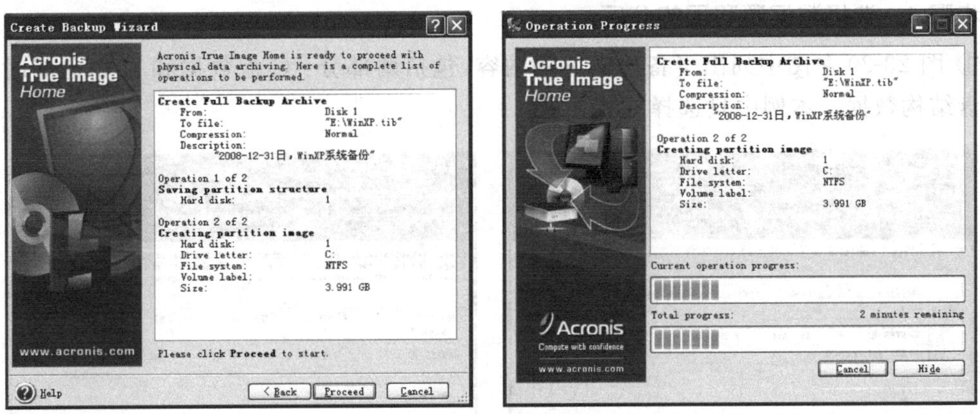

图 23-18

任务 4 使用 Acronis True Image 恢复备份分区的数据

使用 Acronis True Image 备份的分区镜像数据必须使用相同的软件来恢复。如果是非系统盘数据，可以在 Windows XP 下直接恢复。如果是系统盘，最好在 WinPE 环境下恢复。当然，也可以在 Windows XP 下操作，但是软件需要重启计算机才能完成恢复工作。

步骤 1 启动数据恢复功能

在如图 23-9 所示界面右侧的 Task 中选择 Recovery 选项，启动数据恢复功能。

步骤 2 选择备份文件

在如图 23-19 左图所示的对话框中选择已经存在的备份文件。

步骤 3 选择恢复类型

在如图 23-19 右图所示的对话框中选择 Restore disks or partitions（恢复磁盘或者分区）选项。

提示： Acronis True Image 可以选择恢复某个单独的文件或者目录，这是 Ghost 软件所做不到的。

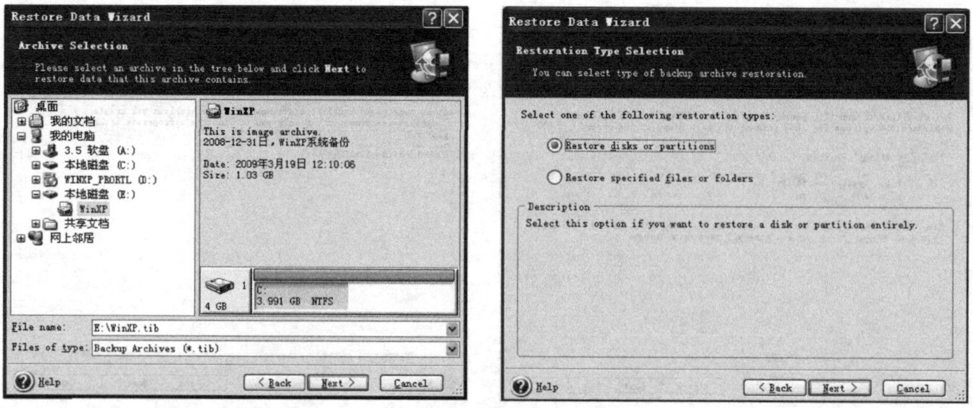

图 23-19

步骤 4 选择数据源和目的分区

① 图 23-20 左图中列出了备份文件的内容，包括两部分：C 盘数据和与 C 盘同时备份的硬盘结构数据。本例中只选择 C 盘数据。

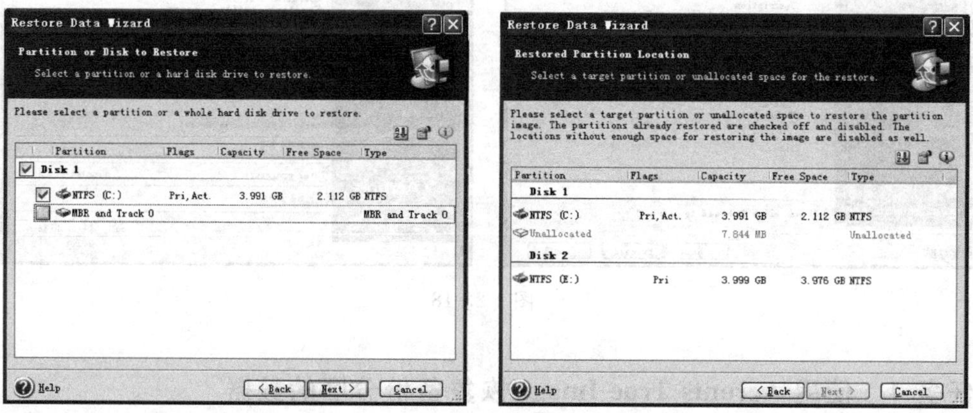

图 23-20

② 在图 23-20 右图中选择目标分区为现在的 C 盘。

③ 在图 23-21 左上图中选择目标分区类型，本例中为 Active（活动分区）。一般为 Active 或者 Primary。

④ 在图 23-21 右上图中选择恢复后分区的大小，在磁盘空闲空间允许的前提下，可以调节恢复后新分区的大小。

⑤ 接下来有一系列提问（例如图 23-21 左下图），可以不必关心细节，使用默认选项即可。

步骤 5 开始恢复进程

经过一些恢复选项的选择之后，出现如图 23-21 右下图所示的界面，其中列出了将要进行的操作：首先是删除原来的分区（Deleting partition）；其次是恢复备份的内容（Restoring partition）。确认无误后，单击 Proceed 按钮。

如果是在 Windows XP 下恢复系统盘，可能需要重新启动计算机。

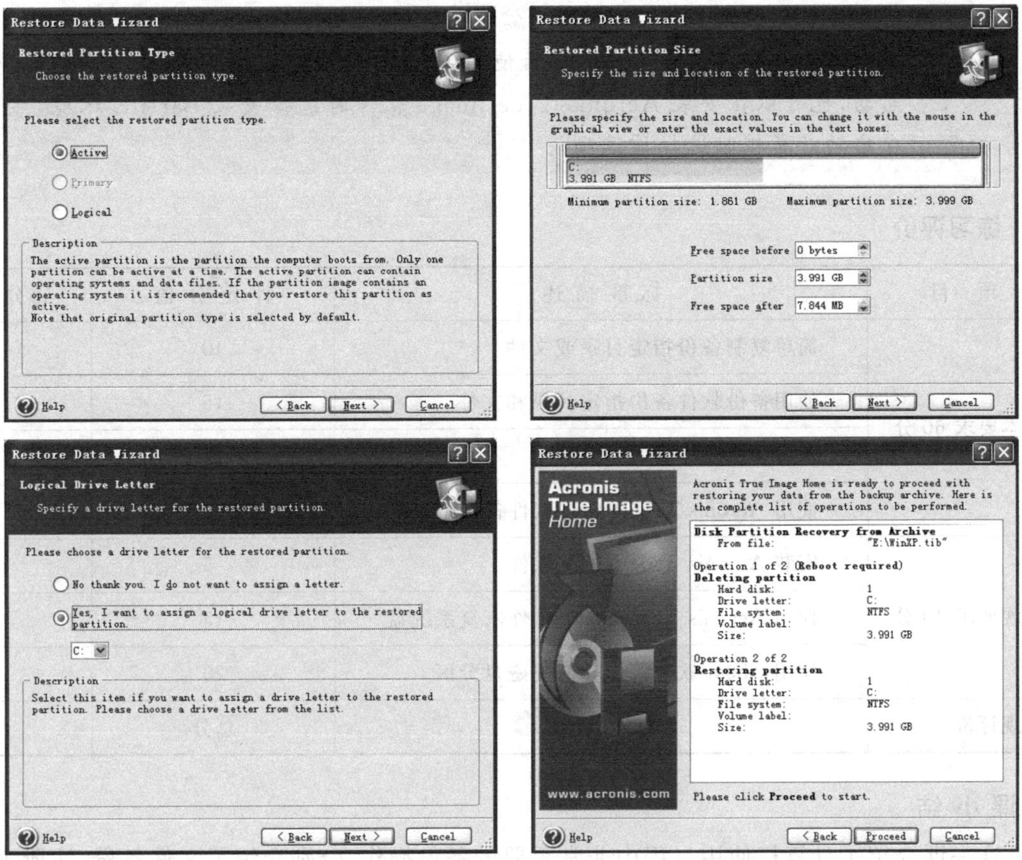

图　23-21

任务5　使用备份数据

使用 Tools 菜单下的 Mount 功能，或者在图 23-9 主界面右侧的 Pick a Tool 选项中选择，可以把备份的镜像文件当作一个虚拟的分区来加载。这样不需要恢复镜像文件就可以使用里面备份的内容，非常方便。

课堂练习

任务背景：结合课堂讲解的内容和课件演示，练习备份工具的使用方法。

任务目标：练习文件、注册表、磁盘镜像三种备份工具的使用方法。

任务要求：完成指定文件和注册表内容的备份操作，完成至少一种镜像工具的备份和恢复操作。

任务指导：需要练习备份的文件和注册表内容由指导老师指定，注册表分支下的内容不宜太过，不要选择重要的系统分支；文件备份的工具软件可以使用 23.1 小节介绍的软件，也可以任意选择其他工具软件；注册表备份使用注册表编辑器，在需要备份内容导出后，应该删除这些内容，然后导入备份文件，从而查看备份和恢复的效果；镜像备份工具需要用到 DOS 和 WinPE 环境。DOS 操作系统可以预先安装在 U 盘中，然后使用 U 盘启动计算机；WinPE 可以使用光盘启动，也可以在安装 Acronis True Image 软件时选择安装 BartPE 环境，然后在启动计算机时选择该选项。

练习评价

项　目	标准描述	评定分值	得分
基本要求 60 分	简单复制备份指定目录或文件	10	
	使用备份软件备份指定目录和文件	15	
	备份和恢复注册表指定分支	15	
	使用 Acronis True Image 软件备份系统盘	20	
拓展要求 40 分	安装 Acronis True Image 软件	5	
	使用 Acronis True Image 软件恢复系统盘	15	
	使用 Ghost 软件备份和恢复磁盘分区	20	
主观评价		总分	

本课小结

这一课介绍了计算机使用过程中非常重要的备份操作，分别介绍了文件备份、注册表备份和磁盘镜像备份三种常用的数据备份方式。其中，注册表备份使用了系统自带的备份或管理工具，其他两种备份方式都采用了第三方软件实现。本课中选择了一些最常用的工具软件，介绍了它们的安装和使用方法。

课外阅读

1. 一键恢复轻松搞定

http://hi.baidu.com/webdown/blog/item/6f130eddd9b059d88c10295e.html

2. 五款主流克隆备份软件横向评测

http://digi.it.sohu.com/20061204/n246785187_6.shtml

课后思考

(1) Acronis True Image 在备份磁盘分区时还备份了硬盘的结构信息，在恢复时也有相关的选项，这些硬盘结构信息在什么情况下需要恢复？

(2) 文件备份的同步方式分为单向同步和双向同步，这两种方式有什么区别，分别在什么场合使用？

第 24 课　BIOS 设置

课堂讲解

知识要点：这一课介绍计算机开机时 BIOS 设置程序的使用方法，重点学习如何进入 BIOS 并进行基本操作。

学习指导：建议实际操作计算机，结合屏幕显示内容进行学习，这样比较容易理解和掌握。

学习要求：这一课中，两种 BIOS 设置界面下的基本操作方法必须熟练掌握，这在以后的使用和维修中很常用。各种常用设置项不必背诵，只需要了解其基本含义即可。

24.1　BIOS 的概念

在第 2 课和第 4 课认识计算机主板时，曾经提到过 BIOS 芯片，它是主板上一块特殊的可擦写芯片。由于它的特殊功能，因此被视为计算机中软硬件的桥梁。通常提到的 BIOS，并不是单指主板上的硬件芯片，而是包括了芯片内部写入的程序。这些程序完成计算机开机最初的自检、设置和系统引导过程。

BIOS 设置过去又被称为 CMOS 设置。CMOS 是一种晶体管生产工艺，计算机中的 CMOS 是指有电池供电的一小块存储芯片。这块芯片中，保存着一些重要的 BIOS 配置参数。计算机开机后，BIOS 芯片中的程序从 CMOS 芯片中读取这些参数，完成硬件的初始化工作。

随着半导体存储技术的发展，现在的 BIOS 芯片存储容量越来越大，因此能够保存的程序内容也越来越多，这就允许 BIOS 中加入更多功能。更多的硬件检测项目和供用户选择的参数加入到 BIOS 中，更强大的硬件自动测试和型号识别方法也陆续被采用。

主板上的 BIOS 芯片是一块通用的集成电路存储芯片，生产这种芯片的厂家很多，其本身没有什么特殊之处。BIOS 芯片中的程序内容，却不是任何厂家都具有开发的实力。目前只有 AMI 和 Phoenix-Award 两家公司（过去曾经是三家，后来 Award 和 Phoenix 两家公司合并）开发 BIOS 程序，市面上销售的各种品牌各种型号的主板，无一例外都是采用这两家公司之一的产品。一般来说，在 PC 主板中，Phoenix-Award 公司的 BIOS 比较常见，而 AMI 的 BIOS 程序更多地用于服务器主板，当然在高端 PC 主板中也有不少 AMI 的产品。

一般来说，开机时进入 BIOS 设置界面的方法比较通用。老式计算机上都是按 Delete 键，而较新的计算机使用 F2 键。也有个别主板厂商使用其他键，可以参考主板说明书或者开机的提示信息。开机后，只要连续按下这个按键，就可以在硬件自检过程中进入 BIOS 设置界面。

24.2　AMI BIOS 的设置方法

如图 24-1 所示，是 AMI BIOS 设置的主界面。这个设置界面采用了多级菜单界面，在屏幕上方加黑的部分是菜单栏,分别有 Main、Advanced 等多个一级菜单项,每一项对应一套屏幕,可以使用左右方向键在不同一级菜单之间来回移动。一级菜单项包含的内容如下。

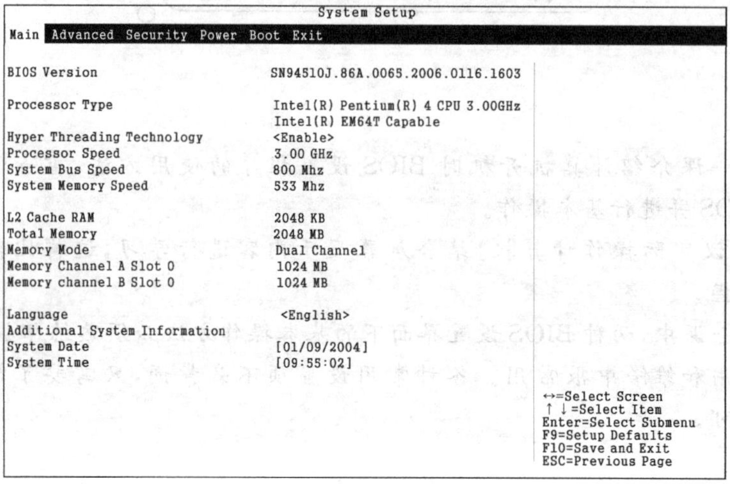

图 24-1

- Main 类似旧版 BIOS 中的 Standard 配置类,包括了时间日期等基本配置内容和基本系统配置状态的显示。
- Advanced 一些高级配置内容,主要是和 CPU、芯片组、I/O 有关的配置内容。
- Security 安全选项,主要包括密码设置等内容。
- Power 和电源配置有关的配置内容,主要包括节电控制项,硬件状态监视也放在了这里。
- Boot 和启动有关的配置项,主要有启动设备选择、启动状态选择等。

每个菜单页面中,列出了多行内容,可以使用上下方向键在屏幕内上下移动。这些内容有两大类,第一类是设置项,每行有两列内容,图 24-1 中大部分行都是这种类型。含义很简单,左边一列是设置项,右边一列是它的值。例如图中,第一行 BIOS Version(BIOS 版本),这块主板 BIOS 的版本就是后面的那一长串字符;又例如 Total Memory(总内存大小),相应的取值为 2048MB。这种左右两列的内容占了 BIOS 设置界面中的大多数行。另一类是子菜单,每行只有一列,例如图中的倒数第三行 Additional System Information,这一类是一个子菜单的入口,移动光标到这一行,然后按下 Enter 键,就会进入一个新的页面中,这个页面显示了 Additional System Information 这个子菜单中的内容。通过这种多级菜单的方式,各种杂乱的设置内容被有机地组织在一起(实际屏幕上,子菜单和设置项的颜色会不相同,比较容易识别)。

再举一个例子,在图 24-1 中按下右方向键,切换到 Advanced 菜单页,其设置内容如图 24-2 所示。

显然,Advanced 菜单中,没有设置项,全部都是只有一列的子菜单。选中其中一个子菜单,就进入了该子菜单的页面,这个子菜单中包含了图 24-3 中所列的多项设置项。

再看上面提到的每行有两列内容的设置项,这些设置项又分为三种类型,它们的区别在于右边一列值的类型不同:第一种是直接显示的文字信息,这类信息在屏幕上用灰色显示,

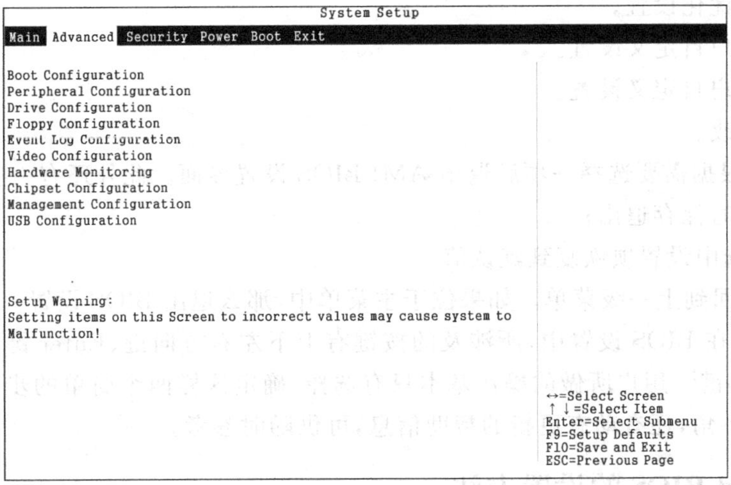

图 24-2

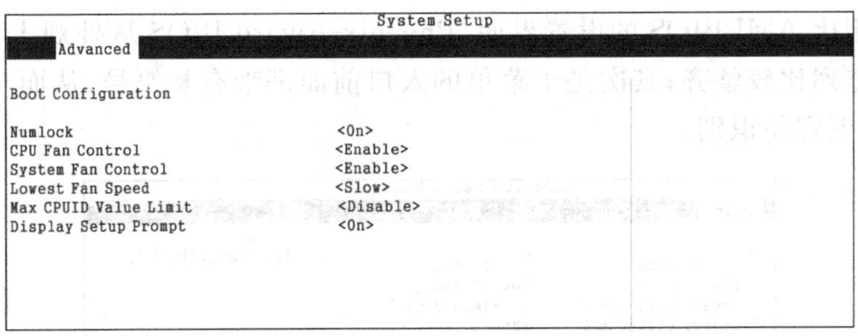

图 24-3

表示不能修改，例如图 24-1 中的 System Bus Speed 等；第二种是在尖括号里的选项，这类设置项被选中后，按下 Enter 键，会出现一个可选项列表供用户选择，例如图中的 Language；第三种是在方括号里的选项，这类设置项一般用于数字的输入，例如图中的 System Date，当这类设置项被选中后，使用+/一键可以更改数字大小。

图 24-1 中日期和时间(最后两行)的修改是一个比较特殊的操作，因为日期和时间涉及多个字段，需要用 Tab 键在不同字段，例如年和月、小时和分钟等之间来回切换。

在设置结束后，可以用左右方向键切换到 Exit 菜单页，如图 24-4 所示。

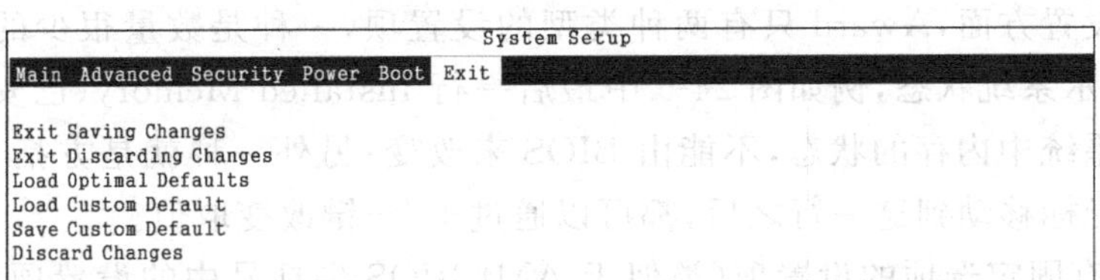

图 24-4

这几个选项的含义依次是：

➢ 保存并退出。

➢ 不保存退出。

> 导入最优化设置。
> 导入用户自定义设置。
> 保存用户自定义设置。
> 放弃修改。

用户可以根据需要选择一项后退出 AMI BIOS 设置界面。此外还有一些常用快捷键。

F10 键，随时保存退出；

F9 键，将选中设置项恢复到默认值；

Esc 键，退回到上一级菜单。如果位于主菜单中，那么退出 BIOS 设置。

总结一下，在 BIOS 设置中，所涉及的按键有上下左右方向键、Enter 键，个别地方用到+/−键和 Tab 键。用户所做的操作基本只有选择、确定这样两个简单的步骤，操作非常简单。在屏幕右下角，还有动态更新的帮助信息，可供随时参考。

24.3 Award BIOS 的设置方法

如图 24-5 所示，新版的 Phoenix-Award BIOS 也采用了多级菜单的组织方式，使得界面简洁而有序。相比 AMI BIOS 的设置界面，Phoenix-Award BIOS 从外观上看有两个优点：首先是设置项排列比较整齐；其次是子菜单的入口前面都带有▶符号，从而与设置项之间显著区分，让用户更容易识别。

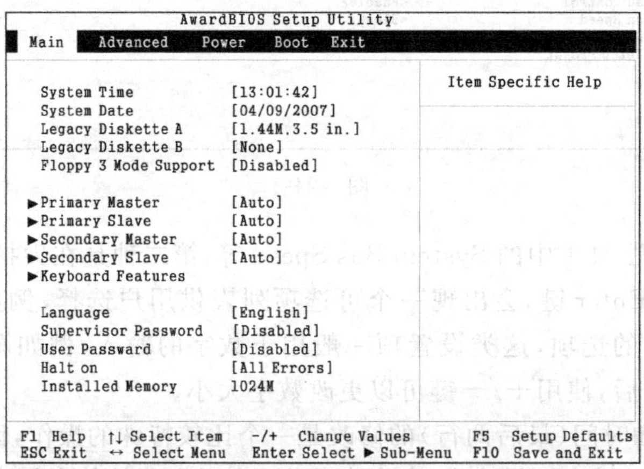

图 24-5

在选项的设置方面，Award 只有两种类型的设置项，一种是数量很少的不能修改的选项，主要用来显示系统状态，例如图 24-5 中最后一行 Installed Memory（已安装内存），值为 1024MB，这是系统中内存的状态，不能由 BIOS 来改变；另外一种就是方括号中的设置项，这类设置项在光标移动到这一行之后，都可以通过+/−键改变取值。

> 如果是有固定选项的设置项（类似于 AMI BIOS 尖括号中的设置项），则使用+/−键时各选项循环出现，例如图 24-5 中 User Password 这一项，只能有 Enable（允许）和 Disabled（禁止）两个选项，那么按下+键或者−键之后，这两个选项会在方括号中依次循环出现。
> 如果是数字类的设置项，使用+/−键之后，数值会依次变化。

➢ 时间和日期比较特殊，这两项均由三段数字组成，所以操作稍微有点复杂。选择 System Time 或者 System Date 项，然后每次按下 Enter 键，光标将依次在三段数字之间循环切换。使用+/-键可以改变数字大小。

在其他按键方面，Phoenix-Award BIOS 和 AMI BIOS 保持了一致，例如左右方向键切换菜单页、上下方向键选择设置项、Enter 键进入子菜单、Esc 键退到上级菜单等。在有多个选项可选择时，除了用+/-键切换，也可以类似 AMI BIOS 那样，按下 Enter 键，然后在弹出的一个列表框进行选择。F9、F10、Esc 键的功能与 AMI BIOS 相同，在屏幕下方的提示栏中均有显示。Phoenix-Award BIOS 还提供了特有的帮助功能，如果对某个设置项的含义不清楚，可以按下 F1 键，将会显示关于此项的详细解释。

24.4 常用的设置项

按照上述的操作方法，可以很容易地对 BIOS 中的内容进行设置。但是不同主板提供的设置项千差万别，而且 BIOS 设置涉及很多硬件技术的核心内容，因此不是每个用户都能完全掌握。鉴于此，这一课不对 BIOS 设置做太多详细的介绍，只讲解一些最常用的设置项。

1. Main 配置类

(1) System Date 和 System Time

系统时间和日期。设置方法前面已经介绍过了。

(2) Language

BIOS 设置界面的语言。大部分主板默认为 English(英语)，只有华硕等少数主板提供了 Chinese(中文)界面。

(3) 软驱

Legacy Diskette A/B 分别用来选择第一个和第二个软驱的类型。现在计算机一般都不配软驱，所以选择 None。Floppy 3 Mode Support 用来选择是否支持在日本常用的 3 mode软驱。通常选择 Disable 即可。

(4) 硬盘和光驱

对于不支持 SATA 的主板，通常显示有 Primary Master/Slave、Secondary Master/Slave 四个 IDE 设备端口；对于支持 SATA 的主板，一般会有 SATA Port 0/1/2/3 和 IDE Master/Slave 共六个设备端口。每个设备项目都包含一个子菜单，从子菜单里可以对设备进行详细配置。对于硬盘和光驱的配置，通常有两种做法，一种是在每个端口的子菜单里检测设备状况，一般会自动完成配置，个别还需要手工调整参数，所有设备都配置完毕后，保存配置结果；另一种做法比较简单，就是把所有端口都配置为 Auto，让主板每次开机时都自动检测存在的设备。

(5) Halt on

在发生错误时是否停止启动。All Errors 表示任何错误都停下来。通常还可以选择忽略键盘错误、忽略软驱错误等选项。

2. Advanced 配置类

(1) Hyper Threading Technology

是否允许超线程技术。目前的 CPU 普遍支持超线程技术，打开之后可以大幅提高系统速度。

(2) CPU Speed

CPU 的工作频率,默认显示自动检测得到的结果(Auto),如果改为 Manual 状态,则可以手工设置 CPU 的运行参数。通常用来达到超频的目的,需要谨慎缓慢地提高这些参数。

(3) CPU/Memory Frequency Ratio

CPU 主频和内存频率的比值,可以选择同步或者不同步。默认 CPU 主频和内存频率是同步变化的,但是有些主板为了提高超频的成功率,可以设置单独调整 CPU 频率而保持内存频率不变。

(4) Parallel Port Mode

并口工作模式,一般来说传输速度 ECP>EPP>Normal,通常选择 ECP+EPP。

(5) Speech POST Reporter

华硕主板特有的开机语音提示功能,可选 Disable 或 Enable。

(6) On Board PCI Device Control

集成设备的控制,例如选择是否使用集成声卡、集成显卡等。

(7) S. M. A. R. T.

是否启用硬盘的 S. M. A. R. T. 功能。这是一项硬盘状态自我监测与预警功能。

(8) Hardware Monitoring

硬件状态,例如电压、温度、风扇转速等参数的状态显示功能。

(9) USB Legacy

原生的 USB 支持,如果想在开机后操作系统没有启动的情况下使用 USB 设备,例如 U 盘启动、USB 键盘等,则需要 Enable(启用)此项。但是这可能会造成和其他的设备冲突,如果发生这种情况,应该 Disable(禁用)此选项。

(10) Memory Frequency

内存频率,内存条工作的实际频率。一般使用默认值,如果为了超频也可以在小幅度内修改它的值。

3. Power 配置类

先说说 BIOS 提供的节电状态,共有 5 种节电状态,分别命名为 S1~S5。其中 S1 为待机状态,此时除了 CPU 和内存还在工作,其他部件例如显卡、显示器、硬盘都停止工作,此时按下任何一个按键后系统马上恢复到正常状态;S2 和 S1 基本相同;S3 为 Suspend to RAM 状态,即休眠到内存中,此时必须有支持 S3 功能的主板和电源,进入 S3 状态后,除了电源有一路单独为内存供电之外,其他所有部件,包括 CPU、硬盘都停止工作,只有电源指示灯还在闪亮;S4 是休眠到磁盘,和 Windows 下的休眠功能类似,把内存中的内容保存到硬盘后,计算机关机断电,下次重启后再把这些内容恢复到内存中;S5 则为关机,必须按特定的开机按钮或者开机键才能重新启动计算机。

(1) ACPI Suspend State

自动休眠的状态,可以选择 S1~S5,有些主板可能只提供其中的某几种状态。

(2) After Power Failure 或 AC Power Loss Restart

电源中断后,再次供电时系统的动作,Disable 表示保持关机状态,Enable 表示开始重启计算机,Previous State 表示恢复到断电前的状态。

(3) Video Off Option

是否自动关闭显示器的选项，通常可选 Always On(不关闭)和 Suspend→Off(在待机时关闭显示器)。

(4) Video Off Method

显示器关闭的方式，Blank Screen 选项将屏幕变成空白，用来给没有开启省电功能的显示器使用；V/H Sync+Blank 将屏幕变空白，而且停止水平和垂直扫描；DPMS 方式允许 BIOS 控制显卡，从而提供 Off、Reduce On、Standby、Suspend 等 DPMS 模式。

(5) HDD Power Down

控制硬盘过多久进入省电模式，如果在操作系统中启动了硬盘省电模式，可以在此设置禁用。

(6) ACPI Suspend to RAM

系统睡眠模式(即 S3 模式)，除了 RAM 之外，所有的其他部分都停止供电。需要有+5V SB 电源。

(7) Suspend Mode

进入省电模式的时间，可以在禁用、1～30min 之间选择。

(8) PWR Button<4 Sec

快速按一下电源开关后的反应，Soft off 指启动软件系统的关机指令，开始自动关机过程；Suspend 指进入待机状态。还可以在操作系统中设置相关的选项。通常连续按下关机键大于 4s 将强行关闭计算机电源。

4. Boot 配置类

(1) Numlock

开始后 Numlock 键的状态，On 为打开，Off 为关闭。

(2) Display Setup prompt

是否在开机时屏幕下方提示进入 BIOS 的快捷键。

(3) Boot Driver Priority

计算机启动的优先顺序。通常启动顺序会在光驱、硬盘、移动设备、其他设备(包括网络等)四大类设备之间切换。可以使用+和一键调整四类设备的排列顺序，还可以在另外的设置项中分别设置每一类中多个同类设备的先后顺序。

(4) Boot USB Device First

是否从 USB 设备优先启动。选中后，忽略 Boot Driver Priority 设置内容，直接尝试优先从 USB 设备启动。

(5) Quick Power On Self Test

是否启用快速自检检测功能。如果启用，开机时将跳过第二次和第三次内存检测，从而节约开机时间。

(6) Full Screen Logo

开始时是否显示 Logo 界面。主板一般自带了厂家的 Logo，开机时可以通过 Esc 键或者 Tab 键跳过。也可以用 Disable 关闭 Logo。

5. Security 设置类

(1) 密码

通常有 Supervisor(超级用户)和 User(普通用户)两级密码。超级用户可以修改 BIOS

设置，而普通用户只能查看 BIOS 设置。

(2) 密码使用范围

不同主板这一项的名称和位置不同，但是选项一般只有三个：Always 或 System，任何时候开机就询问密码，没有密码无法启动计算机；Setup，只有试图进入 BIOS 设置界面时才询问密码；Disable，不使用密码。

(3) XD technology，Execute Disable Bit（XD Bit）

硬件防毒指令集，能够防止造成缓冲区溢出的病毒的攻击，该选项控制是否启用 XD 功能。

课堂练习

任务背景：学习完 BIOS 设置的基础知识，需要对实际操作方法进行练习。

任务目标：掌握两种 BIOS 设置的基本方法。

任务要求：进入 BIOS 设置画面，练习基本操作方法，查看 BIOS 中提供的基本硬件信息，并对一些常用设置项进行设置，然后观察设置后的结果。

任务指导：不同主板型号，对应的 BIOS 设置项的名称和可选项可能不一致，甚至主界面都会有所不同。因此，不要局限在课堂讲解内容中，那些样例只是为了学习基本操作方法。一切以实际遇到的 BIOS 内容为准。

练习评价

项　目	标准描述	评定分值	得分
基本要求 60 分	进入 BIOS 设置界面	10	
	跳过开机 Logo 图片	5	
	在 BIOS 中查看并记录 CPU、内存的工作参数	5	
	在 BIOS 中查看并记录硬盘参数	5	
	在 BIOS 中查看并记录温度、电压等监控值	5	
	设置系统时间为 2011 年 1 月 1 日 11 点 11 分	5	
	修改启动顺序，分别从 USB 和光驱启动计算机	5	
	将 BIOS 设置值恢复到出厂默认值	5	
	设置开机不显示 Logo	5	
	设置系统睡眠时间，并查看结果	10	
拓展要求 40 分	为 BIOS 分别设置两种级别的用户密码，并使用密码进入 BIOS，体会两种用户权限的差别	20	
	小范围修改 CPU 和内存工作的频率，在操作系统中查看设置的结果	20	
主观评价		总分	

本课小结

这一课介绍了 BIOS 设置的方法。BIOS 是计算机中最直接控制硬件设备的单元，是软硬件之间的桥梁。因此 BIOS 设置是计算机使用和维修过程中比较常用的操作。本课首先介绍了 AMI 和 Phoenix-Award 两种品牌的 BIOS 产品的界面和基本设置方法。熟练掌握这些设置方法,是应用 BIOS 设置的基础。接下来的篇幅中重点介绍了常用 BIOS 设置项的名称、可选项和作用。不同品牌的主板、不同品牌 BIOS 在设置项的设计方面有很多共同之处,也有不少不同之处。因此随意地选择一款主板做详细介绍是没有什么普遍意义的。本书采用的做法是选择了一些最常用的、大多数 BIOS 共有的设置项做详细介绍,对于其余的设置项,学员可以参考主板的说明书。

课外阅读

1. BIOS 中英文对照表

http://zhidao.baidu.com/question/36770315.html

2. 笔记本 BIOS 设置手册

http://www.bjbhlzx.com/thread-24178-1-1.html

3. BIOS 基本知识

http://detail.zol.com.cn/product_param/index533.html

课后思考

(1) BIOS 中如果硬盘参数不正确,应该通过何种操作途径修改?

(2) BIOS 中如何设置硬件报警功能,使温度或电压异常时主板能够报警?

(3) 如何设置密码,使用户启动计算机就需要输入密码?如何设置密码使用户只有在进入 BIOS 设置时才需要密码,而启动计算机不需要密码?

第 5 章

计算机故障诊断与处理

知识要点

- 计算机启动类故障的诊断
- 计算机运行类故障的诊断
- 硬件设备类故障的处理方法
- 软件类故障的处理方法

第 25 课　启动类故障的诊断

课堂讲解

知识要点： 本课介绍了计算机启动类故障的诊断，分步详解了启动过程不同阶段各种症状可能的故障原因。

学习指导： 要想准确诊断启动类故障，了解计算机启动的过程非常重要。所以不要轻视第一小节的内容。了解了计算机启动的过程，才能准确判断故障发生的阶段和原因。这一课重点在于诊断故障原因，如何处理故障将在随后的课程中介绍。

学习要求： 了解计算机的启动过程，熟练掌握启动过程各个阶段常见的故障状态和诊断依据。

计算机无法正常启动，这是最常见的一类故障。由于计算机是多种硬件产品和多种软件产品协调配合工作的复杂系统，因此无法启动的问题往往涉及多种软硬件，会出现多种症状，而且相同症状存在多种故障可能性，必须根据具体情况综合考虑。

总体来说，按照计算机的启动过程划分，可以将启动类故障划分为以下几大类。

- **自检故障**　计算机启动后，无法通过硬件设备自检过程，设备或 BIOS 报错。
- **BIOS 故障**　BIOS 本身出现故障，造成计算机无法启动。
- **系统引导故障**　硬件检测完成后，开始引导操作系统时出现故障，无法开始系统引导。
- **系统启动故障**　操作系统开始启动，但是无法完成启动，启动过程中出错。
- **系统登录故障**　操作系统启动完成，但是用户帐户无法登录，不能进入系统。

这一课将介绍计算机启动类故障的诊断方法和过程，对于“确诊”之后的故障处理，可以分别参考随后课程中的软硬件故障处理方法。

25.1 计算机的启动过程

诊断计算机启动类故障的原因，需要判断故障发生在启动过程中的哪个环节？而要判断在哪个环节，首先需要了解计算机启动的整个过程。虽然时间只有短短一两分钟，但是却经历了多个相互联系密切的环节。

(1) 硬件自检

计算机加电之后，各种硬件设备首先自我检测，判断自身状态是否正常。接下来，在BIOS的统一调度下，计算机硬件整体开始自检。BIOS中存储有一套简单的检测代码，可以依次识别各种硬件设备的存在情况，并分别进行状态检测。如果主要硬件设备没有被BIOS检测到，或者各个硬件设备不能够正常响应BIOS的指令，那么BIOS会进行报警。

(2) 硬件初始化

如果硬件检测正常，那么BIOS接下来会执行硬件的初始化代码。CMOS中存储了用户对BIOS的设置信息，BIOS程序会读取这些配置，然后对各种硬件分别予以初始化。

(3) 系统引导

在BIOS代码的最后，程序会把控制权交给操作系统的引导代码。操作系统的引导代码放置在硬盘、软盘或者光盘中的特定位置。BIOS会根据用户设置的顺序，依次选择启动的设备。例如，如果设定优先从硬盘启动，则硬盘的启动代码在硬盘最开始的位置。

硬盘启动代码成功接管系统控制权之后，开始查找硬盘上的操作系统。找到操作系统所在的分区之后，继续在这个分区开始的位置执行操作系统的启动代码。这些代码记录了操作系统中重要的系统文件位置和名称，并根据需要，执行其中的内容。例如Windows XP系统，在C盘的起始位置存放了Windows XP系统的引导代码，这些代码负责找到根目录下的NTDLR文件，并执行这些文件。

(4) 系统启动

从引导代码把权利交给操作系统的系统文件开始，计算机中安装的操作系统开始进入启动过程。启动程序首先检测boot.ini文件，查看多个操作系统的安装情况，并允许用户从中选择需要启动的操作系统。如果没有多个操作系统或者用户已选定需要启动的操作系统，那么系统的内核开始加载。

在Windows操作系统的启动过程中，需要执行和加载大量的系统文件。这个过程大约会持续几分钟。在操作系统启动的最后一个阶段，会运行一些由用户安装的程序。这些程序通常为服务程序，被设定为在每次计算机启动之后自动运行。

(5) 用户登录

系统启动完成的标志是用户登录界面出现。在这个界面中输入用户名和密码登录后，操作系统还要对用户环境进行初始化，需要加载一些文件，以及执行一些初始化程序，例如userinit.exe等。在用户登录的最后阶段，也要执行另外一些由用户安装的程序，这些程序被设定为每次用户登录时自动运行。

这五个过程紧密联系，它们之间有一些标志性的事件，以下几点可以用来区分这几个过程。

➢ 开机后，屏幕上方出现显卡自检的信息和右上角的能源之星标志。

- 接下来出现 BIOS 自检的信息。这个信息可能被主板的 Logo 所覆盖。自检通过，Logo 消失，证明硬件启动正常。此过程中可以进入 BIOS 设置画面。
- 屏幕显示"Updating..."，然后迅速跳过。此时按下 F8 键，可以出现操作系统启动高级选项(包括安全模式等)。
- 屏幕经历黑白的进度条界面，出现 Windows XP 的彩色启动画面，然后进入黑屏状态，只有屏幕上方的光标在闪动。
- 屏幕出现用户登录界面，可以单击"用户名"按钮，输入密码。
- 屏幕启动进入 Windows XP 界面，硬盘指示灯停止频繁的闪烁，鼠标、键盘可以操作。

除此之外，还可以借助电源指示灯、硬盘指示灯、键盘上的三个指示灯、计算机扬声器中的声音、屏幕显示的内容等信息来辅助诊断。有些主板集成了一个小型的系统诊断卡，可以根据数码管显示的数字查询说明书，了解计算机目前处在什么工作状态。

25.2 自检故障诊断

自检过程中，通常有两种症状：一种是计算机屏幕完全没有任何显示，硬盘没有读写的声音；另一种是屏幕有字符显示，同时扬声器有报警声音。

1. 计算机完全没有显示的情况

对于计算机完全没有显示的情况，首先排除显示器电缆接触问题，然后通过连接其他计算机排除显示器故障的可能。那么接下来就只能把重点放在计算机内部了。从计算机启动的过程分析，有以下几种可能。

- **计算机电源是否正常打开** 判断的简单方法是电源指示灯是否点亮，同时电源风扇是否正常转动。如果没有，说明可能是电源开关(包括连接线)或者主板的控制模块出了问题。
- **系统是否开始自检** 判断的方法是打开电源开关时，硬盘是否有读写的声音，键盘三个指示灯是否一起闪一下等。如果没有开始自检，可能是 CPU 没有开始工作。
- **显卡的自检过程没有完成** 可能是显卡出现故障，或者显卡插槽接触不良引起。此时在扬声器里应该有报警声(通常为连续重复的短音)。
- **内存出现故障或者内存接触不良** 此时也应该有报警声，通常为连续重复的长音或者三声短音。
- **CPU 故障** CPU 出故障的几率比较小，会不会是 CPU 风扇有问题，造成 CPU 过热自动保护呢？打开机箱目测即可排除这种怀疑。冷却一会儿后再次开机，重复观察一两次，也可以排除过热的可能性。
- **BIOS 故障** 这种可能性通常也比较小，除非用户对 BIOS 进行了刷新、修改，或者强烈的电流冲击造成 BIOS 芯片烧毁，否则，一般其中的启动模块不会轻易出现故障。

2. 开机屏幕出现字符显示的情况

如果开机已经有内容显示，那么说明至少显卡自检正常，CPU 自检正常，内存自检正常。接下来 BIOS 要对各种硬件再进行识别和检测。这个过程在屏幕上会有显示。如果关闭主板自带的 Logo 图案(大部分主板可以在 BIOS 中设置关闭，或者启动时用 Esc 键跳过

Logo)，那么可以看到屏幕上滚动显示的内容：CPU 的型号、主频、内存容量、内存检测过程、硬盘光驱识别信息、各种板卡、USB 设备识别信息等。其中比较常出问题的是内存、硬盘的检测过程。

内存在开机时即使自检通过，BIOS 也会对内存进行一次扫描和评估，扫描的方法和耗时多少视不同用户设置而异。在默认情况下，BIOS 会对内存进行 3 次全面扫描，从而确保内存正常无误；而大多数用户习惯设置快速启动选项，此时内存只进行一次简单扫描。目前内存一般都在 GB 量级，因此检测过程要耗费比较多的时间。

BIOS 不会对硬盘进行扫描，只是简单识别和记录硬盘信息。如果屏幕上显示的硬盘或光驱信息与实际不符合，应该进入 BIOS 设置界面，在其中重新设置或检测硬盘设备。

25.3　BIOS 故障诊断

BIOS 故障诊断比较简单，因为这时硬件自检已经通过或部分通过，因此屏幕已经开始工作。BIOS 通过对自己的检测，判断 BIOS 芯片和 CMOS 芯片里存储的内容是否出错。检测结果通常会以文字的形式显示在屏幕上。常见的错误有如下三种。

(1) CMOS_BATTERY_ERROR

CMOS 电池故障，通常是电池使用时间太久，已经无法继续充电；或者计算机很久没有使用，CMOS 电池电源耗尽所致。更换电池后即可解决。但是通常这一错误只是报警提示，并不影响继续启动系统。

(2) CMOS_CHECKSUM_ERROR

CMOS 数据校验故障。这是 BIOS 错误中比较常见的一种，一般可以进入 BIOS 设置界面，通过重新保存 BIOS 设置参数的方法解决。如果进不了 BIOS 设置画面，或者重新保存不能解决问题，那么可能需要重新刷新 BIOS 才能解决。

(3) CMOS_TIMER_ERROR

CMOS 时间和日期错误。这个错误解决比较简单，重新设置时间日期即可。但是这一错误往往和电池错误伴随出现，时间错误的原因是电池没有电，造成 CMOS 保存的数据丢失。

25.4　系统引导故障诊断

系统引导故障比较简单，因为在计算机启动过程中，引导程序只接管短暂的一小段过程，只有不到几秒钟的时间。引导程序故障通常有两种情况：一种是出现明显的错误，屏幕提示故障原因；另一种是未知错误，屏幕黑屏没有任何信息。造成引导故障的原因大致有以下几种：使用软件对硬盘分区或者对引导扇区进行错误操作、病毒感染引导扇区、重新安装操作系统失败、计算机意外断电等。

1. 有提示信息的引导故障

对于有提示信息的故障，可以根据信息判断故障原因，常见的有以下几种。

- **找不到活动分区(Active Partition)**　通常见于使用分区软件对硬盘进行操作后，没有设置活动分区。只需要用分区软件将系统分区设置为活动分区即可。
- **找不到操作系统**　首先确定 BIOS 中设置了正确的启动顺序，计算机中没有插入 U 盘、光盘、移动硬盘等其他设备。如果排除这些问题之后，仍然无法启动，这样的问题比较棘手，一般是由于磁盘分区的变化所致。如果确认原来的操作系统完好无损,而且所在的分区也访问正常,那么可以通过操作系统的安装光盘对启动扇区进行修复;如果分区不能正常访问,需要检查或者修复硬盘分区表;如果原来操作系统已经不完整或者不存在,则需要重新安装操作系统。

- **分区表错误** 需要使用磁盘分区软件查看并重新写入硬盘分区表。

2. 没有提示信息的引导故障

对于没有提示信息的黑屏错误,首先使用 Windows 操作系统的 F8 键判断是否已经引导到操作系统。如果启动过程中按下 F8 键之后没有出现相应的选择菜单,可以认为操作系统没有被引导,从而确诊是引导错误而不是操作系统启动错误。对于这类错误可以使用操作系统安装光盘启动计算机后,使用命令对启动扇区进行修复。

引导错误有一个特例,就是用户在引导扇区使用了多操作系统引导程序,例如 Grub、fdisk 等,这类程序对引导扇区的内容进行了修改,因此如果出现错误,应该使用相应的软件重新配置多系统引导参数,否则使用操作系统安装盘直接修复会丢失多操作系统启动功能。

25.5 系统启动故障诊断

操作系统启动故障的诊断比较复杂,除非系统有明显的提示信息,告知用户在某个文件或者某个环节出现了错误,否则连微软自身的程序都无法确定在哪里出现了问题,对于普通用户就更困难了。

通常明显提示的错误有以下几种。

- **NTDLR 文件丢失** 需要确定系统盘上的 NTDLR 文件(隐藏文件)是否在正确的位置。如果这个文件存在,那么需要考虑硬盘分区是否有过调整;或者尝试使用新的 NTDLR 覆盖原有文件。
- **某个系统文件丢失** 在启动过程中屏幕提示某个文件丢失。可能涉及的文件五花八门,但是解决方法几乎一致。首先使用工具盘进入系统分区查看这个文件存在与否,能否正常读取,如果读取错误,则要考虑硬盘故障;否则需要从系统安装光盘中恢复一个完整的文件替代它。如果没有安装光盘,也可以从其他使用相同版本操作系统的计算机上复制这个文件,但是要确保两台计算机操作系统版本完全一致,否则可能引起更多麻烦。如果替换之后,仍然无法启动,需要考虑内存有错误,可以更换内存或者拆下一半内存试试。
- **boot.ini 文件错误** 常见于 Windows XP 系统,Vista 下已经不再使用 boot.ini。这个文件记录的一般是多操作系统启动信息。如果这个文件内容错误或者读取错误,系统将无法继续启动。
- **系统内核(kernel)丢失** 常见于一次不正常的关机之后。一般重复多次重新启动计算机,就有可能恢复正常。如果仍然无效,可以使用操作系统安装光盘恢复一个新的内核文件("系统目录\system32\kernel32.dll")。

对于黑屏的故障,一般没有好的解决办法。只有首先尝试进入安全模式,看有没有异常的启动项、服务程序、驱动程序,或者使用系统还原,撤销最近的操作;或者查看系统日志寻找原因;也可以使用带日志的启动模式,在启动失败后,使用安全模式或者工具盘查看日志内容,大致判断故障出现的模块位置,然后尝试查找故障原因。如果安全模式都无法进入,那么重装操作系统是一个比较彻底的解决方法。

还有一类错误，叫做蓝屏错误。也就是在启动过程中，计算机突然出现一个蓝底白字的页面，页面迅速闪过之后计算机自动重启。蓝屏故障至少给出了引起故障的大致原因，但具体问题在哪里还需要综合考虑。关于蓝屏错误的诊断，将在随后的课程中介绍。

25.6　系统登录故障诊断

系统启动正常，但是用户登录系统之后，发现无法正常登录。又分为两种情况，一种是不允许用户进入系统；另一种可以以一个临时身份进入系统，原有的用户配置信息全部丢失。这两种故障的主要原因是用户配置文件的损坏或者冲突。

对于系统给出明确提示信息的情况，可以根据信息判断故障原因。首先确定不是由于30天试用期满而无法登录，如果操作系统没有在30天内激活，用户会无法登录，这时会得到明确提示，激活系统是唯一的解决方法。否则，一般的提示内容都是读取配置文件错误。根据错误严重程度，系统会拒绝用户登录或者允许用户以一个临时身份登录。这种情况可以尝试多次登录。对于多次登录仍然无法解决的故障，没有根本性的解决方法，只有一个折中的方案，就是在安全模式下用管理员帐户登录，然后新建一个用户，把旧用户的主要数据，包括桌面、开始菜单、文档等复制到新用户文件夹中，然后删除旧用户，最后给新用户改名与原来的用户名相同。这样会丢失很多信息，尤其是和 Windows 下的用户权限、文件加密等相关联的信息。因此属于不得已而采取的解决方法。

对于没有给出明确信息就自动退出的情况，重点考虑病毒的影响。例如，使用工具盘读取操作系统中注册表的内容，查看 HKEY_LOCAL_MACHINE\SOFTWARE\Microsoft\Windows NT\CurrentVersion\Winlogon 下的 Userinit 键值，正确值应该是 C:\WINDOWS\system32\userinit.exe，一些病毒会把它改成其他值，例如 C:\WINDOWS\system32\userinit32.exe 等。如果这个键值没有错，或者改正后仍然不能解决问题，那么可以尝试从操作系统安装光盘中恢复一个新的 userinit.exe 文件。

25.7　计算机故障诊断卡

计算机故障诊断卡(图 25-1)是专门用于诊断计算机启动类故障的测试设备，再具体一点，它是用于诊断硬件自检和硬件初始化过程中各种硬件故障的设备。计算机故障诊断卡的原理非常简单：在开机启动过程中，CPU 要向各种硬件发送指令，各种硬件要向 CPU 报告状态；计算机故障诊断卡监听这些指令和状态信息，然后就可以判断计算机无法启动是由于什么硬件出现了问题。

计算机故障诊断卡使用非常简单，卡上有若干指示灯和 2～4 个数码管，不同的指示灯组合和数码管显示的数字分别代表不同的含义。只需要把卡插入计算机任何一个 PCI 插槽中，然后开机。诊断卡上的指示灯状态和数码管显示的数字会不停地变化，如果计算机由于硬件故障无法正常启动，必然是停留在某个错误的状态。从数码管中读取此时显示的数字，然后查阅说明书，就可以了解故障的原因。

小知识　计算机故障诊断的三种基本方法

在计算机故障原因的诊断过程中，有三种常用的方法：排除法、替换法和最简法。

排除法是指根据故障现象，按照造成故障的可能性，逐步排除各种嫌疑因素。例如在硬

图　25-1

件故障诊断中，依次断开故障可能性最大的部件，检查剩下的硬件系统能否正常工作；在软件诊断中，依次卸载最可能造成系统异常的软件程序。排除法的主要依据是计算机系统中软件和硬件都可以反复安装和卸载，因此可以逐个排除，找到原因后再将卸下的其他部分复原。

替换法是指使用等价的组件替换有嫌疑的组件，然后判断新系统是否正常运行，从而找到故障的原因。替换法在硬件诊断中比较常用。例如，如果怀疑内存有问题，那么就用已知工作正常的内存条换下正在使用的内存条，如果故障消失，说明找到了故障原因。否则，还需要进一步替换。对于同时拥有多台计算机的网吧或者办公室，可以很方便地找到替换所需要的工作正常的部件，此时替换法就显得比较高效。

最简法是指一次性排除所有可能的因素，进入一个最简化的系统中，然后检查故障是否消失；如果故障依旧，那么只能是这个最简的系统有了问题，从而缩小了故障范围；反之如果故障消失，那么依次添加卸下的组件，直到故障再次发生为止。在硬件故障诊断中，断开各种主板外连接的设备，只保留主板、内存、CPU 和显卡（也就是第 5 课介绍过的准系统），检查这个最简化的配置是否能够正常运行，然后依次添加设备查找故障原因；在软件诊断中，直接进入安全模式，加载最小的启动项。这些都属于最简法的应用。

本课小结

本课中，首先介绍了计算机的启动过程，然后按照启动过程，分阶段解析了常见的故障类型和原因，重点介绍了故障的诊断方法。

课外阅读

1. 计算机启动过程全面分析

http://diy.yesky.com/cpu/496/2612496.shtml

2. 轻松排除 Windows XP 系统启动故障

http://360.qihoo.com/3232114/1539616.html

课后思考

(1) 有些计算机可以通过启动引导程序启动多个操作系统，这些软件是通过什么途径实现的？这些功能应该在计算机启动过程中的哪一步实现？

(2) 查看当前计算机中运行的进程，哪些是在用户登录之前就已经开始运行了？哪些是在用户登录系统之后才开始启动？为什么会有这样的区别？

第 26 课　运行类故障的诊断

课堂讲解

知识要点： 本课介绍了计算机运行类故障的诊断，简要介绍了死机、蓝屏、自动重启三种运行类故障的常见原因。

学习指导： 三种运行类故障比较容易区分，而且运行类故障有较明显的诊断依据，所以比较容易把握。

学习要求： 熟练掌握三种运行类故障各自最可能的几种故障原因。

计算机运行过程中出现故障，按照故障的严重程度，大致分为以下三类。

- **弹出错误对话框**　这类错误大多是软件编写不完善或者使用不当造成的。多数不影响继续使用。
- **软件自动关闭**　这类故障也主要由软件引起，一般重新安装软件或者检查软件的运行环境、用户权限、适用操作系统等条件就可以解决。
- **计算机死机或自动重启**　这类故障造成的原因软硬件都有，目前操作系统越来越稳定，所以软件造成意外死机的概率比较小，死机多与计算机核心的 CPU、内存部件有直接关系。自动重启一般多见于大型软件严重崩溃、重要系统程序错误(多由病毒引起)或者硬件驱动程序与硬件不兼容等多种情况。

前两种故障，也就是纯软件故障一般通过操作系统重新启动，或者软件更新、升级、重新安装就可以得到解决，因此不在本书重点讨论的范围内。这一课主要讲解第三种故障——计算机意外死机或重启故障的诊断方法。

26.1　计算机意外死机的诊断

通常意义上的死机又分为两种：一种是假死，系统停止响应或者速度非常慢以至于无法正常操作和控制；另一种是计算机彻底停止工作。

1. 计算机假死的诊断

假死的第一种情况，计算机专注于某一项实际无法完成的工作，例如读取出了问题的硬盘、访问损坏的内存、访问中断的网络链接等。这些错误操作导致计算机 CPU 占用率 100%，其他操作需要过很长时间才能有反应。

假死的第二种情况，木马或者病毒发作，连续访问硬盘或内存，CPU 占用率达到 100%。

处理假死的方法很简单，虽然计算机响应速度非常慢，但还是会有反应，因此需要尽快打开系统任务管理器（Ctrl＋Alt＋Delete组合键），找到并中止占用CPU最多的那个进程。此时的操作需要简练有效，不要反复按下不必要的按键或者无目的性地移动鼠标。所有的操作在计算机内部是依次排序的，所以无用的操作必然占用更多时间。

提示：对于病毒或木马引起的假死，拔掉网线往往是最有效的办法。网络断开后，CPU占用率通常会随即下降。

假死的计算机恢复常态之后，不能就此罢手，还需要找到问题的根源。如果只是软件错误，应该总结操作软件的外界条件，避免下次再出现同样的问题；如果是未知程序引起假死，那么应该尽快找到程序来源，并使用杀毒软件、木马专杀工具对系统进行检测。

2. 计算机完全死机的诊断

常用的计算机内部都有很多保护机制，避免计算机完全停止工作，也就是避免真正意义上的死机。可能造成真死的原因比较少，一般有以下几种可能。

- **CPU过热**　通常由散热风扇故障引起，重启后用软件或进入BIOS检查CPU温度就很容易得出结论。正常情况下，CPU温度过高时，扬声器会发出连续的报警声。但是如果用户关闭了BIOS中的CPU温度监测报警功能，或者监测参数设置不当，可能在报警之前就已经造成死机。
- **内存故障**　会造成死机情况的应该是比较严重的内存损坏。重启后检测内存应该能够确定是否由内存引起。
- **主板南北桥过热**　这是比较容易被忽视的故障原因。大多数主板南北桥没有风扇，只有一个散热片，而且没有任何温度传感器。因此当环境温度过高时，应该考虑南北桥的工作温度太高造成死机。这一故障原因可以用手触摸南北桥散热片来确诊。
- **供电电路大幅波动或者强脉冲干扰（例如雷电）**　这种造成计算机突然死机的原因比较容易判断。计算机中采用性能比较稳定的开关电源，因此如果由于供电质量造成计算机死机，那么必然同时会影响到多台计算机，或者严重影响其他电器。所以比较容易排除或确诊供电原因。

其他原因造成真死机的情况比较少见，但是不排除主板上某些不重要的部件突然出现问题造成意外死机。由于CPU、主板、内存都是用户无法自己维修的部件，因此只能首先确定最可能出问题的部件，然后采用替换法逐个排除。

26.2　计算机蓝屏的诊断

蓝屏故障是指计算机在使用过程中，或者在启动过程中，突然弹出一个带有如图26-1所示内容的蓝底白字的画面，然后计算机会迅速重新启动。这种情况大多是软件冲突、硬件驱动错误或者硬件意外故障引起的。

在屏幕上的提示信息中，给出了系统自我诊断的结果。但是蓝色屏幕转瞬即逝，想要仔细阅读其中的内容比较困难。其实屏幕上的信息大意是“计算机发生一个严重的错误，如果是第一次发生，请重启计算机；如果再次发生，请依次检查新安装的硬件、软件是否正常，作必要的升级；如果还是不能解决，需要卸载或禁用新安装的软件，禁用BIOS中的Shadowing或Caching功能，必要时进入安全模式进行上述操作”。

除了上述文字信息，屏幕上真正有用的内容是系统自我诊断的错误类型。要抓住计算

```
A problem has been detected and Windows has been shut down to prevent damage
to your computer.

PFN_LIST_CORRUPT

If this is the first time you've seen this Stop error screen,
restart your computer. If this screen appears again, follow
these steps:

Check to make sure any new hardware or software is properly installed.
If this is a new installation, ask your hardware or software manufacturer
for any Windows updates you might need.

If problems continue, disable or remove any newly installed hardware
or software. Disable BIOS memory options such as caching or shadowing.
If you need to use Safe Mode to remove or disable components, restart
your computer, press F8 to select Advanced Startup Options, and then
select Safe Mode.

Technical information:
*** STOP: 0x0000004e (0x00000099, 0x00000000, 0x00000000, 0x00000000)

Beginning dump of physical memory
Physical memory dump complete.
Contact your system administrator or technical support group for further
assistance.
```

图 26-1

机重新启动前的间隙，捕捉到这些有用的信息。注意图 26-1 中圈起的一串数字，“***STOP：0x0000004e(...)”，这一行内容中，括号前的数字 0x0000004e 非常关键，它是计算机发生错误的故障类型。这个代码总长度是 10 位，通常发生错误时前几位都是 0x00000，只有最后三位不同，所以只要记住 04e 就可以了。随后可以在搜索引擎中或者微软网站上查找这个代码，一般都会找到蓝屏的可能原因，然后对照实际情况一一排除即可。

从总体来说，蓝屏故障遵循以下基本处理原则。

- **首先总结故障出现的规律** 是否在固定时间出现？是否在运行同一款软件时出现？如果呈现明显的规律性，则需要考虑相关的软件产品状态是否正常，必要时卸载试试。
- **其次确认系统的最新变化** 包括新增加的硬件和软件，也应该考虑非用户控制的安装过程——系统或软件自动升级、病毒木马自动安装等。从故障出现时间和症状判断它们之间相关联的可能性。必要时可以尝试卸载软件、拆除硬件，甚至使用系统还原的方法。
- **是否有病毒或木马入侵** 如果系统软硬件没有大的更新，则需要考虑病毒和木马的影响。进入安全模式，升级最新的杀毒软件，对系统进行全面扫描。查看系统服务项和启动运行项，关掉所有来历不明的项目。
- **最后考虑硬件故障问题** 最常见的是硬盘和内存的错误。硬盘读写故障比较容易识别，会在硬盘工作时伴有特殊的“嘎吱”异响；内存故障可以采用替换法换上其他内存条进行确诊，或者使用内存测试软件进行测试。

如果最后仍然找不到故障原因，那么备份系统盘的有用文件，重新安装操作系统是比较彻底的一个解决办法。另外，在安装操作系统的过程中，安装程序会进行一些硬件的检测，能够发现大部分潜在的硬件故障。

26.3 计算机意外重启的诊断

在上一小节蓝屏故障中，计算机会突然出现蓝屏，然后迅速重启。除此之外，也会出现计算机没有征兆，突然重新启动的故障。这一节重点讨论这种故障。

上一节已经提到过，现在计算机的操作系统越来越高级，各种保护机制越来越健全，所以几乎很少发生系统软件意外崩溃，造成重启的现象；即使偶尔出现，也是以蓝屏作为先导，随后重启。所以如果计算机出现毫无征兆的直接重启现象，基本上可以断定是硬件设备故障所致。

在计算机的几大核心部件中，CPU 故障会使计算机停止运行，因此不可能再继续重启（重启计算机也需要 CPU 执行程序，发出指令）；内存和主板故障，一般至多导致计算机蓝屏，或者停止运行。所以直接重启现象，应该从更基础性的部件着手考虑。首先应该怀疑的是各种电缆的接触可靠性，排除接触不良造成的现象；其次是市电供电的稳定性；还可能是机箱和主板上的 Reset（重启）、Power（电源）等开关的连线短路；也可能是电源工作不稳定；此外也有少量故障是由于主板或者其他板卡特殊故障所致，这种可能性比较小。

市电稳定性 供电电压的波动和大脉冲信号除了能使计算机死机，也有可能使计算机重新启动。但是这种故障不会频繁发生。此外，电源的瞬间中断，也会造成计算机重启。由于中断的时间很短，所以大部分其他电器都能继续工作，但是计算机在瞬间断电后会重新启动，而且由于不同计算机所使用的电源存在品质上的差异，抵御供电故障的能力也有所不同，所以会在某一次供电事故时，其他计算机都可以工作，只有电源质量不好的那一台重新启动。这种差异会造成对供电质量引起的故障的确诊难度。

电源开关和重启开关的状态 计算机用久了之后，电源开关和重启开关有时会卡住，造成接通后不能顺利分离。对于电源开关，会引起计算机强制性关机后重新开机，症状和重启非常相似；而对于重启开关，则会引起计算机频繁重启。更严重的是这些开关连接线接触不良时，很可能造成时通时断的现象，这种不确定性给确诊带来难度。所以有必要检查主板上这些连线的可靠性和机箱上开关的工作状态。

电源问题 如果计算机电源有问题，无法长时间负担供电任务，此时会在计算机正常工作时不定时地出现供电瞬间中断的情况。中断后随即电源负荷减轻，于是又开始正常工作。从用户角度来看就是计算机重新启动了一次。

CPU 过热 某些主板保护电路，在 CPU 温度过高时，会自动断电。有些主板工作不稳定，就会自动重启。一般在开机进入硬件自检画面前，屏幕会提示 CPU 过热的信息。

本课小结

本课中，简要介绍了计算机运行过程中可能出现的故障的诊断方法，主要包括意外死机、蓝屏、自动重启动三种典型的运行类故障。重点介绍了三类多发故障的常见原因。

课外阅读

1. Windows 蓝屏代码

http://zhidao.baidu.com/question/26585922.html

2. Windows 死机原因列举

http://www.enet.com.cn/article/2004/0331/A20040331298737.shtml

课后思考

在计算机蓝屏时，除了错误代码之外，屏幕实际上还给出了其他有用信息。这些信息分别位于屏幕哪个固定位置？分别代表什么含义？

第 27 课　硬件设备故障处理

课堂讲解

知识要点： 这一课详细介绍了计算机硬件设备故障的处理策略和方法。硬件设备按照CPU(散热器)、主板、内存、硬盘、显卡和电源六大类划分，对每一类硬件常见的故障处理方法进行了细致的剖析。

学习指导： 硬件设备的故障千差万别，任何一本书都不可能完全收纳。所以这一课的重点，并不是罗列故障现象，而是把各种故障按照根源有机地组织在一起，分类加以解决。同样的故障，在不同计算机上可能有不同的具体症状，但是如果把握住根本所在，那么就有了一把万能的钥匙。

学习要求： 不要死记硬背书中的知识点，而是要从根本上把握硬件故障解决的策略，进而结合不同的故障分类熟悉不同的处理方法。

在前两课中已经介绍过从计算机故障的现象出发，结合经验积累和几种诊断方法，逐步排除并确诊故障部件的方法。这一课重点介绍对于确诊之后的硬件故障，应该如何分别予以处理。

27.1　CPU和散热器故障处理

通过前两课的学习，大家应该已经知道CPU是计算机中出问题比较少的部件。作为一个集成电路芯片，要么正常工作，要么过热彻底烧毁报废，不存在两者中间的可维修状态。常用CPU的保护机制是比较健全的。正常使用情况下，配合正常工作的主板，CPU应该在温度较高时发出报警信号，并在一定温度时停止工作。由于CPU停止工作(计算机死机或关机)，所以CPU耗电下降，温度随即降低。除非温度升高太快，例如没有安装散热器，以至于CPU来不及反应就已经烧毁，否则不应轻易怀疑CPU本身出现故障。

烧毁的CPU外观特征明显，而且伴有煳味。这样的计算机只能更换同样型号或者同样接口的新CPU。

散热器的故障一般表现为风扇工作不稳定，转速降低，造成CPU温度过高或者风扇噪声增大。造成风扇故障的一个重要原因是风扇叶片积灰过多，影响叶片整体的对称性和平衡性。可以尝试拆下散热器，先用吹气球吹去叶片表面的浮灰，再用棉签轻擦叶片表面(可以只拆下风扇，如果灰尘量比较少，也可以直接在机箱内操作)。如果有难以除净的尘土，可以考虑用棉签蘸取少量酒精，或者少量水擦拭(注意不要把水滴在主板上)。

如果除尘之后的风扇仍然不能正常工作，那么就需要考虑更换散热器整体。虽然只是风扇出现了问题，散热片部分并没有问题，但是市场中的散热器产品都是整体出售，所以只能整体更换。拆卸和安装散热器的方法分别在第2课和第5课已经介绍过了，复习这两课的内容即可。购买散热器时需要向销售商提供 CPU 的型号，不同 CPU 使用的散热器可能不尽相同。最好的办法是拿旧的散热器作为样本依样购买。

27.2 主板故障处理

主板常见的故障主要分为以下四类。

- BIOS 故障，包括 BIOS 出错、电池耗尽、BIOS 设置出错等。
- 芯片组散热问题。
- 接口芯片损坏。
- 供电电路损坏。

这四类故障均涉及对主板硬件的拆卸或改动，因此处理过程稍微复杂一点。其中 BIOS 故障和芯片组散热问题可以由用户自己动手解决，而接口芯片、供电电路等涉及主板上元件的问题必须由专业维修人员处理，因此确诊后应该送维修站修理。

下面重点介绍 BIOS 故障的自处理方法。

对于 BIOS 电池耗尽的错误，可以首先尝试跳过错误信息，启动计算机后保持开机状态数小时，目的在于尝试为 BIOS 电池进行充电。如果 BIOS 电池仅仅是由于长期没有使用而造成电力耗尽，则充电的方法应该会奏效。如果充电无效，则需要更换一块电池。

在主板上找到圆形的纽扣电池，用手指或者螺丝刀将电池一侧的金属片向外撬，这时电池一般会弹起。如果不能弹起，可以在撬动金属片的同时用螺丝刀从电池底部稍向上用力，如图 27-1 所示。拆下电池后换上新的电池即可。电池的型号是普通的 3V 锂电池 CR2032，一般超市里都有出售。

对于 BIOS 设置出错的问题，如果根据提示信息或者现象能够找到错误的原因，进入 BIOS 改正当然最好。但是有时并不能准确判断错误或者冲突所在。这时有个简单的办法：清空 BIOS 设置，进入系统默认配置状态。如果计算机还能够启动进入 BIOS 设置状态，那么可以选择"恢复 BIOS 默认设置"选项；如果错误严重，计算机根本进不了 BIOS 设置界面，那么就需要借助主板上的跳线。现在的主板上已经很少有跳线存在，BIOS 跳线是其中仅存的几个跳线之一。

在 BIOS 芯片或者电池附近找到跳线（可以参考主板说明书），这组跳线一般有三根针脚，正常情况是用跳线连接其中的 1 脚和 2 脚，放电时需要拔下跳线器，插入另外一侧的 2 脚和 3 脚，数秒后将跳线放回到原来的位置，如图 27-2 所示。再次开机后 BIOS 设置应该已经恢复到了初始状态。

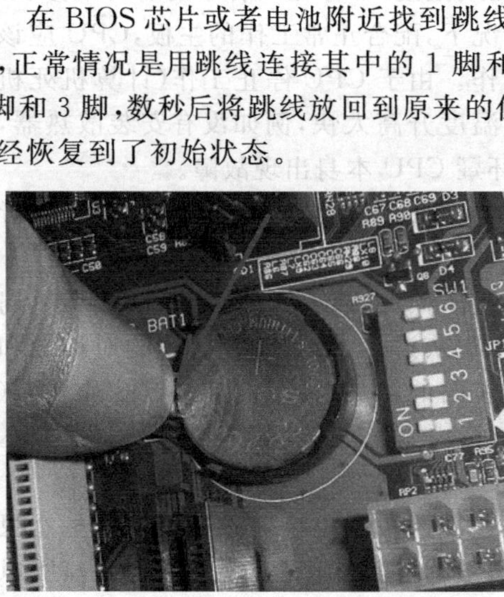

图 27-1

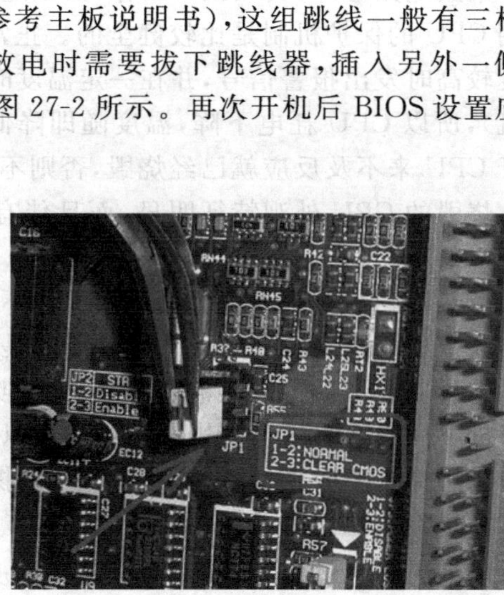

图 27-2

对于比较老的主板不能兼容新硬件的问题，如果厂家发布了针对这些问题的新的 BIOS 程序，那么可以通过刷写新版本的 BIOS 程序来解决。刷写 BIOS 程序需要使用 BIOS 厂家提供的刷写工具。过去刷写 BIOS 需要在 DOS 操作系统下进行，现在 AMI 和 Phoenix-Award 公司都开发出了 Windows 操作系统下的刷写程序，这样可以在图形界面下方便地完成 BIOS 的备份和刷新。

对于 BIOS Checksum Error 这种错误，如果 BIOS 设置恢复初始状态仍然不能解决问题，那么就需要重新刷写 BIOS 芯片的内容。对于错误不严重，还能够启动并进入操作系统的计算机，可以使用 Windows 下的 BIOS 刷新程序。对于无法正常启动的计算机，只能借助于其他工具实现 BIOS 的刷新。可以使用"Flash 编程器"，对 BIOS 芯片重新写入；或者采用一种叫做热插拔的刷新方法，这需要比较熟练的操作技术。

1.【练习】在 Windows 下刷新 BIOS

步骤 1 准备软件

根据计算机 BIOS 的厂家，选择相应的主板刷写程序；根据主板的品牌和型号，下载合适的 BIOS 数据文件。

步骤 2 启动 BIOS 刷写软件

运行下载后的刷写程序，执行其中的可执行文件(如果是压缩包需要解压缩)。以 Phoenix-Award 公司提供的工具为例，运行可执行文件 WinFlash.exe，启动后的界面如图 27-3 所示。注意在 Windows Vista 操作系统下，需要以管理员权限运行刷写软件(在可执行文件上右击，选择"以管理员身份运行"选项)。

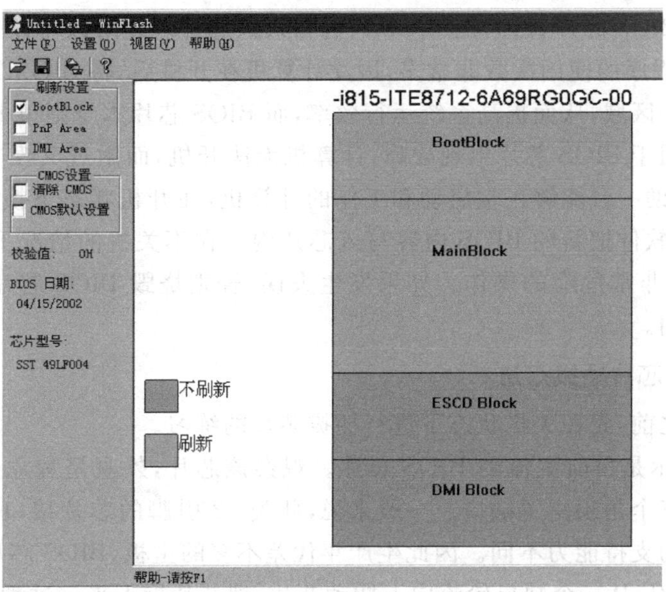

图 27-3

在 WinFlash 启动后的界面中，窗口中央是 BIOS 的 ID 和刷新示意图，图中表明了整个 BIOS 内容是由四部分组成，不同颜色分别表示将要刷新和不刷新。各部分是否刷新在左上角的刷新设置中选择，包括 BootBlock、PnP、DMI 三个部分。关于 CMOS 设置有两个选项：清除 CMOS 和恢复默认值。窗口中还列出了检测到的一些 BIOS 参数，例如日期、芯片型号等。

步骤 3　备份现有 BIOS 数据

① 在菜单中选择备份 BIOS 文件，或者单击工具栏中按钮。

② 在出现的“另存为”对话框中，选择需要保存文件的路径及输入文件名，单击“保存”按钮。

③ 在出现的“BIOS 备份”对话框中，单击“备份”按钮，即可将原 BIOS 文件保存。

步骤 4　刷写 BIOS

① 选择“文件”→“打开 BIOS 文件”选项或者单击工具栏中按钮。

② 在出现的打开文件对话框中，选择事先预备好的 BIOS 文件。如果是压缩文件需要解压缩。

③ 确定后，软件会读取 BIOS 文件，并检查文件内容是否正确，如果出现大小不符或者校验值不对，会出现错误警告信息。

④ 选择“刷新”选项，需要清除左边的“刷新设置”选项组中的所有选项，这样软件只刷新 MainBlock；需要选中“CMOS 设置”中的“清除 CMOS”复选框，以免旧的设置数据和新的 BIOS 不兼容。

⑤ 单击“刷新”按钮，确认后就会开始刷写操作。

2.【练习】用热插拔法刷新主板 BIOS

热插拔法刷写 BIOS，是指在计算机不关机的情况下，从主板上拔下 BIOS 芯片，换上另外一块出故障的 BIOS 芯片，然后把 BIOS 内容写入该芯片。之所以可以带电插拔 BIOS 芯片，是因为 BIOS 程序的使用次数非常多，因此计算机在开机后，将 BIOS 芯片内的内容放入内存中特定的缓存区域，从而提高系统运行效率，而 BIOS 芯片本身则很少再被使用。

热插拔法适用于 BIOS 芯片出现故障，计算机无法开机，而附近又没有 BIOS 刷写工具的情况。此时，借助一台能够正常启动和工作的计算机，在开机状态下换上有问题的 BIOS 芯片，然后马上用软件把新的 BIOS 内容写入芯片内。在不关机的情况下带电热插拔集成电路芯片，是一项非常危险的操作。如果发生失误，轻则烧毁 BIOS 芯片，重则危及主板。因此需要谨慎采用。

步骤 1　熟悉芯片插拔方法

在带电操作之前，先在关机状态下进行插拔芯片的练习。

如图 27-4 所示是目前主流的 BIOS 芯片。观察该芯片，外观呈扁立方形，安装在插座内。在插座上有三个角预留了缺口。一般来说，此类 32 引脚的芯片接口都是相同的，只是主板对芯片容量的支持能力不同。因此生产年代差不多的主板，BIOS 芯片都可以互换。

① 使用螺丝刀，从三个缺口轮流向上撬动芯片，把芯片拆下来。这种拆卸方法比较慢，而且过程不稳定，容易造成芯片的损坏。因此需要用一些特殊的方法方便拆卸。

② 如图 27-4 所示，在拆下芯片后，在空的插座内，沿着对角线方向摆放两根线。一般不宜用金属线，不宜用太粗或太硬的线，通常家用的缝衣线就可以满足要求。如果线的强度不够，可以对折把两股合作一股用。摆放好线之后，插入 BIOS 芯片，线头分别从 BIOS 芯片

图 27-4

的四个角引出。

③ 拽紧四根导线，保持用力均衡，快速向上拉动这些线，从而把 BIOS 芯片平稳地从插座内拔出。

④ 在关机状态下反复练习如上的插拔和安装过程，直到熟练为止。

⑤ 练习完毕后，在 BIOS 芯片插座中安放好线，并安装好 BIOS 芯片。

步骤 2 准备 BIOS 文件

借助网络，根据主板型号下载有问题的主板的最新 BIOS 程序。

步骤 3 带电更换芯片

启动正常工作的计算机，进入操作系统，打开刷写 BIOS 工具 WinFlash，备份当前 BIOS。

借助预先安放好的连线，在开机状态下拔下正常的主板 BIOS 芯片，换上有问题的 BIOS 芯片。更换过程要快而且稳，切忌动作不稳造成芯片引脚反复抖动接触。

步骤 4 刷写换上的芯片

再次打开 WinFlash 软件，同样先备份当前 BIOS(不要和前面备份的内容混淆了)，然后打开下载的 BIOS 文件，将内容写入 BIOS 中。

步骤 5 芯片各自归位

关机后，将 BIOS 芯片拆下并安装回各自原有的主板插座内。开机检查两台计算机是否工作正常。

27.3 内存故障处理

内存故障主要分为以下两类。

第一类是内存本身出现问题，例如 SPD 芯片损坏、内存芯片烧毁等，这类问题超出了普通计算机用户和管理员的处理能力，因此需要送维修站处理。好在主流品牌内存都提供了五年甚至终身的质保服务。

第二类是接触问题，主要是由于长时间使用，灰尘积累和接触点弹力下降，造成主板和内存之间的接触点(俗称金手指)接触不好。如果通过替换法已经确诊问题在插槽上,可以给主板上的内存插槽做除尘处理。另外,也可以尝试清除金手指上的杂质氧化层,方法是使用普通橡皮擦擦拭内存条的金手指。

27.4 硬盘故障处理

常见硬盘故障分为两大类:第一类由软件引起,硬盘本身没有问题,错在硬盘上记录的数据,在格式或者内容上出现了问题;第二类是硬件故障,是硬盘本身出现了问题,无法继续正确保存或者读写数据。第二类故障又分为电路引起的故障和硬盘盘片引起的故障。总地来说,硬盘故障处理遵循软件故障软件处理,硬件问题软件化解决的整体思路。这是因为硬盘硬件维修的设备、无尘环境、操作人员等的要求都非常高,小规模的维修站尚且不具备维修条件,更不用说普通的计算机用户。因此争取用软件方法来规避硬件故障。

1. 硬盘低级格式化

硬盘在使用之前先要进行格式化操作,在硬盘逻辑分区基础上建立文件目录结构,这种格式化又称为“高级格式化”。在硬盘维修过程中,还会经常遇到被称为“低级格式化”(简称“低格”)的处理方法,它的作用是在硬盘物理层面和逻辑层面之间建立联系。低格的一项重要任务就是扫描硬盘表面,检测出坏扇区,并在磁盘上存储的 G-list(硬盘缺陷列表)中记录有问题的扇区,从而在使用中跳开这些扇区。因此低格可以用来解决一些硬盘的读写错误。

低级格式化对于硬盘损耗比较大,除非硬盘出现一些工作不稳定的情况,否则不建议使用低级格式化处理硬盘。出现坏道的硬盘在低格之后,可能可以暂时恢复正常,但并不是长久之计,不稳定的情况随时可能再次发生。

低格后,硬盘上所有的数据全部丢失,几乎不可能恢复。所以之前一定要备份好数据。低格硬盘时,最好先拔下其他的硬盘,只接上需要低格的一块硬盘。这样可以最大限度地减少误操作,以免造成不可挽回的损失。

低格可以采用硬盘厂家提供的硬盘低格程序,或者使用 DM 万用版硬盘工具集。

(1) 使用 Maxtor 硬盘低级格式化程序

大多数硬盘厂家都提供了硬盘低级格式化的工具,如果条件许可,可以按照硬盘品牌分别下载使用。本书以迈拓硬盘的低格程序为例,介绍硬盘低格的方法,其他硬盘厂商的工具软件的工作界面和操作方法与此基本类似。

① 启动 DOS 操作系统。

硬盘低格程序需要在 DOS 环境下运行。因此需要借助 U 盘、光盘等媒介启动 DOS 操作系统。

② 启动低格程序 format。

在 DOS 命令行下运行 format 命令,首先是一个软件免责声明,输入 y 同意之后,进入如图 27-5 左图所示的软件界面。

③ 选择驱动器(Select Device)。

在图 27-5 左图所示的主菜单中选择 Select Device 选项,有 0～3 四个序号可供选择,分别对应 BIOS 里的四个硬盘序号。如果不知道硬盘的序号,可以到 BIOS 设置界面中查看,也可以一一尝试。如果输入的序号对应的硬盘存在,那么该硬盘的信息会显示在屏幕下方(图 27-5 右图),信息包括:硬盘型号、硬盘序列号、磁头、柱面、扇区数等。这些信息有助于

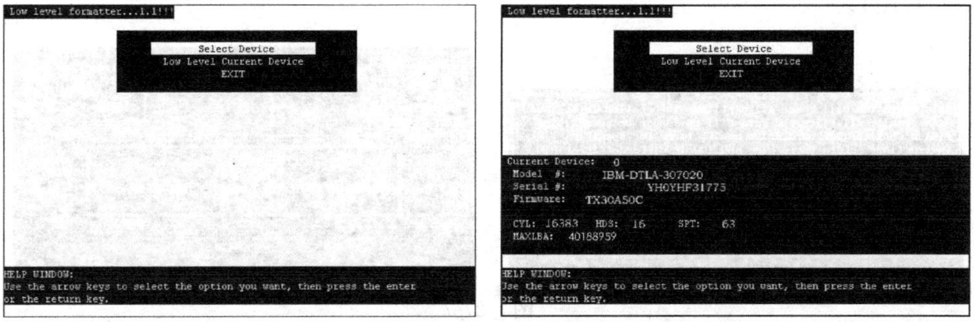

图　27-5

区分不同的硬盘。

④ 开始低格硬盘。

选定硬盘后，选择 Low Level Current Device 选项。这时要求确认是否使用 LBA 模式，大硬盘当然选择使用这种模式。然后就会开始漫长的格式化过程。通常 160GB 的硬盘完成低级格式化大约需要至少 3 个小时的时间。

(2) 使用 DM 低级格式化硬盘

DM 原本是为 IBM 定制的一组硬盘工具程序，但是加上辅助程序后，DM 万用版可以支持其他品牌的硬盘。DM 也需要在 DOS 下运行。

① 启动 DM 软件。

在 DOS 操作系统下，运行 DM 命令。

② 选择设备。

进入软件后，按下 Alt+M 组合键切换到如图 27-6 左上图所示的高级界面。在图 27-6 左上图所示的界面中，选择(M)aintenance Options→(U)tilities 选项(图 27-6 右上图)，然后从列表中选择将要低级格式化的硬盘(图 27-6 左下图)。

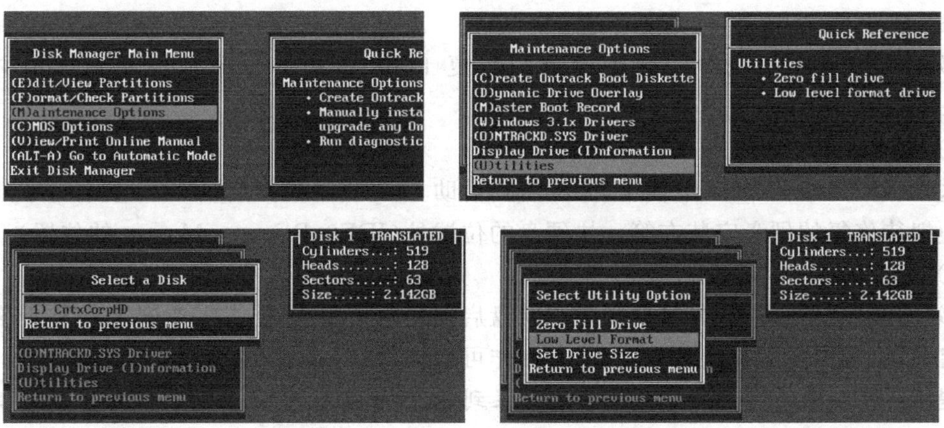

图　27-6

③ 开始低格硬盘。

从菜单项中选择 Low Level Format 选项(图 27-6 右下图)，接下来需要经历两次确认(图 27-7 左图)，第一次使用 Alt+C 组合键，第二次使用 Y 键，然后格式化就开始了

（图 27-7 右图）。

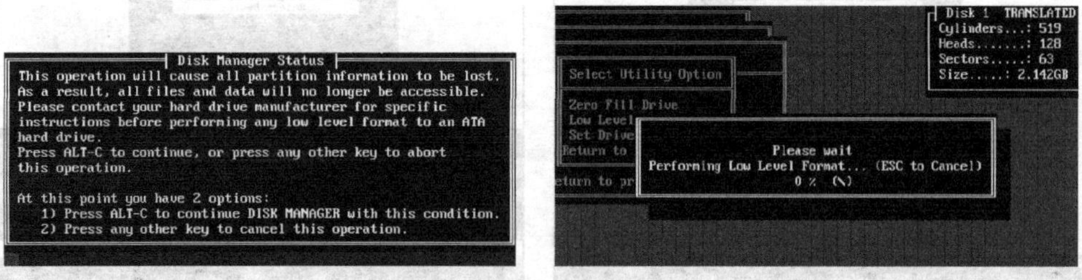

图 27-7

2. 硬盘坏道的处理

硬盘坏道是指硬盘盘片上的物理缺陷区域。由于这些缺陷或者潜在的缺陷，造成硬盘上某些位置的数据无法正常存取。一般用“坏道”来称呼这类缺陷。坏道分为两类：一类是在硬盘出厂前就已经发现的坏道，厂家对这类坏道进行了屏蔽处理；另一类是潜在的坏道，硬盘开始使用时，这类坏道并没有表现出明显异常，但是随着使用时间的加长，缺陷逐渐表现出来。这两类坏道的来源完全一致，只是发现的时间不同。

一般来说，硬盘盘片不可能做到完美无瑕，因此坏道是难免会产生的。一块合格的硬盘，它的大部分坏道应该在出厂前被发现。厂家设计硬盘时预留了部分多余的空间，用来替换那些坏道。出厂时，坏道的位置和替换空间的位置记录在一组叫做 P-list 的数据中。另外还有 G-list 数据，记录了硬盘使用过程中发现的少量坏道信息。被写入 P-list 和G-list的磁盘扇区不会再被访问，取而代之的是备份空间中替换扇区的位置。

对于硬盘坏道，一般采用三种方式解决。第一种方式检测硬盘，写入 G-list，例如低格硬盘、使用硬盘检测软件等方法，少量的错误可以用这种方法解决；第二种方式是采用调整硬盘分区的方式，在使用中跳过坏道和周围的区域，从而避免坏道的影响；第三种方式是采用工厂级的维修方法修改 P-list 数据，需要通过专用软件检测和修复硬盘。

(1) 使用“效率源”软件修复坏道

“效率源”是一款优秀的硬盘检测和修复工具，其基本原理是检测到坏道并写入 G-list 表。

① 准备软硬件环境。

这款软件只能在 DOS 下使用，因此需要借助 U 盘或者光盘启动 DOS 操作系统。使用时必须把待修复的硬盘安装在第一块硬盘的位置处（IDE0，Primary Master 的位置）。

② 安装“效率源”软件。

“效率源”软件目前有光盘启动版和软盘启动版两个版本，前者需要刻录为光盘，然后用光盘启动；后者需要运行安装程序，然后制作可启动软盘，并用软盘启动。

提示： 软盘版的“效率源”软件必须安装到位于 A 盘或者 B 盘的软盘中。鉴于目前计算机很少配备软驱，可以使用 RamdiskNT 软件模拟一个软驱，然后运行软件安装程序，在虚拟软盘上安装软件，最后把虚拟盘中的文件内容复制到其他需要的位置，例如硬盘、可启动 DOS 系统的 U 盘等。

③ 启动效率源软件。

在 DOS 系统中启动“效率源”软件，软件的主界面如图 27-8 左上图所示。左侧的功能列表中列出“硬盘全面扫描”和“硬盘高级扫描”等四项功能。

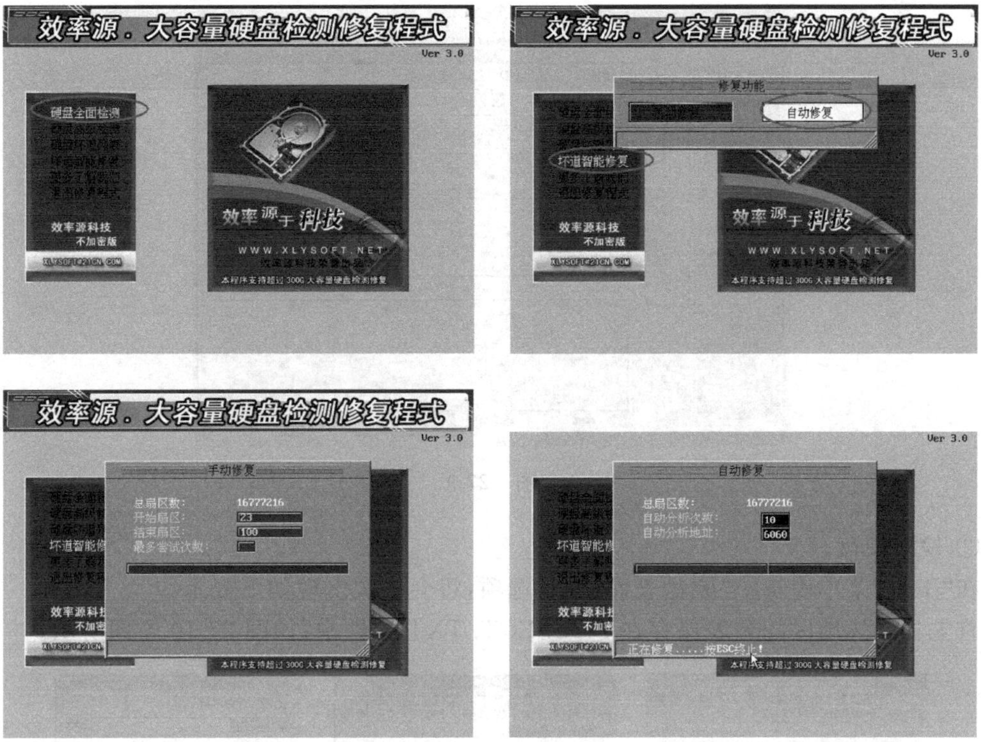

图　27-8

④ 扫描硬盘。

在图 27-8 左上图左侧功能列表中选择“硬盘全面检测”选项，软件开始检测硬盘，需要等待比较长的时间。

⑤ 查看硬盘扫描结果。

完成硬盘扫描之后，软件回到主界面。这时选择“硬盘坏道列表”选项，软件将以图表的形式，列出检测到的硬盘坏道所在的位置。用这个功能可以直观地查看扫描后给出的扫描结果。

⑥ 修复硬盘坏道。

“坏道智能修复”功能是这款软件的核心功能，如图 27-8 右上图所示，又分“手工修复”（图 27-8 左下图）和“自动修复”（图 27-8 右下图）两种模式。手工模式下，可以输入坏道的位置，从而加快修复的速度。

选择“坏道智能修复”选项，然后选择“自动修复”选项，软件将开始磁盘修复过程。在修复过程结束后，软件再次回到主界面。退出软件并重启操作系统之后，修复结果将生效。

（2）使用 Disk Genius 隔离坏道

Disk Genius 是一款比较常用的硬盘分区管理软件，通常用于硬盘分区表的编辑和维护。它也有检测磁盘的功能。

① 启动 Disk Genius。

Disk Genius 必须在 DOS 下运行。启动后，软件界面如图 27-9 所示。图中右侧为主界面，显示了硬盘分区的列表；左侧则用柱状图的形式，用不同颜色直观地表示出硬盘分区的划分情况。

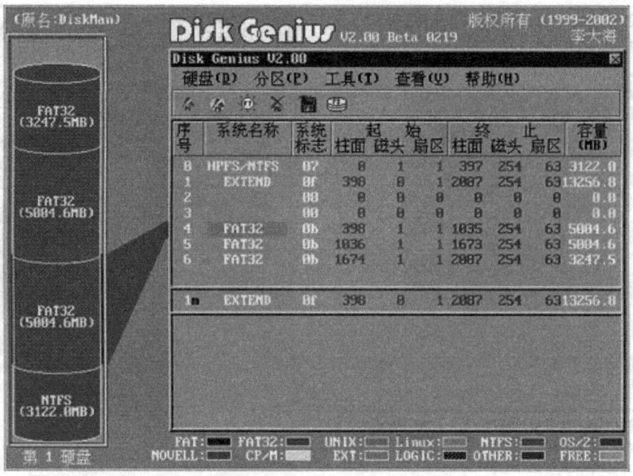

图　27-9

② 检测硬盘。

在“工具”菜单中选择“硬盘表面检测”选项，将会依次出现如下提示。

首先告知坏扇区的列表保存在 BADSECT. TXT 文件中，如图 27-10 左图所示。

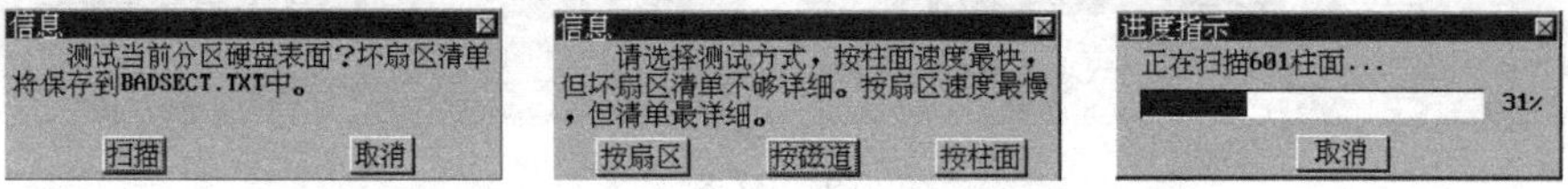

图　27-10

接下来选择坏道的检测方式(图 27-10 中图)，“按扇区”、“按磁道”、“按柱面”三种方式，速度依次越来越快，但是扫描也越来越不彻底。所以建议使用“按扇区”模式。

然后会开始硬盘的扫描工作，屏幕提示扫描进度，如图 27-10 右图所示。

③ 查看和记录 BADSECT. TXT 文件。

扫描结束后，退出 Disk Genius，找到 BADSECT. TXT 文件，并记录其中的信息，如图 27-11左图所示(DOS 下可以使用 Type 或 Edit 命令查看)。

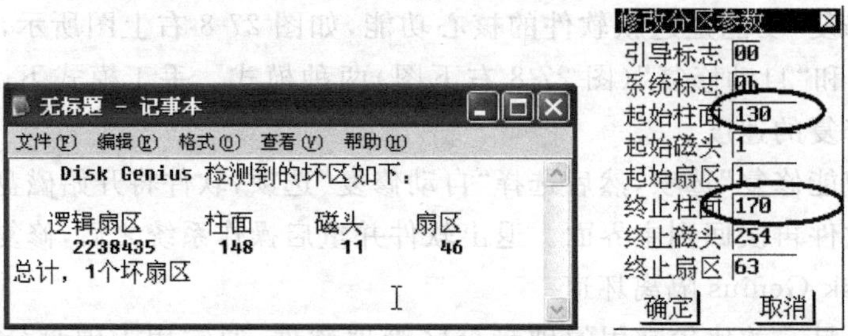

图　27-11

④ 修改分区参数。

再次进入 Disk Genius，根据扫描得到的坏道的位置，合理规划分区。然后使用 Disk Genius 的分区功能，设定分区起始和结束位置(图 27-11 右图)，使坏道恰好位于两个分区之间，这样坏道就不会被再次使用。建议将坏道前后几百兆的空间都予以保留，从而有效避免坏道的扩散。相邻的坏道可以酌情合在一起考虑，避免划分太多零散的分区。

实际使用时，还可以考虑和一款叫做 FBDisk 的软件结合使用。FBDisk 可以扫描坏道，并自动完成分区操作。然后可以用 Disk Genius 调整自动分区的结果。

(3) 使用 PC3000 修复硬盘坏道

PC3000 修复硬盘的原理是扫描磁盘，把缺陷列表写入 P-list。

PC3000 可以提供工厂级的修复功能，因此各种功能非常繁杂。加之没有合适的汉化版本，所以并不适合普通用户使用。但是如果只是用它来修复坏道，并且所有的参数都使用默认值，那么可以按照固定的步骤进行操作，过程倒也简洁。

① 安装和启动 PC3000。

PC3000 的安装比较复杂，但是网上已经有制作为 ISO 文件的光盘可启动镜像文件，可以下载后刻录为光盘使用。

② 选择硬盘型号。

进入 PC3000，首先要选择硬盘品牌、产品系列和电路板的型号，如图 27-12 左上图所示，需要依次正确选择。这些系列和型号数据可以参考硬盘表面的铭牌。

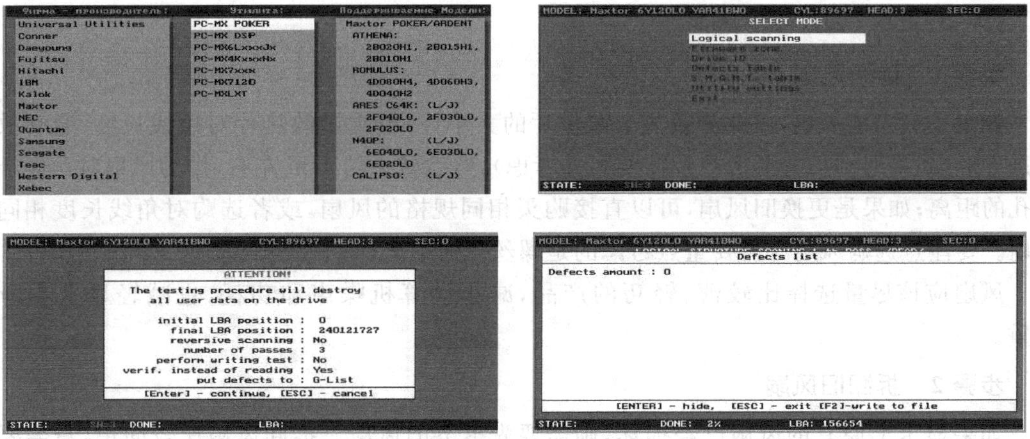

图　27-12

③ 开始扫描。

选择标准模式 Standard Mode 选项。在功能列表中选择 Logical scanning 选项(图 27-12 右上图)，接下来需要设置扫描的参数(图 27-12 左下图)，这些参数都可以使用默认值。

④ 记录结果。

等待扫描结束后，使用默认选项(图 27-12 右下图)，直接按回车键，就可以把扫描出的坏道写入缺陷控制表(Defects list)。

3. 替换法解决硬盘电路类错误

硬盘故障中，另一类比较常见的故障是由电路问题引起的故障，例如接口松动、集成电路芯片烧毁等。如果不具备专业的电路维修设备，替换法也是可以考虑的一种维修方法。

替换法是指用废弃硬盘的电路板替代出现电路故障，但是盘体完好的硬盘的电路板。

替换法前提是四个一致：硬盘厂家一致；硬盘容量一致；硬盘型号一致；电路板版本号一致。只有两块硬盘满足这四个条件，才可以互相替换电路板。

拆卸和安装电路板的方法比较简单，书中不再详细介绍。需要注意的是硬盘螺丝是内六角螺丝，需要使用内六角扳手拆卸，普通螺丝刀无法满足要求。

27.5 显卡故障处理

显卡是各种板卡中比较容易出问题的一种。原因在于显卡承担了非常繁重的运算负荷，因此显卡芯片长期工作在温度比较高的状态，其他元器件也因此而影响寿命。

显卡常见的故障主要有显卡散热器故障和显卡电路故障。后者超出了普通用户的能力所及，必须由专业维修站检测修理，因此重点介绍关于显卡散热器的故障处理。

一般情况下，为了提高显卡散热效率，除了在显卡芯片上加装散热片之外，还增加小风扇进行主动散热。使用一段时间后，风扇可能出现各种故障，造成显卡散热不畅，从而出现花屏、蓝屏等错误。另外一些厂家为了降低成本，省去了显卡散热器上的风扇，当用户环境通风散热能力比较差时，也会造成显卡产生各种错误。所以更换或者加装显卡风扇是显卡比较常见的维修内容。

【练习】更换/加装显卡风扇

步骤1　选购风扇

如果是新安装风扇，需要测量显卡散热片的大小，一般丈量散热片对角线长度（通常散热片是方形，如果遇到长方形散热片需要另外考虑），然后减去约1cm左右，作为风扇对角两个螺丝孔的距离；如果是更换旧风扇，可以直接购买相同规格的风扇，或者选购对角线长度相同的风扇。要注意选购风扇时需要重点考虑的是螺丝孔的距离，而不是风扇边缘之间的距离。

风扇应该尽量选择比较薄、轻巧的产品，减小计算机噪声和功耗，也减轻显卡本身的负重。

步骤2　拆卸旧风扇

如果显卡上原有的风扇已经损坏，则需要先拆下旧风扇。拆卸风扇比较简单，只需要拧下风扇角上的两个或者四个螺丝，就可以把风扇和散热片分离开。

步骤3　安装风扇

如果是更换旧风扇，则只需要把新风扇按照拆卸前的位置重新安装即可。

如果是新添加风扇，则需要考虑风扇的安装位置。一般来说，散热器表面都是呈鳍状分布的散热片（图27-13），因此可以选择粗细合适的螺丝拧在散热片之间的缝隙中。

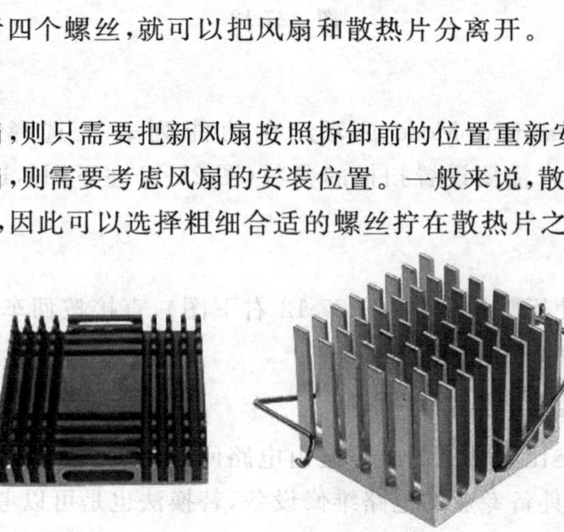

图　27-13

27.6 电源故障处理

电源故障有以下几种表现。

- 电源风扇噪声。
- 电源使用一段时间后断电。
- 电源电压偏差严重。
- 电源无法开启。

其中，后两种故障通常是电源的电路问题所致，属于比较专业的维修，已经远远超出了本书讲解的范围；而前两种故障通常是由于风扇使用时间较长后，转动失灵和散热效果下降造成的，可以通过简单维修解决问题。

首先可以尝试清洗电源风扇上的灰尘和附着物。拧开电源外壳上的螺丝，很容易看到裸露的风扇。可以用吹气球和湿抹布清理风扇的叶片。

如果清洗不能解决问题，可以考虑换一个风扇。更换前需要测量好风扇对角线上螺孔的距离，作为购买风扇的尺寸依据。

课堂练习

任务背景：结合课堂学习内容，实践硬件维修过程中的几种常用操作技术。

任务目标：练习为 CPU 除尘、刷新主板 BIOS、低格硬盘三项操作，并熟悉计算机维修常用的 Disk Genius 软件。

任务要求：CPU 除尘后肉眼看不到灰尘残留；低格硬盘软件开始低格过程（不要求完成低格）；在 DOS 下启动 Disk Genius 软件，记录的数据和实际吻合；主板 BIOS 刷新后计算机能够正常启动，并且显示为刷新后的 BIOS 版本。

任务指导：首先需要熟悉使用的工具软件界面和功能、菜单选项，然后再开始操作。

练习评价

项　目	标准描述	评定分值	得分
基本要求 60 分	为 CPU 风扇除尘	15	
	使用 DM 万用版低格硬盘	30	
	熟悉 Disk Genius 界面，记录显示的硬盘参数	15	
拓展要求 40 分	练习刷新主板 BIOS	40	
主观评价		总分	

本课小结

这一课按照 CPU、主板、内存、显卡、硬盘和电源六大部分，详细剖析了每一种硬件可能出现的故障种类、现象和根源，并对维修处理的策略与方法进行了介绍。在实践环节，还对几种常用的维修操作进行了实践练习。这一课是对前几课各种故障诊断方法的回应，从各种故障现象确诊的硬件故障大多都可以在这一课中找到解决的方法。

课外阅读

1. 分区工具Disk Genius使用详解

http://tech.163.com/05/0919/15/1U198SVN00091589.html

2. 硬盘低格介绍

http://www.enet.com.cn/article/2001/0106/A20010106996015.shtml

3. 磁盘坏道修复

http://hi.baidu.com/jyyboy123/blog/item/f83910a4f8f7a9f69152ee2e.html

课后思考

(1) 刷新主板BIOS时，不同主板的BIOS程序是否能够混用？为什么？

(2) Disk Genius软件界面中，显示的各种参数分别是什么含义？

(3) 如果刷新主板BIOS后，主板不能完全正常启动，除了热插拔法，还有没有其他的解决方法？

第28课 软件故障处理

课堂讲解

知识要点：这一课重点介绍几种常见的软件故障的处理方法。这几种故障比较普遍，而且都会给用户带来比较严重的损失。

学习指导：这一课内容比较多，实践操作教学又比较难进行。所以作为课堂讲解的必要补充，建议学员课后上机操作，熟悉涉及的各种软件的操作界面和菜单内容。由于缺乏具体的、通用性强的软件故障案例，因此这一课的内容总体上会被误认为理论性太强。但是实际上，每一种故障的解决都考虑了通用性原则，因此当计算机发生故障时，只要把具体的案例放入这个通用的框架，就可以得到实用的详细解决步骤。

学习要求：了解手工清除病毒的基本原理和步骤；熟练掌握驱动程序故障的处理方法；熟练掌握硬盘逻辑错误的处理；了解硬盘分区故障的恢复方法；掌握恢复误删、格式化文件的操作步骤；了解修复磁盘文件的方法。

28.1 手动清除未知病毒

曾经有一个经典的小笑话，哥哥问妹妹为什么不用电脑，妹妹说我的电脑中病毒了，所以我决定一年不开机，把病毒彻底饿死。当然，饿死病毒的故事只能是笑话而已，随着计算机的普及，大多数计算机用户都知道计算机病毒并不是真实存在的生物体，也自然就无所谓饿死与否了。但是如果要彻底清除病毒，恐怕就不是所有用户都能够做得到了。

随着计算机的发展，病毒采用的技术越来越先进，功能越来越完善，危害性也越来越大。借助全新的网络传播模式，病毒可以在几个小时内传播到地球上的每一个城市。虽然操作系统和杀毒软件都在不断进步，构造的安全环境越来越坚固，却总是难以完全抵御病毒的进攻。这一方面和常用的操作系统有太多漏洞密不可分；另一方面也与杀毒软件消极防御有关，病毒采用的入侵手法越来越高明，而杀毒软件只能站在被动防御的位置上，因此总是处于劣势。

面对病毒，杀毒软件一般采用三种途径进行防御：第一种是检查新内容，每当计算机打开文件或者写入文件时，杀毒软件就检查这些文件是否含有病毒的特征码；第二种是扫描旧文件，同样也是在文件中寻找病毒的特征内容；第三种是监控系统中正在运行的程序，检查这些程序是否含有病毒特征码，是否按照规矩运行。前两种途径发现的病毒，大多数杀毒软件都可以正常处理(一般能够清除的就清除病毒内容，否则就直接删除文件)；唯有第三种途径检查到的病毒程序，杀毒软件有时会无能为力。这主要是由于有些病毒采用的技术比较先进，它能够在开机时抢在杀毒软件之前启动，或者欺骗操作系统把自身注册为一个重要的系统文件。这样杀毒软件就不能改动这些病毒程序。在这种情况下，手动清除未知病毒的技术就显得非常重要。

步骤 1　定位病毒文件位置

首先使用杀毒软件定位染毒程序的位置。一般杀毒软件都会对这些信息作出提示，可以在软件日志或者报告中查找。在某一次对硬盘的扫描之后，或者某一次对运行中软件的检查之后，杀毒软件会提示存在无法清除的病毒。这时，需要彻底对系统盘做一次全面的文件扫描，然后通过查看杀毒软件给出的信息，记录下这些染毒文件的文件位置。

步骤 2　重新启动计算机，进入“安全模式”

在第 22 课曾经介绍过安全模式的概念，在安全模式下，操作系统只启动最核心的一些文件，包括病毒在内的大部分启动项和服务项都不会被运行。这样就可以清除掉这些病毒文件了。

步骤 3　删除染毒文件

在安全模式下，删除第一步记录下来的这些文件。

步骤 4　修改系统启动项和服务项

按照第 22 课介绍的方法，配置操作系统的启动项和服务项设置，把和染毒文件有关的项都清除掉。

步骤 5　重启计算机，再次查杀病毒

一般来说，在安全模式下可以有效应对大多数顽固病毒。如果安全模式下也不能清除的病毒，就只能借助其他软件光盘，跳过操作系统把这些文件删除。

小知识

总地来说，杀毒属于亡羊补牢的措施，无论杀毒软件如何先进，都不能把系统恢复到中毒前的状态，而且病毒变化多端，更新频繁，杀毒软件永远只能跟在病毒后面跑。如果遇到顽固的病毒或者木马，出于安全的考虑，最好重新安装系统，这是最彻底最快捷的解决办法——手工处理一个病毒所花费的时间远远超过重装系统所用的时间，更不用说如果用ghost备份快速恢复系统。如果平时做好备份，这时用这种斩草除根的手段，是对付病毒最有效的方法。

28.2 驱动程序故障处理

当某一个硬件设备突然不能使用时，首先需要考虑的就是驱动程序是否出现了问题。有时由于驱动程序使用的文件和其他软件冲突，造成驱动程序不能正常工作，从而影响硬件设备工作。

解决驱动程序故障的办法比较简单，重新安装驱动程序是唯一的解决途径。在“系统属性”对话框中打开“硬件”选项卡，单击“设备管理器”按钮，启动设备管理器，如图 28-1 左图所示。在设备管理器中右击不能正常工作的硬件设备，在菜单中选择“更新驱动程序”选项，将会启动“硬件安装向导”对话框，接下来的操作步骤和方法与第 8 课 8.2 小节完全一致。

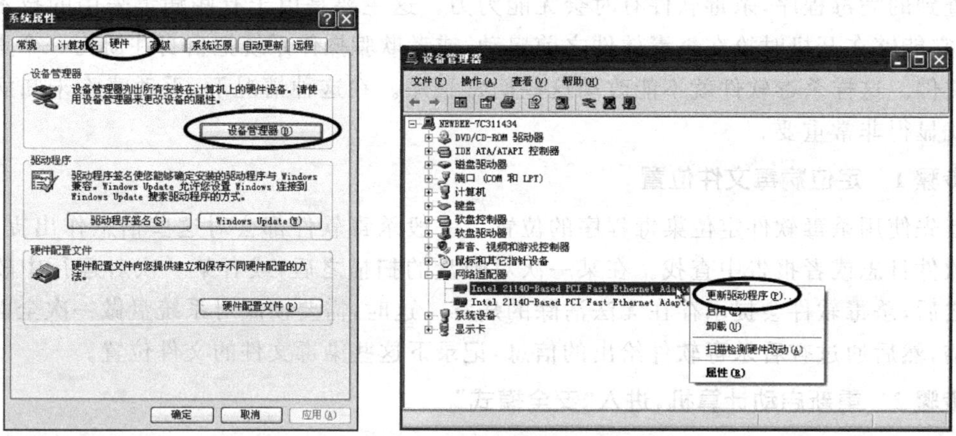

图 28-1

如果按照这样的方法还是不能解决问题，可以尝试将硬件设备卸载后重新安装。在如图 28-1 右图所示的设备管理器中，右击问题硬件，选择“卸载”选项，稍后该硬件将从列表中消失，然后选择“操作”→“扫描检测硬件改动”选项，片刻之后操作系统就会提示找到新硬件。接下来的安装步骤和第 8 课 8.2 小节相同。

如果卸载后重新安装仍然无法解决问题，那么可能已经超出了软件的范畴，是硬件本身出现了故障。

28.3 硬盘逻辑错误处理

硬盘长时间使用之后，或多或少都会出现一些逻辑错误，例如一些无法删除的文件或者目录、一些无法访问的文件等。普通的逻辑错误可以通过操作系统自带的磁盘扫描工具进行修复。也可以使用其他的第三方磁盘扫描修复工具，其基本工作原理都是相同的。

在资源管理器中右击某个硬盘分区，然后选择“属性”选项，在打开的分区属性对话框中选择“工具”选项卡，其中排在首位的就是“查错”工具，如图 28-2 左图所示。单击“开始检查”按钮，就会出现如图 28-2 右图所示的磁盘扫描工具界面。

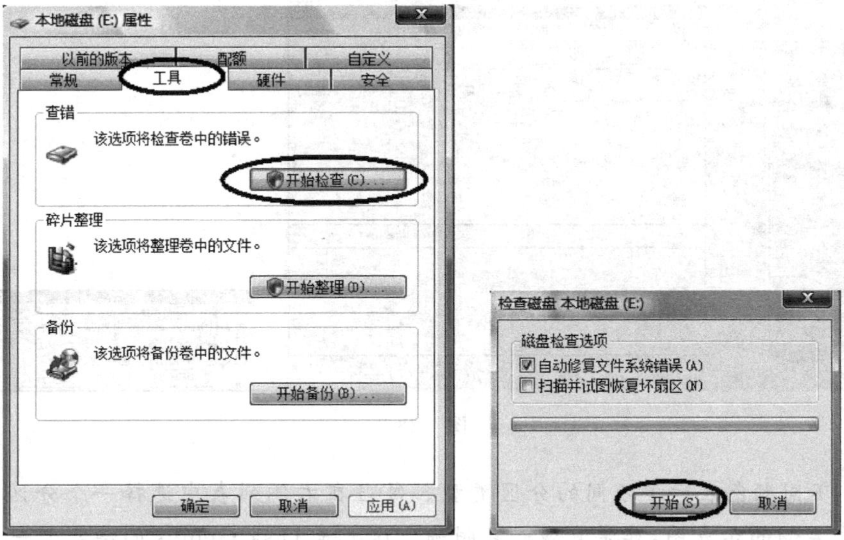

图 28-2

磁盘扫描工具使用非常简单，单击“开始”按钮，就可以启动磁盘检查。

28.4 硬盘分区故障处理

分区故障是硬盘经常遇到的另一类“软”故障，通常造成分区故障的原因可能是感染病毒、意外断电、操作系统误操作、用户使用分区软件不当等因素。和误删文件、格式化硬盘相比，分区故障造成的损失往往更严重：通常会同时有一个或几个分区数据全部无法读取。但是分区故障解决的方法比较简单，因为每个分区内部的数据，包括文件分配表(FAT 或 MFT)、目录节点、文件内容等一应俱全，问题只是由于分区表错误，操作系统无法按照正常手段获取这些信息。

Disk Genius 原名 Disk Man，是一款功能强大的硬盘分区软件。在第 27 课中，使用它来修改硬盘分区大小和位置。除了通常分区软件的新建、删除分区、更改分区大小、备份、恢复分区表、激活、隐藏分区、重写 MBR、格式化分区、硬盘扇区操作等功能外，Disk Genius 最具特色的、也是被使用者广为称道的功能是它的分区表修复功能，这项功能可以有效地解决大部分因为分区表错误导致的分区故障。

案例 1

硬盘意外断电，重新开机后部分分区丢失。

分析 这类故障应该是由于硬盘分区表出现错误，造成操作系统无法找到丢失的那些分区。需要使用 Disk Genius 的分区重建功能，扫描硬盘重建分区表数据。

步骤 1 启动 Disk Genius

Disk Genius 必须在 DOS 下运行。启动后，软件界面如图 28-3 左图所示。图中右侧为主界面，显示了硬盘分区的列表；左侧则用柱状图的形式，用不同颜色直观地表示出硬盘分区的划分情况。第一个分区位于图的最下端，其他分区按照顺序向上排列。

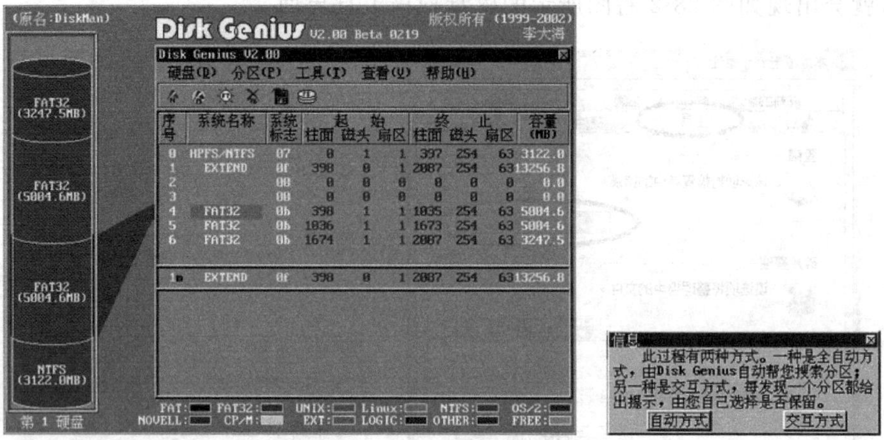

图 28-3

提示：不同颜色表示了不同的分区类型。每当在右侧列表中选择一个分区时，彩色的箭头将指向左侧的示意图，非常直观而且明确。这也是 Disk Genius 的特色之一。

步骤 2　记录磁盘分区数据

在一张纸上抄下当前屏幕显示的硬盘分区数据备用，尤其需要标记出现在没有出故障、能够正常使用的那些分区。

步骤 3　重建分区表

在图 28-3 左图所示界面中，选择“工具”→“重建分区表”选项，这时会出现如图 28-3 右图所示的对话框，询问使用“自动方式”还是“交互方式”。对于普通用户，可以选择“自动方式”，大多数情况下都可以使用“自动方式”成功解决问题。

选择后，Disk Genius 开始扫描硬盘。

步骤 4　确认重建结果

经过自动重建过程，软件回到类似图 28-3 左图所示的界面，但是这时显示的分区信息已经发生了变化。对自动重建的结果需要经过如下一些简单的确认。

① 回忆以前计算机上硬盘分区的大小和顺序，然后和重建结果相比较，看看两者是否大致相同。

② 和刚才记录下来的原有分区数据做比较，对比之前没有出现故障的那些分区的数据，重建前后是否发生变化。如果这些正常工作的分区数据发生变化，那么说明重建的结果是错误的。这时只能使用“交互方式”进行人工干预，一一确认扫描结果。

如果通过了上述确认过程，就可以保存结果，退出。

步骤 5　重新启动操作系统，再次确认重建结果

重新启动 DOS 操作系统，查看在 DOS 操作系统中显示的分区内容是否正常。

如果经过查看，所有分区中根目录的文件可以顺利读取，子目录可以成功访问，那么基本可以下结论，丢失的分区已经成功恢复了。

如果发现还是有分区不能正常访问，那么需要启动 Disk Genius，在软件界面下，选择

“硬盘”→“回溯”选项，恢复到重建前的状态，然后使用“交互方式”再次尝试不同的分区表搜索结果。

28.5　恢复误删的文件

虽然Windows系统提供了回收站功能，但是大多数用户还是习惯于使用Shift+Delete组合键删除那些自认为已经没有用的文件，而误删有用的文件往往在此时发生。

误删文件之后，首先需要保持系统当前的状态，不要在文件所在的磁盘中继续写入信息。尤其当该文件位于系统盘时，更需要谨慎处理，此时启动一些软件，例如IE、Office、WinRAR等，都可能向系统盘中写入临时文件，从而覆盖被删除的文件。一些需要安装后才能使用的数据恢复软件不应该在本机安装，正确的做法是在其他的计算机上安装数据恢复软件，然后把安装后的软件目录用U盘复制到本机使用(大部分数据恢复软件均支持复制使用)；也可以把本机的硬盘拆下来，安装在其他计算机上作为非系统盘进行数据恢复。

误删文件能否恢复，取决于硬盘上文件的保存状态。如果文件中的内容写在硬盘上连续的空间中，那么就比较容易恢复，常用的此类软件都可以做到；但是如果文件内容被拆分成若干碎片，保存在硬盘上的不同位置，那么文件成功恢复的希望非常渺茫。这就好比一本笔记本，如果里面的内容连续书写，那么只要找到开始的位置，一篇笔记就可以完整找到；反之如果写的时候就随手记录在很多页，那么使用时要找回这些信息就很困难。文件保存的状态和系统中文件碎片多少有关，因此定期整理磁盘文件碎片，对硬盘数据安全非常关键。

对于误删文件的恢复，本书挑选Undelete Plus这款软件作为样例介绍。这是数据恢复软件中为数不多的免费软件，而且还是一款绿色软件，简单复制后就可以使用。其他的软件功能和使用方法均与此类似，大致是扫描、恢复两大步，学员可以尝试举一反三。

图28-4所示是Undelete Plus软件的主界面，界面风格与资源管理器类似，左侧是驱动器或者文件类型选项，右侧是扫描得到的结果。使用过程也很简单，具体步骤如下。

图　28-4

步骤 1　选择需要恢复文件的驱动器

如图 28-4 所示,在左侧窗口中选择需要恢复文件的驱动器"E:"。

步骤 2　扫描选定驱动器

单击最上方的"开始扫描"按钮,软件开始扫描选定的硬盘分区,扫描结果很快就显示在右侧窗口中,同时还可以给出每个文件原始的位置和现在的状态:非常好或者已覆盖。

步骤 3　过滤扫描结果

如果扫描得到的文件比较少,那么可以比较方便地根据存放位置找到需要恢复的文件;否则为了从大量的扫描结果中找到所需的文件,可以使用过滤功能。

单击上方的"过滤选项"按钮,从中选择过滤方式。

步骤 4　还原文件

从搜索结果中选择需要恢复的文件,在文件列表下方的文本框内输入恢复后文件的存放位置,然后单击"开始还原"按钮。

可以选择 Keep folder structure 选项,在恢复的文件比较多时,这个选项尤其有用。选中之后,恢复的文件将按照原有的目录结构存放。

注意:这款软件没有保护功能,不会对恢复后文件存放的路径进行检查。使用时一定要小心,不要把恢复后的文件写入原来的磁盘分区,否则可能覆盖被删除的文件,造成无法挽回的损失。

28.6　格式化后的硬盘数据恢复

误格式化是比误删更严重的错误,一旦发生将意味着整个硬盘分区上的所有文件都会被清空。好在丢失的只是文件分配表中的文件记录,磁盘上保存的文件数据仍然没有改变。所以使用数据恢复软件,可以部分恢复被格式化硬盘上的文件。

硬盘数据恢复软件工作的一个重要假设就是硬盘上的文件是连续的。所以对于硬盘上连续存放的文件,常用的几款恢复软件都可以成功恢复。而对于那些不连续的文件的处理策略和恢复本领,不同软件不尽相同。如果硬盘有重要数据,不妨多尝试几种软件,可能会有额外的收获。

提示:这从一个方面说明了磁盘碎片的危害。所以整理磁盘碎片,除了能提高硬盘的读写效率之外,对于硬盘上文件的安全性也至关重要。

下面选择其中两款软件简要介绍。

1. FinalData 企业版

FinalData 是得到用户普遍推荐的一款数据恢复软件,它是共享软件,需要注册才能使用。但是可以免安装,直接复制就可以运行。FinalData 有标准版、企业版等多种产品,建议选择功能比较强大的企业版。

FinalData 运行后窗口界面如图 28-5 所示,软件界面与资源管理器类似,左侧是目录结构,右侧是目录下的文件和文件状态。

FinalData 操作很简单,使用方法如下。

步骤 1　启动 FinalData

FinalData 运行在 Windows 操作系统中。发行版的 FinalData 是一个安装程序,但是

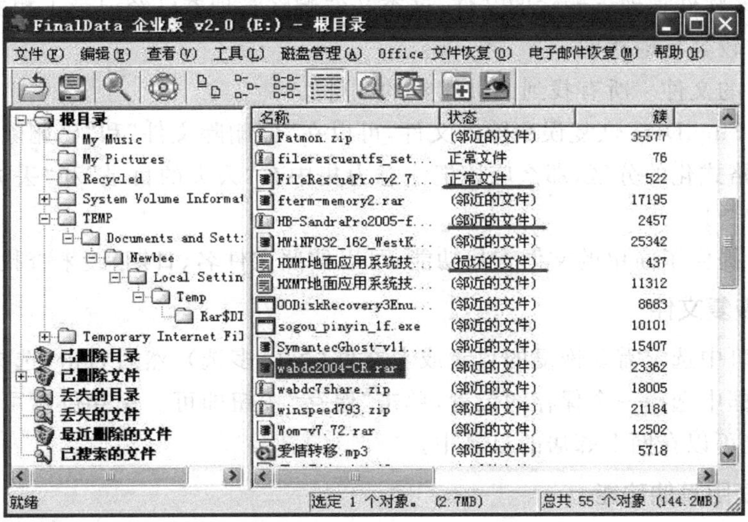

图　28-5

FinalData 安装后的目录可以随意改动和压缩。

步骤 2　选择磁盘分区

进入软件之后，在如图 28-5 所示的界面上打开需要恢复的驱动器，可以选择逻辑驱动器，也可以选择物理硬盘。究竟选择哪一种，取决于硬盘损坏的程度。如果硬盘只是格式化了某个分区，其他的分区正常，那么选择逻辑驱动器就已经足够了；如果硬盘上分区信息都没有了，整个硬盘变成了空白，或者在原来分区被删除之后重新建立了分区，此时可能需要选择物理驱动器，从整个硬盘上扫描并恢复数据。

步骤 3　开始扫描硬盘

如果选择逻辑驱动器，会首先对磁盘上的文件目录进行一个快速的扫描，然后提示进行磁盘详细扫描；如果选择物理硬盘，则直接进行详细扫描。

详细扫描开始前，要求选择详细扫描的起止位置，可以使用默认的起止位置进行扫描。

步骤 4　查看扫描结果

扫描结果如图 28-5 所示。在左侧目录树中选择一个目录，右侧窗口中列出了这个目录下的内容，而且表明了每一项的状态，例如“正常文件夹”、“已删除文件夹”、“正常文件”、“邻近的文件”、“损坏的文件”等。

左侧窗口中其他项目的含义如下。

- 已删除目录　在现有文件系统下查找到的被删除的目录。
- 已删除文件　在现有文件系统下查找到的被删除的文件。
- 丢失的目录　在详细扫描中查找到的目录，不依赖于现有的目录结构(也就是硬盘上找不到上一级归属的目录)。
- 丢失的文件　在详细扫描中查找到的文件，这些文件不属于现有的目录中的任何一个目录。丢失的文件和目录大多名称已经丢失，不得不用数字作为文件名编号。
- 最近删除过的文件　这是在安装 FinalData 的文件删除管理器(WDelMgr. exe)之

后，在该软件管理下删除的文件，这类文件删除管理器已经记录了相关的信息，因此可以比较容易地找回。

➢ 已搜索的文件　所有找到的被删除的文件。

如果使用 FinalData 恢复误删除的文件，可以在“已删除文件”和“已删除目录”中查找。如果是恢复误格式化的分区，那么应该把注意力集中在“丢失的目录”和“丢失的文件”这两项内容中。

FinalData 提供了简单的文件查找功能，可以按照文件名、日期、簇来查找文件。

步骤 5　恢复文件

在右侧窗口中选定需要恢复的目录或者文件（可以多选），然后右击，选择“恢复”选项，在弹出的对话框中选择一个保存的位置，单击“保存”按钮即可。保存位置可以选择在其他磁盘分区上，也可以在网上邻居的目录中。

步骤 6　使用其他功能

在右键菜单里还有几项内容，其中“文件预览”功能使用文本浏览器浏览文件，“文件查看器”功能可以在十六进制模式下查看文件。可以使用这些内容对文件内容进行判断。

对于要恢复的 Office 文档和 E-mail 邮件文件，可以选择菜单中的“Office 文件恢复”和“电子邮件恢复”功能。这两项功能将对被恢复的文件做详细的格式分析，从而最大限度恢复文件中的内容。

2. EasyRecovery Pro

EasyRecovery 是一款老牌的硬盘数据恢复软件，还早在 Win9x 年代，EasyRecovery 就已经享誉业界。后来曾经一度被 FinalData 超越，但是最新的 6.0 版推出后，EasyRecovery 又夺回了领先的位置，在功能、效率方面全面优于其他软件。

EasyRecovery 虽然采用了安装文件的发布方式，但实际上也可以当作免安装软件，直接复制安装后的目录使用。

图 28-6 左图所示是 EasyRecovery 的工作界面，窗口左侧是一个简单的导航栏，在列举的六类功能中，和数据恢复有关的包括“磁盘诊断”、“数据恢复”、“文件修复”、“邮件恢复”、“软件更新”、“救援中心”六大类功能。选定一类功能，右侧窗口将列出这一类功能中的详细选项。窗口上方有菜单工具栏，单击可以进入“属性”配置界面、帮助界面或回到主界面。

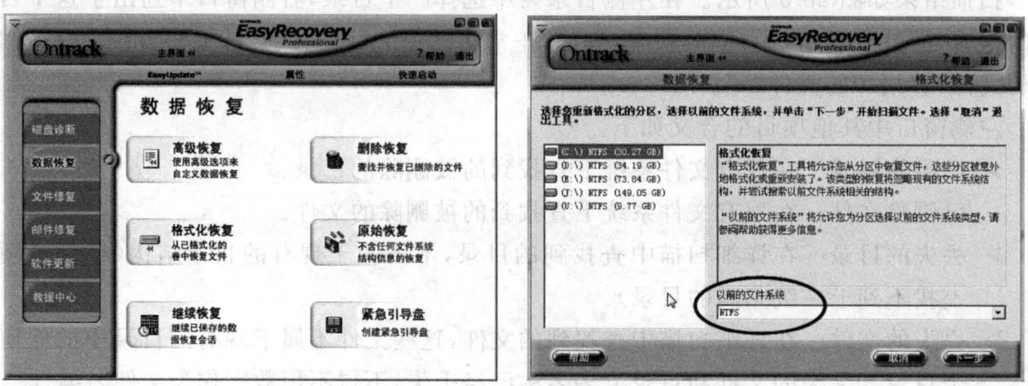

图　28-6

（1）“磁盘诊断”功能

“磁盘诊断”功能包括6个选项，主要提供对硬盘的检测和状态诊断功能。其中比较实用的功能包括：

- 驱动器测试　提供从物理硬盘的角度，对硬盘进行硬件检测和扇区扫描；
- 智能测试　实际上是使用硬盘内部的S.M.A.R.T.功能记录的数据对磁盘状态进行分析；
- 分区测试　类似Windows开机时进行的磁盘扫描，主要检测文件系统的逻辑错误；
- 数据顾问　会引导用户创建一张可启动计算机的软盘，其中包含了一套硬盘诊断程序。

除此之外其他功能项没有什么实际用途。

（2）“数据恢复”功能

“数据恢复”功能也是6个选项，提供扫描硬盘并恢复数据的功能。

- 高级恢复　该选项中多了一些自定义的选项，例如磁盘分区信息的选择等，相比删除恢复和格式化恢复，该功能更灵活，可配置项更多。
- 删除恢复　提供对删除文件的恢复功能，包括快速扫描和完整扫描两种工作模式，如果只是恢复删除的文件，可以选择快速扫描；如果要恢复目录和子目录里的文件，需要使用完整扫描；扫描过程可以针对特定的文件名和文件类型进行扫描。
- 格式化恢复　用来对已经格式化的硬盘分区进行数据恢复，需要在恢复前选择要恢复的分区和格式化以前的文件系统类型。
- 原始恢复　用来对磁盘作深度扫描，用来恢复破坏情况非常严重的硬盘文件系统，它不依赖于任何文件系统，而是逐个扇区搜索文件头信息，通过不同类型文件特定的文件头来判断文件的存在，可以选择需要恢复的特定的文件类型，或者自己添加具有特征文件头的文件类型。
- 继续恢复　继续进行上一次没有完成的修复过程。
- 紧急引导盘　用来创建引导盘，紧急时从DOS系统启动。

（3）“文件修复”功能

“文件修复”功能提供了五种文件类型的修复功能，一般用于数据恢复后，对恢复得到的文件结果的处理。这五种文件类型是Office组件中的Access、Excel、PowerPoint、Word四种文件和ZIP压缩文件。

完成修复后，最终软件会生成一个修复后的文件，并提供修复报告。如果是Word文件，还会产生一个包含所有文本的救援文件（文本是否齐全取决于文件完好程度）。

（4）“邮件修复”功能

“邮件修复”功能提供了对Outlook、Outlook Express邮件夹文件的修复功能，用于这两类文件恢复后的进一步修补。操作方法和文件修复基本相同。

案例2

扫描被格式化的D盘，尝试恢复其中的所有文件。

步骤1　启动EasyRecovery软件

可以从“开始”菜单中启动，或者直接在复制得到的文件目录中运行可执行文件。启动后得到如图 28-6 左图所示的界面。

步骤 2　选择恢复类型

在左侧窗口中选择“数据恢复”选项，在右侧窗口中单击选择合适的恢复类型。根据本例需要，选择“格式化恢复”选项。

步骤 3　扫描磁盘

选择“格式化恢复”选项后，EasyRecovery 提示需要选择被恢复的分区和原有的文件系统类型（FAT32、NTFS 等），如图 28-6 右图所示。本例中，需要选择分区 D 和文件类型 NTFS。

输入需要的条件后，EasyRecovery 将进行时间长短不一的扫描过程。其中“原始扫描”所花费的时间最长，“快速扫描”花费的时间最短。

步骤 4　查看扫描结果

图 28-7 左图所示是扫描的结果界面，选择不同的恢复方式，其扫描的结果在显示时略有不同，但总体布局上非常相似。

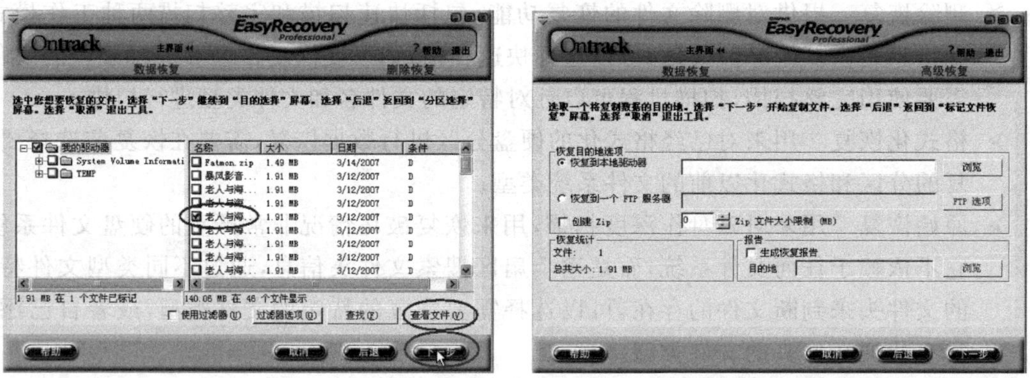

图　28-7

单击“过滤器选项”按钮，可以在扫描结束后按照文件名、日期、大小等条件对显示结果进行过滤；单击“查找”按钮可以在扫描结果中查询需要的文件；单击“查看文件”按钮可以打开文件查看器，以 ASCII、Unicode、十六进制等方式查看文件。

小知识

对于扫描得到的结果，不同字母表示文件的不同状态（中文版译为“条件”）：G 代表文件完好；D 代表文件被删除；X 代表文件交叉链接，也就是说一个扇区被两个不同的文件同时使用；B 代表文件日期错误；A 代表文件属性错误；N 代表文件名中含有非法字符；S 代表文件大小错误，通常是文件大小超过了分区的大小。一些文件可能同时有多个状态字母。

步骤 5　恢复文件

选中需要恢复的文件，单击“下一步”按钮进入恢复界面（图 28-7 右图），在恢复界面中选择保存的目的地（本地硬盘、FTP 服务器）。也可以选择以 ZIP 格式压缩被恢复文件、产生文件恢复报告等辅助功能。

案例 3

某硬盘，原有三个分区，其中第一个被格式化；然后分区被删除，重新划分为四个分区。现在需要恢复原有的第一个分区中的部分文件。

分析 第一步恢复类型应该选择"原始扫描"，从而不依赖于现有的文件系统对硬盘内容进行扫描。

选择"原始扫描"选项，接下来将出现如图 28-8 左图所示的界面，需要选择驱动器和文件类型。其中驱动器可选整个硬盘或者硬盘上某个分区；单击"文件类型"按钮将列出所有软件能够识别出的文件类型(图 28-8 右图)，如果只需要查找某个类型的文件，可以只选中这一种文件。其余操作步骤与案例 1 中类似。

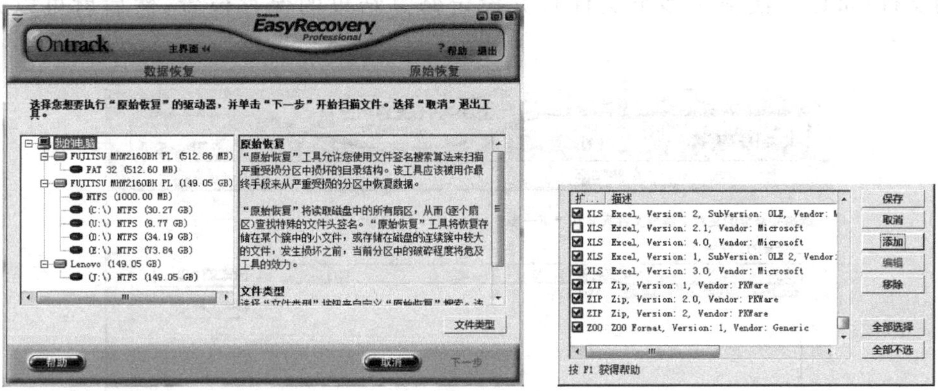

图 28-8

28.7 文件修复

文件修复主要依赖于软件的功能，修复结果与用户操作步骤关系不大。常见的文件修复工具支持的文件类型有 Office 文件、RAR 或 ZIP 压缩文件、视频音频文件等。这些文件修复软件的操作也很容易，运行软件→选择文件→开始修复，步骤简单而且相同。因此只需要按照需要恢复的文件类型，选择相应的工具软件即可，对于这类软件的操作不做更多赘述。

常用的文件修复工具有如下几种。

- FinalData 和 EasyRevovery 这是上一节介绍的两款硬盘数据恢复软件，它们同样可以对恢复的文件进行修复。这两款软件支持 Office 组件中的 Access、Excel、PowerPoint、Word 四种文件和 ZIP 压缩文件。
- OfficeRecovery Professional 支持常见的几种 Office 文档。该软件另有专门的 WordRecovery、ExcelRecovery 等版本。
- Advanced RAR Repair 一款比较强大的 RAR 压缩文件修复工具，可以从损坏的 RAR 压缩文件中设法修复残存的文件。其修复功能远远比 WinRAR 本身强大。
- Video Fixer 支持 RM、DIVX、ASF、AVI 等多种格式的视频音频文件。
- WzipFix 提供 ZIP 格式压缩文件的修复功能。

除了选择工具软件对文件进行修复，还可以尝试软件自带的功能。

Word 文件的恢复，可以尝试 Word 自带的文本恢复功能。如果 Office 的组件安装完全，那么在 Word 打开文件对话框中，打开类型应该有一项“从任意文件中恢复文本”，尝试用这种模式打开文件，有可能恢复受损文件中的大部分文字内容。

WinRAR 软件，可以对 RAR 压缩文件进行简单修复。

案例 4

修复硬盘上无法打开的 Word 文档。

分析 以上一节介绍过的 EasyRecovery 软件的“文件修复”功能为例，根据需要修复的文件类型，在“文件修复”类中选择 Word 文档，然后在如图 28-9 所示的界面中添加要修复的文件（可以一次选入多个文件），并设定修复结果的保存位置，然后就可以开始修复了。

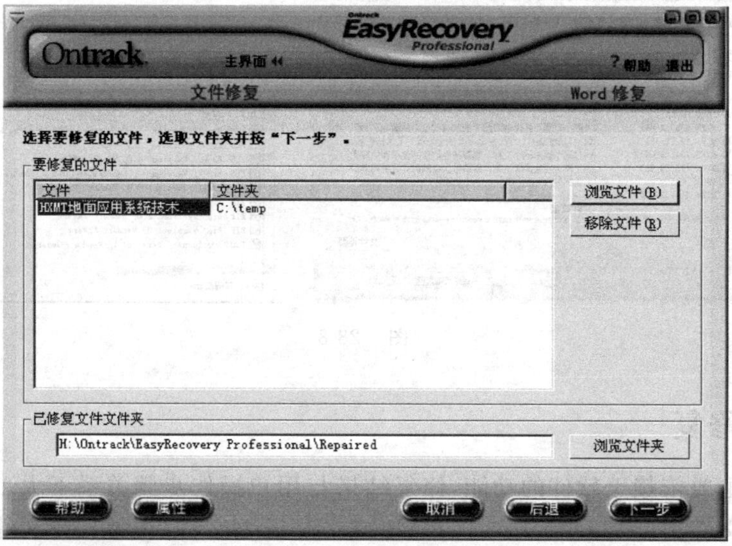

图 28-9

进行文件修复，还应该注意以下三点。

- 文件修复软件功能各异，因此不妨多尝试几种软件，也许综合起来会有额外的收获。
- 注意修复软件的更新日期，尽可能选择版本比较新的软件，否则可能有文件版本兼容性的问题。
- 文件修复之前一定要先把源文件备份，以免有些软件覆盖性地修复。

本课小结

本课介绍了常见的各种计算机软件类故障的处理方法。这些软件类故障既有操作系统软件自身出现的故障，也有使用软件不当造成的故障，包括未知病毒感染、驱动程序错误、硬盘逻辑错误、硬盘分区故障、误删除文件、误格式化硬盘、文件损坏七大类。软件类故障的处理方法主要依赖相应的工具软件，所以本课主要介绍了以上故障的软件处理方法。

课外阅读

1. 分区工具 Disk Genius 使用详解

http://tech.163.com/05/0919/15/1U198SVN00091589.html

2. EasyRecovery Pro 找回丢失数据

http://it.people.com.cn/GB/8219/49176/49209/3485708.html

3. 手动杀毒面面观

http://news.skycn.com/article/8075.html

课后思考

(1) 删除的文件用软件就可以找回来。那么如果要彻底删除一个文件,应该用什么办法好呢?

(2) Disk Genius 软件中,显示的分区数据包括哪几项?它们之间有什么关联?与硬盘容量又有什么逻辑关系?

附录A 启动DOS操作系统

虽然计算机操作系统已经进入了 Vista 时代,但是古老的 DOS 却还是有很多用武之地。在涉及硬盘和系统的维护,以及 BIOS 升级、硬盘数据恢复等操作时,经常会遇到必须使用 DOS 启动计算机的场合。

大部分计算机都没有配备包括 DOS 在内的多操作系统,因此要让计算机启动 DOS 操作系统,只能通过以下几个办法:

- 把计算机硬盘上的操作系统改造为多操作系统,加入对 DOS 的支持。
- 使用光盘启动 DOS。
- 使用 U 盘启动 DOS。

A.1 给 Windows XP 系统加入 DOS 多系统支持

如果在安装 Windows 系统之前,硬盘上已经有一个 DOS 系统,那么 XP 会自动产生一个启动菜单,可以选择从 DOS 启动。但是如果没有事先安装 DOS,而现在又想要使用启动菜单选择 DOS 启动,就只能改造现有的操作系统引导程序,加入对 DOS 系统的支持。MaxDOS 就是这样一款给 Windows XP 操作系统加上 DOS 双系统启动的软件。

步骤 1 启动安装程序

下载 MaxDOS,解压缩后运行安装程序。

步骤 2 安装 MaxDOS

① 启动安装程序后,出现如图 A-1 左上图所示的欢迎界面。

② 单击“下一步”按钮后进入许可协议界面,如图 A-1 中上图所示。

③ 选中“同意”单选按钮后出现如图 A-1 右上图所示的界面,这里需要设置如下几个内容。

- 首先是启动时等待用户选择启动菜单的时间,默认是两秒。
- 其次是启动 DOS 时的密码。
- 再者是启动其他可启动的镜像文件时的密码。由于在 DOS 下可以对操作系统文件进行各种操作,因此如果有必要应该设置一个密码,以防他人从 DOS 入手破解或破坏操作系统。默认的密码是 max,也可以不填密码。

④ 设置完毕后出现如图 A-1 左下图所示的界面,两个选项可以任意选择。

⑤ 安装成功后会出现如图 A-1 中下图所示的“安装完成”提示页面。

图　A-1

注意：*安装完成后，MaxDOS 会修改系统启动文件 boot.ini，在其中加入如图 A-1 右下图所示的启动选项。*

步骤 3　启动 MaxDOS

① 再次重启系统后，会出现如图 A-2 左上图所示的操作系统选择界面。选择 MaxDOS v5.8s 选项。

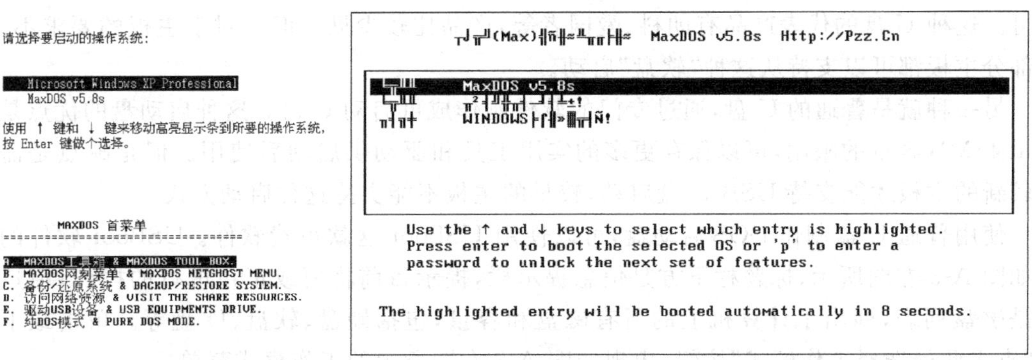

图　A-2

② 接下来就是如图 A-2 右图所示的 MaxDOS 启动菜单。很遗憾，作者的计算机不能正常显示中文，这可能和系统盘 NTFS 格式有关。但是没关系，这个菜单内容很简单，通常有三项。

➢ 启动　MaxDOS v5.8s。

➢ 调用　从光盘启动系统。

➢ 返回　返回 Windows 启动选单。

③ 在 MaxDOS 启动菜单中选择 MaxDOS 选项，会进入 MAXDOS 的功能菜单，如图 A-2左下图所示。可以根据需要选择启动的模式。由于都是中文菜单和提示信息，因此不再赘述。

提示:另外一款比较常用的具有类似功能的软件是 vFloppy,安装后也会出现类似图 A-2左上图所示的多系统选择菜单。vFloppy 只提供了一些比较常用的功能和命令,集成的工具不如 MaxDOS 那么多,但是简洁也会带来操作的简单。如果只是需要一个纯 DOS 环境,那么这两款软件都可以满足要求。

A.2 使用启动光盘启动 DOS

要用可启动光盘启动 DOS,首先必须制作带有 DOS 启动功能的光盘。网上有很多热心网友制作的"多功能启动光盘"或者"多功能系统维护光盘",可以选择其一下载。下载后的文件一般为.iso 或者.img 后缀的光盘镜像文件。运行光盘刻录软件,在刻录选项中选择"刻录光盘镜像文件",然后选中该文件。这样刻录后的光盘就是一张可启动光盘。

类似的多功能光盘都提供了多种系统多种模式的启动选项,界面和可选内容不尽相同。但是一般都提供了支持中文的分级菜单,因此使用比较容易,只要找到 DOS 启动选项,选择即可。

A.3 使用 U 盘启动 DOS

常见的可启动的 U 盘有两种,一种是"双启动 U 盘",这种 U 盘上有一个机械开关,控制 U 盘的工作模式。开关拨到 U 盘一侧,插入计算机被识别为 U 盘;拨到软盘一侧,插入计算机会被识别为 1.44MB 的软盘,盘符为"A:"或者"B:"。这两部分存储内容完全隔离开,所以这种 U 盘制作启动盘比较容易,只要把开关放到软盘一侧,按照软盘的方法在 DOS 下格式化并传送系统即可。也可以从网络上下载制作好的 DOS 启动软盘镜像,用软件写入也可。这种 U 盘的代表产品有朗科、爱国者等,产品比较少见。但是对于主板的要求不高,大部分主板都可以支持从这种"软盘"启动。

另一种就是普通的 U 盘,通过专门的软件制作成可启动 U 盘。这种启动盘的优点是不受 1.44MB 容量的限制,可以保存更多的实用工具和驱动供启动后使用。但是缺点是需要比较新的主板才能支持 USB U 盘启动,较早的主板不能支持这种启动方式。

使用普通 U 盘制作 DOS 启动盘,可以使用 USBoot 这款免费软件。USBoot 软件的界面如图 A-3 左图所示,标题栏下方是信息提示栏,提示目前将要或正在进行的操作;窗口中间是磁盘列表,列出了计算机上的所有磁盘和容量,包括硬盘、软盘、U 盘等。单击最下方的"点击此处选择工作模式"按钮,出现如图 A-3 右图所示的工作模式菜单。

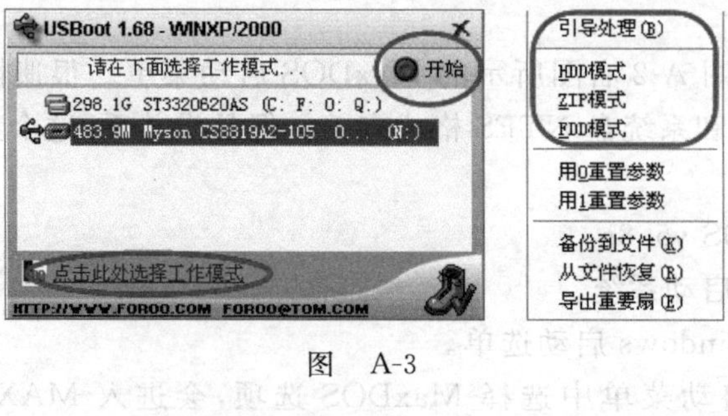

图 A-3

在工作模式中,有如下几种常见的选项。

➢ **引导处理** 在当前 U 盘中加入引导信息,不格式化 U 盘,但是成功率有限。

- **ZIP 模式** 这是指把 U 盘模拟成 ZIP 驱动器模式，启动后 U 盘的盘符是“A：”。建议选择。
- **HDD 模式** 这是指把 U 盘模拟成硬盘模式。特别注意：如果选择了 HDD 模式，那么这个启动 U 盘启动后的盘符是“C：”，在对启动分区进行操作时就容易产生很多问题。例如，装系统时安装程序会把启动文件写到 U 盘而不是硬盘的启动分区，导致系统安装失败。所以请尽量先尝试 ZIP 模式。
- **FDD 模式** 这是指把 U 盘模拟成软驱的模式，启动后 U 盘的盘符是“A：”，这个模式的 U 盘在一些不支持 USB-FDD 启动的机器上启动时会找不到 U 盘，所以请酌情使用。

新版的 USBoot 还增加了备份数据的功能，可以在制作启动盘之前选择菜单中的“备份到文件”选项，可以把 U 盘上的数据制作成一个镜像文件保存在硬盘上。如果将来制作启动盘失败，可以使用“从文件恢复”，恢复原来 U 盘上的数据，以避免造成数据损失。

制作 U 盘启动盘时，可以按照如下步骤进行。

① 在计算机中插入 U 盘，然后运行 USBoot 软件(注意这个顺序不能颠倒)。

② 首先会出现提示“USBoot 使用具有一定危险性……”，确定后出现如图 A-3 左图所示的软件界面。

③ 从磁盘列表中选择 U 盘，可以根据容量、名称或者每一行最前方的 USB 标志来正确选择 U 盘。

④ 如果 U 盘上有数据，建议先备份。备份可以直接从 U 盘上把数据复制到硬盘上，也可以使用 USBoot 提供的“备份到文件功能”制作 U 盘镜像。

⑤ 根据实际情况，从四种工作模式中选择一种。建议首先尝试“引导处理”，如果不成功，再依次尝试 ZIP 模式、HDD 模式、FDD 模式。

⑥ 单击“开始”按钮，软件会连续 5 次出现提示，警告信息内容大致是说“对移动硬盘的操作是危险的”。

⑦ 5 次都确认后，软件开始处理 U 盘。大约几十秒钟后，信息提示“请拔下 U 盘”，如图 A-4 左图所示。

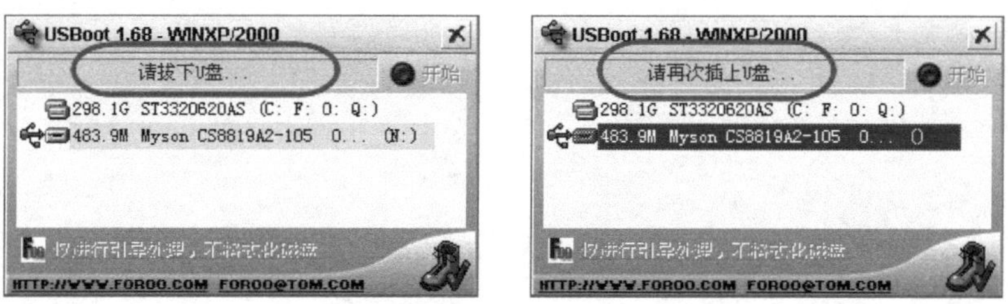

图 A-4

⑧ 按照提示信息拔下 U 盘，然后再次按照提示信息插上 U 盘，如图 A-4 右图所示。片刻之后，U 盘启动盘就制作成功了，如图 A-5 左图所示。

如果选择了“引导处理”工作模式，从资源管理器中可以看到，原来 U 盘上的文件没有改动，但是新增加了 3 个 DOS 下的系统文件，如图 A-5 右图所示。

如果选择 HDD、ZIP、FDD 三种模式，操作步骤完全相同，但是 U 盘上原来的文件不会

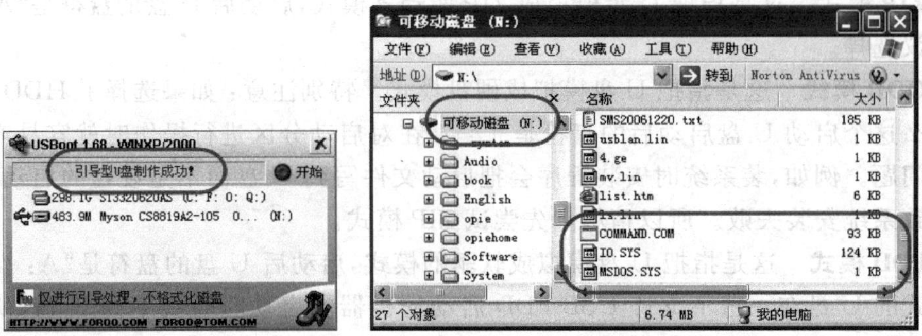

图　A-5

再保留。

到此为止，U盘启动盘已经制作完成，可以下载网络上流传的各种版本的DOS镜像文件，解压缩镜像文件，把里面的内容复制到U盘中即可(需要覆盖图中三个系统文件)。

USB接口的MP3播放器也可以用这种方法制作成U盘。

注意：如果制作失败，U盘无法使用，可以使用U盘厂家在随机光盘中提供的格式化工具重新格式化U盘。